现代泡桐遗传育种学

Modern Genetics and Breeding of Paulownia Plants

范国强 等 著

科学出版社

北京

内 容 简 介

为促进泡桐种质资源创制及产业发展，本书紧扣学科发展前沿，重点总结了泡桐遗传育种学方面的最新研究成果。本书内容主要分为四个部分：第一部分介绍了泡桐的分布及种类；第二部分阐述了组学技术在泡桐研究中的应用；第三部分揭示了泡桐速生及丛枝植原体致病的分子机制；第四部分概述了泡桐体外植株再生体系，并阐明了四倍体泡桐优良特性形成的分子机理。

本书可供林学等相关专业的本科生、研究生、教师和从事相关研究的科研人员参考。

图书在版编目 (CIP) 数据

现代泡桐遗传育种学/范国强等著. —北京：科学出版社，2024.3
ISBN 978-7-03-076649-6

Ⅰ. ①现… Ⅱ.①范… Ⅲ. ①泡桐属–遗传育种–研究 Ⅳ.①S792.430.4

中国国家版本馆 CIP 数据核字（2023）第 194362 号

责任编辑：张会格 / 责任校对：周思梦
责任印制：吴兆东 / 封面设计：刘新新

科 学 出 版 社 出版
北京东黄城根北街 16 号
邮政编码：100717
http://www.sciencep.com
涿州市般润文化传播有限公司印刷
科学出版社发行　　各地新华书店经销
*
2024 年 3 月第　一　版　　开本：720×1000 1/16
2024 年 11 月第二次印刷　　印张：25 3/4
字数：519 000

定价：368.00 元
（如有印装质量问题，我社负责调换）

《现代泡桐遗传育种学》编委会

主　编

范国强

副主编

翟晓巧　郭　娜

著　者

（以姓氏拼音为序）

曹喜兵　曹亚兵　范国强　范宇杰
郭　娜　李冰冰　王　哲　徐平洛
翟晓巧　赵晓改

序

　　林木遗传育种学是本科林学专业的一门基础课，也是高等农林院校本科人才培养方案中的骨干课程。近年来，随着分子生物学、基因工程及细胞工程等新知识和新技术的不断涌现，单个树种遗传育种研究工作也逐渐规范化、系统化，撰写内容新颖、特色鲜明的林木遗传育种学书籍，不仅能反映林木遗传育种领域的最新研究进展，而且也契合当代林业生产实践的新要求。

　　泡桐是我国重要的速生用材树种，材质优良、抗逆性强，在防风固沙、改善生态环境及提高人民生活水平和质量等方面发挥着重要作用。范国强教授团队长期致力于泡桐生物学研究，在泡桐遗传育种方面开展了创新性研究工作，并取得了丰硕的研究成果。范教授基于30余年的高校教育教学经验，组织团队人员将泡桐最新研究的相关成果撰写成《现代泡桐遗传育种学》一书奉献给读者，以期促进从事林木遗传育种工作的同仁交流合作。该著作具有以下特色。

　　（1）系统性强。从不同种泡桐形态特征及资源分布入手，介绍了泡桐核基因组、叶绿体基因组、转录组和蛋白质组特征，泡桐体外植株再生体系、四倍体泡桐种质创制与新品种培育等内容，有助于读者全面掌握泡桐生长发育的现代遗传育种知识。

　　（2）科学性强。在明确泡桐资源和引种栽培情况的基础上，呈现了国内外首张白花泡桐基因组精细图谱，揭示了泡桐速生与C3光合途径和CAM代谢途径的关系，阐明了泡桐速生和新品种优良特性形成的分子机制等，全面反映了泡桐遗传育种最新研究进展。

　　（3）实用性强。兼顾理论与实际结合的原则，将建立的泡桐体外植株高效再生体系成功应用于四倍体新种质的创制和新品种的培育研究，合理地将遗传学理论与泡桐生产实际相结合，符合新形势下科技工作者科研工作"四个面向"的奋斗目标。

　　（4）可读性强。全书将泡桐遗传育种涉及的现代理论技术以生动的彩色图片，更加形象地向读者介绍现代泡桐遗传育种的最新研究进展，使读者在获取泡桐遗传育种学知识的同时，也能产生投身林业科技创新的动力。

我期望该著作能为我国林学专业人才培养、林业科教事业发展做出积极贡献。

曹福亮

中国工程院院士

南京林业大学教授

2023 年 7 月 10 日

前　言

泡桐原产中国，为玄参科（Scrophulariaceae）泡桐属（*Paulownia*）多落叶、偶常绿或半常绿木本植物的总称，分布于我国 25 个省（自治区、直辖市），是我国重要的速生用材、防护林和庭院绿化树种。因泡桐具有生长速度快、适应能力强和材质优良等特性，且能与农作物间作形成理想的复合生态系统，而深受广大民众的喜爱。因此，大力种植泡桐对缓解我国目前木材短缺、保障我国粮食安全、改善生态环境和助力乡村振兴等具有重要意义。

30 余年来，在国家重点研发计划子课题（2017YFD0600506）、国家林业公益性行业科研专项（201004022）、中央财政林业科技推广示范项目［（GTH〔2012〕01）、（GTH〔2017〕15）和（GTH〔2022〕16）］、河南省科技成果转化计划项目（112201610003）、河南省产学研合作项目（152107000097）和河南省中原学者科学家工作室（122101110700）等项目的资助下，在蒋建平教授指导帮助下，河南农业大学泡桐研究团队基于泡桐产业发展需求，开展了泡桐生物学领域一系列研究工作，并在泡桐遗传育种学研究方面取得了令人振奋的研究成果，现将部分研究成果整理成《现代泡桐遗传育种学》一书，以飨读者。

本书内容分为四个部分：第一部分介绍了泡桐的分布及种类。包括泡桐资源分布、引种栽培及不同种泡桐的形态特征情况。第二部分阐述了组学技术在泡桐研究中的应用。包括泡桐基因组及特征、泡桐基因组重测序及变异位点分析、泡桐叶绿体基因组、泡桐内源性竞争 RNA 和蛋白质组等。第三部分揭示了泡桐速生及丛枝植原体致病的分子机制。包括泡桐生物学特性、泡桐 CAM 光合碳固定途径、丛枝植原体入侵对泡桐基因表达和蛋白质丰度变化及其代谢物积累的影响。第四部分概述了泡桐体外植株再生体系，并阐明了四倍体泡桐优良特性形成的分子机理。包括泡桐体外植株高效再生体系建立、四倍体泡桐种质创制与四倍体泡桐新品种培育及其优良特性形成的分子机理。这些研究结果为下一步开展泡桐基因编辑研究及培育满足国民经济建设需求的泡桐新品种奠定了坚实的理论基础。

本书可供从事林木遗传育种及其相关领域研究的高校教师、研究生和研究院所的同行参考。希望本书的出版可以激发同行的研究兴趣，致力于现代林业的创新发展，推动林业行业科技进步。

本书在编写过程中得到了泡桐生物学研究团队中涉及遗传育种研究已毕业和在读博士生、硕士生的大力支持，在此表示衷心感谢！由于笔者撰写经验有限，书中难免存在疏漏和不足之处，恳请有关专家、同行和朋友们提出宝贵意见，使之日臻完善。最后，在本书出版之际，感谢科学出版社为本书出版所做的大量工作！

范国强

2023 年 4 月 20 日于郑州

目　　录

第三部分　泡桐速生及丛枝植原体致病的分子机制

第一部分

泡桐的分布及种类

第一章　泡桐的分布及形态特征

泡桐（*Paulownia* spp.）原产中国，系玄参科（Scrophulariaceae）泡桐属落叶乔木，但在热带偶有常绿或半常绿的特征，是我国重要的速生用材、防护林和庭院绿化树种，深受林农的喜爱。泡桐在我国栽植的最早时间可追溯到西周初年，有《诗经》中的"定之方中"诗句为证："树之榛栗，椅桐梓漆，爰伐琴瑟"，北宋陈翥最早在其《桐谱》中对我国有关泡桐属植物的研究进行了归纳汇总。近年来，随着科学技术的快速发展，泡桐遗传育种学方面取得令人振奋的成果。为深入了解泡桐生物学特性，并在此基础上创制泡桐新种质、培育符合国民经济发展需求的泡桐新品种，本章介绍主要泡桐种在我国的分布及世界范围的引种栽植情况。

第一节　泡桐的地理分布

一、泡桐在中国的分布

除黑龙江、吉林、内蒙古、新疆北部、西藏等地区外，泡桐在全国其他省（自治区、直辖市）均有分布。据统计，目前我国栽植泡桐 10 亿株以上，每年可提供木材 3 000 000m³（常德龙，2016）。由于独特的生物学特性，泡桐能与农作物形成理想的复合生态系统，栽培泡桐不仅能在短期内提供大量商品用材，而且能够抵御风沙干热风等自然灾害、改善农田环境，为农业的高产、稳产提供有力的生态保障，广为劳动人民所喜爱。进入 21 世纪以来，泡桐产业在黄淮海平原等传统主栽区稳步发展，在南方低山丘陵区因雨水、气温条件优越和宜桐地充裕，掀起了发展泡桐用材林的热潮。

（一）黄淮海平原区

黄淮海平原是我国泡桐的主要栽培区，包括河南、山东、安徽、江苏、河北、天津、北京，其中又多集中在河南北部、山东西部、安徽北部和江苏北部。该区属于温带大陆性气候，年均降水量 600mm 以上。降雨多集中在夏季和秋季，有利于作物生长。年均温在 11～15℃。土壤主要为黄潮土、盐碱土、砂土和砂姜黑土等，与黄河、淮河、海河等河流的历年冲积有关。

该区泡桐主要是用于营造农桐间作林、农田林网、村镇林、零星树（四旁树）

和小面积的丰产林。兰考泡桐在这一地区分布最多、生长最好，其主要经营方式为农桐间作和四旁植树。由于楸叶泡桐、毛泡桐和白花泡桐树冠稠密，或树干低矮，不适宜作农桐间作的树种。

（二）南方温暖湿润区

南方温暖湿润区是泡桐的故乡，种类繁多，栽培利用泡桐有着广阔的前景。该区主要位于我国长江以南广大省份，包括广东、福建、浙江、江西、江苏和台湾等。该地区气候温暖湿润，雨量充沛。年均温在 $15\sim19℃$，年降水量多在 $900\sim1600mm$。土壤主要为黄棕色森林土、紫色土、黄壤、红黄壤和热带红壤等。

该区泡桐种类多，而且间、种内变异类型也较复杂。白花泡桐是该区泡桐种类的代表树种，分布范围广，遍布长江流域以南各地，除一部分人工栽培外，多为天然分布。此外，还有毛泡桐、川泡桐等。毛泡桐主要自然分布于大别山和神农架及其周边地区，其余地区多为人工栽培。川泡桐以自然分布为主，人工栽培较少，大多分布于海拔 $1000m$ 以上的山地和高原地区。近年来，也引进了不少兰考泡桐及其优良无性系。

在南方温暖湿润区，泡桐多为散生分布，人工栽培多用于零星植树和村镇林，在浅山丘陵区也有小面积的间作林。

（三）西北干旱、半干旱区

该区包括甘肃、陕西、山西等省份，泡桐多为人工栽培。该区地形复杂，气温和降水量各地差异较大。年降水量 $200\sim600mm$。土壤类型有褐土、黄土、栗钙土等。

泡桐分布多与地形有关，山间平地以兰考泡桐为主，浅山丘陵地区以楸叶泡桐为主，而高寒山地则以毛泡桐为主。

二、泡桐在其他国家的分布与引种栽培

泡桐属的自然分布，除白花泡桐延伸到越南和老挝以外，其余各种均限于我国境内。很多国家喜欢引种种植泡桐，他们称中国的泡桐是"神奇的树"、碳汇树（Young and Lundgren，2023）。目前，泡桐已被引种至日本、比利时、法国、巴西、澳大利亚等 20 余个国家和地区。在这些国家和地区所生长的泡桐多为毛泡桐，其他种泡桐较少。

（一）亚洲国家泡桐的分布及引种栽培

泡桐在日本分布广泛，从北海道到九州均有分布。日本约在 19 世纪初从我国引进毛泡桐、川泡桐，后又引进白花泡桐、台湾泡桐等。日本是世界上消费泡桐

木材量最多的国家，据外贸部门资料介绍，日本除国内生产大量桐木外，每年还需要进口桐木约 100 000m³。

越南、老挝等国家的白花泡桐是由我国白花泡桐向南延伸的自然分布群落。泰国、柬埔寨、新加坡等国家种植泡桐的时间起始于 20 世纪 60 年代中后期，主要是从我国台湾省引进台湾泡桐。

（二）欧洲国家泡桐的分布及引种栽培

欧洲的比利时、法国、德国、奥地利、荷兰、英国和意大利等国家十分热衷于泡桐引种驯化研究。这些国家多是在 19 世纪初期从日本引种毛泡桐。1829 年 1 月荷兰植物学家 Siebold 从日本将毛泡桐引种到荷兰，1835 年他发表报告指出，引种非常成功，泡桐适于欧洲生长，而且长势良好。

1904 年，法国最早引进的毛泡桐树已长成了高达 18.5m、围径 3.7m 的大树。这在当时的西方园艺界引起了很大的反响，如今在巴黎毛泡桐已用作行道树栽植。

英国于 1838 年先从日本引进毛泡桐、1843 年又从法国引种，1863 年 Tint 记载过毛泡桐在奥地利开花的情况。德国毛泡桐种植也较普遍，并开花结果。1921 年 Schwerin 记载 Humboldthain 公园有两株大毛泡桐鲜花盛开（蒋建平，1978，1990）。

（三）美洲国家泡桐的分布及引种栽培

泡桐于 1844 年由欧洲引入美国，目前泡桐已在北美东部的庭院里普遍栽植。从加拿大的蒙特利尔到美国的路易斯安那皆可看到泡桐。20 世纪 70 年代中后期，美国等又相继引入我国泡桐，并组织专门学者进行研究，取得了良好效果。20 世纪 70 年代以来，台湾泡桐在南美的巴西、巴拉圭广泛用于造林。阿根廷、玻利维亚等国也纷纷引种栽培，出现了世界范围的栽种泡桐热。

（四）大洋洲国家泡桐的分布及引种栽培

20 世纪初期，大洋洲国家也引进了毛泡桐。20 世纪 90 年代，该洲部分国家从中国引进了白花泡桐及适生的优良品系。

第二节　不同种泡桐的形态特征

尽管植物学家对泡桐植物的分类持不同观点，但对泡桐现有种达成一致意见，即泡桐植物可分为白花泡桐、毛泡桐、楸叶泡桐、山明泡桐、川泡桐、兰考泡桐、鄂川泡桐、台湾泡桐和南方泡桐 9 种。这些泡桐分布于中国 25 个省（自治区、直辖市），在改善生态环境、提高桐农生活水平和质量等方面发挥了重要作用（蒋建平，1978，1990）。

一、白花泡桐 *Paulownia fortunei* (Seem.) Hemsl.

乔木，树高可达 40m，胸径可至 2m 以上，主干通直，连续接干能力强，生长快，适应性强，是南方地区种植泡桐中最优良的树种之一。树皮灰褐色，幼时光滑，老年时浅裂。树冠圆锥形、卵形或伞形；小枝初有毛，后光滑无毛。叶长卵形至椭圆状长卵形，先端长渐尖或锐尖，基部心形，叶背有白色星状毛或极短柄的树枝状毛，全缘，稀浅裂。花序狭圆锥形或圆筒形，长 15～35cm，侧枝短粗，分枝角度 45°左右；花冠大，管状漏斗形，白色仅背面稍带紫色或浅紫色，长 8～12cm，管部基部以上不突然膨大，而逐渐向上扩大，稍稍向前曲，外面有星状毛，腹部无明显纵褶，内部密布紫色细斑块。蒴果长圆形或长椭圆形，长 6～10cm，顶端之喙长达 6mm，宿萼开展或漏斗状，果皮木质，厚 3～6mm；种子连翅长 6～10mm。花期 3～4 月，较其他品种均早；果期 7～8 月。

白花泡桐有不同的类型：就叶背面的毛看，有的自幼叶起即无毛，有的毛很密，还有的较稀疏；就花色看，有白色、淡紫色、淡黄色等颜色，多数花内有大紫斑块，仅少部分具小紫斑；就果实形状看，有上部粗的、下部粗的、椭圆形的、圆的、扁的、大的、小的等多种多样；就树冠形状和分枝看，可分为 6 种类型：细枝塔型、细枝长卵型、细枝圆头型、粗枝圆卵型、粗枝广卵型、粗枝疏冠型，其中，以细枝塔型、粗枝广卵型生长最好，细枝长卵型、粗枝圆卵型生长较好，它们的特点是树形高大，主干通直，生长较快，树势旺盛，适宜推广发展。

白花泡桐常见于安徽、福建、浙江、台湾、江西、湖南、湖北、四川、贵州、云南、广东、广西、山东、河南、陕西等地低海拔的山坡、山谷、林中及荒地，最高可达海拔 2000m。越南、老挝及美国也有引种。

二、楸叶泡桐 *Paulownia catalpifolia* T. Gong ex D. Y. Hong

乔木，树高可达 25m，主干通直。树皮幼时浅灰褐色，不开裂，老时变为灰黑色，浅或深裂，有时极粗糙，似楸树（*Catalpa bungei* C. A. Mey）。树冠塔状圆锥形、长卵形至广卵形，主干明显，连年自然接干，侧枝斜伸，分枝角度小；小枝节间短，皮孔明显，树冠顶端及外围的叶较长，显著下垂。叶片通常长卵状心形，长 12～28cm，宽 10～18cm，长约为宽的 2 倍，先端长渐尖，基部深心形，全缘，成熟叶表面无毛，深绿色，背面密被淡灰黄色或灰白色星状绒毛；树冠内部的叶较宽短，卵状心形，先端短尖，基部心形，全缘或有波状角或裂，色较淡；花序枝上的苞叶近披针形，基部呈圆形。花序呈圆锥形或圆筒形，长 10～90cm，侧枝短、粗，长 7～30cm，分枝角 45°左右，花序轴及分枝初有毛，后变无毛；小聚伞花序有明显的总花梗，与花梗近等长，均密被黄色短绒毛，开花后渐脱落；花蕾瘦长，洋梨状倒卵形；花萼浅钟形，裂深达 1/3；花冠浅紫色，较细，长 7～9.5cm，管状漏斗形，被短柔毛，内部白色，密被小紫斑及紫线，基部向前弓曲。蒴果小，椭圆形，长 3.5～6cm，通常稍内弯，幼时被星状绒毛，果皮厚 3mm，木质；种子连翅长 5～7mm。花期 4～5 月；果期 10 月。

楸叶泡桐的叶形、花蕾形状、果形等特征与白花泡桐均相似，但较之明显细小。此外，两种泡桐接干性相同，均在顶芽下边的 2～4 对侧芽中萌发出一强一弱的 1 对侧枝，强枝沿主干方向生长，形成自然接干，弱枝向旁边生长，形成侧枝，因此它们能连年接干，形成高大的乔木。

楸叶泡桐树体高大，树形优美，材质优良，花纹美观，为不同泡桐种中材质之最佳，山东、山西、河南、河北、陕西、北京和辽宁均有栽培大树，太行山区亦有野生。楸叶泡桐耐寒，耐干旱瘠薄土壤，适宜在中国北方浅山丘陵或较干旱寒冷地区生长，平原地区较少。

三、山明泡桐 *Paulownia lamprophylla* Z. X. Chang et S. L. Shi

乔木，树高高达 20m，胸径 1m。树皮灰白色至灰褐色，浅裂，粗糙。树冠卵形至广卵形；小枝幼时有毛，后变无毛。叶片厚革质，长椭圆状卵形或卵形，长 15～30cm，宽 12～20cm，先端长渐尖或锐尖，叶基心形，全缘，表面初有毛，后无毛；成熟叶表面深绿色，有强光泽，背面黄绿色，密被白色星状绒毛。花序狭圆锥形或圆筒形，长 10～45cm，下部分枝粗壮，长约 10cm；聚伞花序总梗与花梗近等长，长 0.5～1.8cm；花蕾洋梨状倒卵形，密被黄色星状短柔毛，毛渐脱落；花长 8～10cm，花萼肥厚，倒圆锥状钟形，长 1.8～2.6cm，浅裂 1/4～1/3；花冠钟状漏斗形，微弓曲，稍压扁，向阳面淡紫色，阴面近白色，后全变白色，下唇筒壁有 2 条纵褶，内部仅下唇筒壁有清晰的细小紫斑和紫线，其余全部秃净；花药紫褐色或白色，无花粉。蒴果椭圆状卵形，长 5～6cm，径 3～3.5cm，喙长 3～4mm，果皮木质，厚 2～3mm，宿萼裂片先端反曲。种子连翅长 6～7mm。结果极少。

山明泡桐与白花泡桐的形态特征（树形、叶形、花序、花蕾、花萼等）极相似，但后者花冠管状漏斗形，花粉多，结果多，果实大，椭圆形，果皮厚。山明泡桐在河南西南部的南阳市、湖北西北部的襄阳市及西南部的荆州市等地区均有分布。

四、兰考泡桐 *Paulownia elongata* S. Y. Hu

乔木，树高可达 20m，胸径约 1m。树皮灰褐色至灰黑色，幼时光滑，老时浅裂或深裂。主干通直，常分 2 节，树冠常呈两层状；小枝粗，髓腔大，节间较长，分枝角 60°～70°，皮孔明显，微凸起。叶卵形或广卵形，厚纸质，长 15～30cm，宽 12～20cm，先端尖或钝，基部心形，全缘或 3～5 浅裂，幼叶两面有毛，成熟叶片仅背面密被灰白色或淡黄灰色的树枝状毛。花序狭圆锥形、圆筒形或狭卵形，长 40～153cm，分枝角 45°左右，分枝短粗，通常最下边 1～2 对稍短，第 3～第 4 对最长；花冠钟状漏斗形，长 7.5～9.8cm，未开放时深紫色，开放后向阳面紫色，阴面淡紫色，上壁淡紫色，有少数紫斑，下壁近白色，有 2 纵褶，黄色，密布紫斑和紫线；花萼倒圆锥状钟形，长 1.5～2.2cm，浅裂约 1/3。蒴果卵圆形或卵形，长 3～5cm，径 2～3cm；种子连翅长 5～6mm。花期 4～5 月，比白花泡桐和楸叶泡桐晚，但较其他种类早；果期 9～10 月，一般结果不多。

兰考泡桐在河南、河北、山东、山西、陕西、安徽、湖北、江苏等省均有分布；河南中部和东部、安徽西北部和山东西南部是兰考泡桐的集中分布区，南方各省几乎都有引种。

兰考泡桐是北方泡桐中生长最快的一种，其主干不是每年皆生长，故主干常分两节，树冠分两层，这也是该种与其他种的不同之处。兰考泡桐树冠稀疏，生长快，发叶晚，根系深，是农桐间作的好树种，也是出口桐木中最多的一种。

五、鄂川泡桐 *Paulownia albiphloea* Z. H. Zhu

乔木，树高可达 10～20m，胸径约 1m。主干较通直，在 7～8 年生前树干呈灰白色，较光滑。叶卵形至长卵状心形，成熟叶厚革质，表面光滑具光泽，背面密生具有长毛发状侧枝的短柄树枝状毛。花序狭圆锥形或圆筒形，较长，一般 40cm 左右，聚伞花序总梗一般短于花柄；花萼浅裂 1/4～1/3；花紫色，长 7～8cm，内部有紫色细斑点，花冠漏斗状。果矩圆状椭圆形，长 4～6cm，先端往往偏向一侧，成熟果被毛大部分不脱落。

鄂川泡桐在湖北西部的恩施地区、四川东部及四川盆地均有分布，野生或栽培，多生于海拔 200～600m 的丘陵山地。其自然接干能力强，果形似楸叶泡桐，但叶形、被毛、花冠形状和自然分布区等与楸叶泡桐均不同。

六、台湾泡桐 *Paulownia kawakamii* Ito

乔木，树高可达 6～12m。树冠伞形，主干矮。小枝褐灰色，有明显皮孔。叶心形，最长可达 48cm，先端锐尖，全缘或 3～5 浅裂，两面有黏毛，老时显现单条粗毛，叶面常有腺，叶柄较长，幼时具长腺毛。花序宽圆锥形，长可达 1m，花序枝的侧枝发达而几与中央主枝等势或稍短；小聚伞花序无总花梗或下部具总花梗，但比花梗短得多，有黄褐色绒毛，常具花 3 朵；花梗长可达 12mm；萼有绒毛, 深裂至 1/2 以上; 花冠近钟形, 浅紫色至蓝紫色, 长 3~5cm, 是泡桐属中花最小者, 直径 3~4cm; 蒴果卵圆形, 长 2.5~4cm, 顶端有短喙, 果皮薄, 厚不到 1mm; 种子长圆形, 连翅长 3~4mm。花期 4~5 月; 果期 8~9 月。

台湾泡桐在湖北、湖南、江西、浙江、福建、台湾、广东、广西、四川、贵州、云南均有分布, 多野生, 生于海拔 200~1500m 的山坡灌丛、疏林及荒地。该种主干低矮, 不宜造林。但因叶多黏腺, 不受虫害, 可用于杂交培育新品种。

七、川泡桐 *Paulownia fargesii* Franch.

乔木, 树高可达 20m。树冠宽圆锥形、主干明显; 小枝紫褐色至褐灰色, 有圆形凸出皮孔, 初披星状绒毛, 后逐渐脱落。叶片卵圆形至卵状心脏形, 长达 20cm 及以上, 全缘或浅波状, 先端长渐尖或锐尖, 叶表面疏生短毛, 背面密被黄褐色具长柄的树状分枝毛; 叶柄长可达 11cm。花序呈宽大圆锥形, 长约 1m, 花序枝的侧枝长可达主枝之半; 小聚伞花序无总梗或总梗极短, 有花 3~5 朵, 花梗长不到 1cm; 花萼倒圆锥形, 长达 2cm, 分裂至中部成三角状卵圆形的萼齿; 花冠近钟形, 白色带有紫色条纹至紫色, 长 5.5~7.5cm, 外部被短腺毛, 内部常无紫斑, 管在基部以上突然膨大, 多少弓曲。蒴果卵状椭圆形或椭圆形, 长 3~4.5cm, 幼时被黏质腺毛, 果皮较薄, 有明显的横行细皱纹, 宿萼常不反折; 种子连翅长 5~6mm。花期 4~5 月; 果期 8~9 月。

川泡桐在湖北、湖南、四川、云南、贵州均有分布, 野生或栽培, 常生于海拔 1200~3000m 的林中及坡地。

八、南方泡桐 *Paulownia australis* Gong Tong

乔木, 树高约 20m。树冠伞形, 枝下高达 5m, 枝条开展。叶宽卵形或卵形, 纸质, 长 10~30cm, 宽 8~30cm, 全缘或 3~5 浅裂, 先端锐尖或渐长, 基部心形, 背面密生星状绒毛或黏腺毛。花序宽圆锥形, 长达 80cm, 侧枝长超过中央主枝之半; 小聚伞花序有短总花梗, 梗长约 5mm, 花序顶端的小聚伞花序总梗极短而不明显; 花萼钟形, 浅裂至 1/3~2/5; 花冠漏斗状钟形, 长 5~7cm, 紫色, 腹部稍带白色, 并有 2 条明显纵褶, 内有暗紫色斑点。果实椭圆形, 长约 4cm, 幼时被星状毛, 果皮厚达 2mm, 宿萼近漏斗形; 种子连翅长 3~3.5mm。花期 3~4 月; 果期 7~8 月。

南方泡桐在浙江、福建、江西、湖北、湖南、四川、贵州、云南、广东等省均有分布; 河南亦有引种栽培。

九、毛泡桐 *Paulownia tomentosa* (Thunb.) Steud.

乔木，树高可达 18m，胸径可达 1m。树皮灰褐色，老时浅裂，树冠为宽伞形。小枝有明显的皮孔，幼时被黏质短腺毛。叶纸质，卵形或心形，长 20～30cm，宽 15～28cm，全缘或 3～5 浅裂，先端锐尖或渐尖，基部心形，表面毛稀疏，背面被具长柄的白色树枝状毛；新枝及幼苗上的叶较大，具腺毛和不分枝的单毛，有时具黏质腺毛；叶柄常具黏质短腺毛。花序大，宽圆锥形，长 40～80cm，下部侧枝细柔而长至花序轴的 2/3 左右，分枝角 60°～90°；小聚伞花序梗长 0.8～3cm，花梗长 0.5～3.5cm，密被淡黄色分枝毛；萼浅钟形，长约 1.5cm，绒毛不脱落，分裂至中部或超过中部；花冠漏斗状钟形，长 5～7.5cm，冠幅 3.5～4cm，弓曲，不压扁，外部鲜紫色或微带蓝紫色，密被长腺毛，里面光秃无毛，近白色，下唇筒部有 2 纵褶，淡黄色，内部紫斑和紫线有多种变化。蒴果卵圆形，长 3～4.5cm，直径 2～2.7cm，先端细尖，喙长 3～4mm；种子连翅长 2.5～4mm。花期 4～5 月，较其他种泡桐花期均晚；果期 9～10 月，果实累累，常将果枝压弯。

毛泡桐耐寒、耐旱能力强，分布范围极广，辽宁南部、河北、河南、山东、山西、陕西、甘肃、四川、云南、江苏、江西、安徽、湖北、北京、上海通常有栽培。河南西北部、湖北西部山区有野生种。其垂直分布可达海拔 1800m。此外，日本、朝鲜和欧洲、南美洲、北美洲亦有引种栽培。

毛泡桐在山区生长较好，主干明显，有的可以自然接干，但在平原地区很少有接干的，干低，冠大。因此毛泡桐更宜在气温较低的山区和高纬度地区栽培，不宜在农田种植。

参 考 文 献

常德龙. 2016. 泡桐研究与全树利用. 武汉: 华中科技大学出版社.

蒋建平. 1978. 泡桐. 北京: 科学出版社.

蒋建平. 1990. 泡桐栽培学. 北京: 中国林业出版社.

Young S N R, Lundgren M R. 2023. C4 photosynthesis in *Paulownia*? A case of inaccurate citations. Plants, People, Planet, 5(2): 292-303.

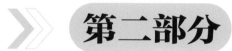

第二部分

组学技术在泡桐研究中的应用

第二章 泡桐基因组及遗传图谱

泡桐是重要的速生用材树种，在木材生产、农林复合生态系统构建、防风固沙、生态环境改善等方面发挥巨大作用。然而，泡桐生产中面临诸多问题，如丛枝病发生严重、优良泡桐新品种匮乏等。目前关于泡桐的研究多集中于丛枝病发生分子机制方面，该病害是由泡桐丛枝植原体感染引起，是引发泡桐死亡的主要原因。因此，解析泡桐丛枝病发生相关基因及其调控网络，对揭示泡桐丛枝病发生分子机制和培育抗病新品种具有重要意义。由于缺乏泡桐基因组信息，所以整体的研究相对缓慢。本研究采用二代 Illumina 测序、三代 PacBio 测序和 Hi-C 测序相结合的方法对泡桐进行基因组测序和组装，以期获得一个高质量的泡桐基因组精细图谱。通过比较基因组分析，鉴定泡桐扩张和收缩的基因家族，寻找泡桐特有生物学特性形成的分子证据；同时明确泡桐全基因组复制事件，估算基因组多倍化事件发生的时间，以及分析泡桐染色体的进化历史确定泡桐的进化地位。本研究为泡桐生物学特性研究、泡桐优良新品种培育及玄参科植物的相关研究提供了重要参考。

第一节 泡桐基因组组装及注释

一、泡桐核基因组大小

（一）流式细胞术分析基因组大小

利用流式细胞术分析细胞在 G_0/G_1 期的荧光强度可以计算细胞的 DNA 含量（逄洪波等，2016；王利虎等，2018）。通常，检测的准确度由 G_0/G_1 峰的变异系数 CV 来反映，其中 CV%=（SD/mean）×100（SD：标准偏差、mean：平均通道数），若 CV%≤5%，则认为试验结果可信。在本研究中，分别以芝麻（*Sesamum indicum*）和番茄基因组为内参，测定泡桐基因组大小，结果如图 2-1 所示，以芝麻为内参，计算出泡桐的基因组大小为 544.21Mb，变异系数为 9.1%；以番茄为内参，计算出泡桐的基因组大小为 528.24Mb，变异系数为 4.78%。由于变异系数≤5%所得的实验结果可靠性高，因此确定以番茄为内参，得泡桐基因组大小为 528.24Mb。

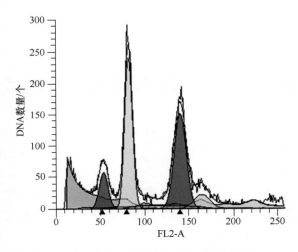

图 2-1 流式细胞术估计泡桐基因组大小

相对 DNA 含量的柱状图是通过流式细胞术分析泡桐碘化丙啶染色细胞核获得。分别以芝麻和番茄为内参，根据 G_1 峰平均值计算泡桐的绝对 DNA 量：（泡桐 G_1 峰均值/参考物种 G_1 峰均值）×参考物种的 DNA 含量。箭头所示红色、黄色和紫红色的峰相应地代表了芝麻、泡桐和番茄的 G_1 峰

（二）survey 测序评估基因组大小

为进一步评估泡桐基因组的大小和杂合率，并为泡桐基因组组装策略提供依据，本研究利用 survey 分析其基因组特征。对基于 Illumina 测序获得的短序列（read）进行过滤分析，共得到 27 781.39M 有效序列（表 2-1）。将得到的数据进行 K-mer 分析表明，当 $K=17$ 时，统计得到的 K-mer 总数为 22 634 911 492，主峰深度为 41，基因组大小=K-mer 数量/K-mer 深度，基因组大小为 552Mb（图 2-2，表 2-2），这也与利用流式细胞术分析获得的白花泡桐基因组大小较接近，该结果说明 survey 预估的基因组大小较为准确，该数据可以用于后续基因组杂合度及重复序列评估。同时，从 K-mer 分析曲线分布图来看，在期望深度的 1/2 处有一个非常明显的杂合峰，且在主峰后面存在一定程度的拖尾现象，说明白花泡桐基因组有一定的杂合度且可能存在一定的重复序列。通过计算得到白花泡桐基因组杂合率为 2.03%，重复序列占比 50%，表明白花泡桐基因组属于高杂合低重复性基因组。

表 2-1 泡桐 Illumina 测序数据统计

	插入片段大小/bp	序列长度/bp	数据量/M	测序深度/X
	170	85	17 267.32	28.78
	500	90	10 514.07	17.51
总计	—	—	27 781.39	46.29

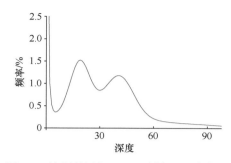

图 2-2 泡桐基因组 K-mer 频率和深度统计

频率显示由杂合性引起的双峰曲线。横轴表示 K-mer 深度，纵轴显示 K-mer 频率

表 2-2 泡桐基因组 K-mer 分析数据统计

K	K-mer 数量	主峰深度	基因组大小/bp	所用碱基数	所用序列数	测序深度/×
17	22 634 911 492	41	552 071 012	27 748 547 620	319 602 258	50.26

二、泡桐细胞核基因组组装

为获得高质量的白花泡桐基因组，本研究采用二代 Illumina、三代 PacBio 和 Hi-C 相结合的方法对白花泡桐进行基因组测序。基于三种测序手段获得的数据如表 2-3 所示，其 Q20 和 Q30 均符合质控标准，这些结果说明三种测序手段获得的数据可用于后续白花泡桐基因组组装。基于三代 PacBio 测序平台获得的高质量序列数，本研究首先利用 Canu 矫正软件对测序数据进行过滤，然后利用 WTDBG 组装软件进行组装，通过 Pilon 软件结合二代数据进行纠错最终获得 3097 条重叠群（contig）可用于基因组组装，组装得到基因组大小为 511.6Mb，contig N50 长度为 852.4kb，contig N90 长度为 56.785kb（表 2-4），该组装得到的大小占流式细胞仪估计基因组大小的 96.85%，说明本研究组装的白花泡桐基因组大小较为可靠。

表 2-3 泡桐基因组测序数据统计

类型	序列数量	碱基数/bp	Q20/%	Q30/%
PacBio	4 764 629	44 645 404 359	—	—
Illumina	318 848 399	45 530 327 236	90.87	84.3
Hi-C	155 146 735	46 485 016 778	93.26	85.01

注：PacBio 测序没有 Q20 和 Q30 的指标，用"—"表示

表 2-4 泡桐基因组组装结果统计

重叠群数量	重叠群长度/bp	重叠群 N50/bp	重叠群 N90/bp	GC 含量/%
3 097	511 622 439	852 400	56 785	32.55

桥段数量	桥段长度/bp	桥段 N50/bp	桥段 N90/bp	总的洞长度/bp
1 667	51 166 747	22 146 478	1 526 642	144 308

　　同时，本研究利用 Lachesis 软件对 Hi-C 测序获得的有效序列数进行辅助组装，以获得染色体级别的白花泡桐基因组组装结果。首先将获得的有效序列数比对到组装的基因组上，以获得有效的互作对；其次，在 Hi-C 纠错过程中通过依据互作图谱将最初组装得到的 3097 条 contig 中错误的 contig 打断并排序；最终，经嵌合错误校正后共有 1936 个 contig 能准确锚定到 20 条染色体上（图 2-2 和图 2-3），大小为 476.9Mb，占基因组序列的 93.2%，组装得到的 20 条染色体的长度范围为 15 822 592～32 050 364bp。同时，利用染色体之间的相互关系对 contig 进行定向和排序，结果表明有 1445 条 contig 能够确定方向和排序，大小为 442.92Mb，染色体挂载率为 92.88%。此外，为了评估白花泡桐染色体水平的基因组组装效果，本研究还构建了白花泡桐全基因组染色体互作图谱（图 2-4），从 Hi-C 互作频率热图可以看出 20 个染色体群组的每个组内对角线位置相互作用的频率较强，且邻近染色体序列的交互作用较强，非邻近染色体交互作用较弱。这些结果说明白花泡桐的 Hi-C 辅助基因组的组装结果较好。

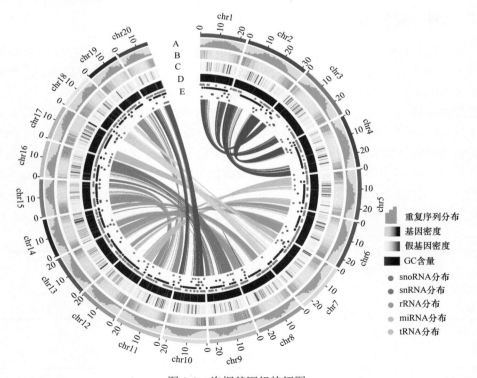

图 2-3　泡桐基因组特征图

从外到内圈的依次是染色体：重复序列分布（A）、基因密度（B）、假基因密度（C）、GC 含量（D）、非编码 RNA 分布（E）。橙色、深紫色、绿色、紫色和浅蓝色圆点分别表示 tRNA、小核仁 RNA（snoRNA）、小核 RNA（snRNA）、rRNA 和 microRNA（miRNA）。彩色带表示最近全基因组复制事件（WGD 事件）的共线块。密度图的非重叠滑动窗口为 500kb

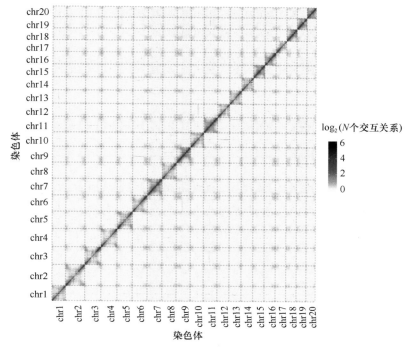

图 2-4　泡桐基因组 Hi-C 互作交互热图

横轴和纵轴表示 Scaffold 在相应染色体上的位置，颜色条表示 Hi-C 的交互频率

三、泡桐基因组完整性评估

为评估组装得到的基因组的完整性，本研究利用二代转录组测序得到的短序列和 BUSCO 数据库对组装的白花泡桐基因组的完整性进行分析。结果显示，在 BUSCO 数据库的 1614 个保守基因中，有 1573 个可以比对至白花泡桐基因组序列上，组装的完整性为 97.45%（表 2-5）。此外，二代转录组数据中有超过 96.02% 的转录本可以比对至组装的基因组（表 2-6）。其中，有 98.14% 的转录本长度大于 1000bp。基于以上结果表明白花泡桐参考基因组在染色体水平上具有高度连续性和完整性。

表 2-5　泡桐基因组组装 BUSCO 评估

类型	数量/个	比例/%
完整的 BUSCO	1573	97.45
完整且单一的 BUSCO	1364	84.51
完整且重复的 BUSCO	209	12.95
片段化的 BUSCO	13	0.81
丢失的 BUSCO	28	1.73

表 2-6　泡桐基因组组装转录本评估

长度范围/bp	总的转录本数量	覆盖度≥50%		覆盖度≥90%	
		比对数量	比例/%	比对数量	比例/%
合计	164 639	163 216	99.14	158 086	96.02
≥500	90 591	90 159	99.52	88 389	97.57
≥1000	55 807	55 617	99.66	54 771	98.14

四、泡桐核基因组注释

在获得高质量的白花泡桐基因组序列的基础上，本研究采用从头预测，基于同源比对及 RNA 测序对白花泡桐基因组进行蛋白质编码基因注释。通过去冗余，最终注释得到 31 985 个蛋白质编码基因（表 2-7），其中有 27 073 个能锚定在 20 条染色体上，占总基因数目的 84.6%。同时，从预测基因的染色体分布来看，chr1 所含基因个数最多，占总基因数目的 6.1%，chr19 染色体所含基因个数最少，占总基因数目的 0.3%，这也与基因组测序得到的染色体长度成正比。通过对这些蛋白质进行功能注释发现，有超过 97.65% 的基因在公共序列数据库 GO（Gene ontology）、KEGG（Kyoto encyclopedia of gene and genome）、Pfam、Swiss-Prot、TrEMBL、NR 和 NT 中有功能注释（表 2-8），这些结果也说明本研究组装的基因组质量较好。此外，在基因组组装序列中还鉴定到了 613 个 tRNA、121 个 microRNA、152 个 rRNA、84 个小核 RNA 和 1113 个小核仁 RNA（图 2-3）。

表 2-7　泡桐基因预测统计

方法	软件	物种	基因个数
从头预测	Genscan	—	31 456
	Augustus	—	42 888
	GlimmerHMM	—	29 310
	GeneID	—	49 125
	SNAP	—	43 019
同源比对	GeMoMa	*Oryza sativa*	37 787
		Arabidopsis thaliana	36 657
		Mimulus guttatus	42 324
RNA 测序	PASA	—	46 990
	TransDecoder	—	70 744
	GeneMarkS-T	—	41 870
综合	EVM	—	31 985

注："—"代表白花泡桐（*Paulownia fortunei*）

表 2-8 基于同源比对和功能分类的泡桐基因注释

数据库	注释数量	100aa≤蛋白质长度<300aa	蛋白质长度≥300aa	占总预测基因的比例/%
GO	16 365	5 103	10 850	51.16
KEGG	11 243	3 337	7 685	35.15
KOG	17 186	4 851	12 032	53.73
Pfam	25 873	7 842	17 601	80.89
Swiss-Prot	22 273	6 673	15 202	69.64
TrEMBL	30 564	10 487	19 202	95.56
NR	30 662	10 556	19 228	95.86
NT	30 575	10 492	19 037	95.59
所有注释	31 233	10 860	19 285	97.65

基于重头预测和同源注释在本研究中发现，重复序列（257.65M）占基因组的 50.34%（表 2-9）。其中 Ty3/Gypsy 和 Ty1/Copia 长末端重复序列和反转座子所占比例最多，分别占基因组的 15.96% 和 13.54%（表 2-9）。重复序列插入动态分析表明，在过去的 800 万年中，泡桐没有发生长末端重复反转录转座子扩增的暴发事件（图 2-5）。通常情况下，转座因子（TE）在基因组中分布不均，且倾向于

表 2-9 泡桐基因组重复序列

	类型	数量	长度/bp	比例/%
类型Ⅰ	ClassI/DIRS	19 206	15 838 684	3.09
	ClassI/LINE	5 923	2 089 547	0.41
	ClassI/LTR	1 204	573 129	0.11
	ClassI/LTR/Copia	114 063	69 278 158	13.54
	ClassI/LTR/Gypsy	90 530	81 659 388	15.96
	ClassI/PLE|LARD	94 870	28 074 793	5.49
	ClassI/SINE	2 731	500 972	0.1
	ClassI/SINE|TRIM	64	49 861	0.01
	ClassI/TRIM	2 380	2 198 750	0.43
	ClassI/Unknown	343	50 651	0.01
类型Ⅱ	ClassII/Crypton	14	808	0
	ClassII/Helitron	11 234	3 844 781	0.75
	ClassII/MITE	5 306	941 791	0.18
	ClassII/Maverick	55	19 060	0
	ClassII/TIR	35 991	15 175 873	2.97
	ClassII/Unknown	5 293	687 179	0.13
其他	Potential Host Gene	24 424	5 290 381	1.03
	简单重复序列（SSR）	9 086	4 924 460	0.96
未知		86 291	26 446 457	5.17
总计		509 008	25 7644 723	50.34

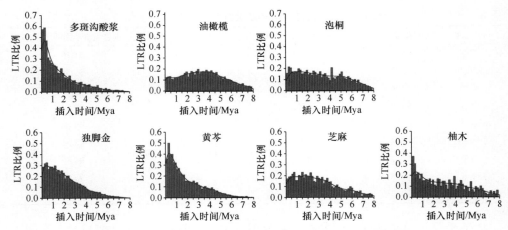

图 2-5　泡桐和唇形目其他 6 个物种的转座子插入时间分析

横轴和纵轴分别表示插入时间和长末端重复反转录转座子的百分比，Mya 表示百万年前，泡桐、芝麻和油橄榄（*Olea europaea*）表现出持续的反转录转座子插入，而黄芩（*Scutellaria baicalensis*）、多斑沟酸浆（*Mimulus guttatus*）、独脚金（*Striga asiatica*）和柚木（*Tectona grandis*）在过去的 200 万年前发生了一次逆转录转座子暴发事件

在着丝粒区域。在本研究中，相比其他的染色体，在 17 号和 18 号染色体上，TE 在一端积累，形成端着丝粒染色体（图 2-3），这与先前基于核型分析的报道一致（Liang and Chen，1997），这也说明本研究组装得到的基因组质量较高。

第二节　泡桐染色质三维图谱及特征

一、Hi-C 文库制备和测序

为了反映测序过程中样本测序质量的稳定性和碱基偏好性，对过滤后的 3 453 567 333 对双端序列进行质量评估（图 2-6），图中表明了测序质量稳定且测序

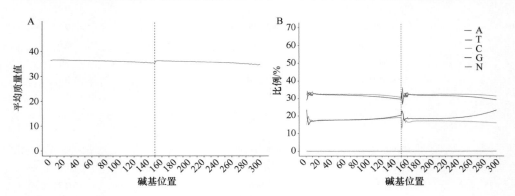

图 2-6　测序质量评估

A. 测序质量分布图；B. 样本碱基分布图

序列的每个位置 A 碱基和 T 碱基比例相等，G 碱基和 C 碱基比例相等，表明测序没有偏好性。从过滤后的高质量序列中随机选取 10 000 条双端序列，采用 Blast 软件比对到 NT 数据库中，发现 65%以上的序列为未知序列，说明该数据未被其他物种序列污染。

二、高分辨率染色质三维图谱构建

使用 HiC-Pro（version 2.7.8）的比对策略（Servant et al.，2012），将过滤后高质量序列比对到白花泡桐基因组上，得到 1 320 833 974 对唯一比对到基因组上的序列。对 425 218 529 对未比对上的序列寻找酶切位点，进行截断后再次比对，合并两次比对结果，挑选两端都比对到基因组唯一位置序列，分配到相对应的酶切片段上，挑选出有效序列。从白花泡桐中得到 895 799 332 对有效序列，约占唯一比对到基因组上序列数的 67.82%，包含 537 233 006 对顺式（*cis*）相互作用序列和 358 566 326 对反式（*trans*）相互作用序列，覆盖了 92.94%的理论酶切片段。将获得的有效序列用于后续染色体相互作用的分析。基于 Rao 等（2014）的研究，统计了白花泡桐不同分辨率下每个窗口（bin）中的有效序列数作为 bin 的深度，结果表明白花泡桐 80%bin 的深度在 5kb 分辨率下达到了 1000，因此我们能够在 5kb 分辨率下对白花泡桐基因组的特征进行详细探究。Hi-C 互作图谱的构建参照 Wang 等（2015）的方法。简而言之，通过归一化的方法来消除由于限制片段长度、GC 含量和序列比对引起的潜在 Hi-C 偏差（Yaffe and Tanay，2011）。最后利用 HiC-Pro（默认设置）和 ggplot2（Wickham，2009）在 100kb 分辨率下构建和可视化互作矩阵（图 2-7）。从白花泡桐全基因组 Hi-C 相互作用热图中可看出在主对角线上有强烈的信号，是相邻基因座之间发生了频繁的相互作用。除了主对角线，反对角线也有强烈的相互作用，这可以看作是两个染色体臂之间的顺式相互作用。

真核生物染色质在细胞核内的紧密排列结构呈现不同层次，并占据了有限的核空间（Tiang et al.，2012）。为了解白花泡桐染色体之间的结构特征，对各染色体间的互作进行标准化，得到标准化之后的染色体间互作矩阵，两个染色体间互作数值越高代表这两个染色体在空间上越靠近。为了更好呈现染色体大小与染色体间互作强度的相关性，对泡桐的 20 条染色体大小进行了标注，*X* 轴和 *Y* 轴维度上根据染色体间互作数值进行层次聚类，发现泡桐的长染色体在空间距离上比较短的染色体更近，相互作用更频繁，造成这一结果的原因可能与泡桐自身染色体之间大小的差异相关。

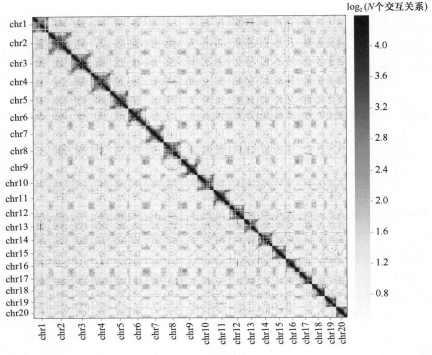

图 2-7　白花泡桐全基因组染色质互作图谱

三、泡桐染色质三维结构分析

Lieberman-Aiden 等（2009）的 Hi-C 研究发现：在 Mb 级别，哺乳动物基因组可以划分为两个区室，称为 A/B 区室，位点之间的互作很多发生在相同的区间。研究发现 A 区室与开放的染色质联系比较紧密，B 区室与关闭的染色质联系比较紧密，A/B 区室具有细胞特异性，在不同的组织细胞内能够发生转换，这种转换与基因表达调控有一定关系。白花泡桐 Hi-C 实验得到的染色体各位点间的互作矩阵称为原始矩阵也称为 observed 矩阵，由于 Hi-C 实验酶切片段间随机性连接的存在，observed 矩阵通常被认为含有噪声，为了反映染色体各位点间的空间邻近强弱，observed 矩阵需要经过标准化处理，针对 Hi-C 分析中不同的分析内容需要不同的矩阵标准化方法，关于泡桐中 A/B 区室的分析，需要先经过 observed/expected（o/e）（Lieberman-Aiden et al.，2009）的标准化方法处理 observed 矩阵，最后得到 A/B 区室分析的基础矩阵（以 9 号染色体为例，图 2-8A）。通过观察标准化后的 o/e 热图一般会发现染色体内的互作呈现出格子图形，这代表着染色体可分为两类在空间上彼此邻近的位点。之后对泡桐矩阵各个位点间进行互作相关性分析，以位点间相关性矩阵作热图，以此使得热图的格子图形更加明显（图 2-8B）。为了得到矩阵热图呈现出来的格子的具体位置信息，一般采用 PCA（principal component analysis）对泡桐中获得的相关性矩阵进行分析，得到染色体各位置的第一特征向量（eigenvector），一般 bin 的第一特征向量的正负分别代表了 A/B 区室之间的

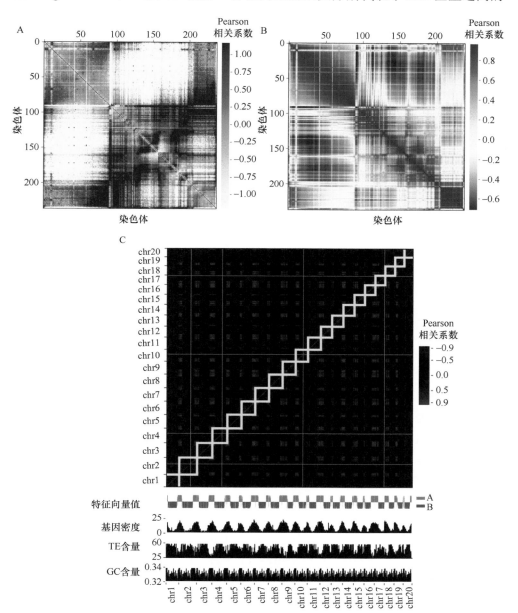

图 2-8　染色质结构分析

A. observed/expected 标准化热图；B. 相关性热图；C. 染色体内和染色体间相互作用

划分。结合基因组的基因密度或转录组数据，探究两类区室的基因密度及平均表达水平来确定最终泡桐的 A/B 区室（图 2-8C）。从图中发现白花泡桐染色体内部可以区分出明显的 A 区室和 B 区室，并且每条染色体两端各有一个 A 区室，中间有一个 B 区室（图 2-8C）。

在哺乳动物 40kb 左右分辨率的 Hi-C 互作热图中，能够观察到热图中呈现明显的三角形结构，是哺乳动物和一些植物染色质结构的一个显著特征（Dixon et al.，2012）。通常在 Hi-C 图谱上显示为"三角形"的高频率的自我相互作用区域（Dong et al.，2017），这些三角形的结构被命名为拓扑相关结构域 TAD。利用绝缘分数（insulation score）（Crane et al.，2015）、基于 DI（directionality index）的 HMM（hidden Markov model）（Dixon et al.，2012）和 arrowhead（Rao et al.，2014）等不同方法来评估泡桐中是否也具有 TAD 的特征。最后利用 insulation score 方法，在白花泡桐中共鉴定到 1005 个 TAD 边界（图 2-9），其平均长度为 429kb。

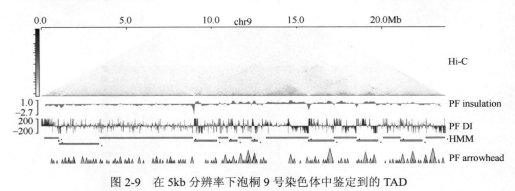

图 2-9 在 5kb 分辨率下泡桐 9 号染色体中鉴定到的 TAD

在植物等大基因组中，从 Hi-C 数据相互作用矩阵中发现了许多基因岛之间的远距离染色质相互作用（称为环）（Dong et al.，2020）。染色质环是由数百个千碱基组成的染色质精细结构，主要是将调控元件定位在靠近基因位点的位置，并招募 RNA 聚合酶 II 以增强转录的激活（Rao et al.，2014；Liu et al.，2016）。我们将参考 Durand 等（2016）的研究方法来鉴定泡桐中的染色质环。通过对白花泡桐 5370 万个有效顺式相互作用的序列分析共鉴定到了 15 263 个染色质环。

目前许多研究已经报道了染色质结构在疾病诱导过程中的重要性，特别是对人类疾病的影响（Rajarajan et al.，2018；Ouimette et al.，2019）。过去的研究已表明了 3D 染色质结构在动物疾病诱导和性状改良中的作用，我们通过对白花泡桐染色质结构的探究，也将打破传统线性基因组水平上进行研究的局限性，为进一步创新泡桐种质资源提供新的思路。

四、泡桐染色质三维模型构建

Hi-C 实验获得的染色质相互作用频率（chromatin interaction frequency，IF）在一个给定范围内会随距离的增大而衰减，一般用互作衰减指数（interaction decay exponent，IDE）来揭示 IF 衰减的斜率陡度。互作衰减指数 IDE 指的是同一染色体上的两基因位点之间的空间互作频率随位点在基因组上物理距离的增加而呈现出幂律衰减的趋势，通常被用于评估染色体或者一个染色体局部区域的染色质组装模式的标准（Dixon et al.，2012；Grob et al.，2013）。如图 2-10 所示，泡桐所有染色体 IDE 范围从 0.36～0.45 不等，意味着白花泡桐染色质图谱的基本单元是相对稳定保守的。根据白花泡桐细胞 Hi-C 捕获的数据并同时利用 IDE 来预测白花泡桐细胞核中染色质的折叠模型，由于白花泡桐基因的分布相对较均匀，所以属于分形球模型（fractal globule model，FGM）（图 2-11）。

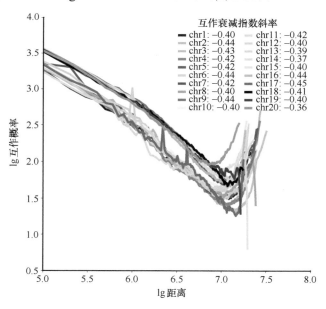

图 2-10　白花泡桐单条染色体 IDE 曲线

在此研究中，我们表征了白花泡桐基因组染色质不同层级结构及其特征，揭示了白花泡桐染色质三维结构的各个层级结构：染色质区室、拓扑相关结构域和染色质环，与水稻（Dong et al.，2018）、棉花（Pei et al.，2022）、玉米（Dong et al.，2020）和拟南芥（Grob et al.，2013）等植物的三维结构特征相似。Peng 等（2019）利用组蛋白作为基因元件的标记在玉米幼嫩的籽粒和叶片中，预测玉米基因组中的启动子与增强子之间的结构特征，探究了不同组织差异基因的表达机制。将来，我们将在泡桐三维基因组的基础上，结合其他组学数据来更好揭示染色质结构与功能之间的调控关系，迈上对泡桐种质资源创新的新台阶。

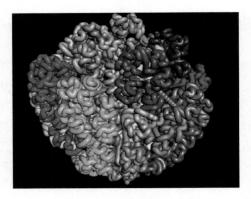

图 2-11 白花泡桐细胞核三维基因组模型与形态

第三节 泡桐基因组进化及全基因组复制事件

一、泡桐基因家族分析

为了解泡桐基因组所具有的一些特性及与唇形目植物其他代表性物种的共性，本研究利用 OrthoMCL 软件对包括透骨草科、列当科、茄科和茜草科的 9 个物种进行比较基因组分析。首先，通过对这些物种进行基因家族聚类分析，发现泡桐中共有 15 234 个基因家族，其中有 1367 个单拷贝基因家族是这些物种共有的。对唇形目几个物种的基因家族进行进一步的分析，结果表明相对于其他几个物种，泡桐基因组特异的基因家族有 175 个，包含 460 个基因（表 2-10）。

表 2-10 泡桐与其他物种基因家族聚类统计

物种名称	总的基因个数	聚类的基因个数	总的基因家族个数	单拷贝基因个数	多拷贝基因个数	特有基因个数	特有基因家族个数
芝麻	23 018	21 577	13 849	5568	8872	276	85
柚木	31 168	26 487	14 810	5178	11 616	1065	440
黄芩	28 798	23 714	14 422	5140	10 090	1553	646
咖啡	25 574	20 849	13 793	6916	6130	1678	538
番茄	34 674	25 693	14 453	5946	8441	4020	919
油橄榄	39 797	33 063	14 422	4106	14 771	3353	791
葡萄	29 825	21 965	13 686	6525	7227	2258	753
独脚金	33 426	23 487	13 594	5765	8078	4276	1118
多斑沟酸浆	28 140	24 108	14 694	5936	8577	1545	473
白花泡桐	31 985	27 623	15 234	4265	13 269	460	175

二、唇形目物种系统发育

　　泡桐属于唇形目玄参科，但与唇形目其他物种的进化关系尚不明确。为了进一步阐明玄参科的进化地位，本研究利用 PHYML 软件对鉴定到的 1367 个单拷贝基因构建物种系统发育树。结果表明玄参科与透骨草科和列当科来源于同一祖先（图 2-12）。同时使用 Mcmctree 软件估算出物种间的分化时间。玄参科大约在4092 万年前从透骨草科和列当科的共同祖先中分离出来。

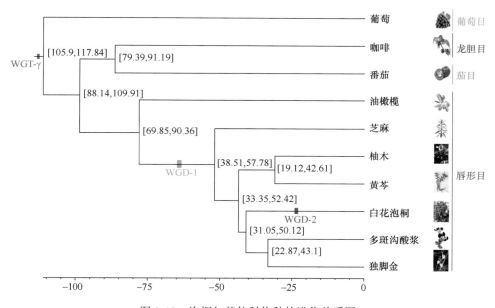

图 2-12　泡桐与其他科物种的进化关系图

最大似然树由 1367 个单拷贝直系同源基因生成。WGT-γ，双子叶植物中的全基因组三倍化事件；WGD，可能发生在百万年前的泡桐和芝麻的共同祖先中的最近全基因组复制事件。自展值显示在分支下方

三、泡桐基因组家族收缩与扩张

　　基于已经构建的系统进化树，可以挖掘出某物种中哪些基因发生了明显的扩张或收缩，进而对一些潜在的功能基因进行进一步研究。在本研究中，通过 CAFE 软件分析，与芝麻、黄芩和柚木相比，在泡桐的多拷贝基因家族中，有 3022 个家族检测到扩张或收缩（图 2-13）。进一步分析显示，扩张的基因家族包括与木质素和纤维素合成（UDP 形成）相关的基因家族，该结果为玄参科物种的进化和适应环境研究提供了依据和方向。

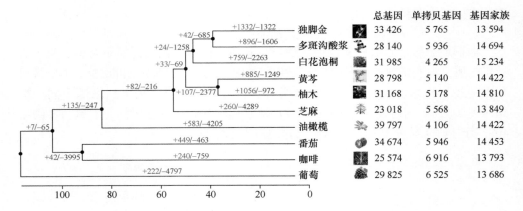

图 2-13　泡桐和其他 9 种代表性物种基因家族的扩张和收缩

利用最大似然法基于 1367 个单拷贝同源蛋白质构建系统树。每个分支上方的红色和蓝色数字分别
表示扩张（+）和收缩（−）基因家族的数量。分支中的黑点表示 100% 的支持率

四、泡桐全基因组复制事件

同义替换（Ks）和物种分化曲线分析表明泡桐与多斑沟酸浆（Hellsten et al.，2013）和芝麻（Wang et al.，2014）相似，经历了两次全基因组复制（WGD）（图 2-12）。第一次为 γ 三倍化事件（WGT-γ 在 12 200 万～16 400 万年前），第二次 WGD 发生在最近。为进一步分析泡桐中的两次 WGD 事件，本研究在基础被子植物无油樟（*Amborella trichopoda*）、葡萄（*Vitis vinifera*）和泡桐中进行种间线性分析，结果显示葡萄中多达三个区域可以对应无油樟中的一个区域，这与先前报道的葡萄全基因组三倍化一致（Ming et al.，2015）。同时，如 Ks 分析所示，葡萄基因组中高达 66% 的区域可以与 87% 的泡桐基因组序列形成 1∶2 的关系，这表明了泡桐发生了一次特有的 WGD 事件（图 2-14B、C 和图 2-15）。唇形目物种中最近一次 WGD 的 Ks 峰的范围为 0.33～0.82（图 2-14A），表明独立的物种特异性 WGD 事件。考虑到世代间隔的巨大差异可能导致物种的不同进化速率（Andersen et al.，2013），说明最近的 WGD 事件可能发生在唇形目的共同祖先中。为了验证这一假设，本研究分析了白花泡桐、芝麻和葡萄中具有共线关系的所有基因，并构建了 581 个进化树，其中 393 个进化树（67.6%）结果表明基因重复发生在白花泡桐和芝麻的共同祖先中，并且系统进化树近似无偏检验结果表明，86.3% 的进化树不支持独立的 WGD 假设（图 2-16）。这表明白花泡桐和芝麻可能共享最近的 WGD 事件。

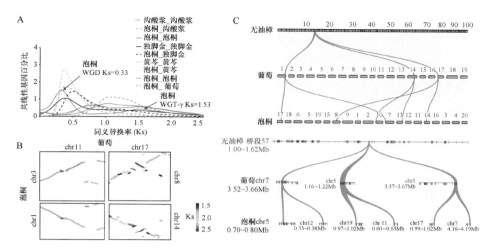

图 2-14　泡桐全基因组复制事件分析

A. 泡桐、独脚金、多斑沟酸浆、葡萄和黄芩的共线直系同源基因的 Ks 分布。*y* 轴表示共线块中基因对的比率；
B. 泡桐的 4 个染色体和葡萄的 2 个染色体中的共线直系同源基因的点图。Ks 值用颜色标记，仅绘制 Ks 值在 1.5～
2.5 的基因对以更好地可视化。C. 泡桐与无油樟和葡萄的共线性分析。微共线性分析表明，由于基因组三倍化事
件，基础被子植物无油樟中的典型片段可以追溯到葡萄中多达 3 个区域和泡桐中 6 个区域

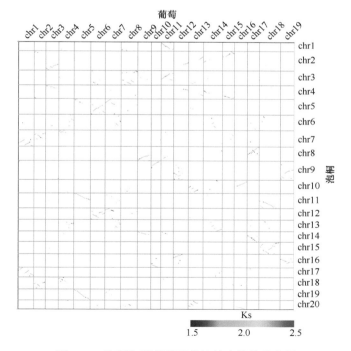

图 2-15　泡桐与葡萄基因组比较中的共线点图

Ks 值用颜色标记，仅绘制 Ks 值在 1.5 和 2.5 范围之间的基因对以获得更好的可视化效果；
利用 14 960 个基因对分析泡桐和葡萄的共线性

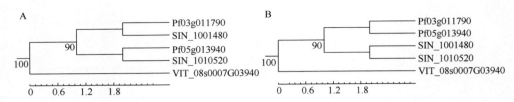

图 2-16 泡桐、芝麻和葡萄共线区域的基因树

构建的基因树支持了共享 WGD 的假设。A. 支持泡桐和芝麻共享 WGD 的基因系统发育树；
B. 近似无偏检验否定由独立 WGD 产生的基因系统发育树（*P*<0.05）

第四节 泡桐亚基因组构建及染色体重构

一、泡桐亚基因组构建

通过对泡桐进行种内共线性分析发现，从 54 个共线性块中共鉴定出 5781 个基因对，包括 26 542 个基因，这些基因占染色体区域的 94%，这表明大量基因丢失以不对称和互换的方式发生。为了分析最近一次 WGD 后的二倍化事件，根据泡桐中最近一次 WGD 产生的复制 block 将其相互之间有重叠区域的共线性区块聚成共线性簇，根据同源基因数目对共线性区块进行排序；同时，将没有重叠的共线性区块连接到同一个亚基因组，最后按照同源基因数目从多到少划分两个亚基因组：一个保留更多基因（less fractionated，LF），包括 11 条染色体，而另一个保留较少基因（more fractionated，MF），包括 9 条染色体（图 2-17）。

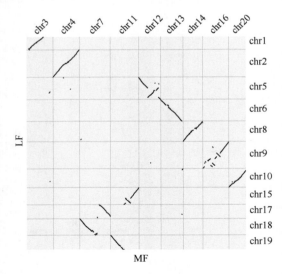

图 2-17 泡桐亚基因组 LF 和 MF 共线性关系分析

亚基因组比对分析 MF 和 LF（6454 个基因对）

二、泡桐亚基因组比较分析

在物种的进化过程中亚基因组之间存在变异区域，为分析变异区域之间是否存在基因分布等的差异，本研究进一步比较了这些变异区域的基因分布密度及转座元件含量。在本研究中，用 1M 序列中基因的数目（个/M）来衡量基因的密度。通过对泡桐两个亚基因组进行进一步的分析显示，LF 亚基因组的 TE 百分比低于 MF 亚基因组，两个亚基因组中所含的 LTR/Gypsy 比例较高，分别含 15.58% 和 18.44%。同时两个亚基因组之间的转录偏好性分析表明，LF 亚基因组具有更多的基因，这些基因在 4 个组织（顶端芽、叶、形成层和韧皮部）中的表达水平比 MF 亚基因组高（表 2-11 和图 2-18）。

表 2-11　两个亚基因组基因密度分析

LF_同源区域			MF_同源区域			LF/MF 值
LF 染色体	基因数目/个	染色体长度/bp	MF 染色体	基因数目	染色体长度/bp	
chr1	1011	22 700 747	chr3	821	21 981 042	1.23
chr2	2026	31 876 066	chr4	1445	26 896 329	1.4
chr5	1620	25 186 712	chr12	1203	19 751 971	1.35
chr6	1592	24 378 266	chr13	1166	19 848 211	1.37
chr17	850	7 974 010	chr7	625	5 192 974	1.36
chr18	1082	13 686 912	chr7	966	18 208 433	1.12
chr8	1492	23 767 656	chr14	1075	19 295 504	1.39
chr9	1969	23 263 806	chr16	1421	18 606 012	1.39
chr10	1308	21 475 947	chr20	977	15 541 361	1.34
chr19	1045	15 327 581	chr11	750	15 901 739	1.39
chr15	1272	19 002 595	chr11	826	6 941 162	1.54
合计	15 267	228 640 298		11 275	188 164 738	1.35

三、泡桐染色体重构

玄参科进化分析显示泡桐经历了两次全基因组复制事件，并于 4092 百万年前与透骨草科和列当科发生了物种分化。为分析两次全基因组复制事件之后的染色体融合和断裂，本研究对其进行染色体重构分析，结果表明 chr7 和 chr11 来源于最近一次 WGD 后的染色体融合，因为 chr17、chr15 和 chr19 分别仅与葡萄 chr1、chr18 和 chr5 保持祖先共线性（图 2-20）。多对泡桐染色体显示出相同的融合模式，表明染色体融合发生在最近一次 WGD 之前：chr8 和 chr14 均起源于祖先葡萄 chr9

和 chr17 的融合，而 chr9 和 chr16 均起源于祖先葡萄 chr10、chr12 和 chr19 的融合（图 2-19 和图 2-20）。功能富集分析表明，来自最近的 WGD 的基因（16 395 个）主要富集在"镉离子响应"和"对细菌的防御"反应，而来自串联重复的基因（3299 个）富集在"生物胁迫响应"和"防御反应"方面。这些结果表明基因组/基因复制在泡桐适应环境变化中的重要作用。

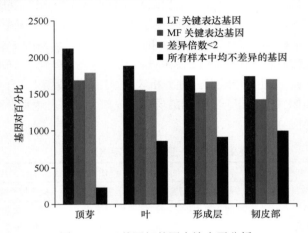

图 2-18 亚基因组基因表达水平分析

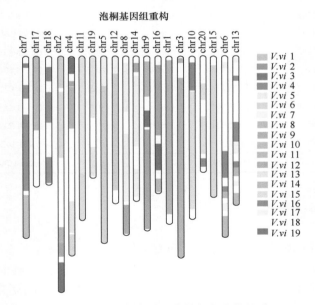

图 2-19 泡桐染色体重建的假定进化关系

泡桐染色体（chr1～chr20）用不同的颜色表示，以显示葡萄 19 条染色体（*V.vi* 1～*V.vi* 19）的不同片段

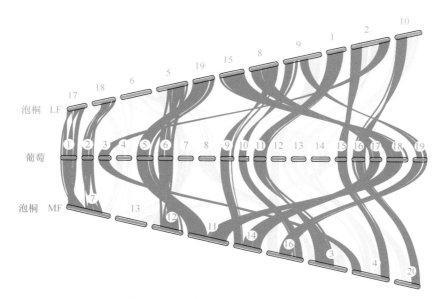

图 2-20　泡桐两个亚基因组与葡萄属基因组的微共线性

绿色方框表示泡桐中保留的葡萄祖先染色体结构区域

第五节　泡桐高密度遗传图谱构建

一、RAD 文库构建及测序

本研究基于二代测序技术对 185 个样品进行测序，获得原始数据（raw data）219.14G，经过数据过滤后共产出 201.343G 有效数据。经分析显示这些数据的 Q20≥96.49%，GC 含量正常，说明 185 个样品的测序质量较高；其中，亲本平均序列数为 26.405M，子代的平均序列数为 12.23M。将所有过滤后所得的 RAD tag 利用 SOAP2 软件与参考序列进行序列比对，并统计比对信息，结果发现：亲本白花泡桐分别有 14 630 584 条和 21 333 202 条双末端 RAD tag 比对到基因组，3 183 020 条和 5 612 901 条单末端 RAD tag 比对到参考基因组，总共有 81% 和 74.82% 的序列比对到参考基因组序列上；亲本毛泡桐分别有 11 149 680 条双末端 RAD tag 和 16 259 650 条双末端 RAD tag 及 3 679 989 条单末端 RAD tag 和 3 734 350 条单末端 RAD tag 比对到基因组，总共有 69% 及 75.02% 的序列比对到白花泡桐参考基因组上；在 181 个子代中，RAD tag 比对到基因组的比对率都在 72% 以上，最高比对率为 82.94%。

二、个体单核苷酸多态性分析及基因分型

测序得到原始数据拆分过滤后，对泡桐双亲和子代的测序序列进行聚类比对分析，获得了每个单株的标记开发结果，其中在母本毛泡桐中开发出 126 974 个单核苷酸多态性（single nucleotide polymorphism，SNP），其中纯合 SNP 有 101 262 个，纯合率为 79.75%；在父本白花泡桐中开发出 117 277 个 SNP，其中纯合 SNP 有 54 036 个，纯合率为 46.08%；在母本白花泡桐中开发出 273 173 个 SNP，其中纯合 SNP 有 85 011 个，纯合率为 31.12%；在父本毛泡桐中开发出 195 414 个 SNP，其中纯合 SNP 有 65 688 个，纯合率为 33.61%；F_1 代 SNP 纯合率平均值为 47.64%，SNP 杂合率平均值为 52.36%。利用一致性序列，按照过滤条件：①碱基的质量值大于等于 20；②SNP 之间至少 5bp 间隔；③测序深度大于等于 6；④拷贝数小于等于 1.5，将与参考序列比对的多态性位点条挑选出来，得到各个样品的 SNP 信息，再将所有个体的 SNP 整合在一起，得到整个群体的高质量的基因型，共 551 894 个多态 SNP 位点，最后对群体基因型进行过滤后，获得 5015 个分离位点。

三、遗传连锁图谱构建

5015 个标记位点中去除相似的位点（100bp 坐标内只保留一个位点），最后得到 3785 个标记位点，使用 Joinmap v. 4.0 来构建遗传图谱，并手动去除了相似标记，最后保留 3545 个标记用于作图，作图群体个体数为 178 个，以连锁系数（LOD）等于 13～20 为指标进行聚类分析，所有标记位点划分为 20 个连锁群（图 2-21），图谱总长度为 2050.77cM。

以连锁群为单位，利用 Joinmap v. 4.0 软件获得连锁群内标记的线性排列，多点分析估算相邻标记间的遗传距离，由表 2-12 可以看出，各个连锁群的两点标记间的平均距离变化范围是 0.39～1.55cM，连锁图的平均距离为 0.58cM。各个连锁群上标记数目变化范围是 87～282 个 SNP，其中标记数量最多的连锁群是染色体 1（chr1），标记数量最少的连锁群是染色体 20（chr20），20 个连锁群中标记密度最大的是 2.57 个 SNP/cM，位于 LG1 上。在形成的 20 个连锁群上连锁位点覆盖的遗传距离从 67.89～134.49cM，平均为 102.54cM，连锁群最长的是 chr20，最短的是 chr19。每一连锁群上含有的 SNP 连锁标记数从最少 87 个到最多 282 个。标记间平均距离最大的连锁群为 chr18，平均距离 1.50cM。从构建的两个亲本遗传图谱连锁群的数量来看，F_1 代连锁图包含了 20 个连锁群。

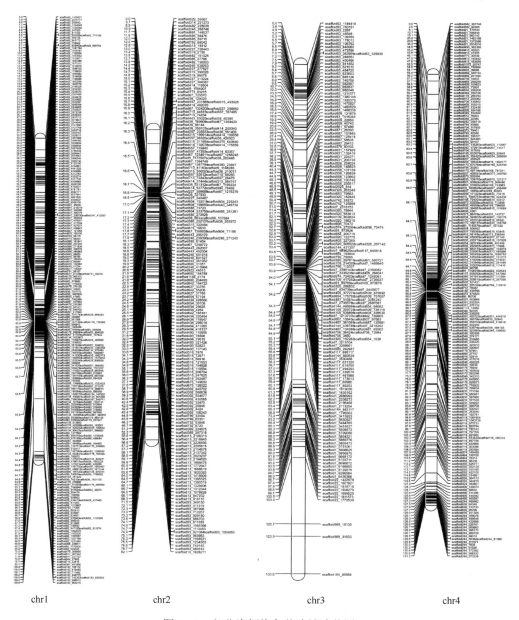

图 2-21　部分泡桐染色体连锁遗传图

四、基因组长度的估计和图谱覆盖度的估计

图谱标记数量和 LOD 值的选取将共同影响估算基因组大小。本研究得到的泡桐遗传图谱的实际长度为 2050.79cM；采用 Postlethwait 等（1994）提出的方法计

算得到的泡桐遗传连锁图谱预期长度为 2051.93cM；根据 Chakravarti 等（1991）提出的方法计算得到的泡桐遗传连锁图谱预期长度为 2076.64cM；两种算法取平均值后最终得到的泡桐遗传连锁图谱预期长度为 2064.29cM；图谱覆盖度为 99.35%。

表 2-12　泡桐连锁遗传图谱统计

连锁群	长度/cM	标记数	平均距离/cM
chr1	109.77	282	0.39
chr2	82.07	193	0.43
chr3	133.81	173	0.77
chr4	131.19	235	0.56
chr5	105.66	237	0.45
chr6	111.23	220	0.51
chr7	95.55	207	0.46
chr8	115.86	204	0.57
chr9	87.94	194	0.45
chr10	111.37	192	0.58
chr11	91.40	188	0.49
chr12	80.14	189	0.42
chr13	86.14	174	0.50
chr14	95.91	151	0.64
chr15	115.83	147	0.79
chr16	79.46	149	0.53
chr17	81.80	122	0.67
chr18	133.28	89	1.50
chr19	67.89	112	0.61
chr20	134.49	87	1.55
总计	2050.79	3545	0.58

参 考 文 献

逄洪波, 高秋, 李玥莹, 等. 2016. 利用流式细胞仪测定鬼针草基因组大小. 基因组学与应用生物学, 35(7): 1800-1804.

沈立群. 2018. 唇形科三种药用植物叶绿体全基因组及科内的比较与进化分析. 浙江大学硕士学位论文.

王利虎, 吕晔, 罗智, 等. 2018. 流式细胞术估测枣染色体倍性和基因组大小方法的建立及应用. 农业生物技术学报, 26(3): 511-520.

Andersen M T, Liefting L W, Havukkala I, et al. 2013. Comparison of the complete genome sequence of two closely related isolates of 'Candidatus Phytoplasma australiense' reveals genome plasticity. BMC Genomics, 14: 529.

Chakravarti A, Lasher L K, Reefer J E A. 1991. Maximum likelihood method for estimating genome length using genetic linkage data. Genetics, 128(1): 175-182.

Crane E, Bian Q, McCord R P, et al. 2015. Condensin-driven remodelling of X chromosome topology during dosage compensation. Nature, 523(7559): 240-244.

Dixon J R, Selvaraj S, Yue F, et al. 2012. Topological domains in mammalian genomes identified by analysis of chromatin interactions. Nature, 485(7398): 376-380.

Dong P, Tu X, Chu P, et al. 2017. 3D chromatin architecture of large plant genomes determined by local A/B compartments. Molecular Plant, 10(12): 1497-1509.

Dong P, Tu X, Li H, et al. 2020. Tissue-specific Hi-C analyses of rice, foxtail millet and maize suggest non-canonical function of plant chromatin domains. Journal of Integrative Plant Biology, 62(2): 201-217.

Dong Q, Li N, Li X, et al. 2018. Genome-wide Hi-C analysis reveals extensive hierarchical chromatin interactions in rice. The Plant Journal: for Cell and Molecular Biology, 94(6): 1141-1156.

Durand N C, Shamim M S, Machol I, et al. 2016. Juicer provides a one-click system for analyzing loop-resolution Hi-C experiments. Cell Systems, 3(1): 95-98.

Grob S, Schmid M W, Luedtke N W, et al. 2013. Characterization of chromosomal architecture in *Arabidopsis* by chromosome conformation capture. Genome Biology, 14(11): R129.

Hellsten U, Wright K M, Jenkins J, et al. 2013. Fine-scale variation in meiotic recoMination in Mimulus inferred from population shotgun sequencing. Proc. Natl. Acad. Sci. USA, 110: 19478-19482.

Liang Z, Chen Z. 1997. Studies on the cytological taxonomy of the genus *Paulownia*. J. Huazhong Agr. Univ., 16: 81-85.

Lieberman-Aiden E, van Berkum N L, Williams L, et al. 2009. Comprehensive mapping of long-range interactions reveals folding principles of the human genome. Science (New York, N.Y.), 326(5950): 289-293.

Liu C, Wang C, Wang, G, et al. 2016. Genome-wide analysis of chromatin packing in *Arabidopsis thaliana* at single-gene resolution. Genome Research, 26(8): 1057-1068.

Ming R, VanBuren R, Wai C M, et al. 2015. The pineapple genome and the evolution of CAM photosynthesis. Nat. Genet., 47: 1435-1442.

Ouimette J F, Rougeulle C, Veitia R A. 2019. Three-dimensional genome architecture in health and disease. Clinical Genetics, 95(2): 189-198.

Pei L, Huang X, Liu Z, et al. 2022. Dynamic 3D genome architecture of cotton fiber reveals subgenome-coordinated chromatin topology for 4-staged single-cell differentiation. Genome Biology, 23(1): 45.

Peng Y, Xiong D, Zhao L, et al. 2019. Chromatin interaction maps reveal genetic regulation for quantitative traits in maize. Nature Communications, 10(1): 2632.

Postlethwait J H, Johnson S L, Midson C N, et al. 1994. A genetic linkage map for the zebrafish. Science, 264(5159): 699-703.

Rajarajan P, Jiang Y, Kassim B S, et al. 2018. Chromosomal conformations and epigenomic regulation in schizophrenia. Progress in Molecular Biology and Translational Science, 157: 21-40.

Rao S, Huntley M H, Durand N C, et al. 2014. A 3D map of the human genome at kilobase resolution reveals principles of chromatin looping. Cell, 159(7): 1665-1680.

Servant N, Lajoie B R, Nora E P, et al. 2012. HiTC: exploration of high-throughput 'C' experiments. Bioinformatics (Oxford, England), 28(21): 2843-2844.

Tiang C L, He Y, Pawlowski W P. 2012. Chromosome organization and dynamics during interphase, mitosis, and meiosis in plants. Plant Physiology, 158(1): 26-34.

Wang C, Liu C, Roqueiro D, et al. 2015. Genome-wide analysis of local chromatin packing in *Arabi-*

dopsis thaliana. Genome Research, 25(2): 246-256.

Wang L H, Sheng Y, Tong C B, et al. 2014. Genome sequencing of the high oil crop sesame provides insight into oil biosynthesis. Genome Biol, 15: R39.

Wickham H. 2009. Ggplot2: Elegant Graphics for Data Analysis. New York: Springer-Verlag.

Yaffe E, Tanay A. 2011. Probabilistic modeling of Hi-C contact maps eliminates systematic biases to characterize global chromosomal architecture. Nature Genetics, 43(11): 1059-1065.

第三章　白花泡桐基因组重注释

随着测序技术的不断成熟和快速发展，自人类基因组序列发表至 2023 年 6 月科研工作者对 468 058 个物种进行了基因组测序。然而目前对基因组进行准确的基因注释仍是一项具有挑战的工作。虽然常规的基因组注释通量高，但常有注释错误的情况，尤其是核苷酸长度小于 150bp 的微肽类在注释时容易被漏掉。近年来，基于高分辨率、高精确度的蛋白质组学研究技术被广泛应用于完善基因组注释并成为国际上研究的热点。蛋白质组学鉴定到的肽段能够为蛋白质编码基因的存在提供直接的证据，使得以质谱技术为基础的蛋白质组学在基因组重注释方面展现出独特的优势，并成为基因组注释中不可或缺的重要工具。

白花泡桐是唇形目玄参科物种，是目前玄参科中唯一完成全基因组测序的木本植物。虽然该物种的基因组注释工作已经完成，但是其蛋白质编码基因缺少蛋白质层面的注释证据。据统计，Uniprot 数据库中存储有 27 298 个试验验证的人类的蛋白质数据和 1 716 880 个预测的人类蛋白质数据。然而，有关泡桐的数据却只有 2 个验证的蛋白质 SODCC 和 matK 及 1741 个预测的蛋白质数据。因此，有关泡桐蛋白质功能的研究相对欠缺。鉴于白花泡桐的广泛分布和其在生态系统中发挥的重要作用，开展白花泡桐蛋白质基因组研究，提高其基因组注释的准确性具有十分重要意义。

研究发现，适宜浓度甲基磺酸甲酯（MMS）和利福平（Rif）处理后的泡桐丛枝病苗组培苗可恢复为健康状态，且体内检测不到植原体 16S rRNA 的存在（范国强等，2007；翟晓巧等，2010）。基于此，本研究以蛋白质基因组学为研究策略，对白花泡桐叶片、根、茎、花、果和芽及 MMS 和 Rif 处理泡桐幼苗的样品进行蛋白质提取，通过采用高质量的质谱分析结合生物信息学等手段，鉴定并验证了白花泡桐基因组预测的已注释蛋白质编码基因，为这些基因在蛋白质水平上的表达提供了证据支持。同时，发现并鉴定到新的蛋白质编码基因和可变剪接体，修正了基因的结构模型，最终绘制了白花泡桐蛋白质组草图。

第一节　白花泡桐蛋白质组草图绘制

一、白花泡桐非冗余蛋白基因组数据库构建

为了提高白花泡桐基因组注释的精确度及捕获基因组蛋白质编码潜力，本研

究对白花泡桐基因组、不同部位的全长转录组及不同药物处理不同时长的白花泡桐患病幼苗转录组数据进行了蛋白质基因组学分析,通过采用基因组六框翻译和 RNA(mRNA 和非编码 RNA)三框翻译来整合构建蛋白质 FASTA 数据库。同时,利用高分辨率、高精确度的质谱分析仪对胰酶酶切蛋白质得到的肽段复合物进行分析鉴定,共得到 3 382 875 张高质量的质谱数据。随后,通过序列去冗余及生成的谱图与白花泡桐蛋白质组学数据库进行匹配(FDR≤1%)。最终,获得了 33 249 条序列(含 1246 条 GSSP)可用于重新注释白花泡桐基因组及后续蛋白质组学研究。

二、白花泡桐蛋白质组草图绘制

为了得到一个较为完整的白花泡桐蛋白质表达数据,本研究采集了 6 个部位的样品,包括根、茎、叶、花、芽和果实。同时,为了分析丛枝病发生过程中蛋白质的表达变化,又分别采集了健康组培苗、患丛枝病组培苗、利福平和 MMS分别处理 5 天和 20 天的患丛枝病白花泡桐组培苗。利用高分辨率、高精确度的质谱分析最终得到 338 2875 张 MS/MS 质谱图,这些谱图能对应 126 646 个肽段序列,其中有 104 387 个对应唯一的肽段。通过将肽段序列比对非冗余蛋白数据库,最终这些质谱数据能对应 16 726 个蛋白质,该结果约占编码蛋白质的 50%,尚有约 15 000 个预测编码蛋白质基因没有鉴定到。在这些鉴定到的蛋白质中有13 723 个对应已知的基因,表明在泡桐的蛋白质数据库中至少有 13 723 个预测的编码基因能翻译成蛋白质,这些结果也为这些基因在翻译水平的表达提供了有力的实验证据。

将本研究获得的蛋白质 mapping 至白花泡桐基因组上,绘制了蛋白质在基因组上的分布图(图 3-1)。本研究共鉴定到 16 324 个蛋白质定位在 20 条染色体上,其中,有 7743 个位于正链,有 8581 个位于负链上。染色体预测基因平均 GC 含量为 42.3%,其中,正链预测基因平均 GC 含量为 42.1%,负链预测基因平均 GC含量为 42.5%。在这些定位在染色体上的蛋白质中有 16 071 个是已知预测编码基因编码的相应蛋白质,占预测编码蛋白质的染色体基因的 50.24%,平均每个预测基因的肽段序列覆盖度为 12.18%:正链上鉴定到 7701 个,占 24.07%,平均肽段序列覆盖度为 12.24%,负链上鉴定到 8370 个,占 26.16%,平均肽段序列覆盖度为 12.11%。除此之外,有 402 个蛋白质定位于染色体的未知区域,该部分蛋白质占基因预测编码蛋白质的 1.25%,其中,定位于正链上的有 275 个,定位于负链上的有 127 个。

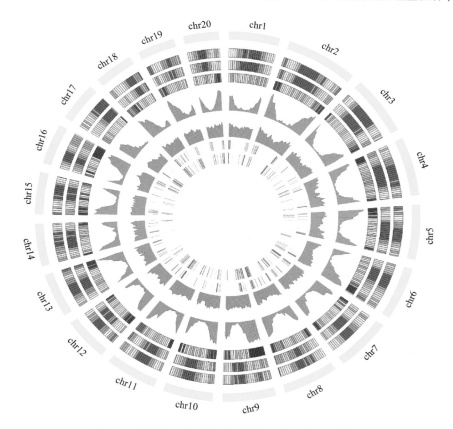

图 3-1 鉴定蛋白质在基因组常染色体上的分布情况

由外向内圆圈分别依次表示：1. 染色体；2. 正链上的预测基因；3. 负链上的预测基因；4. GC 含量；5. 鉴定到的肽段匹配到的蛋白质；6. 鉴定到的新肽段；7. 鉴定到的新基因；8. 可变剪接基因。颜色的深浅表明基因分布密度，颜色越深表明基因密度越大（红色表明基因密度大，蓝色表明基因密度小）

三、白花泡桐非编码基因分析

虽然在本研究中蛋白质组已经获得了较深的覆盖度，但由于利用 MS 很难检测低分子量、低丰度或有跨膜结构的蛋白质肽段信息，并且预测的基因中一些实际上并没有蛋白质编码能力（Ezkurdia et al.，2014）；此外，通过分析 Uniprot 数据库中泡桐的蛋白质注释结果发现，有 38.4% 的编码蛋白质基因是通过算法预测获得的，60.6% 的蛋白质来自同源性比对，17 个蛋白质是基于转录水平的实验证据进行注释，因此，这些结果表明泡桐中是否存在 31 985 个蛋白质编码基因还需要更多的实验数据证明。在本研究中，有 15 259 个泡桐基因组预测的蛋白质编码基因未鉴定到，那么这些预测的基因是否具有编码蛋白质的能力还有待进一步的验证。

为了鉴定白花泡桐基因组中的潜在非编码基因，本研究首先对这些未鉴定到的蛋白质序列进行长度分析，结果发现这些未被鉴定到的蛋白质序列长度都较短（图 3-2A）。在蛋白质组分析中，如果编码蛋白质的氨基酸序列较短，那么其酶切后的肽段被检测到的概率也会大大降低，因此，在白花泡桐蛋白质组中，存在

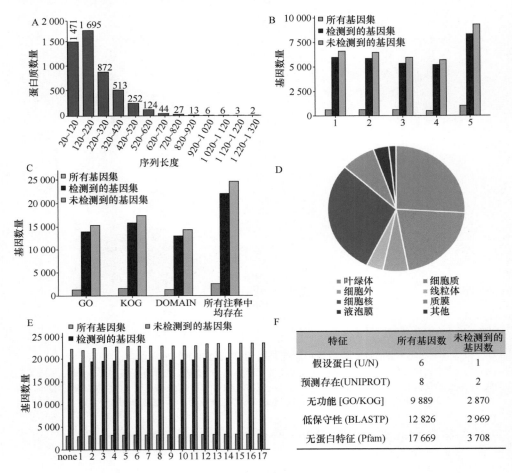

图 3-2　白花泡桐蛋白质组概况

A. 未鉴定的蛋白质长度分析。B. 白花泡桐中基因在其他物种的保守性分析。1. 独脚金；2. 多斑沟酸浆；3. 芝麻；4. 黄芩；5. 所有物种。C. 白花泡桐基因在不同数据库中的功能分析。D. 未鉴定到的有功能注释的蛋白质亚细胞定位。E. 白花泡桐基因在药物处理条件下的转录表达。none. 健康幼苗；1. 30mg/L Rif 处理患丛枝病幼苗 5 天；2. 30mg/L Rif 处理患丛枝病幼苗 10 天；3. 30mg/L Rif 处理患丛枝病幼苗 15 天；4. 30mg/L Rif 处理患丛枝病幼苗 20 天；5. 100mg/L Rif 处理患丛枝病幼苗 5 天；6. 100mg/L Rif 处理患丛枝病幼苗 10 天；7. 100mg/L Rif 处理患丛枝病幼苗 20 天；8. 30mg/L Rif 处理患丛枝病幼苗 20 天（PFIL30-20）的顶芽在不含 Rif 的 1/2 MS 培养基上培养 10 天；9. PFIL30-20 的顶芽在不含 Rif 的 1/2 MS 培养基上培养 20 天；10. PFIL30-20 的顶芽在不含 Rif 的 1/2 MS 培养基上培养 30 天；11. PFIL30-20 的顶芽在不含 Rif 的 1/2 MS 培养基上培养 40 天；12. 20mg/L MMS 处理患丛枝病幼苗 5 天；13. 20mg/L MMS 处理患丛枝病幼苗 30 天；14. 20mg/L MMS 处理患丛枝病幼苗 30 天（PFI20-30）的顶芽在不含 MMS 的 1/2 MS 培养基上培养 10 天；15. PFI20-30 的顶芽在不含 MMS 的 1/2 MS 培养基上培养 20 天；16. PFI20-30 的顶芽在不含 MMS 的 1/2 MS 培养基上培养 30 天；17. PFI20-30 的顶芽在不含 MMS 的 1/2 MS 培养基上培养 40 天。F. 非编码基因筛选

序列长度较短的蛋白质未被鉴定到的问题。其次，对这些未鉴定到的蛋白质序列进行保守性分析，以芝麻、黄芩和多斑沟酸浆等近缘物种的蛋白质数据集为依据，对这些蛋白质序列进行双向 blastp 分析，通过严格定义一对一的同源蛋白鉴定规则，发现在 9303 个白花泡桐直系同源基因中，有 8297 个是本研究鉴定到的，有 1006 个是本研究未鉴定到的（图 3-2B）。再次，对所有预测到的蛋白质进行 GO、KOG 和 Domain 结构域注释，结果显示，大约有 2500 个未鉴定到的蛋白质缺少任何功能注释（图 3-2C）。对这些具有功能注释的蛋白质进行亚细胞定位分析，结果显示有约 20% 的蛋白质定位于膜组分和细胞外环境（图 3-2D），而定位于这些亚细胞结构的蛋白质在传统的质谱鉴定过程中往往比较难鉴定到。最后，在 RNA 水平上检测不同药物处理不同时间长度条件下蛋白质编码基因的个数，结果显示，已鉴定到的蛋白质对应的编码基因在不同条件下的表达丰度要高于未检测到的蛋白质编码基因，即基因在不同药物处理条件下能够发生转录，那么蛋白质多肽被检测到的概率就高。在蛋白质组鉴定到的 16 726 个蛋白质中，有 12 530 个蛋白质在转录水平也能够表达，其中 11 873 个蛋白质在不同药物处理不同时间长度的生长条件下均能检测到相应的转录本。而蛋白质组中未鉴定到的 15 259 个蛋白质中，有约 4600 个蛋白质在转录水平没有检测到（图 3-2E）。进一步分析了这些蛋白质在不同公共数据库中的功能注释，得到了相关蛋白质编码基因功能列表及潜在的非编码基因（图 3-2F）。通过上述分析表明白花泡桐基因组中有 1658 个基因可能不编码任何蛋白质，这些编码基因很有可能不具备蛋白质编码能力。

第二节　白花泡桐基因组重注释

本研究利用蛋白质基因组学分析方法，结合基因组六框翻译和转录组三框翻译序列比对分析，对获得的高可信度的 GSSP 肽段谱图进行新基因鉴定、基因组已注释的基因结构修正、可变剪接位点及单氨基酸突变位点鉴定，从而修正和完善白花泡桐基因组的注释。最终，本研究得到了 666 个新蛋白质编码基因，这些基因是之前基因组注释未被发现的。根据基因修正的原则，将剩余的 GSSP 肽段 mapping 至基因组，结果修正了 208 个基因的翻译框。将剩余的 GSSP 肽段进一步 mapping 至基因组，鉴定到 390 个发生可变剪接的基因，其中有 120 个属于新的可变剪接基因，修正了 270 个已注释基因的可变剪接位点，鉴定到了 3 个单氨基酸突变。鉴定到的新基因、修正基因和可变剪接基因在染色体上分布情况如图 3-3 所示。

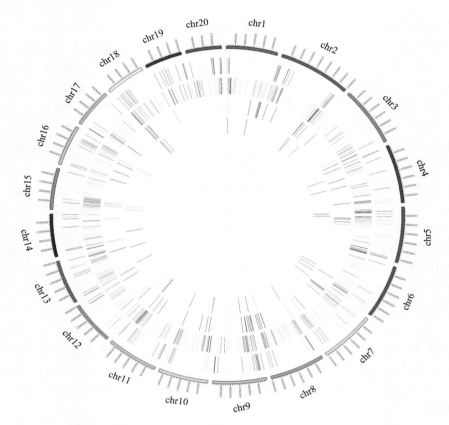

图 3-3　蛋白质基因组校正基因在染色体上的分布情况 circos 图
图中圆圈从外到内依次表示染色体、每条染色体上鉴定到的修正基因、每条染色体上鉴定到的新蛋白质、
每条染色体上修正的已注释基因的可变剪接和每条染色体上鉴定到的新可变剪接

一、白花泡桐基因组中新蛋白质编码基因的鉴定

本研究中共鉴定到 666 个新的蛋白质编码基因，GO 和 KEGG 富集分析表明这些新鉴定到的蛋白质主要参与了代谢过程、细胞过程、生物调控和响应刺激等生物学过程并具有催化活性、结合、分子功能调控、抗氧化活性和分子转运活性等（图 3-4）。

在 2 号染色体的正链上，本研究鉴定到了一个位于基因间区的新蛋白质编码基因（图 3-5）。在基因组预测的基因编码区 Pfo02g000040 和 Pfo02g000050 的中间，没有任何编码序列存在，将 8 个 GSSP 肽段 mapping 至这个基因组区域，并通过基因 ORF 查找，在这个基因间区鉴定到一个新的蛋白质编码基因，肽段覆盖度为 53.8%。进一步的转录组数据分析表明这两个区域中分别存在和表达一个蛋白质编码基因。这些结果说明，这两个基因间区存在新编码蛋白质基因，从而校正了基因组在该区域的注释信息。

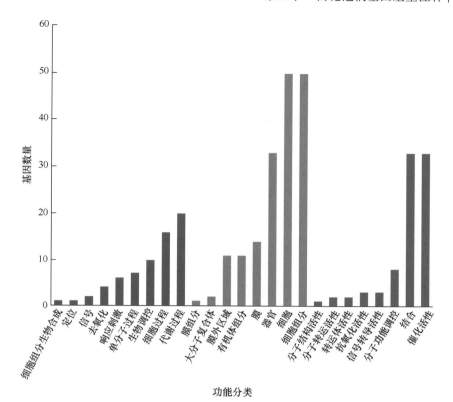

图 3-4 鉴定到的新基因 GO 功能注释

横轴表示不同 GO 条目，纵轴表示基因个数

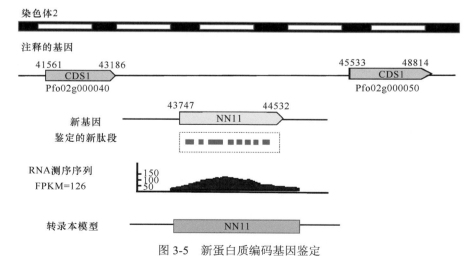

图 3-5 新蛋白质编码基因鉴定

虚线方框中的红色长方形模块代表鉴定到的新多肽，在两个基因中间鉴定到 8 个新的肽段，
蓝色峰图代表在转录组数据中测到的基因 NN11 的表达丰度

基因在不同环境条件下的表达差异很大。因此，可以通过分析其表达是否存在变化来验证新基因存在与否。在本研究中通过 qRT-PCR 验证了一些基因的表达，如图 3-6 所示，这些基因在感染了植原体后表达发生了一定的变化，说明这些新编码蛋白质基因的存在。

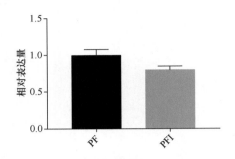

图 3-6　新蛋白质编码基因 qRT-PCR 分析

PF. 白花泡桐健康幼苗；PFI. 患丛枝病白花泡桐幼苗

二、白花泡桐基因组中基因结构模型修正

由于真核生物的基因组非常复杂，所以利用生物信息学方法预测基因结构常会出现蛋白质编码基因边界预测错误的现象。根据 GSSP 与基因组已注释基因或外显子区域存在部分重叠则被认为基因结构预测错误这一原则，在本研究中共修正了 208 个基因的翻译框。在白花泡桐的基因组注释中，鉴定到一个定位于 7 号染色体的基因（图 3-7），该基因上游分布着基因 Pfo07g010920，下游分布着基因 Pfo07g010940，根据基因组注释该基因全长为 3986bp，含有 3 个外显子。在本研究中鉴定到了 6 个肽段分布在这几个外显子之外，说明该基因的起始转录位点比目前注释的位点更靠前，这些结果表明本研究结果修正了该基因的外显子结构模型。同时，转录组数据的表达峰图也进一步证实这一结果。

三、白花泡桐基因组中可变剪接鉴定

一些 GSSP 不能 mapping 到泡桐基因组中，这些 GSSP 可能是跨越了外显子和内含子区域，即可能发生了可变剪接。在本研究中，鉴定到一个新的可变剪接基因。该基因位于 16 号染色体 Pfo16g005080 基因和 Pfo16g005090 基因之间，共mapping 到 12 个肽段。这些肽段跨越了 2 个外显子，说明该区域可能存在着一个新的可变剪接（图 3-8），而在泡桐基因组注释中该区域并未有任何注释信息。同时转录组数据峰图也证明了该区域可能存在一个新的可变剪接。

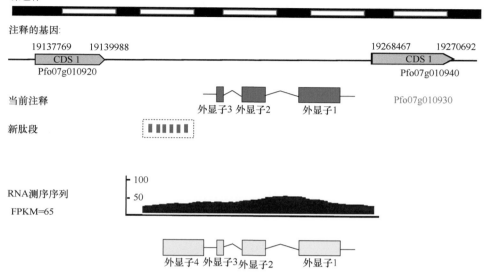

图 3-7　基因组注释基因结构模型修正

虚线方框中的红色长方形模块代表鉴定到的新多肽，Pfo07g010930 的 N 端上游鉴定到 6 个新的肽段，
蓝色峰图代表在转录组数据中测到的基因表达丰度

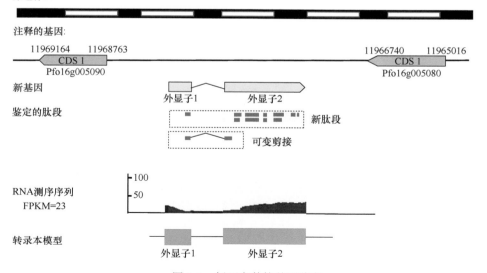

图 3-8　新可变剪接基因鉴定

虚线方框中的红色长方形模块代表鉴定到的多肽和发生可变剪接的多肽，
蓝色峰图代表在转录组数据中测到的基因表达丰度

四、白花泡桐基因组中单氨基酸突变鉴定

由于测序错误、序列数比对错误或突变判读错误会引起全基因组测序存在许多单碱基错误；同时，测序深度不够也会导致基因组测序错误。因此，避免这种不正确的单碱基突变对于提升基因组精确度和基因功能研究至关重要。蛋白质基因组学分析可以在蛋白质层面为这些突变的基因提供直接证据。例如，在泡桐中编码丝氨酸/苏氨酸蛋白激酶 PBS 的基因（Pfo10g000410），该基因由负链编码，全长 1230 bp，由 5 个外显子组成，在本研究中我们鉴定到了 5 个已注释的肽段，其中 1 个含单氨基酸突变，由谷氨酸密码子 GGT 转变为天冬氨酸密码子 GAC（图 3-9）。

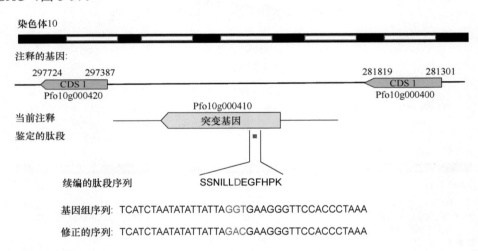

图 3-9　单氨基酸的突变基因鉴定

鉴定到 1 个含有单氨基酸突变的肽段和 RNA-seq 结果说明 Pfo10g000410 基因存在单氨基酸突变

为进一步了解鉴定到的新蛋白质编码基因的生物学功能，本研究通过将泡桐的蛋白质序列与 string 数据库中的拟南芥蛋白质序列进行同源比对分析构建了蛋白质-蛋白质相互作用网络（图 3-10），该蛋白质互作网络包含 67 个蛋白质，其中有 7 个与光合作用相关的蛋白质形成了一个关键的相互作用网络。因此，推测这些新发现的蛋白质编码基因可能在调控泡桐生长发育方面具有重要作用。虽然对这些蛋白质之间的相互作用关系没有进行验证，但是这些蛋白质之间的相互作用关系为研究蛋白质功能上的相关性提供了重要的线索。

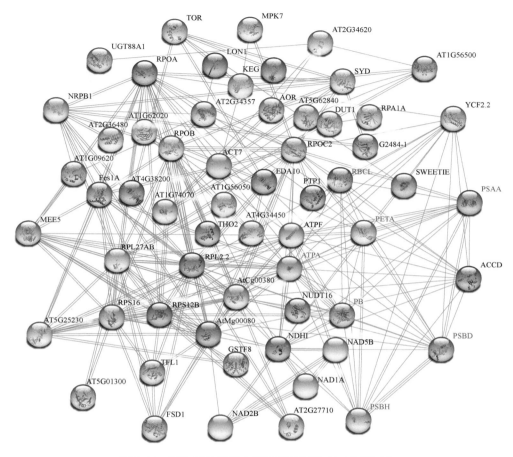

图 3-10　鉴定到的新蛋白质编码基因的相互作用网络

红色字体显示蛋白质为光合作用相关蛋白

参 考 文 献

范国强, 张变莉, 翟晓巧, 等. 2007. 利福平对泡桐丛枝病幼苗形态和内源激素变化的影响. 河南农业大学学报, 41(4): 387-390.

翟晓巧, 曹喜兵, 范国强, 等. 2010. 甲基磺酸甲酯处理的豫杂一号泡桐丛枝病幼苗的生长及 SSR 分析. 林业科学, 46(12): 176-181.

Ezkurdia I, Juan D, Rodriguez J M, et al. 2014. Multiple evidence strands suggest that there may be as few as 19 000 human protein-coding genes. Human Molecular Genetics, 23(22): 5866-5878.

第四章 9种泡桐基因组重测序及变异位点分析

泡桐原产于我国，广泛分布在我国的 25 个省（自治区、直辖市）。作为我国重要的绿化树种，由于泡桐有速生、耐潮耐旱、枝繁叶茂的生长特点，在净化空气、美化环境和改善生态环境方面起着重要的作用。由于泡桐的质地较轻、防潮性较好，而且纹理通直，常被用来作为家具、乐器和建筑的材料。为了探索泡桐各品种之间的亲缘关系和遗传变异规律，曹喜兵等（2009）和曹喜兵（2010）创建了泡桐简单重复序列（SSR）、扩增片段长度多态性（AFLP）和甲基化敏感扩增多态性（MSAP）分子标记反应体系，该体系的构建为之后研究泡桐亲缘关系和鉴别突变体奠定了基础。随后对 12 份泡桐无性系进行了 SSR 分析（常莉，2009），找出了能区分泡桐其他品种的多态性的引物 PMGC64。翟晓巧等（2014）对毛泡桐二倍体及其同源四倍体进行了分析；张晓申等（2013，2014）分别对'豫杂一号'泡桐二倍体及其同源四倍体、南方泡桐二倍体及其同源四倍体的差异进行了分析，之后，卢妍妍等（2014）又使用了 AFLP 和简单序列重复区间（ISSR）这两种标记技术分析了不同泡桐种之间的遗传多样性和亲缘关系；莫文娟（2010）也同样利用 ISSR 标记技术对泡桐进行了分类，这些结果对泡桐良种选育、分类研究及亲缘关系的鉴定具有重要作用。

随着新技术的不断涌现和种质资源的不断丰富，研究优良性状与基因位点变化的关系显得越来越重要，尤其是单核苷酸多态性（SNP）和插入缺失标记（InDel）技术对泡桐的遗传研究还未见相关报道。因此，为研究清楚泡桐基因组序列变异信息，本研究以白花泡桐基因组为参考，通过重测序技术，分别对川泡桐（*Paulownia fargesii*）、鄂川泡桐（*Paulownia albiphloea*）、楸叶泡桐（*Paulownia catalpifolia*）、山明泡桐（*Paulownia lamprophylla*）、台湾泡桐（*Paulownia kawakamii*）、兰考泡桐（*Paulownia elongata*）、毛泡桐（*Paulownia tomentosa*）、南方泡桐（*Paulownia australis*）和白花泡桐（*Paulownia fortunei*）9 个种中的高质量 SNP、InDel 和结构变异（SV）三种变异位点进行分析，研究这些变异位点在全基因组的分布情况，为泡桐的基因定位和分子标记辅助育种奠定基础。同时，对研究生物体重要性状变异位点、建立遗传图谱和缩短育种周期具有重要意义。

第一节　9 种泡桐基因组重测序

一、数据评估与比对

本研究首先以川泡桐、鄂川泡桐、楸叶泡桐、山明泡桐、台湾泡桐、兰考泡桐、毛泡桐、南方泡桐和白花泡桐作为试验材料，采用十六烷基三甲基溴化铵（hexadecyl trimethyl ammonium bromide，CTAB）对其 DNA 进行提取，然后采用超声波将泡桐的基因组 DNA 打断成小片段，选取目的片段，然后进行纯化，并使用 Klenow DNA 聚合酶与 T4 DNA 聚合酶对 DNA 片段末端进行修复，进一步采用 Klenow fragment 将 A 尾巴加在末端磷酸化产物的 3′端，使其与 solexa 接头 5′端的 T 互补以提高接头连接的效率，连接 solexa 接头，采用凝胶电泳的方法切取目的片段，并进行 PCR 扩增，经质检后进行上机测序。每个种大概产生 350M 的短读数，过滤后的每个种的覆盖率超过 85%，平均测序深度超过 50X。对测得的数据进行过滤后，分别对 9 种泡桐进行 K-mer 分析，对基因组的大小和杂合率进行初步估算（图 4-1 和表 4-1），结果表明兰考泡桐与山明泡桐的 K-mer 曲线很相似，两个样品基因组大小分别为 n（兰考泡桐）=2x=1017M 和 n（山明泡桐）=2x=1013M；而楸叶泡桐曲线则十分异常，中间峰不明显，两个明显峰值出现在11 和 41 处，按照最后的峰值 41 计算 x（楸叶泡桐）=637M；台湾泡桐与鄂川泡桐曲线类似，都有两个峰值，估计基因组大小都是以第二个峰为主峰计算的，第一个峰很有可能是杂合引起的。按照第二个峰值算，则 n（台湾泡桐）=x= 620M，n（鄂川泡桐）=x=707M，此时的杂合率非常高；南方泡桐的 K-mer 曲线和毛泡桐的 K-mer 曲线与白花泡桐的 K-mer 曲线很相似，以第二个峰为主峰计算，

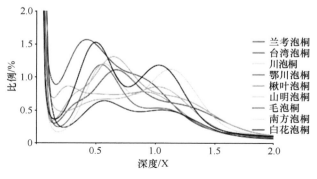

图 4-1　9 种泡桐的 K-mer 分布曲线

表 4-1　9 种泡桐的 K-mer 分析

样本	K-mer 的数量	期望深度/X	基因组大小/bp	测序深度/X
山明泡桐	26 350 876 080	26	1 013 495 233	31.62
楸叶泡桐	26 119 570 950	41	637 062 706	49.87
鄂川泡桐	26 165 405 070	37	707 173 110	44.99
毛泡桐	26 411 686 024	43	614 225 256	52.29
南方泡桐	25 429 847 808	46	552 822 778	55.94
川泡桐	29 099 322 882	41	709 739 582	49.86
白花泡桐	22 634 911 492	41	552 071 012	50.26
台湾泡桐	27 314 921 440	44	620 793 669	53.50
兰考泡桐	27 469 788 048	27	1 017 399 557	32.84

则 n（方泡桐）=x=553M，n（毛泡桐）=x=614M，与白花泡桐基因组大小 n=x=552M 相近。两者的杂合率也很高；川泡桐 K-mer 曲线，杂合峰相比其他品种不明显，估计基因组大小 710M。

二、数据质量评估

以白花泡桐为参考基因组，此基因组的大小是 22 634M，通过构建 9 个样本的 DNA 文库，上机测序，过滤，得到有效数据（表 4-2）。原始测序数据中 9 个种的平均 GC 含量为 33.33%，Q20 含量占总数的平均比率为 94.55%。共产生了 3322M 的序列数和 301G 的碱基对。经去除接头和污染、去除测序质量值≤5 和碱基数量超过序列数长度的 50% 的序列数后，得到了 3192M 的序列数和 287G 的碱基对。此时的 9 个种平均 Q20 含量为 96.07%，GC 含量为 33.18%。

表 4-2　有效测序数据

样本	GC 含量/%	Q20/%	产出结果	
			序列数/M	碱基/M
白花泡桐	33.23	95.57	394.6	35.51
川泡桐	32.6	97.35	354.76	31.93
鄂川泡桐	31.9	95.4	353.45	31.81
楸叶泡桐	32.09	97.02	357.75	32.2
山明泡桐	31.66	94.35	375.94	33.83
毛泡桐	31.97	97.39	365.53	32.9
南方泡桐	35.42	96.32	307.67	27.69
台湾泡桐	35.47	95.69	353.2	31.79
兰考泡桐	34.32	95.54	329.69	29.67

通过 BWA 比对软件对过滤得到的序列数与参考基因组进行比对，所得到的结果如表4-3所示。川泡桐、鄂川泡桐、楸叶泡桐、山明泡桐、毛泡桐、南方泡桐、台湾泡桐、兰考泡桐和白花泡桐 9 个种的平均测序深度为 58X，有效的测序深度为 49X，平均覆盖率为 94.72%。

表 4-3　BWA 软件比对结果

样本	覆盖率/%	比对上的数据		平均深度	
		序列比对率/%	碱基比对率/%	测序深度/X	有效深度/X
白花泡桐	88.92	87.2	86.7	58.18	51.16
川泡桐	87.79	77.62	76.89	64.81	50.55
鄂川泡桐	99.23	82.43	81.84	58.27	48.37
楸叶泡桐	98.87	83.34	82.72	58.05	48.71
山明泡桐	95.28	83.01	82.38	58.76	49.1
毛泡桐	89.19	78.78	78.13	61.75	48.94
南方泡桐	90.12	84.77	84.18	60.04	51.27
台湾泡桐	87.44	80.74	80.07	50.54	41.05
兰考泡桐	95.92	86.69	86.26	58.02	50.76

第二节　9种泡桐基因组变异位点分析

一、单核苷酸多态性的检测和注释

本研究采用 SOAP 软件，通过将测序获得的原始序列数比对到白花泡桐参考基因组，进而可以在全基因组水平上检测单核苷酸多态性（SNP）。并通过贝叶斯模型，计算得到可能的基因型似然值，然后选出似然值最大的基因型当作这个测序个体特定位点的基因型，用以判断这个基因型的准确度。在一致序列的基础上，对参考序列存在着多态性的位点（SNP）进行筛选和过滤，连续三个步骤检测到 SNP。根据比对结果，用 SOAPsnp2 计算每个位点基因型的可能性，确定有效位点。本研究以白花泡桐的基因组为参照，对川泡桐、鄂川泡桐、楸叶泡桐、山明泡桐、毛泡桐、南方泡桐、台湾泡桐、兰考泡桐和白花泡桐中的 SNP、InDel 和 SV 进行检测，在这 9 个种中共检测到 33 656 819 个 SNP。在川泡桐、鄂川泡桐、楸叶泡桐、山明泡桐、毛泡桐、南方泡桐、台湾泡桐、兰考泡桐和白花泡桐中，分别检测到 4 676 051 个、4 046 010 个、3 955 519 个、3 882 267 个、3 725 526 个、3 460 818 个、3 953 953 个、3 137 519 个和 2 819 156 个 SNP（表 4-4）。可以看出，在川泡桐中检测到的 SNP 数量最多，其次是鄂川泡桐。此外，从川泡桐检测到的 SNP 的纯合率在 8 个种中最高，为 53%，兰考泡桐的纯合率最低，为 9%。

表 4-4 9 种泡桐中 SNP 位点统计分析

样本	SNP 数量/个	纯合的 SNP 数量/个	比率/%	杂合的 SNP 数量/个	比率/%
白花泡桐	2 819 156	1 217 339	43	1 601 817	57
川泡桐	4 676 051	2 500 906	53	2 175 145	47
鄂川泡桐	4 046 010	385 593	10	3 660 417	90
楸叶泡桐	3 955 519	492 989	12	3 462 530	88
山明泡桐	3 882 267	1 026 881	26	2 855 386	74
毛泡桐	3 725 526	1 532 626	41	2 192 900	59
南方泡桐	3 460 818	1 260 304	36	2 200 514	64
台湾泡桐	3 953 953	2 008 292	51	1 945 661	49
兰考泡桐	3 137 519	279 159	9	2 858 360	91

本研究还统计了 SNP 分别在编码区（CDS）和转录产物区（mRNA）这两种区域的数量，其中 CDS 分为同义突变（Syn）区域和非同义突变（Non-Syn）区域，统计结果如表 4-5 所示。共有 1 995 163 个 SNP 位于 CDS 区域，其中，共有 1 019 388 个 SNP 位点位于同义突变区域，975 775 个 SNP 位点位于非同义突变区域。此外，还有 9 001 595 个 SNP 位点位于 mRNA 区域，其余的 SNP 位点坐落在基因间区或者其他区域。坐落在 mRNA 区域的 SNP 占总 SNP 的 27%，位于 CDS 区域的 SNP 占 6%，可以看出，位于 CDS 区域的 SNP 显著少于位于 mRNA 区域的 SNP（图 4-2）。9 个种非同义突变和同义突变的比例分别为 0.96，一般情况下非同义突变对于生物体的适应能力有害，当非同义突变与同义突变之间的比率大于 1 时，突变对于生物体具有正选择效应。

表 4-5 9 种泡桐中的 SNP 分布统计

样本	mRNA/个	编码区	
		同义突变的数量/个	非同义突变的数量/个
白花泡桐	696 541	75 666	74 520
川泡桐	1 182 684	128 377	123 084
鄂川泡桐	1 120 210	123 848	117 953
楸叶泡桐	1 072 759	116 903	113 765
山明泡桐	1 052 881	121 653	114 459
毛泡桐	1 013 543	115 015	108 494
南方泡桐	919 335	103 068	99 059
台湾泡桐	1 106 631	128 115	123 138
兰考泡桐	837 011	106 743	101 303
合计	9 001 595	1 019 388	975 775

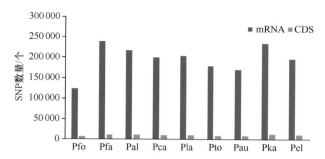

图 4-2 每个种的 SNP 在 mRNA 和 CDS 上的分布

Pfo. 白花泡桐；Pfa. 川泡桐；Pal. 鄂川泡桐；Pca. 楸叶泡桐；Pla. 山明泡桐；
Pto. 毛泡桐；Pau. 南方泡桐；Pka. 台湾泡桐；Pel. 兰考泡桐；下同

为深入了解 SNP 变异位点在染色体上分布的情况，本研究统计了川泡桐、鄂川泡桐、楸叶泡桐、山明泡桐、毛泡桐、南方泡桐、台湾泡桐、兰考泡桐和白花泡桐在 Scaffold1 位点上的 SNP 分布情况、9 个种共有的 SNP 数量和每个种特有的 SNP 数量（表 4-6 和图 4-3）。从 9 个种中共检测到 33 656 819 个 SNP，其中在 Scaffold1 上共检测到 601 264 个 SNP，占总数的 2%。图 4-3 表示每个种的 SNP 在 Scaffold1 上的分布，横坐标代表泡桐种的样本名称，纵坐标代表每个种的 SNP 在 Scaffold1 上的数量。从表 4-6 中可以看出，从川泡桐检测到的 Scaffold1 上的 SNP 数量最多，占总数的 15%。在 Scaffold1 上，9 个种共同拥有 23 034 个 SNP，占总数的 4%。此外，从川泡桐、鄂川泡桐、楸叶泡桐、山明泡桐、毛泡桐、南方泡桐、台湾泡桐、兰考泡桐和白花泡桐分别检测到 64 898 个、54 309 个、50 560 个、35 946 个、52 332 个、52 471 个、45 700 个、28 329 个、9413 个特有 SNP，分别占 11%、9%、8%、6%、9%、9%、8%、5%和 2%。从图 4-3 中我们可以看出川泡桐在 Scaffold1 上鉴定出的特有 SNP 数量最多，占总数的 11%，白花泡桐鉴定出的特有 SNP 数量最少，占总数的 2%。

表 4-6 9 种泡桐 SNP 和特有 SNP 数量

样本	Scaffold1 上 SNP 数量/个	Scaffold1 上特有 SNP 数量/个
白花泡桐	32 447	9 413
川泡桐	87 932	64 898
鄂川泡桐	77 343	54 309
楸叶泡桐	73 594	50 560
山明泡桐	58 980	35 946
毛泡桐	75 366	52 332
南方泡桐	75 505	52 471
台湾泡桐	68 734	45 700
兰考泡桐	51 363	28 329
合计	601 264	393 958

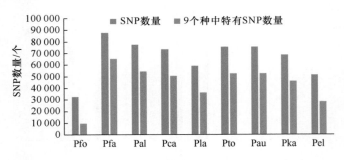

图 4-3　Scaffold 1 上 SNP 数量统计（部分数据）

二、大效应 SNP 的检测

大效应 SNP（large-effect SNP）对基因功能有潜在致命性的影响（Lam et al.，2010）。Edwards 等（2009）通过对大效应 SNP 进行注释，发现了大效应 SNP 通过提前终止密码子、干扰内含子剪切等方式使水稻品种突变。本研究挖掘了这 9 个种 SNP 变异位点中的大效应 SNP，共发现 743 个大效应 SNP，其中，96 个 SNP 干扰了内含子拼接，326 个 SNP 提前终止密码子，29 个 SNP 消除了翻译起始位点。在这些大效应 SNP 中，有关丝氨酸/苏氨酸蛋白激酶（serine/threonine paotein kinase-related）的大效应 SNP 最多，占总大效应 SNP 的 24.31%，其次是有关亮氨酸富集重复（leucine-rich repeat）的大效应 SNP，占总数的 23%，与植物抗病有关的大效应 SNP 占总数的 21%，剩下的大效应 SNP 与锌指蛋白、核糖体蛋白、E3 泛素连接酶等蛋白质有关。

三、插入缺失标记的检测和注释

本研究利用 SAMtools pileup 软件对 9 种泡桐中发生的插入缺失标记（InDel）进行检测，以白花泡桐基因组为参考，在比对过程中，允许双末端存在缺失序列，采用 BWA 软件，设置比对参数为 30，以过滤掉可信度较低的比对结果，然后运用 SAMtools pileup 从带有缺失序列的比对上的序列中检测每个个体的缺失标记，在缺失标记位点检测过程中，比对的序列必须满足双末端要求，同时缺失序列至少需要 3 对末端测序序列支持。在这 9 个种中共检测到 8 848 548 个缺失标记。每个种的缺失标记数量见表 4-7。由表可以看出，川泡桐中检测到的缺失标记数量最多，为 1 276 596 个，占总数的 15%。而白花泡桐中缺失标记数量最少，占总缺失标记的 8%。此外，9 个泡桐种共有 4 601 492 个位点发生缺失突变，4 247 056 个位点发生了插入突变，发生缺失位点和插入位点的比率为 1.08。

表4-7 9种泡桐的插入缺失标记统计分析

样品名称	缺失标记数量/个	插入突变/个	缺失突变/个
白花泡桐	679 447	328 480	350 967
川泡桐	1 276 596	613 797	662 799
鄂川泡桐	1 132 660	546 092	586 568
楸叶泡桐	1 034 384	495 483	538 901
山明泡桐	1 040 092	503 155	536 937
毛泡桐	922 778	442 548	480 230
南方泡桐	891 417	430 412	461 005
台湾泡桐	1 061 224	503 059	558 165
兰考泡桐	809 950	384 030	425 920

此外，本研究统计分析了缺失标记分别在 5′非翻译区（5′-UTR）、CDS、3′非翻译区（3′-UTR）和 mRNA 区域的分布数量（表4-8），发现共有 99 945 个缺失标记坐落在 5′-UTR；93 664 个缺失标记位于 CDS；84 918 个缺失标记位于 3′-UTR，1 766 882 个缺失标记位于 mRNA 区域。结果表明位于 mRNA 区域的缺失标记最多，占总缺失标记的 20%。按照缺失标记的位点由多到少依次排序：mRNA 区域、5′-UTR 区域、CDS 区域、3′-UTR 区域（图4-4）。

表4-8 插入缺失标记在基因不同区域的分布统计

样品名称	mRNA/个	5′-UTR/个	CDS/个	3′-UTR/个
白花泡桐	124 230	7 002	6 661	5 749
川泡桐	238 859	13 242	12 135	11 341
鄂川泡桐	217 747	12 044	11 090	10 234
楸叶泡桐	200 296	10 875	10 299	9 260
山明泡桐	203 558	11 430	10 443	9 636
毛泡桐	179 185	9 804	9 029	8 536
南方泡桐	170 406	9 533	9 006	7 985
台湾泡桐	235 120	14 016	13 451	11 933
兰考泡桐	197 481	11 999	11 550	10 244

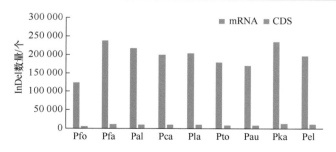

图4-4 每个种的插入缺失标记在 mRNA 和 CDS 上的分布

四、结构变异的检测和注释

结构变异（SV）是在同一个物种内不同个体间的一种重要变异。将测得的序列与参考基因组双末端比对的时候，如果测得的序列与参考序列两者之间具有SV，那么这两个序列之间就会比对不上。因此，通过 paired-end 比对发现异常情况可以用来检测序列结构变异。目前能够检测到的结构变异类型主要有插入、缺失、重复、倒位和易位等。本研究采用 BreakDancer 软件来检测 SV，结果共检测到 659 658 个 SV 变异位点（表 4-9）。其中，兰考泡桐发生的 SV 位点最多，占总 SV 数量的 14.85%。9 种泡桐中共有 377 307 个位点发生了插入突变，245 817 个位点发生了缺失突变，插入突变与缺失突变的比率为 1.5。其中，兰考泡桐发生的插入突变最多，鄂川泡桐发生的缺失突变最多。

表 4-9　9 种泡桐中的结构变异统计分析

样品名称	SV 数量	插入突变/个	缺失突变/个	其他/个
白花泡桐	54 303	29 983	21 300	3 020
川泡桐	59 969	26 878	28 375	4 716
鄂川泡桐	69 153	30 347	34 030	4 776
楸叶泡桐	77 616	43 788	29 253	4 575
山明泡桐	68 455	34 711	29 443	4 301
毛泡桐	58 133	28 393	26 128	3 612
南方泡桐	90 427	63 392	23 465	3 570
台湾泡桐	83 672	50 999	28 275	4 398
兰考泡桐	97 930	68 816	25 548	3 566

同样地，发生 SV 变异的位点也被分为 5′-UTR、CDS、3′-UTR 和 mRNA 这 4个区域。分别有 24 143 个、79 056 个、25 193 个和 408 120 个 SV 位点位于 5′-UTR、CDS、3′-UTR 和 mRNA 区域上。这 4 种区域按照 SV 数量大小依次排序为 mRNA、CDS、3′-UTR 和 5′-UTR 区域（表 4-10），mRNA 区域内发生的 SV 最多（图 4-5）。

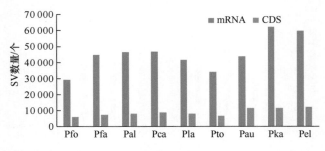

图 4-5　每个种的结构变异在 mRNA 和 CDS 上的分布

表 4-10　结构变异在不同区域的分布统计

样品名称	mRNA/个	5'-UTR/个	CDS/个	3'-UTR/个
白花泡桐	29 213	1 905	5 883	1 890
川泡桐	44 793	2 607	7 342	2 798
鄂川泡桐	46 296	2 857	7 884	2 956
楸叶泡桐	46 707	2 661	8 654	2 739
山明泡桐	41 497	2 478	7 960	2 571
毛泡桐	33 999	2 259	6 498	2 302
南方泡桐	43 837	2 673	11 434	2 676
台湾泡桐	62 058	3 310	11 318	3 652
兰考泡桐	59 720	3 393	12 083	3 609

五、9 种泡桐的聚类分析

　　基于重测序技术，本研究利用 NT-SYSpc 2.10 软件的 UPGMA 方法（Gronau and Moran，2007）绘制了泡桐 9 个种之间的亲缘关系树状图（图 4-6）。通过聚类图，可以看出在 SNP 分子标记法阈值 0.032 处，将这 9 种泡桐分为 3 组。其中，第一组是由山明泡桐、兰考泡桐、鄂川泡桐、楸叶泡桐、南方泡桐和白花泡桐组成的，第二组是由台湾泡桐和川泡桐组成的，第三组是毛泡桐。

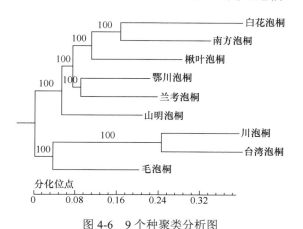

图 4-6　9 个种聚类分析图

参 考 文 献

曹喜兵. 2010. 泡桐 AFLP 和 MSAP 反应体系建立及引物筛选. 河南农业大学硕士学位论文.
曹喜兵, 范国强, 张延召. 2009. 泡桐 SSR 分子标记反应体系的建立. 河南农业大学学报, 43(4): 368-371.

常莉. 2009. 利福平处理患丛枝病泡桐组培苗的 SSR 分析. 南京林业大学硕士学位论文.

卢妍妍. 2014. 泡桐属植物遗传多样性分析. 河南农业大学硕士学位论文.

莫文娟. 2010. 泡桐种质资源遗传多样性的 ISSR 研究. 中南林业科技大学硕士学位论文.

翟晓巧, 张晓申, 范国强, 等. 2014. 毛泡桐二倍体及其同源四倍体的 AFLP 和 MSAP 分析. 中南林业科技大学学报, 34(1): 89-93.

张晓申, 范国强, 邓敏捷, 等. 2014. 南方泡桐二倍体及其同源四倍体 AFLP 和 MSAP 的差异. 东北林业大学学报, 42(2): 47-51.

张晓申, 范国强, 赵振利, 等. 2013. 豫杂一号泡桐二倍体及其同源四倍体的 AFLP 和 MSAP 分析. 林业科学, 49(10): 167-172.

Edwards T L, Lewis K, Velez D R, et al. 2009. Exploring the performance of multifactor dimensionality reduction in large scale SNP studies and in the presence of genetic heterogeneity among epistatic disease models. Human Heredity, 67(3): 183-192.

Gronau I, Moran S. 2007. Optimal implementations of UPGMA and other common clustering algorithms. Information Processing Letters, 104(6): 205-210.

Lam H M, Xu X, Liu X, et al. 2010. Resequencing of 31 wild and cultivated soybean genomes identifies patterns of genetic diversity and selection. Nature Genetics, 42(12): 1053-1059.

Mcnally K L, Childs K L, Bohnert R, et al. 2009. Genomewide SNP variation reveals relationships among landraces and modern varieties of rice. Proceedings of the National Academy of Sciences of the United States of America, 106(30): 12273-12278.

第五章　泡桐叶绿体基因组

叶绿体基因组（chloroplast genome DNA，cpDNA）是叶绿体内所有遗传物质的总和，并且是独立于细胞核基因组和线粒体基因组的器官基因组，其具有独立的转录和转运系统，自身能够合成与光合作用相关的蛋白质。在植物的三大遗传系统中，相较于线粒体基因组、核基因组而言，叶绿体基因组在分子生物学的研究中拥有更多的优势。主要体现在：①基因组较小（一般为 120～160kb），更易获取；②遗传方式为母系遗传；③叶绿体基因组保守性较好；④进化速率适中，且叶绿体基因编码区与非编码区的进化速度有明显的差别，可应用于不同分类阶元的研究（Wolfe et al.，1987）。因此叶绿体基因组序列在系统发育研究、物种鉴定、DNA 条形码构建和基因工程等方面起着重要的作用。

泡桐喜光，且较耐阴，是中国本土重要的速生用材树种。泡桐的发展对于缓解木材短缺、提高经济水平和改善生态环境等方面至关重要。因此应该及时制订合理的保护、保存和开发泡桐属野生资源的计划，加强对泡桐属种质资源的创新、保护和利用。1988 年利用基因枪法，首次在衣藻中实现了针对 cpDNA 的基因遗传转化试验，证明了利用叶绿体进行转化的可行性。如今，叶绿体基因工程已广泛应用到包括农业、制药工业等多个部门和行业，如侯丙凯等（2002）将抗虫基因和 *aadA* 基因转入油菜 cpDNA 中，得到的转化苗具有较好的抗虫能力；Tregoning 等（2003）将 *tetC* 基因整合到烟草 cpDNA 中，也进一步获得了预期的转化结果。叶绿体遗传转化与细胞核的转化技术相比有很多优势。首先，cpDNA 中可同时转入多个外源基因，且基因的表达效率高；其次，叶绿体的独特遗传方式，使得外源基因转入叶绿体中，极少出现花粉逃逸现象，生态环境安全性指数更高；再次，能够对目的基因进行定点整合，不会出现位置效应和基因沉默现象。由此可知，叶绿体基因组的遗传转化在今后的研究中将具有较大的应用价值，因此不同物种叶绿体基因组序列的获得和分析变得尤为重要。对泡桐叶绿体基因组的研究将会为泡桐种质资源的创新、合理保护和开发及科学研究提供重要的现实指导意义。

第一节　泡桐叶绿体基因组特征分析

一、叶绿体基因组组装与注释

（一）测序数据质控分析

植物总 DNA 的提取是得到全基因组序列的前提，其质量直接影响到目的基因片段能否成功扩增。本研究利用河南农业大学泡桐研究所林木生物技术实验室中8 种泡桐种样品：川泡桐（*Paulownia fargesii*，Pfa）、鄂川泡桐（*Paulownia albiphloea*，Pal）、楸叶泡桐（*Paulownia catalpifolia*，Pca）、台湾泡桐（*Paulownia kawakamii*，Pka）、兰考泡桐（*Paulownia elongata*，Pel）、毛泡桐（*Paulownia tomentosa*，Pto）、南方泡桐（*Paulownia australis*，Pau）和白花泡桐（*Paulownia fortunei*，Pfo），采用 CTAB（cetyl trimethyl ammonium bromide）法（姜文娟，2016）提取 DNA，用分光光度计对其浓度进行检测，发现得到的 DNA 质量较高。之后用 1%琼脂糖凝胶电泳对其纯度和完整性进行检测，其质量完全符合叶绿体基因组 Illumina Hiseq 测序的要求。使用 Illumina Hiseq 二代测序平台对泡桐属 8 个泡桐种总 DNA 进行测序。利用 PE（paired-end）150 双末端测序，经过过滤低质量序列后，最终得到了高质量序列。测序得到的原始数据质控情况如图 5-1 和表 5-1 所示。

（二）组装和注释

利用 SPAdes 软件（v 3.9.0）（Bankevich et al.，2012）对以上经过过滤、质控的高质量数据进行初步拼接，利用 PRICE（paried-read iterative contig extension）和 MITObim（Hahn et al.，2013）对目标序列进行迭代延伸后再进行合并拼接，直至最后形成明显的环状图。通过整体来看，泡桐叶绿体基因组组装结果均展现出良好的覆盖度，并最终拼接得到了 8 个完整叶绿体基因组图谱（图 5-2）。

叶绿体基因组的注释主要分为三个部分：蛋白质编码基因（protein-coding gene，PCG）注释、RNA 注释和结构注释。基因注释可以利用近缘物种的蛋白质编码序列直接进行 blastn 比对或者蛋白质编码序列比对核酸来确认基因有无边界；也可利用在线注释工具 DOGMA（http://dogma.ccbb.utexas.edu/）（Wyman et al.，2004）和 CpGAVAS（https://omictools.com/cpgavas-tool）进行预测，比较三种方法的结果差异，选取最准确的注释结果。在注释过程中，若预测的氨基酸序列过长或者过短，则需要对起始密码子进行调整，使用其他密码子或者检查基因中是否含有内含子。将未注释上编码功能且长度长于 100 个氨基酸的 ORF，注释为 hypothetical protein。对含有内含子的基因，采用 Exonerate（https://www.ebi.ac.uk/about/vertebrate-genomics/software/exonerate）软件，再使用近缘物种基因氨基酸序列进行比对，以此来确定内含子的边界和长度信息。分析表明泡桐属叶绿体基因组共注释得到135 个基因，其中 90 个蛋白质编码基因（表 5-2）。利用 tRNAscan-SE（http://lowelab.ucsc.edu/tRNAscan-SE/）（Schattner et al.，2005）在线网站对叶绿体转移核糖核酸（tRNA）进行注释。核糖体核糖核酸（rRNA）的注释预测则是用 RNAmmer 1.2 Server（http://services.healthtech.dtu.dk/services/RNAmmer-1.2/），结果发现，在泡桐属不同种的叶绿体基因组中 rRNA、tRNA 和蛋白质编码基因均相同，其具体长度特征见表 5-2。结构注释则是利用软件 Geneious 8.02（Biomatters Ltd.，Auckland，New Zealand）

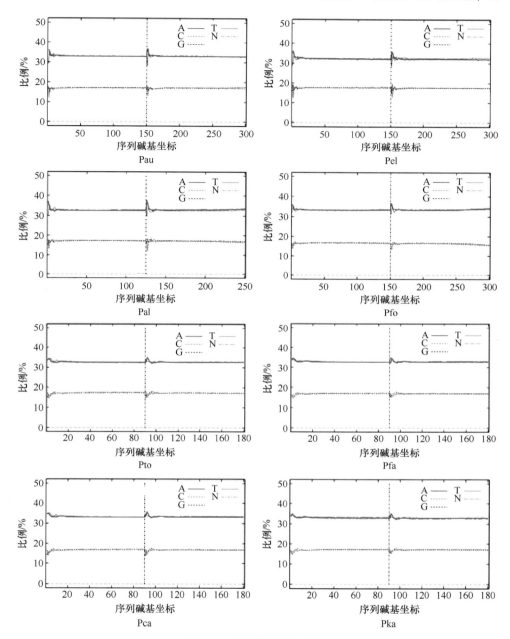

图 5-1　原始数据质量检测

横坐标代表的是序列碱基坐标，纵坐标代表的是全部序列的 A、T、C、G、N 碱基所占的百分比。在每个位置上的 A、T、G、C 碱基在刚测序时会有波动出现，后面会逐渐平稳。通常情况下 A 碱基和 T 碱基、G 碱基和 C 碱基的数量保持一致，每个碱基所占的百分比会因物种的差异而存在不同。从图中可以看出，泡桐叶绿体基因组的建库情况比较均匀，4 种不同碱基的颜色的分界线波动较小，几乎呈现一条直线，表明本研究所得的数据质量较好，为后续叶绿体基因组组装和注释奠定基础

表 5-1 泡桐属叶绿体基因组测序数据统计表

样本名称	插入片段/bp	序列长度/bp	碱基错误率/%	高质量数据 Q20/%	高质量数据 Q30/%	高质量数据 GC/%
Pau	270	150	0.03	95.41	88.92	34.01
Pel	270	149	0.08	95.18	87.94	35.28
Pal	215	124	0.20	96.14	88.89	34.30
Pfo	263	149	0.05	94.17	87.44	33.14
Pto	91	90	0.03	93.15	87.10	34.45
Pfa	95	90	0.03	94.95	88.54	34.12
Pca	91	90	0.03	93.77	87.84	33.45
Pka	96	90	0.03	95.04	88.60	34.07

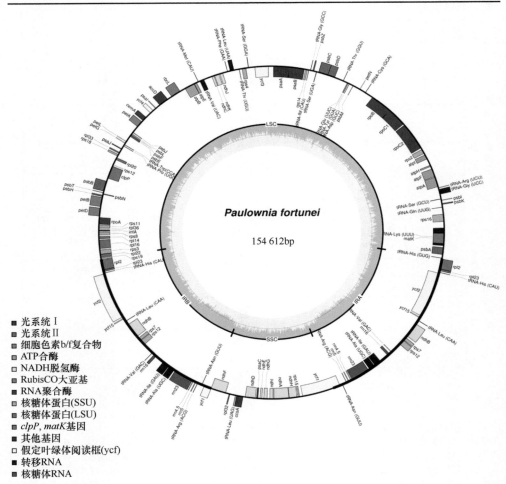

图 5-2 白花泡桐叶绿体基因组图谱

表 5-2　泡桐属叶绿体基因组基本特征

样本名称	基因组大小/bp	LSC/bp	SSC/bp	IR/bp	rRNA	tRNA	蛋白质编码基因	基因数量	GC/%
Pto	154 700	85 356	17 786	25 779	8（4）	37（30）	90（80）	135（114）	38.00
Pka	154 746	85 371	17 781	25 797	8（4）	37（30）	90（80）	135（114）	38.00
Pfo	154 612	85 337	17 735	25 770	8（4）	37（30）	90（80）	135（114）	38.00
Pfa	154 506	85 262	17 722	25 761	8（4）	37（30）	90（80）	135（114）	38.00
Pel	154 611	85 338	17 733	25 770	8（4）	37（30）	90（80）	135（114）	38.00
Pca	154 743	85 368	17 781	25 797	8（4）	37（30）	90（80）	135（114）	38.00
Pau	154 646	85 356	17 732	25 779	8（4）	37（30）	90（80）	135（114）	38.00
Pal	154 619	85 343	17 736	25 770	8（4）	37（30）	90（80）	135（114）	38.00

依次对 8 个泡桐种的叶绿体基因组总长度及大单拷贝（LSC）区域、小单拷贝（SSC）区域和两个反向重复（IR）区域 4 个区域的长度大小进行统计，同时对基因数量、碱基组成和 GC 含量进行分析。结果表明泡桐叶绿体基因组长度范围为 154 506～154 745bp。以白花泡桐为例，白花泡桐叶绿体基因组总长度为 154 612 bp，是典型的四分体结构（图 5-2），它由 LSC、SSC、IRa 和 IRb 4 个部分组成，其中 LSC、SSC、IR 的长度分别为 85 337bp、17 735bp 和 25 770bp。但是不同泡桐种 cpDNA 中 4 个区域的大小会有所不同。其中，在整个泡桐属中台湾泡桐（Pka）的大单拷贝区域最长，为 85 371bp；毛泡桐（Pto）的小单拷贝区域最长为 17 786bp；而川泡桐（Pfa）的小单拷贝区域和大单拷贝区域在 8 个种中均为最小：分别为 85 262bp、17 722bp。

迄今为止，大部分已测序的被子植物叶绿体基因组均为保守的四分体结构，如荷花玉兰（李西文等，2012）、赤霞珠（谢海坤等，2017）都为完整的四分体结构。研究表明草本植物的叶绿体基因组进化速度较快，在结构上会出现一些变化，如三叶草（Shaver et al.，2006）和鹰嘴豆（Jansen et al.，2008）会因丢失一个反向重复区域从而形成一个特殊的叶绿体基因组结构（LSC、SSC 和 IR）。在本研究中利用高通量测序技术获得了泡桐属内 8 个泡桐种的叶绿体基因组，并通过共线性分析发现其基因组结构均与上述荷花玉兰的研究结果保持一致，为高度保守的四分体结构（IRs、LSC、SSC），其长度范围在 154 506～154 746bp。对它们进行比较分析发现叶绿体基因组大小差异最大 240bp，最小仅有 1bp；SC 大小的差异最大为 LSC（109bp），SSC（64bp），最小的为 0bp；IR 区域大小差异最大为 36bp，最小为 0bp。泡桐属内的 8 个泡桐种均编码 135 个基因（其中，90 个蛋白质编码基因，37 个 tRNA 和 8 个 rRNA），其基因内容、功能和含有内含子的数目都保持一致。

一般情况下，植物叶绿体基因组的总 GC 含量在 34%～40%，但在基因组中不同区域（如 LSC 和 SSC）的分布并不是均匀的。泡桐属叶绿体基因组具有 A/T

碱基偏好性，平均含量为 62%，GC 含量为 38%。在基因组中 GC 含量越高，DNA 的密度就越大，则基因序列的保守性就越好。如表 5-3 所示，IR 区域所含 GC 的含量（43.21%～43.24%）均明显高于 LSC 区域（35.95%～36.00%）和 SSC 区域（32.34%～32.39%）。其中的主要原因是位于 IR 区域的 rrn16、rrn23、rrn4.5 和 rrn5 基因中 GC 含量较高，而 SSC 区域中的 NADH 脱氢酶基因有较低的 GC 含量，所以造成了 SSC 区域中 GC 含量低于 IR 区域，所以 IR 区域是最为保守的区域，SSC 区域 GC 平均含量相较于 LSC 和 IR 区域低，它产生变异位点的机会就最大；在叶绿体基因组的功能区，内含子区域的平均 GC 含量为 37.97%，基因间区的为 37.97%，蛋白质编码基因区域的 GC 含量（38.10%～38.12%）高于叶绿体基因组的总 GC 含量（38%），是功能区域中最保守的，此现象与唇形目唇形科中薄荷的叶绿体基因组相似（沈立群，2018）。

表 5-3　泡桐属叶绿体基因组各部分 GC 含量

	Pal	Pau	Pca	Pel	Pfa	Pfo	Pka	Pto
LSC/%	35.97	35.98	35.95	35.97	36.00	35.98	35.95	35.98
SSC/%	32.35	32.35	32.38	32.34	32.39	32.35	32.38	32.39
IR/%	43.22	43.24	43.21	43.22	43.24	43.22	43.21	43.24
蛋白质编码基因区域/%	38.10	38.12	38.10	38.10	38.11	38.10	38.10	38.12
内含子/%	37.98	37.98	37.96	37.98	38.00	37.98	37.96	37.99
基因间区/%	37.97	37.98	37.96	37.97	37.99	37.97	37.95	37.98
总 GC 含量/%	38.00	38.00	38.00	38.00	38.00	38.00	38.00	38.00

（三）基因内容和分类

白花泡桐叶绿体基因组中共注释得到 114 个唯一基因，但是其中 18 个基因含有 2 个拷贝，包括 7 个 tRNA［tRNA-Ala（UGC）、tRNA-Arg（ACG）、tRNA-Asn（GUU）、tRNA-His（CAU）、tRNA-Ile（GAU）、tRNA-Leu（CAA）和 tRNA-Val（GAC）］、4 个 rRNA 基因（rrn16、rrn23、rrn4.5、rrn5）和 7 个蛋白质编码基因（ndhB、rpl2、rpl23、rps7、ycf1、ycf15 和 ycf2）；而 rps12 基因含有 4 个拷贝。因此加上这些重复基因共编码了 135 个基因。

与其他已测序物种的叶绿体基因组相同，泡桐属中叶绿体基因组序列编码的基因（以白花泡桐为例）主要分为三类：与自我复制相关的基因，包括 4 个 rRNA 基因、30 个 tRNA 基因、21 个核糖体大小亚基基因，以及 4 个编码叶绿体 RNA 聚合酶亚基的基因；与光合作用相关的基因 47 个；3 个其他基因和 5 个未知功能基因。以上三类基因可分为 19 个小类别，其中拥有最多的基因分类是与光合作用相关的基因，可分为 9 类（表 5-4）。

表 5-4　白花泡桐叶绿体基因组基因列表

基因功能	基因分类	基因
自我复制相关的基因	核糖体 RNA 基因	*rrn16*[c]、*rrn23*[c]、*rrn4.5*[c]、*rrn5*[c]
	转运 RNA 基因	tRNA-Ala（UGC）[c]、tRNA-Arg（ACG）[c]、tRNA-Arg（UCU）、tRNA-Asn（GUU）[c]、tRNA-Asp（GUC）、tRNA-Cys（GCA）、tRNA-His（CAU）、tRNA-Gln（UUG）、tRNA-Glu（UUC）、tRNA-Gly（GCC）、tRNA-Gly（UCC）、tRNA-His（CAU）[c]、tRNA-His（GUG）、tRNA-Ile（GAU）[c]、tRNA-Leu（CAA）[c]、tRNA-Leu（UAA）、tRNA-Leu（UAG）、tRNA-Lys（UUU）、tRNA-Met（CAU）、tRNA-Phe（GAA）、tRNA-Pro（UGG）、tRNA-Ser（GCU）、tRNA-Ser（GGA）、tRNA-Ser（UGA）、tRNA-Thr（GGU）、tRNA-Thr（UGU）、tRNA-Trp（CCA）、tRNA-Tyr（GUA）、tRNA-Val（GAC）[c]、tRNA-Val（UAC）
	核糖体小亚基基因	*rps11*、*rps12*[ad]、*rps14*、*rps15*、*rps16*[a]、*rps18*、*rps19*、*rps2*、*rps3*、*rps4*、*rps7*[c]、*rps8*
	核糖体大亚基基因	*rpl14*、*rpl16*[a]、*rpl2*[ac]、*rpl20*、*rpl22*、*rpl23*[c]、*rpl32*、*rpl33*、*rpl36*
	RNA 聚合酶亚基基因	*rpoA*、*rpoB*、*rpoC1*[a]、*rpoC2*
与光合作用有关的基因	光系统 I	*psaA*、*psaB*、*psaC*、*psaI*、*psaJ*
	光系统 II	*psbA*、*psbB*、*psbC*、*psbD*、*psbE*、*psbF*、*psbH*、*psbI*、*psbJ*、*psbK*、*psbL*、*psbM*、*psbN*、*psbT*、*psbZ*
	细胞色素复合物	*petA*、*petB*[a]、*petD*[a]、*petG*、*petL*、*petN*
	ATP 合酶亚基	*atpA*、*atpB*、*atpE*、*atpF*[a]、*atpH*、*atpI*
	ATP 依赖蛋白酶亚基 p 基因	*clpP*[b]
	二磷酸核酮糖羧化酶大亚基	*rbcL*
	NADH 脱氢酶基因	*ndhA*[a]、*ndhB*[ac]、*ndhC*、*ndhD*、*ndhE*、*ndhF*、*ndhG*、*ndhH*、*ndhI*、*ndhJ*、*ndhK*
其他基因	成熟酶基因	*matK*
	囊膜蛋白基因	*cemA*
	乙酰辅酶 A 羧化酶亚基基因	*accD*
	C 型细胞色素合成基因	*ccsA*
	转录起始因子基因	*infA*
未知功能基因	假定叶绿体阅读框	*ycf1*[c]、*ycf15*[c]、*ycf2*[c]、*ycf3*[b]、*ycf4*

注：a. 表示基因含有 1 个内含子；b. 表示基因含有 2 个内含子；c. 表示含有 2 个拷贝基因；d. 表示含有 4 个拷贝基因

二、叶绿体基因组结构组成分析

（一）内含子

在本研究中，白花泡桐叶绿体基因组的 10 个蛋白质编码基因（rps12、rps16、atpF、rpoC1、petB、petD、rpl16、rpl2、ndhB 和 ndhA）、6 个 tRNA 基因 [tRNA-Lys（UUU）、tRNA-Gly（UCC）、tRNA-Leu（UAA）、tRNA-Val（UAC）、tRNA-Ile（GAU）和 tRNA-Ala（UGC）] 发现均包含 1 个内含子；而 *ycf3* 和 *clpP* 基因则含

有 2 个内含子，这与许多叶绿体基因组中的现象相同。并且已有研究表明内含子在基因表达调控等方面发挥着重要的作用。大部分的内含子对外源基因在植物指定位置和指定时间的表达具有显著的促进作用，从而能够实现研究者们预期的农艺性状，这一特点使内含子成为研究提高植物转化率的热点内容之一（徐军望等，2003）。因此，对内含子的研究是非常有用的。由于基因 *ycf1* 处于 SSC 和 IRa 之间，而 IR 区域具有反向重复的特性，因此使得 *ycf1* 基因拷贝的不完整而失去编码能力，从而使 *ycf1* 成为假基因。并且 *rps12* 基因是一个 trans-splicing gene（反式剪接基因），其 5′端位于 LSC 区域，而 3′端位于 IR 区域。

通过以上结果可知，泡桐属中 8 个泡桐种叶绿体基因组的基因顺序和方向相同。将 8 个泡桐种叶绿体基因组比较发现，泡桐属叶绿体基因组在基因大小、基因数量和 GC 含量等方面都极为接近，从某一程度上表明了泡桐属的物种在进化方面是比较保守的。

（二）密码子偏好性

密码子在生物遗传信息传递中发挥着至关重要的作用，是遗传信息准确表达的关键所在。但是不同的生物或者同种生物不同的蛋白质编码基因，其简并密码子的使用频率也是不一样的，而是具有一定的偏好性，造成这种偏好性的原因被认为是自然选择、物种突变和遗传漂移所引起的（Ma et al.，2014）。在本研究中我们首次对 8 个泡桐种叶绿体基因组的密码子偏好性进行研究，使用 Codonw 软件对泡桐属物种中所有蛋白质编码基因编码的密码子及同义密码子相对使用频率（relative synonymous codon usage，RSCU）进行计算。当 RSCU>1 说明此密码子使用次数较为频繁，是偏好性密码子；RSCU<1 则表示使用频率低；RSCU=1 说明此密码子无使用偏好性。结果发现所有泡桐物种编码的密码子数量相似，并且同义密码子相对使用频率差异也较小，表明泡桐属的密码子偏好性差别较小（图 5-3）。

白花泡桐叶绿体基因组含有 80 个基因，有 26 415 个密码子，共编码 20 种氨基酸（不含终止密码子）。对得到的密码子分类进行统计（表 5-5），其中密码子编码的氨基酸数目最多的是亮氨酸（Leu），共有 2793 个，占总密码子的 10.57%，有 6 种同义密码子，UUA 有最多的数量；其次是异亮氨酸（Ile，8.42%）、丝氨酸（Ser，7.83%）、甘氨酸（Gly，6.58%）、精氨酸（Arg，6.07%）和苯丙氨酸（Phe，5.69%）；编码最少的氨基酸为半胱氨酸（Cys，1.13%）（图 5-4）。这与已报道的稻属和棉属的叶绿体基因组密码子编码氨基酸数量基本相似。

对 8 个泡桐种的密码子进一步对比分析发现（表 5-5）：首先，密码子总数量不同，Pfo、Pel、Pfa 和 Pal 的密码子个数为 26 415 个，Pau 和 Pto 的均为 26 417 个，Pka 和 Pca 的数量相同为 26 427 个。这可能是由于不同物种之间叶绿体基因组

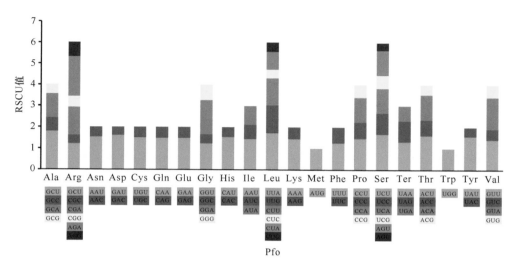

图 5-3　泡桐属蛋白质编码基因的密码子分布

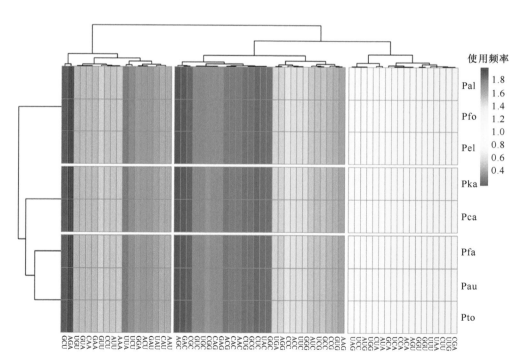

图 5-4　蛋白质编码基因中 20 个氨基酸和终止密码子的含量

表 5-5 泡桐属叶绿体基因组的密码子统计和偏好性分析

氨基酸	密码子	Pfo 数量	Pfo RSCU	Pel 数量	Pel RSCU	Pau 数量	Pau RSCU	Pka 数量	Pka RSCU	Pal 数量	Pal RSCU	Pfa 数量	Pfa RSCU	Pto 数量	Pto RSCU	Pca 数量	Pca RSCU
Phe	UUU	957	1.27	957	1.27	958	1.27	960	1.28	958	1.27	954	1.27	958	1.27	961	1.28
Phe	UUC	546	0.73	546	0.73	545	0.73	545	0.72	546	0.73	548	0.73	545	0.73	545	0.72
Leu	UUA	807	1.73	807	1.73	806	1.73	806	1.73	806	1.73	806	1.73	806	1.73	805	1.73
Leu	UUG	605	1.3	605	1.3	604	1.3	604	1.3	604	1.3	605	1.3	604	1.3	604	1.3
Leu	CUU	599	1.29	599	1.29	601	1.29	599	1.29	599	1.29	598	1.29	601	1.29	599	1.29
Leu	CUC	190	0.41	190	0.41	189	0.41	189	0.41	190	0.41	190	0.41	189	0.41	189	0.41
Leu	CUA	394	0.85	394	0.85	394	0.85	394	0.85	394	0.85	394	0.85	394	0.85	394	0.85
Leu	CUG	198	0.43	198	0.43	199	0.43	199	0.43	198	0.43	198	0.43	199	0.43	199	0.43
Ile	AUU	1 085	1.46	1 085	1.46	1 082	1.46	1 084	1.46	1 085	1.46	1 085	1.46	1 082	1.46	1 084	1.46
Ile	AUC	483	0.65	483	0.65	483	0.65	483	0.65	483	0.65	482	0.65	483	0.65	483	0.65
Ile	AUA	655	0.88	655	0.88	654	0.88	656	0.89	655	0.88	657	0.89	654	0.88	656	0.89
Met	AUG	642	1	642	1	643	1	642	1	642	1	641	1	643	1	642	1
Val	GUU	512	1.43	512	1.43	510	1.43	510	1.43	512	1.43	511	1.43	510	1.43	510	1.43
Val	GUC	176	0.49	176	0.49	178	0.5	179	0.5	176	0.49	177	0.5	178	0.5	179	0.5
Val	GUA	537	1.5	537	1.5	536	1.5	536	1.5	537	1.5	535	1.5	536	1.5	536	1.5
Val	GUG	204	0.57	204	0.57	205	0.57	205	0.57	204	0.57	205	0.57	205	0.57	205	0.57
Ser	UCU	578	1.68	578	1.68	576	1.67	576	1.67	578	1.68	578	1.67	576	1.67	576	1.67
Ser	UCC	341	0.99	341	0.99	343	0.99	343	0.99	341	0.99	342	0.99	343	0.99	343	0.99
Ser	UCA	404	1.17	404	1.17	403	1.17	406	1.18	404	1.17	403	1.17	403	1.17	406	1.18
Ser	UCG	213	0.62	213	0.62	215	0.62	212	0.61	213	0.62	213	0.62	215	0.62	212	0.61
Pro	CCU	416	1.48	416	1.48	415	1.47	415	1.47	416	1.48	415	1.47	415	1.47	415	1.47
Pro	CCC	213	0.76	213	0.76	214	0.76	214	0.76	213	0.76	214	0.76	214	0.76	214	0.76

续表

氨基酸	密码子	Pfo 数量	Pfo RSCU	Pel 数量	Pel RSCU	Pau 数量	Pau RSCU	Pka 数量	Pka RSCU	Pal 数量	Pal RSCU	Pfa 数量	Pfa RSCU	Pto 数量	Pto RSCU	Pca 数量	Pca RSCU
Pro	CCA	331	1.17	331	1.17	332	1.18	331	1.17	331	1.17	332	1.18	332	1.18	331	1.17
Pro	CCG	167	0.59	167	0.59	167	0.59	167	0.59	167	0.59	167	0.59	167	0.59	167	0.59
Thr	ACU	541	1.62	541	1.62	542	1.63	541	1.62	541	1.62	542	1.63	542	1.63	541	1.62
Thr	ACC	245	0.73	245	0.73	245	0.73	245	0.74	245	0.73	245	0.74	245	0.73	245	0.74
Thr	ACA	396	1.19	396	1.19	396	1.19	396	1.19	396	1.19	395	1.19	396	1.19	396	1.19
Thr	ACG	152	0.46	152	0.46	151	0.45	151	0.45	152	0.46	151	0.45	151	0.45	151	0.45
Ala	GCU	603	1.8	603	1.8	605	1.8	605	1.8	603	1.8	603	1.79	605	1.8	605	1.8
Ala	GCC	213	0.63	213	0.63	212	0.63	211	0.63	213	0.63	213	0.63	212	0.63	211	0.63
Ala	GCA	382	1.14	382	1.14	382	1.14	382	1.14	382	1.14	384	1.14	382	1.14	382	1.14
Ala	GCG	145	0.43	145	0.43	145	0.43	145	0.43	145	0.43	145	0.43	145	0.43	145	0.43
Tyr	UAU	770	1.58	770	1.58	769	1.58	769	1.58	770	1.58	770	1.58	769	1.58	769	1.58
Tyr	UAC	206	0.42	206	0.42	207	0.42	207	0.42	206	0.42	207	0.42	207	0.42	207	0.42
Ter	UAA	75	1.32	75	1.32	75	1.32	75	1.32	75	1.32	75	1.32	75	1.32	75	1.32
Ter	UAG	56	0.98	56	0.98	56	0.98	56	0.98	56	0.98	56	0.98	56	0.98	56	0.98
His	CAU	476	1.54	476	1.54	478	1.54	477	1.54	476	1.54	477	1.54	478	1.54	477	1.54
His	CAC	142	0.46	142	0.46	142	0.46	141	0.46	142	0.46	142	0.46	142	0.46	141	0.46
Gln	CAA	707	1.49	707	1.49	707	1.49	709	1.49	707	1.49	706	1.49	707	1.49	709	1.49
Gln	CAG	243	0.51	243	0.51	242	0.51	242	0.51	243	0.51	242	0.51	242	0.51	242	0.51
Asn	AAU	955	1.54	955	1.54	956	1.54	957	1.54	955	1.54	955	1.53	956	1.54	957	1.54
Asn	AAC	289	0.46	289	0.46	289	0.46	289	0.46	289	0.46	290	0.47	289	0.46	289	0.46
Lys	AAA	1034	1.45	1034	1.45	1034	1.45	1033	1.45	1034	1.45	1035	1.45	1034	1.45	1033	1.45
Lys	AAG	394	0.55	394	0.55	394	0.55	394	0.55	394	0.55	394	0.55	394	0.55	394	0.55

续表

氨基酸	密码子	Pfo 数量	Pfo RSCU	Pel 数量	Pel RSCU	Pau 数量	Pau RSCU	Pka 数量	Pka RSCU	Pal 数量	Pal RSCU	Pfa 数量	Pfa RSCU	Pto 数量	Pto RSCU	Pca 数量	Pca RSCU
Asp	GAU	868	1.62	868	1.62	866	1.62	873	1.62	868	1.62	868	1.62	866	1.62	873	1.62
Asp	GAC	205	0.38	205	0.38	206	0.38	208	0.38	205	0.38	206	0.38	206	0.38	208	0.38
Glu	GAA	1 027	1.49	1 027	1.49	1 025	1.49	1 025	1.49	1 027	1.49	1 025	1.49	1 025	1.49	1 025	1.49
Glu	GAG	349	0.51	349	0.51	349	0.51	349	0.51	349	0.51	349	0.51	349	0.51	349	0.51
Cys	UGU	225	1.51	225	1.51	225	1.51	226	1.51	225	1.51	225	1.51	225	1.51	226	1.51
Cys	UGC	74	0.49	74	0.49	74	0.49	74	0.49	74	0.49	74	0.49	74	0.49	74	0.49
Ter	UGA	40	0.7	40	0.7	40	0.7	40	0.7	40	0.7	40	0.7	40	0.7	40	0.7
Trp	UGG	475	1	475	1	475	1	475	1	476	1	475	1	475	1	475	1
Arg	CGU	327	1.22	327	1.22	327	1.22	327	1.22	327	1.22	326	1.22	327	1.22	327	1.22
Arg	CGC	106	0.4	106	0.4	105	0.39	105	0.39	106	0.4	105	0.39	105	0.39	105	0.39
Arg	CGA	349	1.31	349	1.31	349	1.3	349	1.31	349	1.31	348	1.3	349	1.3	349	1.31
Arg	CGG	137	0.51	137	0.51	138	0.52	138	0.52	137	0.51	138	0.52	138	0.52	138	0.52
Ser	AGU	412	1.19	412	1.19	413	1.2	414	1.2	412	1.19	414	1.2	413	1.2	414	1.2
Ser	AGC	121	0.35	121	0.35	120	0.35	120	0.35	121	0.35	121	0.35	120	0.35	120	0.35
Arg	AGA	504	1.89	504	1.89	505	1.89	504	1.89	504	1.89	504	1.89	505	1.89	504	1.89
Arg	AGG	181	0.68	181	0.68	181	0.68	181	0.68	181	0.68	180	0.67	181	0.68	181	0.68
Gly	GGU	538	1.24	538	1.24	539	1.24	539	1.24	538	1.24	539	1.24	539	1.24	539	1.24
Gly	GGC	182	0.42	182	0.42	181	0.42	181	0.42	182	0.42	181	0.42	181	0.42	181	0.42
Gly	GGA	700	1.61	700	1.61	701	1.61	701	1.61	700	1.61	702	1.61	701	1.61	701	1.61
Gly	GGG	318	0.73	318	0.73	319	0.73	318	0.73	318	0.73	318	0.73	319	0.73	318	0.73
合计		26 415		26 415		26 417		26 427		26 415		26 415		26 417		26 427	

大小不同造成的；其次，8 个泡桐种中所编码的氨基酸种类相同但数量不同，最多和最少的氨基酸分别为 Leu 和 Cys，并且编码最多的氨基酸都为常用氨基酸；同时发现在编码同一个氨基酸的这些密码子中，RSCU 值大于 1 的密码子第三位大部分都是以 A/T 碱基结尾的，反之 RSCU 值小于 1 的同义密码子大都以 C/G 碱基结束（表 5-5），这种原因可能是泡桐属内 AT 含量丰富引起的，同样的现象在其他研究成果中也有所报道（Raubeson et al.，2007）。此外，以白花泡桐为例，对其叶绿体基因组中密码子不同位置的碱基进行统计分析发现，第三位密码子偏向使用 A/T 碱基的频率要高于前两位密码子，AT 含量越高，DNA 序列越不稳定，因此，密码子第三个位置最容易发生变异。在其他植物叶绿体基因组中也有偏好以 A/T 碱基作为密码子的第三位的情况发生（Tangphatsornruang et al.，2010；Clegg et al.，1994）。这种偏好性差异的原因可能是同义替换率、tRNA 含量、密码子亲水性和表达水平等因素引起的（Huang et al.，2014）。密码子偏好性与生物的进化历史息息相关，因此，泡桐属密码子的分析将会对其物种进化研究和外源基因表达起着重要的推动作用。

（三）重复序列

叶绿体基因组的重复序列包括串联（tandem repeat）和散在重复（dispersed repeat），其中散在重复又分为正向（forward repeat）、反向（reverse repeat）、回文（panlindromic repeat）和互补（complement repeat）4 种类型。因此，我们分别利用在线网站 Tandem repeat Finder（http://tandem.bu.edu/trf/trf.html）（Benson，1999）和 REPuter 软件（http://bibiserv.cebitec.uni-bielefeld.de/reputer）（Kurtz et al.，2001）对泡桐属内 8 个完整叶绿体基因组的重复序列进行了研究，共检测到 571 个重复序列，如图 5-5A 及表 5-6 所示，得到的重复序列数量分别为 Pal（63）、Pau（74）、Pca（80）、Pel（63）、Pfa（69）、Pfo（63）、Pka（81）和 Pto（78）。在这些重复序列中，串联重复序列最多，占比为 42.03%，平均为 30 个；其次为正向重复和回文重复，正向重复（28.90%）平均为 20 个，回文重复（26.44%）平均为 18 个；互补重复序列只在 Pka 和 Pca 中检测到，分别为 4 个和 2 个，所占比例最少为 1.05%。8 个泡桐种的叶绿体基因组中大部分的重复序列长度分布在 30～49bp。在 Pal、Pau、Pca、Pel、Pfa、Pfo 和 Pto 中重复序列长度大部分是 30bp；只有 Pka 中的重复序列长度在 31～59bp 分布得较多；并且 Pal、Pau、Pfo、Pel、Pfa 中没有 50～59bp 的重复序列存在（图 5-5B）。在白花泡桐中检测到的几个重复序列，大部分的重复序列位于基因间隔区（IGS）；其次是蛋白质编码区域（CDS）：有 ycf1、ycf2、rps18、rpoC2 等基因；内含子区域（intron）：有 ndhA、rpl16 和 ycf3（图 5-7）。本研究除了分析重复序列外，还对简单重复序列 SSR 进行了探究。

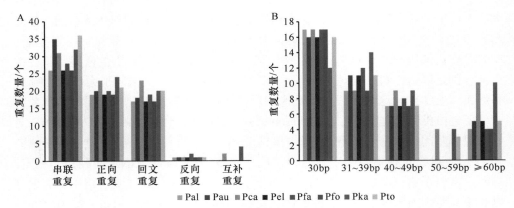

图 5-5　8 种泡桐叶绿体基因组重复序列类型

A. 重复类型及数量；B. 用长度表示的重复序列的数量

表 5-6　重复序列和 SSR 统计

样本	串联重复	正向重复	回文重复	反向重复	互补重复	mono-	di-	tri-	tetra-	penta-
Pal	26	19	17	1	0	42	5	2	5	1
Pau	35	20	18	1	0	41	4	1	5	1
Pca	31	23	23	1	2	44	4	1	5	1
Pel	26	19	17	1	0	42	5	2	5	1
Pfa	28	20	19	2	0	41	4	2	4	1
Pfo	26	19	17	1	0	44	4	2	5	1
Pka	32	24	20	1	4	43	4	1	5	1
Pto	36	21	20	1	0	41	4	1	5	1

注：mono-，单核苷酸重复；di-，二核苷酸重复；tri-，三核苷酸重复；tetra-，四核苷酸重复；penta-，五核苷酸重复

简单重复序列（Simple sequence repeats，SSR），又名微卫星标记，一般是分布在叶绿体基因组中并以 1～6 个碱基为重复的序列，由于其高重复性、高变异性和共显性遗传的特点，已是一种被广泛应用于物种鉴定和群体遗传学的高效分子标记（He et al.，2012）。本研究利用 MISA（MIcro SAtellite identification tool）（http://pgrc.ipk-gatersleben.de/misa/）（Androsiuk et al.，2018），对泡桐属内的 8 个泡桐种进行了 SSR 分析，阐述泡桐样品 SSR 的多样性。共得到 431 个 SSR 序列，分别为 Pal（55）、Pau（52）、Pca（55）、Pel（55）、Pfa（52）、Pfo（56）、Pka（54）和 Pto（52），其中主要包括以下几种重复单元：mono-（单核苷酸重复），di-（二核苷酸重复），tri-（三核苷酸重复），tetra-（四核苷酸重复），penta-（五核苷酸重复）。在所有 SSR 序列中，单核苷酸（mononucleotide）重复数量是最多的，占总 SSR 序列的 78.42%，其次是二核苷酸（dinucleotide）重复，占 7.89%，三核苷酸（trinucleotide）重复（2.78%）、四核苷酸（tetranucleotide）重复（9.05%）较少，五核苷酸（pentanucleotide）重复数最少，只有 8 个被检测到，而六核苷酸（hexanucleotide）重复在泡桐属内叶绿体基因组中没有被检测到，这与葡萄中的情况是一致的（图 5-6A）。

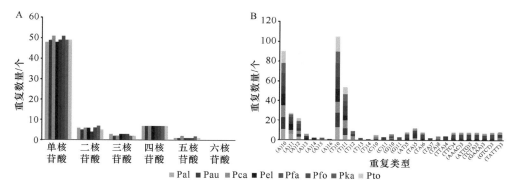

图 5-6　8 种泡桐叶绿体基因组 SSR 的类型

A. SSR 类型及数量；B. 在各种类型中识别的 SSR 基序的数量。B 图横坐标的括号内是重复的核苷酸序列，括号外数字是重复的次数，表 5-7 同

如图 5-6 和表 5-7 所示，在 8 个泡桐种中检测到的 SSR 序列，大多数的单核苷酸重复单元为 A/T；二核苷酸重复则全部为 AT/TA；三核苷酸重复为 TTA 和 TTC 且在 8 个泡桐种中的重复数量是一样的；四核苷酸重复为 AAAC、ATTG、GAAA、GTCT 和 TCTA；五核苷酸重复只有 TATTT。通过以上结果可分析得出，SSR 序列大部分是由聚胸腺嘧啶核苷酸（polyT）和聚腺嘌呤核苷酸（polyA）构成的，很少有 G 或者 C 碱基的出现，这是叶绿体基因组序列具有 A/T 碱基偏好性的原因之一，并与其他被子植物叶绿体基因组的 SSR 序列研究结果大致相同（Melotto-Passarin et al.，2011）。除此之外，我们还对 SSR 重复序列的位置进行了大概的定位，结果表明重复序列大部分位于非编码区域基因间区和内含子，且多集中在叶绿体基因组的 LSC 区（图 5-7）。最后，以上 SSR 位点之间的差异变化分析为该属系统发育的研究提供一个新的分析视角。利用鉴定得到的这些 SSR 位点可更好地对泡桐物种进行鉴定和检测及对其多样性进行评估，也为以后能够更详细地阐述泡桐起源和进一步完善系统发育关系提供了新的理论基础。

表 5-7　8 种泡桐属植物简单重复序列（SSR）类型统计

重复类型	Pal	Pau	Pca	Pel	Pfa	Pfo	Pka	Pto
（A）10	11	12	12	12	8	13	10	12
（A）11	6	1	3	6	3	4	3	1
（A）12	3	3	3	2	1	4	3	3
（A）13	0	1	1	1	1	0	1	1
（A）14	1	0	0	0	0	0	1	0
（A）15	0	0	1	0	0	0	1	0
（A）16	0	0	0	0	1	0	0	0
（T）10	13	15	11	13	12	14	12	15
（T）11	5	7	8	5	10	5	7	7
（T）12	1	0	3	1	1	0	3	0

续表

重复类型	Pal	Pau	Pca	Pel	Pfa	Pfo	Pka	Pto
(T) 13	0	0	0	0	1	1	0	0
(T) 14	0	0	0	0	1	0	0	0
(C) 10	0	1	1	0	1	0	1	1
(C) 11	1	0	0	1	0	1	0	0
(G) 10	0	1	1	0	1	1	1	1
(G) 11	1	0	0	1	0	1	0	0
(AT) 5	1	1	1	1	1	1	1	1
(TA) 5	2	1	1	2	2	2	1	1
(TA) 6	1	1	1	1	1	1	1	1
(TA) 7	1	0	0	1	0	0	0	0
(TA) 8	0	1	1	0	0	0	1	1
(TTA) 4	1	0	0	1	1	1	0	0
(TTC) 4	1	1	1	1	1	1	1	1
(AAAC) 3	1	1	1	1	1	1	1	1
(ATTG) 3	1	1	1	1	1	1	1	1
(TCTA) 3	1	1	1	1	1	1	1	1
(GAAA) 3	1	1	1	1	0	1	1	1
(GTCT) 3	1	1	1	1	1	1	1	1
(TATTT) 3	1	1	1	1	1	1	1	1

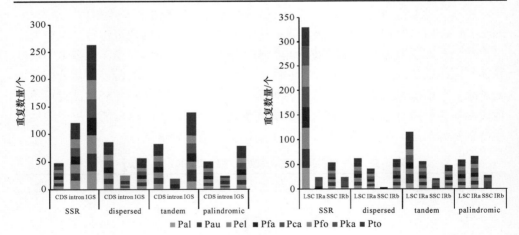

图 5-7　重复序列和 SSR 的分布位置

CDS. 编码区；intron. 基因内区；IGS. 基因间隔区；SSR. 简单重复序列；
dispersed. 散在重复；tandem. 串联重复；palindromic. 回文重复

　　本研究利用高通量测序技术并结合生物信息学软件，获得了泡桐属内 8 个泡桐种的完整叶绿体基因组序列。泡桐属内 8 个泡桐种叶绿体基因组的结构是保守的四分体结构，包括 LSC、SSC 和一对 IR 区域。其全长范围在 154 506～154 746bp，

LSC 长度范围为 85 262～85 371bp，SSC 长度范围为 17 722～17 786bp，IR 长度范围为 25 761～25 797bp；不同泡桐种叶绿体基因组结构、基因分类、基因排序等方面是一样的，共注释得到了 114 个唯一基因，包括 4 个 rRNA 基因、30 个 tRNA 基因和 80 个蛋白质编码基因。其中 18 个基因含有 2 个拷贝，*rps12* 基因则含有 4 个拷贝；叶绿体基因组中 GC 碱基含量均为 38%，AT 碱基含量较为丰富。且编码氨基酸的密码子，第一位和第二位偏好使用较为保守的 G/C 碱基，第三位偏好 A/T 碱基，易发生突变。总之，通过对这 8 个泡桐种的叶绿体基因组结构、基因成分、密码子偏好性、重复序列和 SSR 位点探究，准确注释了叶绿体所有基因，填补了泡桐属内叶绿体基因组知识的空白，为泡桐属的相关分析提供了研究基础。

第二节　泡桐叶绿体基因组比对及进化关系分析

近年来，随着生物技术的不断更新，研究人员发现核基因组结构和基因构成复杂、分子量大、存在多基因拷贝现象，并且不同拷贝之间还存在直系同源和旁系同源的问题；线粒体拷贝数较低，提取和纯化的过程较为困难，且不同植物物种间线粒体基因组差异显著，因此在植物进化研究方面的应用局限性较大。相较于细胞核基因组的高复杂性、线粒体基因组的高频率突变及基因序列的高保守性，叶绿体基因组不管是大小、结构、组成成分还是变异速率等各方面更适合于植物系统进化的研究。例如，水稻（*Oryza sativa*）包括野生稻（*Oryza nivara*）、粳稻（*Oryza sativa japanica* cultivar-group）和籼稻（*Oryza sativa indica* cultivar-group）三个亚种，它们虽是同一个种，但是通过分析它们的叶绿体基因组序列，可以发现三个亚种之间的基因组序列是有所不同的，在一定程度上揭示了进化方面的差异（Tang et al.，2004）。因此叶绿体基因组的结构和序列信息对阐述物种起源、进化关系和不同植物物种之间亲缘远近等方面有重要的参考依据（邢少辰和 Liu，2008）。

近年来，在泡桐的系统发育研究方面，申响保等（2013）通过优化试验的方法，提高了泡桐内转录间隔区（internal transcribed spacer，ITS）序列信息的精确性，为泡桐的遗传多样性和进化关系研究提供了新思路；侯婷（2016）利用 petL-psbE 和 trnD-trnT 叶绿体基因片段解决泡桐属的系统进化问题，但是所得的研究结果与先前研究存在一定的分歧。总之，泡桐属的分类和系统关系主要是在分子水平上对泡桐的分类、近缘科属之间和进化关系的研究不够深入。本研究通过对 8 个泡桐种叶绿体基因组的比较分析，对泡桐种质资源的创新、合理保护和开发及科学研究有重要的现实指导意义；结合外类群构建和解析系统发育树，更好地明确了植物内部进化关系及泡桐属的系统位置，也为进一步探究泡桐优良品种选育和遗传多样性分析奠定一定的理论依据，也期望能够为其他属的分类和进化关系提供指导建议。

一、泡桐属叶绿体基因组全序列比对分析

(一)叶绿体基因组全序列比对分析

本研究从 NCBI 数据库中下载了油橄榄(GU_931818.1)、陆地棉(*Gossypium hirsutum*、NC_007944.1)、韩国已发表的 *Paulownia coreana*(KP 718622)、毛泡桐(KP 718624)和地黄(*Rehmannia glutinosa*、NC_034308.1)的叶绿体基因组序列,以白花泡桐(Pfo)为对照,使用 mVISTA(Frazer et al.,2004)在线软件(http://genome.lbl.gov/vista/mvista/submit.shtml)与不同种的泡桐进行了全序列比对分析,通过 8 个泡桐种的叶绿体全基因组序列之间的比对能够更深一步地去探索泡桐属的进化历程。如图 5-8 所示,泡桐属不同种之间的叶绿体基因组序列一致性较强,相似性高达 99% 以上,呈现共线性(包括 *Paulownia tomentosa*(Korea)和 *Paulownia coreana*(Korea)),但尽管如此其中也仍存在一些较小的差异,此外不同区域之间的差异和变异率也不尽相同,这与泡桐属叶绿体基因组的进化有着紧密的联系。

除此之外,从油橄榄(*Olea europaea*)、陆地棉(*Gossypium hirsutum*)和地黄(*Rehmannia glutinosa*)与泡桐属植物的叶绿体基因组多序列比对结果可以进一步得出,编码区的突变频率比非编码区的要低,IR 区域比 SC 区域要更保守,这与之前的研究结果保持一致。但是不同之处在于,在泡桐属内的保守性较好的区域在其他物种中则有较大的差异,如蛋白质编码基因 *matK*、*rpoC2*、*atpA* 和 *tRNA-cys* 在泡桐属叶绿体基因组中保守性较高,但与陆地棉和油橄榄相比则存在较大的差异;且相较于油橄榄和陆地棉来说,泡桐属与地黄的差异相对较小,与非玄参科植物油橄榄和陆地棉的叶绿体基因组之间则差异较大。这也更好地证明了不同科属植物亲缘关系之间的远近与叶绿体基因组的进化有着密不可分的关系。

(二)泡桐属序列分化分析

基因组序列中核苷酸的变异能够直接造成遗传信息的变化,从而导致了基因所编码的蛋白质分子改变或其他相关基因的变化,最终使生物性状发生一系列的变化(He et al.,2012)。由于泡桐属的进化关系较为复杂且有争议,为了更好地保护和利用泡桐属植物,我们需要寻找泡桐属内具有高分辨率的有效分子标记,这对更好评价泡桐属的种群遗传学和阐明其进化关系有着至关重要的意义。利用软件 MAFFT v7(http://mafft.cbrc.jp/alignment/server/)和 DNAsp v5(Librado and Rozas,2009)对泡桐属 8 个种叶绿体基因组序列从头开始滑动,然后选用 600bp 来计算序列之间的核苷酸多态性(PI)并对结果进行统计分析。结果表明,全基因组序列中共有 411 个变异位点,PI 值范围在 0.000 42~0.020 18,可能由于 IR 区域含有保守的 rRNA 基因,所以 LSC 和 SSC 区域与 IR 区域相比有着更高的分化

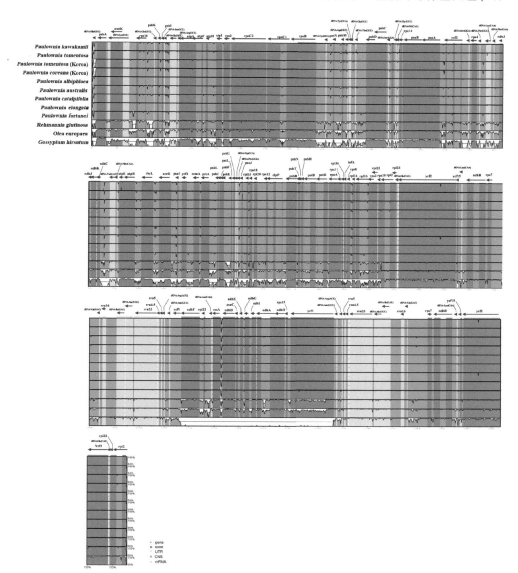

图 5-8　泡桐属与其他植物叶绿体基因组序列比对分析

gene. 基因；exon. 外显子；UTR. 非编码区；CNS. 保守非编码序列；mRNA. 信使核糖核酸

片段（图 5-9）；之后将叶绿体基因组注释结果与滑动窗口分析的结果相比较，挑选出分化程度高的区域（PI>0.005），发现在 LSC 区域产生的变异并不是单一的位点，而是形成一个热点区域（trnH-psbA、trnS-trnG、trnG-trnT、accD-psaI、trnL-rps16、petN-trnA、psbZ-rps14 和 rpl22-rps9），并且要远远高于 SSC（ccsA-ndhD）和 IR 区域，其中本研究中分化程度较高的 trnH-psbA 和 trnS-trnG 区域已经在植物种间分类、系统进化和条形码的开发中得到应用（李易和王云波，2006；Smith and Donoghue，2008），并且 trnH-psbA 也被应用于百合属的分类研究中（毕彧，2017）。但是泡桐属内检测得到的其他高变异片段（trnL-rps16、ccsA-ndhD、petN-trnA 等）在其他高等植物中的应用还很少见报道。我们可将本研究中所鉴定的这 9 个高可变片段作为泡桐属的潜在分子标记，但是否能应用于泡桐属的物种鉴定、优良品种选育、系统发育和种群遗传学仍需要以后进一步的研究。

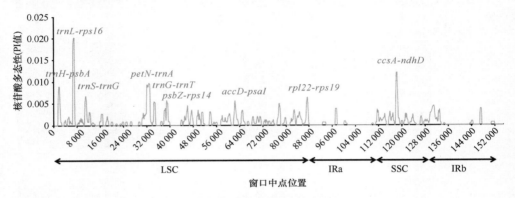

图 5-9　8 个泡桐种植物的滑动窗口分析

二、泡桐叶绿体基因组 IR 区域收缩与扩张

泡桐属叶绿体基因组的结构包含以下 4 个部分：IRa、LSC、SSC 和 IRb 区域，相应地也产生了 IRa/LSC（JLA）、IRb/SSC（JSB）、LSC/IRb（JLB）和 SSC/IRa（JSA）4 个不同的边界区域。不同物种叶绿体基因组大小的变化与 IR 和 SC（LSC 和 SSC）区域的扩张和收缩密切相关，是叶绿体基因组进化过程中较为普遍的现象，并且可能在某种程度上反映出系统进化关系。研究认为 IR 在进化过程中可以分为两种：一是 IR 轻微发生变化；二是 IR 发生了大规模扩张或收缩，这可能是由于双链断裂后又进行修复造成的（Goulding et al.，1996）。为了更好分析泡桐属内不同物种叶绿体基因组 IR 的进化属于哪种变化，我们使用 IRscore（Amiryousefi et al.，2018）软件对新测序的 8 个泡桐种和已发表的 *Paulownia tomentosa*（Korea）和 *Paulownia coreana* 的 cpDNA 的 4 个相邻边界区域：LSC/IRa、IRa/SSC、SSC/IRb 和 IRb/LSC 进行分析，以观察 IR 区域的扩张和收缩情况，并进行比较分析，通过具体的基因变化来展现 cpDNA 结构多样化。

如图 5-10 所示，在泡桐种叶绿体基因组的进化过程中，属内 8 个泡桐种 cpDNA 之间大小差异不大（154 506～154 746bp），而且不管是从 IR 区域长度范围（25 761～25 797bp），还是与其 SC 区域的交界处来看，都表现出较高的保守性。尽管如此，随着 IR 区域的收缩与扩张，在 IR 区域与 SC 区域的边界还是有一定的差异存在：如 *rps19*、*ycf1*、*ndhF* 和 *trnH* 基因的大小和位置发生了一些变化，并且产生了一个假基因 *ψycf1*，以下将对其进行详细的阐释。

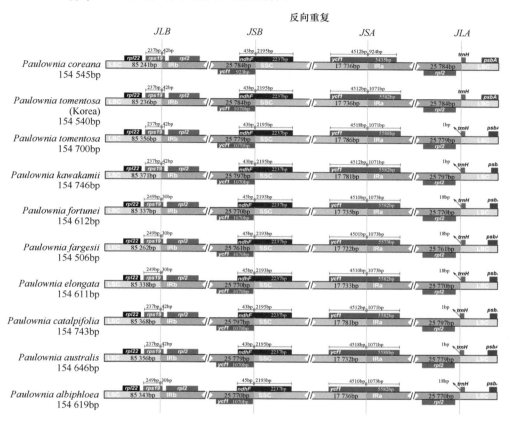

图 5-10　泡桐属叶绿体基因组 4 个边界区域的比较

在 LSC/IRb 的边界处，*rps19* 基因在台湾泡桐、毛泡桐、楸叶泡桐和南方泡桐中的分布位置是：位于 LSC 区域中的长度为 237bp、IRb 区域中为 42bp，但在白花泡桐、川泡桐、鄂川泡桐和兰考泡桐中 *rps19* 基因在 IRb 区域分布的长度为 30bp；*ycf1* 基因横跨了 SSC 和 IRa 两个区域，基因的其中一段（1071～1073bp）延伸到 IR 区域内部，因此就导致在 IRa 区域中形成了 *ψycf1* 假基因。*ycf1* 基因的大小基本一样，但随着物种的变化，它在 cpDNA 不同区域中的分布也会有所变化，主要包括了：白花泡桐、鄂川泡桐和兰考泡桐（SSC 4510bp/IRa 1073bp）；毛泡桐和南方泡桐（SSC 4518bp/IRa 1071bp）；台湾泡桐、楸叶泡桐和 *Paulownia tomentosa*（Korea）（SSC 4512bp/IRa 1071bp）；*Paulownia coreana*（SSC 4512bp/IRa 924bp）这 4 种情况。特别是川泡桐的 SSC 区域与 IRa 区域的 *ycf1* 片段大小为

4501bp 和 1073bp；同样地，*ndhF* 也横跨了两个区域，位于 IRb/SSC 的边界上，但是长度是一样的。在毛泡桐（包括韩国已发表的毛泡桐）、台湾泡桐、南方泡桐、楸叶泡桐和 *P. coreana* 中 *ndhF* 基因在不同区域的大小分别为 SSC：2195bp，IRb：43bp。而在白花泡桐、川泡桐、鄂川泡桐和兰考泡桐中基因片段长度是 SSC：2193bp，IRb：45bp；此外，还发现在白花泡桐、鄂川泡桐、川泡桐和兰考泡桐的叶绿体基因组中，在其 IRa/LSC 的边界处 *trnH* 基因与该边界之间存在一个 18bp 的间隔，并且间隔长度要大于其他 4 种泡桐叶绿体基因组中的间隔（1bp）；此外，我们将已发表的毛泡桐与本研究中的新测序的泡桐4个边界区域进行比较，发现除了 *ycf1* 基因的分布和长度不同之外，其余的均较为相似。研究表明 IR 边界区域的进化机制主要由：IR 区域基因的微小扩张引起；LSC 边界区域的重组修复导致的（Goulding et al.，1996）。可以利用这些因 IR 区域收缩与扩张造成的相对差异较大的基因片段进一步地去分析，有助于对叶绿体基因组的进化有更深入的了解。

此外我们还将本研究测序所得的 Pto（154 700bp）与已发表的 Pto（Korea，154 540bp）叶绿体基因组进行比较，从 IR 边界区域和基因组全序列比对来看，两个基因组之间基本保持一致，但会存在较小差异（*ycf1* 长度和分布位置不同），造成这种差异的原因可能是：叶绿体高通量测序平台不一致；叶绿体基因组在拼接组装和注释过程中使用方法和软件不同。

三、泡桐属系统发育分析

研究表明叶绿体基因组序列能提供植物母系遗传的系统发育信息，为植物科间、属间和种间的进化关系提供可靠的分析研究（Nock et al.，2015）。随着高通量测序技术的不断发展和其成本费用的不断降低，已成功解决了无油樟科、睡莲科等系统进化关系模糊的科间、属间和种间的系统进化问题（Goremykin，2003；2004）。此前研究玄参科及泡桐属内的系统发育构建主要是利用了个别叶绿体基因如 *petL-psbE*、*trnD-trnT* 及核基因序列，这些方法所构建的系统进化树较为片面，可利用数据信息较差，易造成误差，不能全面地反映泡桐属的进化位置。因此，为了更加准确地说明泡桐属在管状花目中的分类地位和属内的进化关系，本研究以新测序的 8 个泡桐种叶绿体基因组与管状花目、茄目、锦葵目和掀花目等已公布的 23 个物种的叶绿体基因组为研究目标构建了系统发育树，并在 NCBI 中下载其叶绿体基因组序列信息（表 5-8）。这些物种包含了管状花目中的苦苣苔科（Gesneriaceae）、胡麻科（Pedaliaceae）、爵床科（Acanthaceae）、唇形科（Lamiaceae）、马鞭草科（Verbenaceae）、列当科（Orobanchaceae）和玄参科（Scrophulariaceae）；茄目中的茄科（Solanaceae）、锦葵目中的锦葵科（Malvaceae）和掀花目的木犀科（Oleaceae）。以掀花目和锦葵目作为外类群，基于叶绿体全基因组序列采用了最大似然（maximum likelihood，ML）、最大简约法（maximum parsimony，MP）和贝叶斯（Bayesian inference，BI）三种方法进行泡桐的系统进化研究。

表 5-8　23 种植物叶绿体基因组信息统计

名称	Genbank	GC 含量/%	长度/bp	Protein	rRNA	tRNA
Rehmannia glutinosa	NC_034308.1	38.00	153 622	88	8	37
Scrophularia dentata	NC_036942.1	38.00	152 553	87	8	37
Scrophularia takesimensis	NC_026202.1	38.10	152 425	88	8	36
Scrophularia henryi	NC_036943.1	38.00	152 868	87	8	37
Lindenbergia philippensis	NC_022859.1	37.80	155 103	85	8	37
Schwalbea americana	NC_023115.1	38.10	160 910	82	8	37
Lathraea squamaria	NC_027838.1	38.10	150 504	50	8	37
Pedicularis ishidoyana	NC_029700.1	38.10	152 571	77	8	38
Cistanche deserticola	NC_021111.1	36.80	102 657	31	8	36
Solanum lycopersicum	NC_007898.3	37.90	155 460	87	8	45
Solanum tuberosum	NC_008096.2	37.90	155 296	84	8	45
Scutellaria baicalensis	NC_027262.1	38.40	152 731	87	8	36
Dorcoceras hygrometricum	NC_016468.1	37.60	153 493	85	8	36
Sesamum indicum	NC_016433.2	38.20	153 324	87	8	37
Andrographis paniculata	NC_022451	38.30	150 249	87	8	37
Rosmarinus officinalis	NC_027259.1	38.00	152 462	86	8	37
Tectona grandis	NC_020098.1	37.90	153 953	86	8	37
Jasminum nudiflorum	NC_008407.1	38.00	165 121	85	8	38
Olea europaea	GU 931818.1	37.80	155 889	85	8	37
Gossypium hirsutum	NC_007944.1	37.20	160 301	83	8	.37
Gossypium herbaceum	NC_023215.1	37.30	160 140	86	8	36
Paulownia coreana	KP718622.1	38.00	154 545	87	8	37
Paulownia tomentosa	KP718624.1	38.00	154 540	87	8	37

1835 年，Siebold 和 Zuccarinii 研究学者首次将泡桐从紫葳科的分类中，改为玄参科并在其中建立了泡桐属（中国科学院中国植物志编辑委员会，1998）；Anderson（1982）就泡桐种子中含有胚乳和血清反应方面而言，也表明应将其划分为玄参科；韦仲新（1989）从花粉的形态特征、大小和萌发沟的数量上将泡桐属、江藤属、美丽桐属和玄参属都划分为玄参科；之后大部分学者，以及《中国植物志》和《中国高等植物图鉴》等部分书刊都同意这一观点。但是，仍有部分学者存在争议，主张将泡桐属归为紫葳科，如 Westfall 和于兆英通过对泡桐物种染色体数量、形态特征、胚胎发育过程和解剖学的深入分析，认为泡桐属应归为紫葳科而非玄参科（于兆英等，1987）；且《云南植物志》根据泡桐木材特征也将

泡桐属归入紫葳科；但是，也有人提出泡桐属应划分为单独的科——泡桐科（Paulowniaceae）（Hu，1959）；龚彤（1976）根据泡桐的形态及性状也主张其系统地位应介于玄参科和紫葳科之间，单独成科；梁作栒和陈志远（1995）对泡桐属和相关属的形态特征进行了数量关系分析，结果也显示泡桐属分类既不能归入玄参科，也不能划分为紫葳科，而应单独成立一个泡桐科（Paulowniaceae）；Bremer等（2002）则利用 3 个编码和非编码的叶绿体 DNA 标记去构建进化树，结果表明泡桐属在支持率为 90% 的情况下与列当科和透骨草科聚为一支；Oxelman 等（2005）在对 Mimulus 物种的研究中发现，泡桐属并没有归类到玄参科，而是与唇形科和列当科聚在一起；Rebernig 和 Weber（2007）则通过对玄参科种子基座的类型研究，也认为应将泡桐属单独划分为一个独立的科；Yi 和 Kim（2016）则利用高通量测序技术，使用叶绿体基因组数据集并结合外类群构建了泡桐的系统发育树，发现 *Paulownia coreana* 与毛泡桐聚为一支，且与列当科（*Lindenbergia philippensis*、*Schwalbea americana*、*Lathraea squamaria*）聚为姐妹类群，也将其划分为泡桐科。

本研究中采用三种方法构建的进化树有着完全一样的拓扑结构，只有少部分分支的支持率不一样，这也充分证明了关于泡桐属进化关系研究的准确性较高。基于不同方法构建的系统进化树均表明，泡桐属中所有物种并未与玄参科中的任何物种聚在一个分支上，而是以 100% 的支持率聚为单系并与列当科聚为姐妹类群。因此基于叶绿体基因组角度的研究结果是支持将泡桐属单独成科。虽说叶绿体基因组保守性较高且包含的遗传信息位点较为丰富，但也会存在因为取样数目的差异而导致进化树有较强的系统偏好问题（Parks et al.，2009；Suzuki et al.，2002；Wortley et al.，2005）。因此，在以后的研究中我们还需要进一步在群体水平上对泡桐的系统发育进行研究，以更加明确的遗传信息来确定泡桐在管状花目中的分类地位。本研究除了对泡桐属的系统分类地位进行研究外，我们还对不同泡桐种之间的亲缘关系进行了分析。

泡桐属内的物种进化和分类研究最早是根据数量（Vos et al.，1995）、形态学（茾哲新和史淑兰，1989）和花粉形态学（熊金桥和陈志远，1991）等进行分析研究。由于外界自然因素及人为因素会对形态数量造成一定的影响致使其发生相应的变化，所以在某些情况下表型性状并不能真正表明物种的遗传变异和亲缘关系。为了更加精确、清晰地分析种群内的系统发育和分类情况，之后，龚本海等（1994）、马浩和张冬梅（2001）、卢龙斗等（2001）和莫文娟等（2013）学者利用分子技术手段对其进行了深入的研究和分析。而本研究也利用叶绿体基因组的不同数据集并以掘花目和锦葵目中的植物作为外类群，对其种内分类进行了研究。结果如图 5-11 所示，泡桐属内不同物种以 100% 的支持率单独聚为一支，成为单系群。兰考泡桐、白花泡桐（Bootstrap 100%）与鄂川泡桐聚为一支独立进化；台湾泡桐、楸叶泡桐（Bootstrap 100%）、南方泡桐和毛泡桐（Bootstrap 100%）聚为单独的一支，依次进化；其中兰考泡桐、台湾泡桐和南方泡桐等两个独立分支又共聚为一支；而川泡桐单独聚为一支，最早进行分化，与其他种泡桐亲缘关系较远。之后将本研究所得分类结果与其他学者进行对比分析。

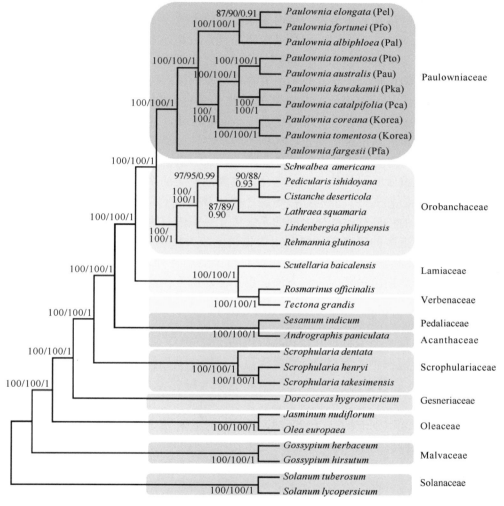

图 5-11　基于叶绿体基因组全序列构建的 31 个物种的系统发育树（MP、ML 和 BI）

龚本海等（1994）利用 SOD 同工酶与可溶性蛋白质对 5 种泡桐进行研究，发现楸叶泡桐和白花泡桐、毛泡桐和兰考泡桐之间的亲缘关系最近。其结果与本研究结论不符，主要是因为在不同植物不同位置同工酶的活性和类别也不尽相同，能够产生多种酶带特征，因此必须要采用多种方法综合去分析物种间的亲缘关系；卢龙斗等（2001）利用 RAPD 分子标记证明了楸叶泡桐和南方泡桐聚为一个类群，与本研究基本一致；但是关于白花泡桐与川泡桐亲缘关系最近，这与本研究结论存在争议。但由于卢龙斗只用了 20 对引物进行研究，相对而言缺乏足够的遗传数据去支持他所得结论；马浩和张冬梅（2001）利用 RFLP 方法将泡桐种内分为 3 类，第一组为南方泡桐和成都泡桐，第二组为毛泡桐和兰考泡桐，第三组为白花泡桐、台湾泡桐、楸叶泡桐和川泡桐，组内关系在进化上较为亲近；侯婷（2016）利用 *petL-psbE* 和 *trnD-trnT* 两对叶绿体基因组序列片段构建系统发育树，阐述泡桐属属内进化关系及系统学地位，并且将南方泡桐与台湾泡桐、毛泡桐与山明泡桐、兰考泡桐与白花泡桐聚为一支。与本研究存在分歧的原因可能是：叶绿体基因组的单个片段序列或基因用来研究物种间的进化关系时，往往会遗漏某些重要信息，很难对其亲缘关系的远近进行准确定位（Young et al.，2011），不能解决物种多、分类较难的大科的系统进化问题；选择的泡桐物种种类和数量不一样。

因此，本研究的系统进化分类与侯婷（2016）相比有更高的支持率和说服力，不仅阐释了泡桐属叶绿体基因组的进化，也为泡桐属的系统地位和种间分类提供了更多的遗传信息支持。但也存在不足之处：首先由于取样和时间问题，管状花目中还有很多的科属与泡桐属之间的系统进化关系没有进一步的阐明，希望在以后的研究中有更多的研究学者能利用更先进的分类技术对其进一步地深入研究；其次，基于叶绿体基因组构建的系统发育树虽然在物种分类方面有较大的优点，但是不能很好地指出物种的进化方向，也不能阐明泡桐的杂交和多倍化现象，仍需要结合核基因组、线粒体基因组、细胞学和植物化学等多角度遗传数据去揭示物种起源史。

通过以上对 8 个泡桐种叶绿体基因组的比较分析，最终实现了：①组装、注释和比较 8 个泡桐种的完整叶绿体基因组，找出序列结构的特征和差异，并丰富玄参科叶绿体基因组信息资源；②检测泡桐叶绿体基因组中的简单重复序列（SSR）和重复序列，作为泡桐种群遗传多样性和遗传结构的潜在分子标记，用于未来的研究；③识别泡桐高可变区域，用于后续物种鉴定和未来候选分子标记研究；④揭示泡桐属系统地位，以及与之密切相关属间和属内更准确的系统发育关系和进化历史，为进一步了解泡桐属的系统发育问题提供更多序列资源、基因组序列信息和参考依据。为泡桐属不同物种的种间界定、遗传育种、近缘种和品种的分类鉴定提供更多的遗传信息数据，也为更好开展种间系统发育分析、群体遗传研究、种质资源创新和 DNA 条形码构建的科研工作奠定基础。

参 考 文 献

毕彧. 2017. 百合属的比较叶绿体基因组学研究. 吉林农业大学硕士学位论文.
芪哲新, 史淑兰. 1989. 中国泡桐属新植物. 河南农业大学学报, 23(1): 53-58.
陈志远. 1986. 泡桐属(*Paulownia*)分类管见. 华中农业大学学报, (3): 53-57.

龚本海, 郭燕舞, 姚崇怀. 1994. 泡桐属植物 SOD 同工酶和可溶性蛋白质分析. 华中农业大学学报, (5): 507-510.

龚彤. 1976. 中国泡桐属植物的研究. 中国科学院大学学报, 14(2): 38-50.

侯丙凯, 胡赞民, 党本元, 等. 2002. 定点整合抗虫基因到油菜叶绿体基因组并获得转基因植株. 植物生理与分子生物学学报, (3): 187-192.

侯婷. 2016. 泡桐属植物的系统发育研究. 河南农业大学硕士学位论文.

姜文娟. 2016. 基于 RPP13 基因的葡萄属欧亚支系的系统发育研究. 华中农业大学硕士学位论文.

李西文, 高欢欢, 宋经元, 等. 2012. 荷花玉兰叶绿体全基因组高通量测序及结构解析. 中国科学: 生命科学, 42(12): 947-956.

李易, 王云波. 2006. 基因进化过程中核苷酸替代模型的比较分析. 曲靖师范学院学报, 25(3): 5-9.

梁作栒, 陈志远. 1995. 泡桐属与其近缘属亲缘关系的探讨. 华中农业大学学报, (5): 493-495.

卢龙斗, 谢龙旭, 杜启艳, 等. 2001. 泡桐属七种植物的 RAPD 分析. 广西植物, 21(4): 335-338.

马浩, 张冬梅. 2001. 泡桐属植物种类的 RFLP 分析. 植物研究, 21(1): 136-139.

莫文娟, 傅建敏, 乔杰, 等. 2013. 泡桐属植物亲缘关系的 ISSR 分析. 林业科学, 49(1): 61-67.

申响保, 乔杰, 李芳东, 等. 2013. 泡桐 ITS 序列测定及特征分析. 中南林业科技大学学报, 33(10): 30-33.

沈立群. 2018. 唇形科三种药用植物叶绿体全基因组及科内的比较与进化分析. 浙江大学硕士学位论文.

韦仲新. 1989. 岩梧桐属的花粉形态及其分类学意义. 植物分类与资源学报, 11(1): 65-70.

谢海坤, 焦健, 樊秀彩, 等. 2017. 基于高通量测序组装 '赤霞珠' 叶绿体基因组及其特征分析. 中国农业科学, 50(9): 1655-1665.

邢少辰, Liu C J. 2008. 叶绿体基因组研究进展. 生物化学与生物物理进展, 35(1): 21-28.

熊金桥, 陈志远. 1991. 泡桐属花粉形态及其与分类的关系. 河南农业大学学报, (3): 280-284.

徐军望, 冯德江, 宋贵生, 等. 2003. 水稻 EPSP 合酶第一内含子增强外源基因的表达. 中国科学, 33(3): 224-230.

于兆英, 李思锋, 徐光远, 等. 1987. 泡桐属植物染色体数目和形态的初步研究. 西北植物学报, (2): 57-62.

中国科学院中国植物志编辑委员会. 1998. 中国植物志. 67(2). 北京: 科学出版社: 8-10.

Amiryousefi A, Hyvönen J, Poczai P. 2018. IRscope: an online program to visualize the junction sites of chloroplast genomes. Bioinformatics (Oxford, England), 34(17): 3030-3031.

Anderson W R. 1982. An integrated system of classification of flowering plants. Brittonia, 34: 268-270.

Androsiuk P, Jastrzębski J P, Paukszto Ł, et al. 2018. The complete chloroplast genome of *Colobanthus apetalus* (Labill.) Druce: genome organization and comparison with related species. Peer J, 6: e4723.

Bankevich A, Nurk S, Antipov D, et al. 2012. SPAdes: a new genome assembly algorithm and its applications to single-cell sequencing. Journal of Computational Biology: a Journal of Computational Molecular Cell Biology, 19(5): 455-477.

Benson G. 1999. Tandem repeats finder: a program to analyze DNA sequences. Nucleic Acids Research, 27(2): 573-580.

Bremer B, Bremer K, Heidari N, et al. 2002. Phylogenetics of asterids based on 3 coding and 3 non-coding chloroplast DNA markers and the utility of non-coding DNA at higher taxonomic levels.

Molecular Phylogenetics and Evolution, 24(2): 274-301.

Clegg M T, Gaut B S, Learn G H, et al. 1994. Rates and patterns of chloroplast DNA evolution. Proceedings of the National Academy of Sciences of the United States of America, 91(15): 6795-6801.

Frazer K A, Pachter L, Poliakov A, et al. 2004. VISTA: computational tools for comparative genomics. Nucleic Acids Research, 32: W273-W279.

Goremykin V V. 2003. Analysis of the *Amborella trichopoda* chloroplast genome sequence suggests that *Amborella* is not a basal angiosperm. Molecular Biology and Evolution, 20(9): 1499-1505.

Goremykin V V, Hirsch-Ernst K I, Wölfl S, et al. 2004. The chloroplast genome of *Nymphaea alba*: whole-genome analyses and the problem of identifying the most basal angiosperm. Molecular Biology and Evolution, 21(7): 1445-1454.

Goulding S E, Olmstead R G, Morden C W, et al. 1996. Ebb and flow of the chloroplast inverted repeat. Molecular & General Genetics, 252(1-2): 195-206.

Hahn C, Bachmann L, Chevreux B. 2013. Reconstructing mitochondrial genomes directly from genomic next-generation sequencing reads—a baiting and iterative mapping approach. Nucleic Acids Research, 41(13): e129.

He S, Wang Y, Volis S, et al. 2012. Genetic diversity and population structure: implications for conservation of wild soybean (*Glycine soja* Sieb. et Zucc) based on nuclear and chloroplast microsatellite variation. International Journal of Molecular Sciences, 13(10): 12608-12628.

Hu S Y. 1959. A monograph of the genus *Paulownia*. Quarterly Journal of the Taiwan Museum, 7(3): 1-54.

Huang H, Shi C, Liu Y, et al. 2014. Thirteen *Camellia chloroplast* genome sequences determined by high-throughput sequencing: genome structure and phylogenetic relationships. BMC Evolutionary Biology, 14: 151.

Jansen R K, Wojciechowski M F, Sanniyasi E, et al. 2008. Complete plastid genome sequence of the chickpea (*Cicer arietinum*) and the phylogenetic distribution of rps12 and clpP intron losses among legumes (Leguminosae). Molecular Phylogenetics and Evolution, 48(3): 1204-1217.

Kurtz S, Choudhuri J V, Ohlebusch E, et al. 2001. REPuter: the manifold applications of repeat analysis on a genomic scale. Nucleic Acids Research, 29(22): 4633-4642.

Librado P, Rozas J. 2009. DnaSP v5: a software for comprehensive analysis of DNA polymorphism data. Bioinformatics (Oxford, England), 25(11): 1451-1452.

Ma L, Cui P, Zhu J, et al. 2014. Translational selection in human: more pronounced in housekeeping genes. Biology Direct, 9: 17.

Melotto-Passarin D M, Tambarussi E V, Dressano K. 2011. Characterization of chloroplast DNA microsatellites from *Saccharum* spp and related species. Genetics and Molecular Research, 10(3): 2024-2033.

Nock C J, Waters D L, Edwards M A, et al. 2011. Chloroplast genome sequences from total DNA for plant identification. Plant Biotechnology Journal, 9(3): 328-333.

Olmstead R G, Depamphilis C W, Wolfe A D, et al. 2001. Disintegration of the scrophulariaceae. American Journal of Botany, 88(2): 348-361.

Oxelman B, Kornhall P, Bremer O B, et al. 2005. Further disintegration of scrophulariaceae.Taxon, 54 (2): 411-425.

Parks M, Cronn R, Liston A. 2009. Increasing phylogenetic resolution at low taxonomic levels using massively parallel sequencing of chloroplast genomes. BMC Biology, 7: 84.

Raubeson L A, Peery R, Chumley T W, et al. 2007. Comparative chloroplast genomics: analyses including new sequences from the angiosperms *Nuphar advena* and *Ranunculus macranthus*. BMC Genomics,

8: 174.

Rebernig C A, Weber A. 2007. Diversity, development and systematic significance of seed pedestals in Scrophulariaceae (s.l.). Botanische Jahrbücher, 127(2): 133-150.

Schattner P, Brooks A N, Lowe T M. 2005. The tRNAscan-SE, snoscan and snoGPS web servers for the detection of tRNAs and snoRNAs. Nucleic Acids Research, 33: W686-W689.

Shaver J M, Oldenburg D J, Bendich A J. 2006. Changes in chloroplast DNA during development in tobacco, Medicago truncatula, pea, and maize. Planta, 224(1): 72-82.

Smith S A, Donoghue M J. 2008. Rates of molecular evolution are linked to life history in flowering plants. Science (New York, N.Y.), 322(5898): 86-89.

Suzuki Y, Glazko G V, Nei M. 2002. Overcredibility of molecular phylogenies obtained by Bayesian phylogenetics. Proceedings of the National Academy of Sciences of the United States of America, 99(25): 16138-16143.

Tang J, Xia H, Cao M, et al. 2004. A comparison of rice chloroplast genomes. Plant Physiology, 135(1): 412-420.

Tangphatsornruang S, Sangsrakru D, Chanprasert J, et al. 2010. The chloroplast genome sequence of mungbean (Vigna radiata) determined by high-throughput pyrosequencing: structural organization and phylogenetic relationships. DNA Research: an International Journal for Rapid Publication of Reports on Genes and Genomes, 17(1): 11-22.

Tregoning J S, Nixon P, Kuroda H, et al. 2003. Expression of tetanus toxin fragment C in tobacco chloroplasts. Nucleic Acids Research, 31(4): 1174-1179.

Vos P, Hogers R, Bleeker M, et al. 1995. AFLP: a new technique for DNA fingerprinting. Nucleic Acids Research, 23(21): 4407-4414.

Wolfe K H, Li W H, Sharp P M. 1987. Rates of nucleotide substitution vary greatly among plant mitochondrial, chloroplast, and nuclear DNAs. Proceedings of the National Academy of Sciences of the United States of America, 84(24): 9054-9058.

Wortley A H, Scotland R W, Rudall P J. 2005. Floral anatomy of Thomandersia (Lamiales), with particular reference to the nature of the retinaculum and extranuptial nectaries. Botanical Journal of the Linnean Society, 149(4): 469-482.

Wyman S K, Jansen R K, Boore J L. 2004. Automatic annotation of organellar genomes with DOGMA. Bioinformatics (Oxford, England), 20(17): 3252-3255.

Yi D K, Kim K J. 2016. Two complete chloroplast genome sequences of genus Paulownia (Paulowniaceae): Paulownia coreana and P. tomentosa. Mitochondrial DNA. Part B, Resources, 1(1): 627-629.

Young H A, Lanzatella C L, Sarath G, et al. 2011. Chloroplast genome variation in upland and lowland switchgrass. PLoS One, 6(8): e23980.

第六章　泡桐内源性竞争 RNA

随着高通量测序和生物信息学的飞速发展，人们利用生物信息学的方法，在高通量测序的数据中发现了许多传统实验无法挖掘到的 RNA。比如，miRNA（小RNA），它是一类大小长 20～25nt 的内源性的具有调控功能的非编码 RNA，其通过调节靶基因行使多种重要的调节作用；还有 lncRNA（长链非编码 RNA）和circRNA（环状 RNA），其中，lncRNA 是长度大于 200 个核苷酸的非编码 RNA，参与生物体内多种调控过程，circRNA 是一类不具有 5′端帽子和 3′端 poly（A）尾巴，并以共价键形成环形结构的非编码 RNA，参与基因表达的转录和转录后调控（Wang et al.，2021）。miRNA、lncRNA、circRNA 都成为了科研工作者新的研究热点。这类新型的非编码 RNA 除了转录前调控等功能外，一个重要的功能就是像海绵一样对 miRNA 有吸附作用。这种具有 miRNA 吸附作用的 RNA，称为内源性竞争 RNA（competitive endogenous RNA，ceRNA），这就是 ceRNA 的由来。

最近的研究表明，在转录调控中基因存在多种作用模式，miRNA 作为其中一种重要的调控因子，是长短约 22nt 的短链 RNA，能够通过抑制目的基因的翻译或降解目的基因，反向调节目的基因的表达。而实际调控过程中不仅是简单的microRNA-mRNA 的沉默机制，还有更为复杂的调控网络，一些非编码的 RNA 同样存在于 microRNA 的结合位点，在细胞中起到 miRNA 海绵的作用，进而解除miRNA 对其靶基因的抑制作用，提高靶基因的表达水平，也因此构建了庞大的ceRNA 网络（ceRNET）。研究 ceRNA 从而从不同层次研究生物学现象，具有重要的意义。

在之前的泡桐研究中，对 mRNA、miRNA、lncRNA 和 circRNA（Liu et al.，2013；Fan et al.，2016；Wang et al.，2017；李冰冰等，2018）等进行了研究，但是这些有的以转录组为背景，准确度不高，并且这些研究之间关联分析做得不多，不利于后期的深入研究。鉴于白花泡桐基因组已测序（Cao et al.，2021），所以本研究以白花泡桐基因组为背景，以白花泡桐组培苗（PF）为材料，通过高通量测序，分析白花泡桐 mRNA、lncRNA、miRNA 和 circRNA，并构建 ceRNA 调控网络，为阐明泡桐 ceRNA 网络调控机制奠定数据基础。

第一节　泡桐转录组

一、泡桐转录组测序数据统计和分析

首先对经过 Illumina Hiseq 4000（PE150）测序下机的原始数据进行预处理，原始数据文件内是一些 150bp 左右的短序列，这些短序列不能直接用于分析。为确保分析结果的准确可信，采用 Cutadapt（Martin，2011）对原始数据进行预处理，去除测序接头和低质量的序列，本次测序得到 395 710 140 个原始序列，356 368 590 个高质量序列，Q20 大于 99.53%，Q30 大于 92.85%，GC 含量大于 45%，结果表明测序质量可靠（表 6-1）。

表 6-1　测序数据统计

样本	原始数据		过滤后数据		Q20/%	Q30/%	GC 含量/%
	序列数	数据量	序列数	数据量			
PF-1	136 371 054	20.46G	119 367 224	17.91G	99.86	96.72	46
PF-2	133 864 544	20.08G	123 717 278	18.56G	99.53	92.85	45.50
PF-3	125 474 542	18.82G	113 284 088	16.99G	99.67	93.63	45

二、基因组比对和分析

（一）基因组比对

用 Bowtie2（Langmead and Salzberg，2012）和 TopHat2（Kim et al.，2013）将高质量序列和白花泡桐基因组（Cao et al.，2021）进行比对，其中与基因组比对上的序列占总序列的比例分别是 62.94%、65.61%、64.65%（表 6-2）。与白花泡桐基因组比对后，将比对上的序列进行组装，结果共鉴定到 24 387 个转录本，其表达水平采用 FPKM（fragments per kilobase of exon model per million mapped fragments，每百万外显子的千碱基片段值）计算，不同样本中的表达丰度如图 6-1 所示，说明样本重复性较好，可用于后续分析。

表 6-2　测序数据统计

样本	高质量序列数	与基因组比对上的序列数（比例）	只能唯一比对到基因组一个位置的序列数（比例）	能比对到基因组多个位置的序列数（比例）
PF-1	84 989 606	53 488 373（62.94%）	48 868 662（57.50%）	4 619 711（5.44%）
PF-2	83 415 504	54 727 487（65.61%）	50 117 562（60.08%）	4 609 925（5.53%）
PF-3	76 364 322	49 368 339（64.65%）	45 100 051（59.06%）	4 268 288（5.59%）

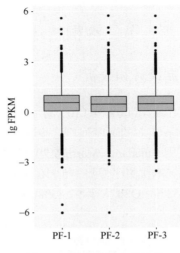

图 6-1　样本转录本表达量

（二）转录本功能分析

为研究白花泡桐转录本的功能，对其进行了 GO 和 KEGG 分析。GO 分类结果如图 6-2 所示，在生物学过程（biological process）类别中，占比最多的 5 类是转录（GO：0006351，transcription，DNA-templated）、转录调控（GO：0006355，regulation of transcription，DNA-templated）、氧化还原过程（GO：0055114，oxidation-reduction process）、蛋白质磷酸化（GO：0006468，protein phosphorylation）和防御反应（GO：0006952，defense response）；在细胞组分（cellular component）类别中，细胞核（GO：0005634，nucleus）、细胞质（GO：0005737，cytoplasm）、膜的组成部分（GO：0016021，integral component of membrane）、质膜（GO：0005886，plasma membrane）和叶绿体（GO：0009507，chloroplast）是所占比例前 5 的 GO 条目；分子功能（molecular function）类别中，蛋白质结合（GO：0005515，protein binding）、DNA 结合（GO：0003677，DNA binding）、ATP 结合（GO：0005524，ATP binding）、DNA 结合转录因子活性（GO：0003700，transcription factor activity，sequence-specific DNA binding）和金属离子结合（GO：0046872，metal ion binding）是占比较大的前 5 个。KEGG 分析结果表明白花泡桐转录本一共参与了 138 条 KEGG 通路，表 6-3 展示了参与转录本个数最多的前 20 条代谢通路，其中参与植物-病原体相互作用（ko04626，plant-pathogen interaction）的转录本个数最多，其次是植物激素信号转导（ko04075，plant hormone signal transduction）、淀粉和蔗糖代谢（ko00500，starch and sucrose metabolism）、碳代谢（ko01200，carbon metabolism）和胞吞作用（ko04144，endocytosis）。

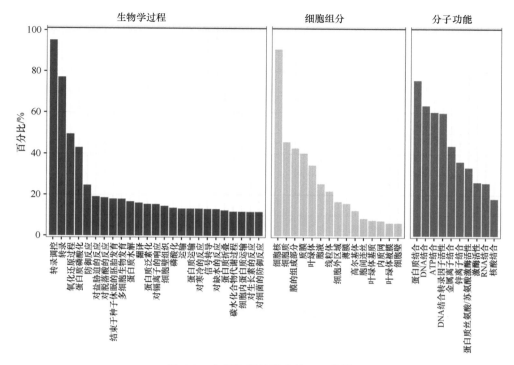

图 6-2 白花泡桐转录本的 GO 分类

表 6-3 白花泡桐转录本的 KEGG 分析

	代谢通路编号	代谢通路名称	基因个数
1	ko04626	植物-病原体相互作用	1062
2	ko04075	植物激素信号转导	846
3	ko00500	淀粉和蔗糖代谢	620
4	ko01200	碳代谢	531
5	ko04144	胞吞作用	514
6	ko03040	剪接体	501
7	ko01230	氨基酸的生物合成	475
8	ko04141	内质网中的蛋白质加工	458
9	ko03013	RNA 转运	454
10	ko00520	氨基糖和核苷酸糖代谢	398
11	ko03010	核糖体	391
12	ko03018	RNA 降解	370
13	ko00940	苯丙烷生物合成	343
14	ko00190	氧化磷酸化	294
15	ko00040	戊糖和葡萄糖醛酸相互转化	273

续表

	代谢通路编号	代谢通路名称	基因个数
16	ko04120	泛素介导的蛋白质水解	272
17	ko00230	嘌呤代谢	265
18	ko03015	mRNA 代谢	265
19	ko00010	糖酵解/糖异生	·255
20	ko00561	甘油脂代谢	244

第二节　泡桐 miRNA

一、泡桐 miRNA 的鉴定

经 Illumina Hiseq 2500（SE50）测序获得原始序列 32 369 442 个。过滤掉以下序列：3′接头序列，碱基长度小于 18nt 的序列，富含（80%）A 或 C 或 G 或 T，只有 A、C 没有 G、T，或只有 G、T 没有 A、C 的序列，连续的核苷酸二聚体和三聚体。然后测得序列与 mRNA、Rfam（包含 rRNA、tRNA、snRNA 和 snoRNA等）和 Repbase 数据库进行比对，过滤后得到 24 886 791 个高质量序列，高质量序列用于 miRNA 的比对鉴定和预测分析。在比对到的 rRNA、snoRNA、snRNA、tRNA 等非 miRNA 中，rRNA 占比较大（表 6-4）。对测序数据的长度分布进行统计，结果表明（图 6-3），长度分布范围：18～25nt，大部分在 20～24nt，符合 Dicer酶切割的特征，与之前研究的结果类似（徐恩凯，2015；王园龙，2016），说明测序数据可靠。

表 6-4　白花泡桐 miRNA 文库测序（个）结果及数据比对情况

样本	原始序列	Rfam	mRNA	rRNA	tRNA	snoRNA	snRNA	高质量序列
PF-1	10 172 088	345 884	466 402	208 594	129 393	3 601	846	8 508 154
PF-2	10 596 310	330 238	554 284	215 031	95 921	9 082	1 063	8 739 208
PF-3	11 601 044	444 498	635 524	269 649	149 995	12 115	1 415	7 639 429

通过与白花泡桐基因组和 miRbase 的比对，本研究共鉴定到 408 个 miRNA，其中 287 个是已知 miRNA，这些 miRNA 属于 62 个 miRNA 家族，25 个家族都是只有 1 个 miRNA；121 个是新 miRNA，属于 94 个家族，命名从 pf-miR1 到pf-miR94。对已知 miRNA 的 62 个家族进行分析（图 6-4），结果表明 miRNA 个数最多的是 miR166 家族（22 个），其次是 miR156（21 个），接下来是 miR6300家族（17 个），有 8 个 miRNA 家族仅有 2 个 miRNA，25 个 miRNA 家族只有 1 个miRNA。

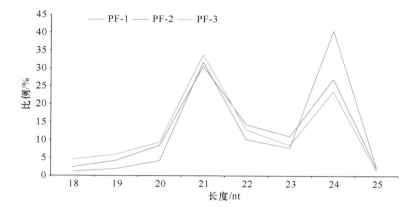

图 6-3　白花泡桐 miRNA 长度分布

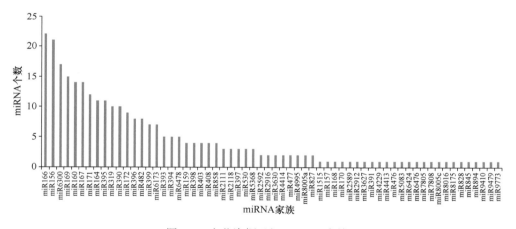

图 6-4　白花泡桐已知 miRNA 家族

二、泡桐 miRNA 靶基因的预测及分析

为研究这 408 个 miRNA 的功能，用 Target Finder 软件预测靶基因，总共 287 个 miRNA 预测出 1728 个靶基因，其中，258 个已知 miRNA，29 个新 miRNA。有些靶基因与 miRNA 是一对一，也有一对多的现象。比如，Paulownia_LG9G001240.1 是 4 个 miRNA 的靶基因，pf-miR108-3p 有 3 个靶基因。对这些靶基因进行 GO 分类，结果表明（图 6-5），靶基因分为三大类，生物学过程这一类的 GO 条目中，转录调控（GO：0006355，regulation oftranscription）、转录（GO：0006351，transcription）和防御反应（defense response，GO：0006952）是靶基因个数最多的三个；细胞组分这一类中，细胞核（GO：0005634，nucleus）、细胞质膜（GO：0005886，plasma membrane）和细胞质（GO：0005737，cytoplasm）是占比最大的三个；分子功能

分类中，靶基因个数最多的三个 GO 条目是 ATP 结合（GO：0005524，ATP binding）、转录因子活性（GO：0008134，transcription factor activity）和 DNA 结合（GO：0003677，DNA binding）。KEGG 分析结果显示，这些靶基因参与 134 条 KEGG 代谢通路，靶基因个数最多的前 20 条如表 6-5 所示，其中植物-病原体相互作用（ko04626，plant-pathogen interaction）是靶基因个数最多的，其次是植物激素信号转导（ko04075，plant hormone signal transduction）、剪接体（ko03040，spliceosome）。这一结果与转录组的 GO 和 KEGG 结果类似，说明这几个代谢通路在泡桐中比较重要。

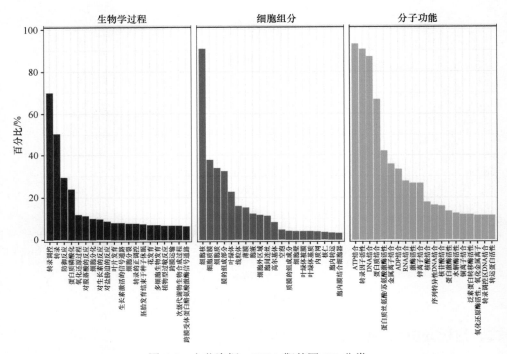

图 6-5　白花泡桐 miRNA 靶基因 GO 分类

表 6-5　白花泡桐 miRNA 靶基因 KEGG 分类

	代谢通路编号	代谢通路名称	靶基因个数
1	ko04626	植物-病原体相互作用	150
2	ko04075	植物激素信号转导	110
3	ko03040	剪接体	70
4	ko03013	RNA 转运	51
5	ko04144	胞吞作用	42
6	ko03018	RNA 降解	41
7	ko00500	淀粉和蔗糖代谢	39

续表

代谢通路编号	代谢通路名称	靶基因个数
8	ko00860	卟啉和叶绿素代谢	34
9	ko04141	内质网中的蛋白质加工	32
10	ko00190	氧化磷酸化	31
11	ko00053	抗坏血酸和醛酸代谢	27
12	ko00520	氨基糖和核苷酸糖代谢	27
13	ko04120	泛素介导的蛋白质水解	26
14	ko03010	核糖体	24
15	ko01200	碳代谢	23
16	ko04712	植物昼夜节律	22
17	ko00240	嘧啶代谢	20
18	ko00230	嘌呤代谢	20
19	ko03008	真核生物中的核糖体生物发生	20
20	ko01230	氨基酸的生物合成	20

第三节　泡桐 lncRNA

一、泡桐 lncRNA 的鉴定

以白花泡桐基因组为背景，将 clean read 比对到基因组上，使用转录本组装软件 StringTie（Pertea et al.，2015）将与基因组比对上的 read 进行组装后，去除已知的 mRNA 和小于 200bp 的转录本，再对剩下的转录本进行 lncRNA 预测。用 CPC（coding potential calculator）和 CNCI（coding-non-coding index）进行编码潜能预测，滤掉 CPC score<−1 和 CNCI score<0 的转录本，剩下的即为 lncRNA，将其中有编码潜能的转录本去掉，结果显示鉴定到 3765 个 lncRNA。分析每个样本中鉴定到的 lncRNA 的 CPC score 和 CNCI score，结果显示本次鉴定到的所有 lncRNA 的 CPC score 小于−1，CNCI score 小于 0（图 6-6）。根据 lncRNA 基因组位置，将其分为 5 类，i 为位于内含子区的转录本，j 为新转录本，o 为与参考基因的外显子有一定交集的转录本，u 为基因间区的转录本，x 为与参考基因的反义链上的外显子有交集的转录本，按照不同的种类绘制了 lncRNA 的染色体分布图（图 6-7A），结果表明不同类型 lncRNA 在染色体上的分布情况是不同的。这 5 类 lncRNA 分别有 218 个、104 个、43 个、3015 个和 1470 个（图 6-7B）；样本中不同类型 lncRNA 所占比例是类似的（图 6-7C），其中 u 类是最多的，这与其他物种如油菜（Joshi et al.，2016）、木薯（Li et al.，2017a）和毛泡桐（Wang et al.，2018）等的情况类似。

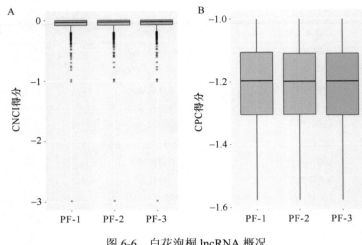

图 6-6　白花泡桐 lncRNA 概况

二、泡桐 lncRNA 靶基因的鉴定及分析

为研究 lncRNA 的生物学功能，对 lncRNA 进行 *cis* 和 *trans* 靶基因预测（顺式和反式靶基因）。使用 Python 脚本选择了在 lncRNA 上游和下游 100 000bp 的编码基因作为 *cis* 靶基因，利用 RNAplex 软件预测 *trans* 靶基因，利用 GO 和 KEGG 分析靶基因功能（Wang et al.，2018）。对本研究鉴定到的 3765 个 lncRNA 进行靶基因预测，结果显示有 1570 个 lncRNA 靶向 7010 个基因。在这个过程中，发现有的 lncRNA 可以靶向多个基因，也出现多个 lncRNA 靶向同一个基因，可能与 lncRNA 的位置及序列有关。为了研究泡桐 lncRNA 的功能，对这些靶基因进行 GO 和 KEGG 分析，GO 分类结果表明（图 6-8），在生物学过程类别中，靶基因数量最多的前 5 个 GO 条目是转录调控（GO：0006355）、氧化还原过程（GO：0055114）、转录（GO：0006351）、蛋白质磷酸化（GO：0006468）和对盐胁迫的响应（GO：0009651）；在细胞组分类别中，细胞核（GO：0005634）、细胞质（GO：0005737）、质膜（GO：0005886）、叶绿体（GO：0009507）和膜的组成部分（GO：0016021）是靶基因数量最多的 5 个 GO 条目；在分子功能类别中，蛋白质结合（GO：0005515）、DNA 结合（GO：0003677）、ATP 结合（GO：0005524）、转录因子活性（GO：0003700）和金属离子结合（GO：0046872）是靶基因数量最多的 5 个 GO 条目。KEGG 分析结果表明，7242 个靶基因共参与了 135 条 KEGG 通路（表 6-6），其中参与植物-病原体相互作用（ko04626）的靶基因个数最多，其次是植物激素信号转导（ko04075）、碳代谢（ko01200）、淀粉和蔗糖代谢（ko00500）和氨基酸的生物合成（ko01230）。

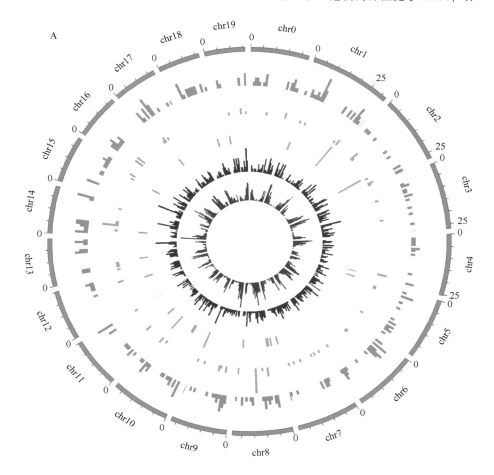

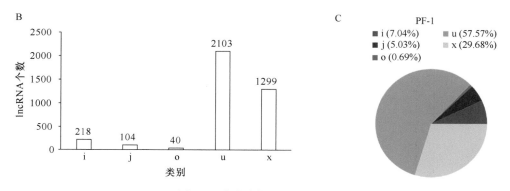

图 6-7　白花泡桐 lncRNA 分类

A. 不同类型 lncRNA 染色体分布；B. 不同类型 lncRNA 个数；C. 样本中 lncRNA 类型占比，以 PF-1 为例。i. 位于内含子区的 lncRNA；j. 新 lncRNA；o. 与参考基因的外显子有一定交集的 lncRNA；u. 位于基因间区的 lncRNA；x. 与参考基因的反义链上的外显子有交集的 lncRNA

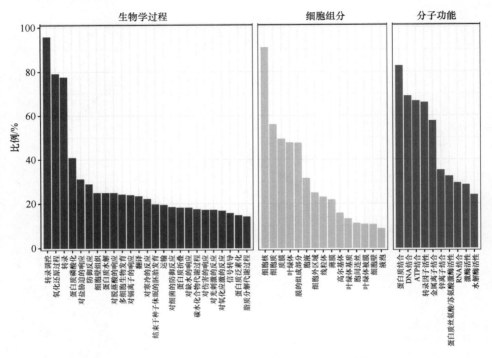

图 6-8　白花泡桐 lncRNA 靶基因的 GO 分类

表 6-6　白花泡桐 lncRNA 靶基因的 KEGG 分析

	代谢通路编号	代谢通路名称	靶基因个数
1	ko04626	植物-病原体相互作用	287
2	ko04075	植物激素信号转导	241
3	ko01200	碳代谢	224
4	ko00500	淀粉和蔗糖代谢	208
5	ko01230	氨基酸的生物合成	188
6	ko03010	核糖体	151
7	ko00520	氨基糖和核苷酸糖代谢	145
8	ko03040	剪接体	144
9	ko00940	苯丙烷生物合成	141
10	ko04144	胞吞作用	128
11	ko04141	内质网中的蛋白质加工	114
12	ko00010	糖酵解/糖异生	104
13	ko00190	氧化磷酸化	98
14	ko03013	RNA 转运	98
15	ko00710	光合作用碳固定	98

续表

	代谢通路编号	代谢通路名称	靶基因个数
16	ko01210	2-氧代羧酸代谢	93
17	ko00230	嘌呤代谢	90
18	ko04146	过氧化物酶体	84
19	ko00040	戊糖和葡萄糖醛酸相互转化	83
20	ko00561	甘油脂代谢	82

三、泡桐 mRNA 和 lncRNA 特征的比较

对白花泡桐 mRNA 和 lncRNA 进行比较分析，结果表明，lncRNA 的表达量低于 mRNA（图 6-9A），mRNA 的表达量范围比 lncRNA 宽；lncRNA 数量少于 mRNA（图 6-9B），lncRNA 的外显子数目分布较为集中，大部分是 1，而 mRNA 的分布较为广泛，在不同外显子数目方面 mRNA 的占比相差不大（图 6-9C）。转录本长度方面，lncRNA 在小于 300bp 这一范围占比较大，其次是 300~400bp 和

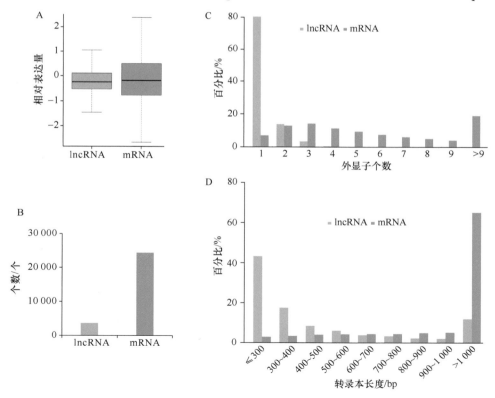

图 6-9　白花泡桐 lncRNA 和 mRNA 的比较

大于 1000bp 这两个范围，而 mRNA 在大于 1000bp 这一范围占比较大，其他长度范围占比变化不大（图 6-9D）。该结果与番茄（Cui et al.，2017）、香蕉（Li et al.，2017b）、杨树（Tian et al.，2016）等物种类似。说明该研究鉴定到的 lncRNA 测序结果可信度高。

第四节　泡桐 circRNA

一、泡桐 circRNA 的鉴定

高通量测序后，采用 Cutadapt（Martin，2011）去除含有接头、低质量碱基或未确定碱基的序列，共获得 69 032 342 个后接头序列，使用 Bowtie2（Langmead and Salzberg，2012）和 TopHat2（Kim et al.，2013）将高质量序列比对到白花泡桐基因组。剩余的序列（未比对上的序列）使用 tophat-fusion（Kim and Salzberg，2011）比对到白花泡桐基因组。使用 CIRCExplorer（Zhang et al.，2014，2016）首先将比对上的序列组装成环状 RNA；然后，反向剪切序列通过 tophat-fusion 和 CIRC Explorer 在未比对上的序列中识别。参考 Hansen 等（2016）、Szabo 和 Salzman（2016）的方法，进行 circRNA 鉴定。结果共鉴定到 9924 个 circRNA，样本间的重复性较好（图 6-10）。

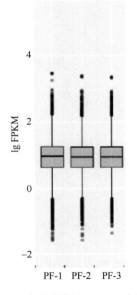

图 6-10　白花泡桐 circRNA 表达量

二、泡桐 circRNA-hosting 基因的鉴定及分析

为研究白花泡桐 circRNA 的生物学功能，基于 circRNA 在基因组中的位置及与基因的关系，对筛选获得的 circRNA 进行功能注释，主要对 circRNA-hosting 基因进行 GO 和 KEGG 分析。结果显示 9924 个 circRNA 对应 5045 个 hosting（宿主）基因，其中有的 hosting 基因只对应一个 circRNA，同一个 hosting 基因对应多个 circRNA。对这 5045 个 hosting 基因进行 GO 和 KEGG 分析。GO 分类如图 6-11 所示，在生物学过程类别中，占比较大的 3 个 GO 条目是转录调控（GO：0006355）、转录（GO：0006351）、氧化还原过程（GO：0055114）；在细胞组分类别中，细胞核（GO：0005634）、细胞质（GO：0005737）和叶绿体（GO：0009507）是所占比例较大的 3 个 GO 条目；分子功能类别中，蛋白质结合（GO：0005515）、ATP 结合（GO：0005524）和 DNA 结合（GO：0003677）是占比较大的 3 个 GO 条目。KEGG 分析结果显示，这些 hosting 基因参与 131 条代谢通路（表 6-7），其中参与植物-病原体相互作用（ko04626，plant-pathogen interaction）的 hosting 基因个数最多，其次是胞吞作用（ko04144，endocytosis）、植物激素信号传导（ko04075，plant hormone signal transduction）、碳代谢（ko01200，carbon metabolism）和内质网中的蛋白质加工（ko04141，protein processing in endoplasmic reticulum）。

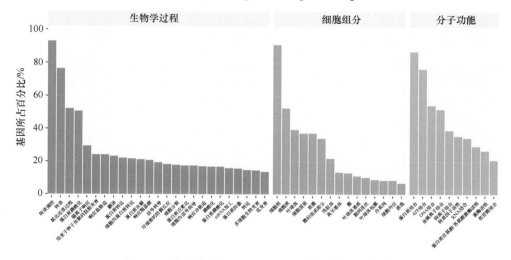

图 6-11　白花泡桐 circRNA-hosting 基因的 GO 分类

对白花泡桐 circRNA 的长度分布进行了统计，结果显示 0~500bp 这一范围占比最大，随着长度的增加，占比越来越小（图 6-12A）。外显子统计显示：9924 个 circRNA 中有 2593 个 circRNA 只有 1 个外显子，2340 个 circRNA 仅有 2 个外显子，这两部分占了全部 circRNA 的一半（图 6-12B）。circRNA 的 hosting 基因个

数分布图表明，有 2882 个 circRNA 只有 1 个 hosting 基因，1099 个 circRNA 有 2 个 hosting 基因，有 1 个 circRNA 对应 15 个 hosting 基因（图 6-12C）。

表 6-7　白花泡桐 circRNA-hosting 基因的 KEGG 分类

	代谢通路编号	代谢通路名称	hosting 基因个数
1	ko04626	植物-病原体相互作用	188
2	ko04144	胞吞作用	179
3	ko04075	植物激素信号转导	175
4	ko01200	碳代谢	149
5	ko04141	内质网中的蛋白质加工	141
6	ko01230	氨基酸的生物合成	141
7	ko03013	RNA 转运	140
8	ko03040	剪接体	135
9	ko00500	淀粉和蔗糖代谢	115
10	ko03018	RNA 降解	107
11	ko03010	核糖体	102
12	ko03015	mRNA 代谢	98
13	ko04120	泛素介导的蛋白质水解	94
14	ko03420	核苷酸切除修复	82
15	ko03008	真核生物中的核糖体生物发生	78
16	ko00520	氨基糖和核苷酸糖代谢	75
17	ko00230	嘌呤代谢	74
18	ko00970	氨酰-tRNA 生物合成	72
19	ko00010	糖酵解/糖异生	69
20	ko00240	嘧啶代谢	60

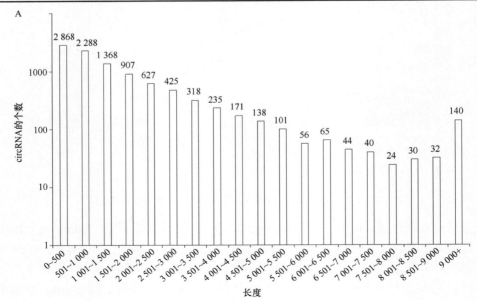

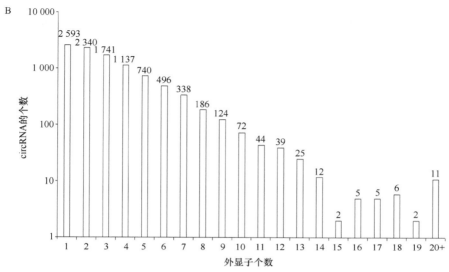

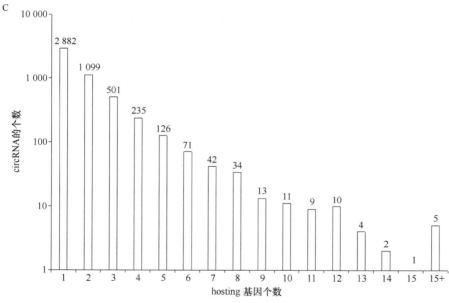

图 6-12　白花泡桐 circRNA 概况

第五节　泡桐 ceRNA 网络

一、泡桐 ceRNA 构建

本研究利用本章前 4 节鉴定出的转录本、miRNA、lncRNA 和 circRNA，根据 Meng 等（2012）的方法，对 circRNA（或 lncRNA）-miRNA-mRNA 三者之间的关系进行分析，并构建白花泡桐 ceRNA 调控网络，该结果为研究泡桐中 ceRNA 网络的互作机制奠定基础。结果显示本研究共获得 3354 条 lncRNA-miRNA-mRNA 和 19 344 条 circRNA-miRNA-mRNA 互作关系，其中，464 个 mRNA、133 条 miRNA、262 条 lncRNA、1614 个 circRNA，随机挑选了部分网络进行展示（图 6-13）。

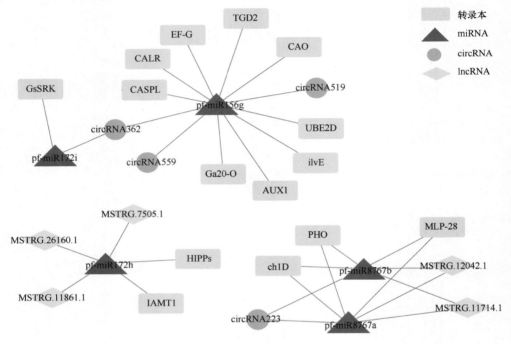

图 6-13　白花泡桐 ceRNA 网络

Ga20-O. 赤霉素 20 氧化酶；AUX1. 生长素载体；UBE2D. 泛素结合酶 E2D；ilvE. 支链氨基酸氨基转移酶；GsSRK. G 型凝集素 S-受体样丝氨酸/苏氨酸蛋白激酶；CAO. 叶绿素 a 加氧酶；EF-G. 伸长因子 G；CALR. 钙网蛋白；CASPL. CASP 蛋白 2B1；TGD2. 蛋白三半乳糖基二酰基甘油 2；ch1D. 镁螯合酶亚基 D；PHO. 酸性磷酸酶；MLP-28. MLP 蛋白 28；IAMT1. IAA-甲基转移酶-1；HIPPs. 重金属相关的异戊二烯化植物蛋白；MSTRG. lncRNA 编号的前缀

二、泡桐 ceRNA 网络功能分析

我们对泡桐 ceRNA 网络中的 464 个转录本进行功能分析。GO 富集如图 6-14A 所示，氧化还原酶活性（GO：0016722，oxidoreductase activity）、碳氧裂解酶活性（GO：0016838，trehalose biosynthetic process）、木质素生物合成（GO：0009809，lignin biosynthetic process）是最显著富集的三个 GO 条目。这 464 个 mRNA 共富集到 97 条 KEGG 代谢通路，富集的前 20 条 pathway 如图 6-14B 所示，其中抗坏血酸和醛酸代谢（ko00053，ascorbate and aldarate metabolism）、倍半萜类化合物和

三萜类化合物的生物合成（ko00909，sesquiterpenoid and triterpenoid biosynthesis）、卟啉与叶绿素代谢（ko00860，porphyrin and chlorophyll metabolism）是富集最显著的三个。

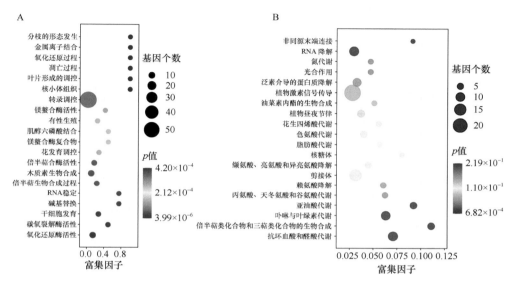

图 6-14　白花泡桐 ceRNA 网络的功能分析

A. GO 富集；B. KEGG 富集

参 考 文 献

李冰冰, 王哲, 曹亚兵, 等. 2018. 丛枝病对白花泡桐环状 RNA 表达谱变化的影响. 河南农业大学学报, 52(3): 327-334.

王园龙. 2016. 干旱胁迫对不同种(品种)泡桐基因表达的影响. 河南农业大学硕士学位论文.

徐恩凯. 2015. 四倍体泡桐优良特性的分子机制研究. 河南农业大学博士学位论文.

Cao Y B, Sun G L, Zhai X Q, et al. 2021. Genomic insights into the fast growth of paulownias and the formation of *Paulownia* witches' broom. Molecular Plant, 14(10): 1668-1682.

Cui J, Luan Y S, Jiang N, et al. 2017. Comparative transcriptome analysis between resistant and susceptible tomato allows the identification of lncRNA 16397 conferring resistance to *Phytophthora infestans* by co-expressing glutaredoxin. Plant Journal, 89(3): 577-589.

Fan G Q, Niu S Y, Zhao Z L, et al. 2016. Identification of microRNAs and their targets in *Paulownia fortunei* plants free from phytoplasma pathogen after methyl methane sulfonate treatment. Biochimie, 127: 271-280.

Hansen T B, Veno M T, Damgaard C K, et al. 2016. Comparison of circular RNA prediction tools. Nucleic Acids Res, 44(6): e58. DOI: 10.1093/nar/gkv1458.

Joshi R K, Megha S, Basu U, et al. 2016. Genome wide identification and functional prediction of long non-coding RNAs responsive to *Sclerotinia sclerotiorum* infection in *Brassica napus*. PLoS One, 11(7): e0158784.

Kim D, Pertea G, Trapnell C, et al. 2013. TopHat2: accurate alignment of transcriptomes in the presence of insertions, deletions and gene fusions. Genome Biology, 14(4): R36.

Kim D, Salzberg S L. 2011. TopHat-fusion: an algorithm for discovery of novel fusion transcripts. Genome Biology, 12(8): R72.

Langmead B, Salzberg S L. 2012. Fast gapped-read alignment with bowtie 2. Nature Methods, 9(4): 357-359.

Li S X, Yu X, Lei N, et al. 2017a. Genome-wide identification and functional prediction of cold and/or drought-responsive lncRNAs in cassava. Scientific Reports, 7: 45981.

Li W B, Li C Q, Li S X, et al. 2017b. Long noncoding RNAs that respond to *Fusarium oxysporum* infection in 'Cavendish' banana (*Musa acuminata*). Scientific Reports, 7(1): 16939.

Liu R N, Dong Y P, Fan G Q, et al. 2013. Discovery of genes related to witches broom disease in *Paulownia tomentosa×Paulownia fortunei* by a *de novo* assembled transcriptome. PLoS One, 8(11): e80238.

Martin M. 2011. Cutadapt removes adapter sequences from high-throughput sequencing reads. EMBnet. Journal, 17(1): 10-12.

Meng Y J, Shao C G, Wang H Z, et al. 2012. Target mimics: an embedded layer of microRNA-involved gene regulatory networks in plants. BMC Genomics, 13: 197.

Pertea M, Pertea G M, Antonescu C M, et al. 2015. StringTie enables improved reconstruction of a transcriptome from RNA-seq reads. Nature Biotechnology, 33(3): 290-295.

Szabo L, Salzman J. 2016. Detecting circular RNAs: bioinformatic and experimental challenges. Nat Rev Genet, 17(11): 679-692.

Tian J X, Song Y P, Du Q Z, et al. 2016. Population genomic analysis of gibberellin-responsive long non-coding RNAs in *Populus*. Journal of Experimental Botany, 67(8): 2467-2482.

Wang Z, Li B B, Li Y S, et al. 2018. Identification and characterization of long noncoding RNA in *Paulownia tomentosa* treated with methyl methane sulfonate. Physiology and Molecular Biology of Plants, 24(2): 325-334.

Wang Z, Li N, Yu Q, et al. 2021. Genome-wide characterization of salt-responsive miRNAs, circRNAs and associated ceRNA networks in tomatoes. International Journal of Molecular Sciences, 22(22): 12238.

Wang Z, Zhai X Q, Cao Y B, et al. 2017. Long non-coding RNAs responsive to witches' broom disease in *Paulownia tomentosa*. Forests, 8(9): 348.

Zhang X O, Dong R, Zhang Y, et al. 2016. Diverse alternative back-splicing and alternative splicing landscape of circular RNAs. Genome Research, 26(9): 1277-1287.

Zhang X O, Wang H B, Zhang Y, et al. 2014. Complementary sequence-mediated exon circularization. Cell, 159(1): 136-147.

第七章　泡桐蛋白质组

　　蛋白质（protein）涉及细胞内大部分生理生化过程，以酶或者非酶形式直接参与功能代谢（郑宾，2022）。蛋白质组（proteome）作为蛋白质和基因组（genome）的结合，于 1994 年由澳大利亚学者 Wilkins 和 Williams 提出，它指的是一个基因组或一个细胞（组织）表达的所有蛋白质及其存在的形式（Wasinger et al.，1995）。蛋白质组学的本质是大规模研究蛋白质的特征变化，主要涉及蛋白质丰度表达、翻译后修饰及蛋白质之间的互作等，是基于蛋白质的整体水平更好地探索生物体内的生命规律，反映出整个动态的代谢过程，为生命活动提供理论基础（Evans et al.，2012）。随着科技的发展及一些生物体全基因组测序工作的完成，从蛋白质水平上阐明植物具体途径下的分子生物学机制及细胞的各项生命过程已成为热门趋势。Khodadadi 等（2017）探究了干旱条件下茴香的蛋白质组变化，结果发现在干旱敏感和耐旱基因型中与蛋白质代谢有关的蛋白质在胁迫条件下受到了较大的影响。Chen 等（2020）通过对盐处理下的罗布麻蛋白质组研究发现，与碳水化合物和能量代谢等生物信号转导相关的蛋白质丰度呈现较大的下调趋势，最后筛选出 8 个响应盐胁迫的蛋白质，这些蛋白质将为阐明盐胁迫的分子机制奠定良好的基础。叶晓倩（2021）通过蛋白质组学分析的方法对去壳莲种子老化处理的响应机理进行了系统研究，发现去壳莲种子经过老化处理后的差异表达蛋白主要集中在能量代谢和生物合成等方面，推测这可能是种子应对逆境胁迫的重要方式之一，为种质资源的保存提供了科学理论支持。这些研究进一步证明了植物在蛋白质组学领域的重大发现，并且大部分研究具有理想的研究模式：农艺性状—蛋白质组学表达谱—转录表达—基因组序列结构信息，这体现了蛋白质组学作为一种高通量研究方法与植物生理学研究新技术结合的形式（Wang et al.，2008）。

　　蛋白质组学被当作探究植物胁迫和分子机制的重要技术手段。研究表明利用蛋白质组学还可以进行作物品种的鉴定及代谢通路等方面的研究（Guo et al.，2017）。鉴于泡桐在我国经济发展和生态建设中的重要作用，应用泡桐基因组数据构建白花泡桐的蛋白质组学表达谱，鉴定出其组成成分，并通过表达谱筛选出泡桐优良特性相关蛋白，可为品种选育和抗性遗传研究提供重要的理论依据。

第一节　泡桐总蛋白质鉴定及功能分析

一、泡桐定量蛋白质组学基本信息

本研究中使用的植物材料均来自中国河南农业大学泡桐研究所，蛋白质详细提取方法参考 He 等（2020）的研究。蛋白质提取完毕后根据浓度测定结果取等量蛋白质，加入二硫苏糖醇至终浓度为 10mmol/L，37℃孵育 1h 进行还原反应以打开二硫键；随后，加入碘乙酰胺至终浓度为 40mmol/L，避光孵育 45min，最后将样本尿素浓度稀释至 2mol/L 以下，按蛋白质量与胰酶量 50∶1 的比例加入胰酶后 37℃过夜。再用 100∶1 比例加入胰酶。肽段经超高效液相系统分离后再进行质谱分析。

参考白花泡桐基因组数据，对白花泡桐样本的蛋白质进行定量分析，获得的肽段中大部分大小在 7～21 个氨基酸，与胰蛋白酶肽的特征一致，从而表明了测序结果的可靠性。其中鉴定得到的基本信息如图 7-1 所示。共获得 12 081 105 张二级质谱图，匹配到的质谱图有 3 382 875 张，匹配到肽段的有 126 646 个，特有肽段有 104 387 个，鉴定得到蛋白质为 14 738 个，定量到的蛋白质为 9315 个。此外，发现绝大多数质谱图的一级质量误差在 10ppm 以内，符合质谱的高精度特性，表明质谱仪的质量精度正常，不会由于质量偏差过大而影响到蛋白质的定性定量分析。

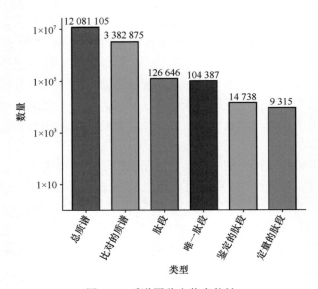

图 7-1　质谱图鉴定信息统计

二、泡桐组蛋白和非组蛋白鉴定

参考白花泡桐基因组数据，对所鉴定到的 14 738 个蛋白质进行分子量计算，按照相对分子质量对鉴定到的蛋白质进行分类。其中，20～30kDa 的蛋白质约占 14.47%，30～40kDa 占 15.91%，大于 100kDa 占 9.18%。通过对这些蛋白质进行进一步的分析发现，有 1708 个蛋白质含有 1 个肽段，有 1973 个蛋白质对应 2 个肽段，有 3117 个蛋白质含有 10 个以上的肽段（图 7-2A）。同时，序列覆盖度分析显示覆盖度为 0%～5% 的蛋白质为 735 个，占鉴定到的所有蛋白质的 5.0%；覆盖度为 5%～10% 的蛋白质为 1602 个，占鉴定到的所有蛋白质的 10.9%；覆盖度为 10%～15% 的蛋白质有 1679 个，占鉴定到的所有蛋白质的 11.4%；覆盖度为 15%～20% 的蛋白质有 1590 个，占鉴定到的所有蛋白质的 10.8%；覆盖度为 20%～25% 的蛋白质有 1536 个，占鉴定到的所有蛋白质的 10.4%；覆盖度在 25% 以上的蛋白质为 7596 个，占总蛋白质的 51.5%（图 7-2B）。此外，在鉴定到的总蛋白质中，包含了 8 个组蛋白：H2A、H2B、H3、H4、H3.2 和 H1 等。

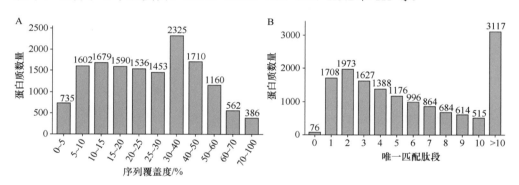

图 7-2　白花泡桐鉴定到的肽段序列覆盖度分布统计概况

A. 所有鉴定蛋白质的肽段序列覆盖度统计；B. 所有鉴定蛋白质的肽段数量统计

三、泡桐蛋白质功能分析

对所鉴定到的蛋白质进行 GO 富集分析（图 7-3A），所有蛋白质富集条目分为三大类别：生物学过程、细胞组分和分子功能。其中生物学过程富集最显著的条目主要包括：细胞内氨基酸代谢过程、细胞解毒及细胞内氧化解毒。细胞组分的蛋白质主要集中在：类囊体腔、细胞板和质体小球。蛋白质富集在分子功能的只有：连接酶活性、铜离子结合及抗氧化活性。为了解蛋白质所参与的整合代谢途径，对这些蛋白质富集的 KEGG 通路进行分析（图 7-3B），蛋白质显著富集的通路主要有：内质网蛋白加工、氨基糖和核苷糖代谢、有机体光合碳固定及糖酵解/糖异生途径等。蛋白质功能域富集分析显示这些蛋白质主要含有"RNA 识别基序"、"Ras 家族"和"蛋白酶体亚基"等结构域（图 7-3C）。

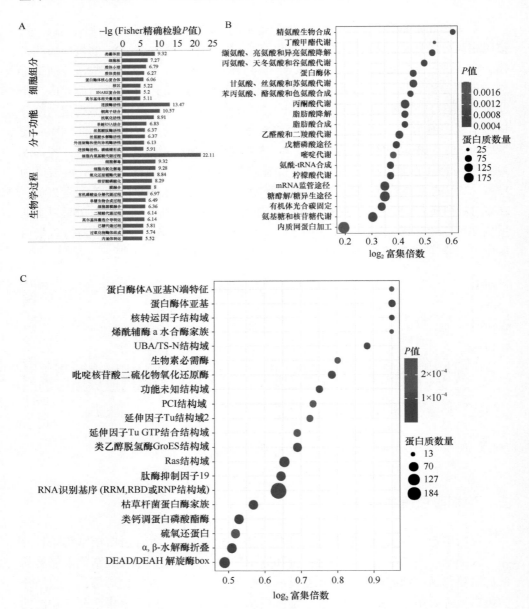

图 7-3　鉴定到的全蛋白质功能富集分析

A. 全蛋白质 GO 富集分析；B. 全蛋白质 KEGG 富集分析；C. 全蛋白质结构域富集分析

第二节 泡桐组织特异性蛋白质功能

一、泡桐组织特异性蛋白质鉴定

蛋白质的时空表达和翻译后修饰在植物生长发育过程中扮演重要角色。为进一步从整体上了解这些鉴定到的蛋白质的表达模式和在不同器官的分布情况，本研究首先绘制每个器官的蛋白质组，通过分析某个特定器官中已鉴定蛋白质的MS/MS 数据是否可以在其他器官中鉴定到来确定器官分布的特异性。结果表明每个器官中可表达 9900 多个蛋白质，但有 8024 个蛋白质是在所有器官中均有表达（69.6%～80.5%），将这些蛋白质称为"管家"蛋白质。通过分析，确定这些"管家"蛋白质主要富集了包括核定位序列结合、氨肽酶活性、网格蛋白结合、尿苷激酶活性和 N-乙酰转移酶活性（FDR $q<0.05$，Fisher 检验），以及在整个植物中保存和利用的普遍和关键的生物过程（图 7-4A），并参与了糖酵解/糖异生、剪接体、

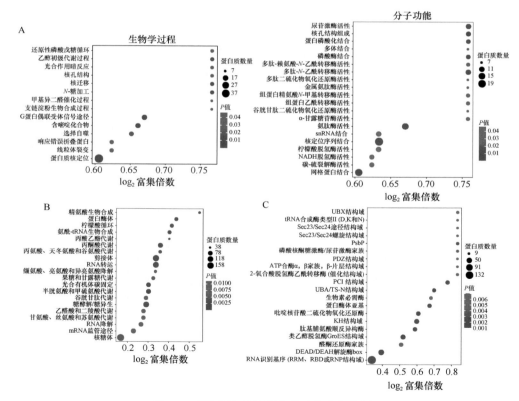

图 7-4 "管家"表达蛋白质功能富集分析

A. "管家"蛋白质 GO 富集分析；B. "管家"蛋白质 KEGG 富集分析；C. "管家"蛋白质结构域富集分析

RNA 转运、丙酮酸代谢、三羧酸循环和一些广泛存在的代谢途径（图 7-4B）。同时，具有 RNA 识别基序（RRM、RBD 或 RNP 结构域）、类乙醇脱氢酶 GroES 结构域、KH 结构域、PCI 结构域等（图 7-4C）。

除此之外，本研究通过蛋白质表达量相关性分析来评估不同器官蛋白质组表达的相似性，并由此揭示了主要组别：地上部分器官（花、叶、果和茎）和地下器官（根）（图 7-5A）。泡桐"管家"蛋白质表达谱及其相关的调节机制在不同器官之间具有相似性。同时，采用 lable-free 非标记定量与计算蛋白质在不同样本中表达量的香农熵系数相结合的方法（图 7-5B），本研究分析了蛋白质的组织特异性表达，结果发现有 1564 个泡桐蛋白质在单个器官中表达（图 7-5C），其中花器官所含有的特异性蛋白质最多，有 441 个，其次是根中，有 377 个，在健康泡桐幼苗中的特异表达蛋白质最少，仅有 29 个。在花器官中，丝氨酸/苏氨酸蛋白激酶的表达数量较高，其中 AGC1～7 的同源蛋白（Pfo16g007800）在该器官中

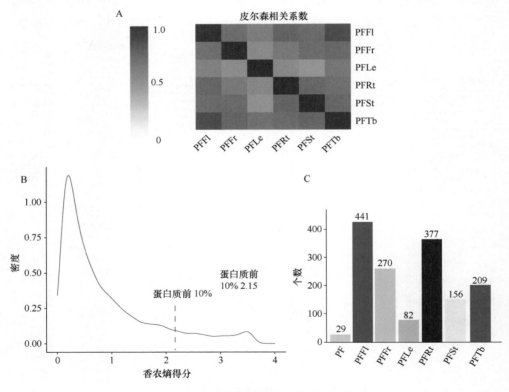

图 7-5 组织特异性蛋白质鉴定和分布

A. 不同组织样品的相关性分析（PFFl. 白花泡桐花；PFFr. 白花泡桐果实；PFLe. 白花泡桐叶片；PFRt. 白花泡桐根；PFSt. 白花泡桐茎；PFTb. 白花泡桐芽）；B. 蛋白质组织特异性表达估计 S 得分分布密度图；C. 不同组织中特异性蛋白质个数

特异高表达，有文献表明 AGC1～7 在花粉管的发育中起重要作用（Zhang et al.，2009）。此外，本研究还发现新鉴定到的蛋白质或功能未知的蛋白质比已知的蛋白质的器官特异性更高。

二、泡桐组织特异性蛋白质功能

为研究具有相似器官特异性和表达趋势的蛋白质是如何参与调控特定的生物过程和发挥相关生物学功能，本研究对这些蛋白质进行了 ANOVA 分析（FDR $q<0.01$）和 GO 富集分析（FDR $q<0.01$，Fisher 精确检验）。该分析表明这些蛋白质可分为参与 8 个类群，这些类群的蛋白质共参与了 136 个不同的生物学过程（图 7-6），如在根器官中，激素介导的信号转导途径、细胞响应激素刺激及羧酸代谢过程等的蛋白质显著富集（类群 5），这与植物内源激素细胞分裂素、生长素、赤霉素等的运输及有机物质的源库分配规律一致。同时，正如所预期的，地上部分的叶片和芽中所富集的蛋白质多数参与光合作用和叶绿体的发育等。质体和叶绿体的组装对于叶绿体的功能发挥有着重要的作用，同时，发现一些 mRNA 结合蛋白和 RNA 结合蛋白在叶片和芽中显著高表达，说明它们也可能参与了调控泡桐基因的表达。

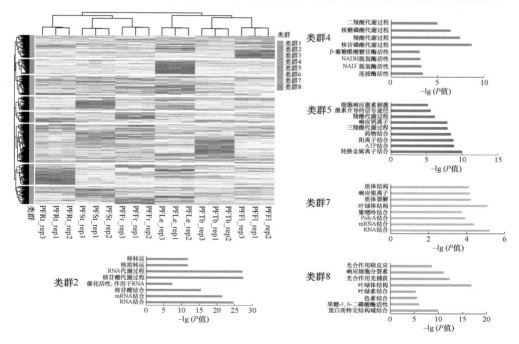

图 7-6　白花泡桐中器官特异蛋白质功能分类

表达热图仅包含在不同器官或药物处理条件下有显著表达变化的蛋白质，每一个器官的数据集所包含的蛋白质可分为 8 个类别，每个类别中仅显示显著的 GO 条目（PFFl. 白花泡桐花；PFFr. 白花泡桐果实；PFLe. 白花泡桐叶片；PFRt. 白花泡桐根；PFSt. 白花泡桐茎；PFTb. 白花泡桐芽）

参 考 文 献

叶晓倩. 2021. 基于蛋白质组学分析的莲种子老化机制研究. 湖北民族大学硕士学位论文.

郑宾. 2022. 密植夏玉米穗位叶光环境差异对其光合性能的影响及蛋白质组学分析. 山东农业大学博士学位论文.

Chen C H, Wang C C, Liu Z X, et al. 2020. iTRAQ-based proteomic technique provides insights into salt stress responsive proteins in Apocyni Veneti Folium (*Apocynum venetum* L.). Environmental and Experimental Botany, 180: 104247.

Evans C, Noirel J, Ow S Y, et al. 2012. An insight into iTRAQ: where do we stand now?. Analytical and Bioanalytical Chemistry, 404(4): 1011-1027.

Guo S, Zuo Y, Zhang Y, et al. 2017. Large-scale transcriptome comparison of sunflower genes responsive to *Verticillium dahliae*. BMC Genomics, 18(1): 42.

He D, Li M, Damaris R N, et al. 2020. Quantitative ubiquitylomics approach for characterizing the dynamic change and extensive modulation of ubiquitylation in rice seed germination. The Plant Journal: for Cell and Molecular Biology, 101(6): 1430-1447.

Khodadadi E, Fakheri B A, Aharizad S, et al. 2017. Leaf proteomics of drought-sensitive and -tolerant genotypes of fennel. Biochimica et Biophysica Acta. Proteins and Proteomics, 1865(11 Pt A): 1433-1444.

Wang W, Meng B, Ge X, et al. 2008. Proteomic profiling of rice eMryos from a hybrid rice cultivar and its parental lines. Proteomics, 8(22): 4808-4821.

Wasinger V C, Cordwell S J, Cerpa-Poljak A, et al. 1995. Progress with gene-product mapping of the Mollicutes: *Mycoplasma genitalium*. Electrophoresis, 16(7): 1090-1094.

Zhang Y, He J, McCormick S. 2009. Two *Arabidopsis* AGC kinases are critical for the polarized growth of pollen tubes. Plant J, 58(3): 474-484.

第三部分

泡桐速生及丛枝植原体致病的分子机制

第八章　泡桐速生机理

气候的变化是全球范围内关注的重点，同时引起了大量对减少 CO_2 排放的研究。而减少 CO_2 排放重要的一种形式即使用替代能源，包括各种生物质，因此全球对可用于生物质的速生类木本植物的需求快速增长。泡桐属是世界上生长最快的树种之一，近年来引起了学术界和工业界的极大兴趣，其生长极快、材质优良。正常情况下，泡桐的年平均直径增长可达 3～4cm，6 年内即可成材。同时也是中国外贸出口的主要用材树种，仅在中国北方，泡桐就有约 250 万 hm^2 的种植面积，在中国农林业生产、生态工程和出口创汇方面一直发挥着十分重要的作用。

为揭示泡桐的速生机理，首先要探究泡桐的光合碳固定途径。众所周知，植物光合碳固定有 C3、C4 和 CAM（crassulacean acid metabolism，景天酸代谢）三大途径，相应的植物分别称为 C3、C4 和 CAM 植物。C4 植物对 CO_2 的利用能力远高于 C3 植物。光照条件下，叶片进行光合作用的同时也会进行呼吸作用释放 CO_2，叶片进行光合作用所吸收的 CO_2 量与叶片所释放的 CO_2 量达到动态平衡时的 CO_2 浓度被称为 CO_2 补偿点。C3 植物的 CO_2 补偿点较高，一般为 40～60ppm，而 C4 植物的 CO_2 补偿点只有 10ppm。在先前的研究中，泡桐拥有与 C4 植物相当的净光合作用速率，被认为是世界上极少数使用 C4 光合作用的木本植物之一，从而解释其速生的习性，并且被当作理解木本植物 C4 光合作用演化的一个极有价值的模型（Wood，2008）。然而，本研究通过对叶脉解剖结构、叶肉细胞的转录组和昼夜碳同位素比率的分析，发现泡桐不具有 C4 植物典型的花环（Kranz）解剖结构，也不具有其他 C4 植物中存在的细胞内二态型叶绿体（如南方碱蓬和双翅目双能叶绿体）（Freitag and Stichler，2000；Voznesenskaya et al.，2002）。叶肉细胞的转录组和昼夜碳同位素比率分析的结果也为泡桐中典型的 C3 光合途径的发生提供了有力的证据。同时，通过对泡桐昼夜气孔导度及 CAM 相关基因的转录组表达分析，本研究也为泡桐可能在夜间采用 CAM 途径提高光合作用速率的观点提供了证据。

本研究通过生理、生化和转录组等分析研究了泡桐速生的分子机制，同时揭示了对林业生产具有重要意义的泡桐性状，并挖掘其中的相关基因，从而加速分子育种过程，为培育速生、优生的泡桐新品种奠定坚实的基础。

第一节　泡桐生物学特性

泡桐不耐荫蔽、喜光。在土壤湿润、深厚、肥沃但不积水的阳坡山地或岗地、丘陵、山区、平原栽植生长良好。在黏重的土壤中生长不良，土壤 pH 以 6.0～7.5 最为适宜。根分布深且广，近肉质，分为上下两层，萌芽力强，生长速度较快，吸滞粉尘能力和对有毒气体的抗性都比较强。

一、泡桐的年生长量

泡桐生长速度非常快，出芽期在 5 月中上旬，5 月中下旬至 7 月初为生长初期，在此期间根系生长较快，速生期在 7 月中下旬至 9 月初（陆新育，1990），10 天可长高 1m 有余，十几年树龄的白花泡桐胸径比同龄杨树胸径要大 2 倍，树干中空。人工栽培的泡桐出现材积生长高峰期要比野生的泡桐早，人工纯林一般在造林后 2～5 年出现（王军荣，2008）。

吕志海（2013）在不同种源白花泡桐幼林期生长特性的研究中发现，白花泡桐造林平茬后，1 年生的泡桐平均树高为 4.7m，最高可达 5.5m；平均胸径为 6.4cm，最高可达 7.7cm。在北方地区，以兰考泡桐生长最快，楸叶泡桐次之，毛泡桐生长较慢。不同种类的生长过程有所不同。例如，兰考泡桐的高生长有明显的阶段性，由不定芽或潜伏芽形成强壮的徒长枝自然接干。栽植后经过 2～8 年，自然接干向上生长。在整个生长过程中，一般能自然接干 3～4 次，个别能自然接干 5 次。第 1 次自然接干的树高生长量最大，可达 3m 以上，以后逐渐降低。胸径的连年生长量高峰在 4～10 年。材积连年生长量高峰出现在 7～14 年，这种高峰出现的时间早晚和数值大小，取决于土壤条件和抚育管理措施。

二、泡桐的光合特性

光合作用是植物体内最重要的化学反应，又是植物生长发育的基础和植物体内碳素的重要来源，是影响植物生长和农作物产量的重要指标，也是品种选育过程中的重要指标之一。

董必珍等（2018）在 5 个种源白花泡桐光合特性比较的研究中发现，不同种源间叶片的叶绿素 a、叶绿素 b 和叶绿素总量无显著差异，其中平均叶绿素总量为 2.42mg/g，而叶绿素 a/b 的值差异较大，在 1.22～1.83，说明相同环境下，种源间的补光能力不同。C4 植物玉米在种植密度适宜的情况下，其净光合作用速率为 28.9μmol/（m²·s）（侯佳敏等，2021），而不同种源白花泡桐的净光合速率在 20.71～30.76μmol/（m²·s），平均净光合速率为 27.22μmol/（m²·s）（董必珍等，2018；吕志海，2020），与 C4 植物的净光合速率相当。光补偿点和光饱和点的大小分别体现了泡桐对弱光和强光的适应能力，不同种源白花泡桐的光补偿点平均值为 40.05μmol/（m²·s），光饱和点平均值为 890μmol/（m²·s），光合幅度的大小说明了植物可利用的光强区域，即对光资源利用率的大小，不同种源白花泡桐的光合幅度平均值为 853μmol/（m²·s）（吕志海，2020）。以上的数据都表明泡桐拥有较高的光合作用指标，从而支撑其速生的特性。

第二节　泡桐的 C3 光合途径

一、泡桐与 C3 和 C4 植物光合作用及泡桐碳同位素 $\delta^{13}C$ 检测

在先前的研究中，泡桐速生的习性是被认为其属于 C4 植物的主要原因。为探究泡桐的光合碳固定途径，本研究首先随机选择了几种 C3 光合途径的植物，分别为枣树、杨树、烟草和拟南芥，以及 C4 光合碳固定途径植物，分别为高粱、小米和玉米，并对它们进行净光合速率测定。结果表明，泡桐的净光合速率在随机选择的 C3 植物物种中最高，并且非常接近 C4 植物（图 8-1A）。此外泡桐叶片中的昼夜碳同位素（$\delta^{13}C$）比率在白天和黑夜之间没有显著差异（图 8-1B）。

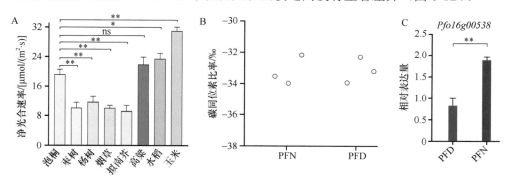

图 8-1　泡桐叶片中碳同位素比、净光合速率和 PEPC 表达水平的测量

A. C3 和 C4 植物的净光合速率比较。泡桐净光合速率与其他物种显著不同。B. 泡桐叶片碳同位素比的昼夜变化。C. 泡桐的 PEPC 夜间表达较高。使用单因素方差分析（A. Turkey's multiple comparisons 检验）和 Student's t 检验（B 和 C）确定统计显著性（*$p<0.05$，**$p<0.01$，ns 表示不显著）；PFN. 泡桐夜间样本；PFD. 泡桐白天样本

二、泡桐叶脉的解剖结构分析

C4 植物具有一些独特的、区别于 C3 植物的生理、生化和结构特点。以 C4 植物玉米为例（图 8-2B），C4 植物叶片中有明显分化的叶肉细胞（mesophyll cell）和维管束鞘细胞（bundle sheathcell）。维管束鞘细胞围绕着维管组织紧密排列，被称为克兰茨结构（Kranz anatomy），又因其排列形似花环也被称为花环结构。与 C3 植物相比，C4 植物中的维管束鞘细胞较大，并且有 2～3 层叶肉细胞围绕在维管束细胞周围。

为了进一步确定泡桐的光合碳固定途径，本研究对泡桐与 C4 植物玉米的叶脉进行石蜡切片，观察两者的解剖结构，结果表明泡桐并没有 C4 植物典型的花

环解剖结构特征（图 8-2）。

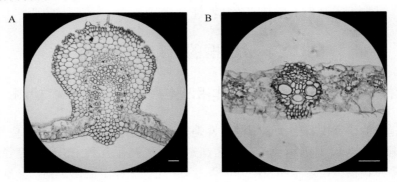

图 8-2　泡桐（A）和玉米（B）成熟叶的侧脉横切解剖结构

泡桐不具备 C4 植物玉米典型的 Kranz 解剖结构。条形值表示图 A 中的 100μm 和图 B 中的 200μm

三、泡桐叶肉细胞卡尔文循环相关基因昼夜表达分析

C3 和 C4 植物之间的一个显著区别在于，C3 植物的卡尔文循环主要发生在叶肉细胞中，而在 C4 植物的叶肉细胞中则不活跃（Chang et al.，2012）。本研究发现泡桐具有与 C4 植物相近的净光合速率，但又不具备 C4 植物典型的解剖结构类型，为了进一步验证泡桐的光合碳固定途径，本研究通过 Drop-seq（单细胞高通量液滴测序）分析了泡桐叶肉细胞的单细胞转录组数据。通过泡桐叶肉细胞的单细胞转录组分析，结果发现泡桐叶肉细胞中参与卡尔文循环的基因表现出高表达（图 8-3），

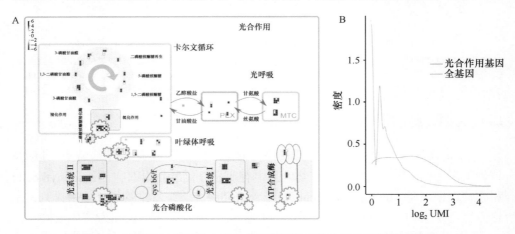

图 8-3　泡桐的叶肉细胞中光合作用基因的表达水平分布和代谢通路

A. Mapman 概述了泡桐的叶肉细胞中参与光合作用的基因。颜色方块表示由 Mapman 的在线基因注释工具 Mercator4（https://www.plabipd.de/portal/mercator4）识别的单个基因。B. 泡桐叶肉细胞光合作用基因的表达频率分布。Mapman 概述列出的光合作用基因在所有检测到表达的基因中显示出高表达水平。蓝线以总基因表达水平（UMI）的对数表示频率分布。红线以光合作用中基因表达水平（UMI）的对数表示频率分布

包括 1,5-二磷酸核酮糖羧化酶/加氧酶小亚基（RBCS），表明泡桐的叶肉细胞中发生高度活跃的卡尔文循环，符合 C3 植物的典型特征。

本研究通过对泡桐与 C4 植物净光合速率和叶脉解剖结构特征的比较，以及泡桐叶肉细胞中卡尔文循环相关基因的表达分析，为泡桐是典型的 C3 植物提供了强有力的证据，并且发现泡桐具有与 C4 植物相当的净光合速率。

第三节　泡桐的 CAM 代谢途径

景天酸代谢（crassulacean acid metabolism，CAM）途径是 CAM 植物应对干旱环境的一种生理生态适应（Lüttge，2010）。CAM 植物因基因类型、个体发育、环境条件等不同而表现不同程度的 CAM 代谢特点，包括专性（obligate）CAM 植物和兼性（facultative）CAM（或 C3/CAM）植物等类型。为了减少白天呼吸损耗水分，CAM 植物于夜间气孔张开而吸收 CO_2，由 PEPC 酶催化固定 CO_2 并以苹果酸的形式储存于液泡中，白天苹果酸在 Rubisco（核酮糖-1,5-二磷酸羧化酶/加氧酶）的作用下释放，然后植物重新吸收 CO_2。

兼性 CAM（C3/CAM）类型是植物在长期进化及适应环境变化过程中，出现的形态结构特征和生理生化特性介于 C3 植物和 CAM 植物之间的一种类型。这类植物既能适应良好环境高效生产，又能在水分亏缺等不良条件下有响应不良环境的 C3/CAM 转换"应急"机制，提高生存能力，这反映了植物对不同生态环境的适应性（Lüttge，2010）。最近的一项研究表明，CAM 途径在泡桐光合作用中起重要作用（Wang et al.，2019）。因此，本研究接下来验证了泡桐是否通过 CAM 途径固定 CO_2 以补充 C3 光合作用，从而提高光合速率，使其成为速生类的木本植物。

一、泡桐叶片昼夜气孔开关分析

由于 CAM 植物的气孔通常在晚上开放，本研究首先在 24h 内监测泡桐叶片气孔导度。监测结果发现泡桐叶片的气孔在白天和晚上均开放（图 8-4A），而气孔的夜间开放则表明泡桐的光合碳固定可能有 CAM 途径的参与。

二、泡桐 CAM 碳固定途径关键基因鉴定

本研究进一步确定了编码 RBCS 基因和 CAM 途径中 6 种典型酶，分别为碳酸酐酶（CA）、磷酸烯醇丙酮酸羧化酶（PEPC）、苹果酸脱氢酶（MDH）、NADP-苹果酸酶（NADP-ME）、丙酮酸磷酸双激酶（PPDK）和磷酸烯醇丙酮酸羧激酶（PEPCK）在泡桐基因组中的表达情况，泡桐基因组中的这 7 个基因家族共包含

71 个候选基因成员。其中，泡桐中 CA、RBCS 和 NADP-ME 三个基因家族的基因拷贝数均高于唇形目中黄芩、芝麻和多斑沟酸浆这三个 C3 植物的基因拷贝数（图 8-4B）。这一结果进一步为 CAM 途径参与泡桐的光合碳固定途径提供了证据。

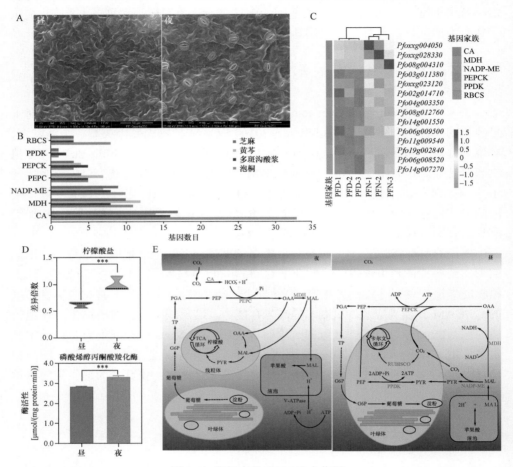

图 8-4　泡桐中的 CAM 光合作用

A. 上午 9：00 和晚上 9：00 泡桐叶片气孔扫描电子显微镜观察。箭头指示的为气孔。B. 泡桐、芝麻、黄芩和多斑沟酸浆中碳固定相关基因数量的比较。CA. 碳酸酐酶；PEPC. 磷酸烯醇丙酮酸羧化酶；PEPCK. 磷酸烯醇丙酮酸羧激酶；NADP-ME. NADP-苹果酶；MDH. 苹果酸脱氢酶；PPDK. 丙酮酸磷酸双激酶；RBCS. 核酮糖-1,5-二磷酸羧化酶/加氧酶小亚基。C. 泡桐 CAM 通路中关键基因的昼夜表达模式。D. 泡桐叶片中 PEPC 活性和柠檬酸盐含量的昼夜变化。使用 Student's t 检验确定统计显著性（$n=3$）。***$p<0.001$。E. 泡桐中 CAM 光合途径的模拟示意图。G6P. 6-磷酸葡萄糖；TP. 磷酸丙糖；PGA. 3-磷酸甘油酸；PEP. 磷酸烯醇丙酮酸；OAA. 草酰乙酸；MAL. 苹果酸；PYR. 丙酮酸。虚线箭头表示多个代谢步骤

三、泡桐 CAM 关键基因表达及酶活性的昼夜差异

为了鉴定泡桐 CAM 通路相关基因白天和晚上的表达模式，本研究采用上午

9：00 和晚上 9：00 收集的泡桐叶片进行转录组分析。在 71 个基因中有 53 个基因在两个样品的三个重复中的至少一个中检测到了表达，其中 14 个基因显示出显著的昼夜差异。我们在 CAM 通路中发现了在白天表现出显著高表达的基因家族成员，分别是在碳固定中起作用的 RBCS 家族和在脱羧作用中起作用的 4 个关键基因家族（MDH、NADP-ME、PPDK 和 PEPCK）（图 8-4C）。只有两个 CA 和一个 MDH 在夜间的表达水平高于白天（图 8-4C），而 PEPC 基因家族中，没有一个基因在两个样品间表现出显著的转录差异。但是，酶活性分析显示 PEPC 的酶活性夜间高于白天，转录水平也表现出相似的趋势（图 8-1C，图 8-4D）。在薇甘菊 CAM 通路的研究中也发现了类似的结果（Liu et al.，2020）。柠檬酸夜间积累是 CAM 光合途径的另外一个特征，在泡桐中，其夜间含量也比白天高约 1.6 倍（图 8-4D）。

综上所述，本研究证明了泡桐通过在夜间补充 CAM 途径从而实现更高光合作用效率，这可能是泡桐快速生长的主要原因（图 8-4E）。在今后的研究中，可以通过高通量单细胞测序或单细胞核 RNA-seq 技术，进一步了解 CAM 通路的详细调控机制。

第四节 泡桐生长速率相关基因家族分析

植物的形态发生和生长速率可能归因于细胞增殖和分裂、细胞壁形成、光合效率或其他生物学过程的增强（Li et al.，2017a，2017b；Wei et al.，2018；Liu et al.，2020）。

一、植物激素及细胞周期相关基因家族分析

在白花泡桐中，19 个基因家族中有 47 个基因高度表达，主要涉及植物激素信号传导和细胞周期调控；其中有 19 个来自最近的全基因组复制（WGD），11 个来自串联重复。这些基因数量明显高于唇形目中其他 4 个物种：多斑沟酸浆（8 个基因家族的 13 个基因）、黄芩（9 个基因家族的 16 个基因）、芝麻（11 个基因家族的 17 个基因）和柚木（10 个基因家族的 18 个基因）。与细胞分裂素（CK）生物合成相关的 4 个基因家族和与细胞周期调控相关的 10 个基因家族通过串联基因复制或最近的 WGD 显著扩张（图 8-5，图 8-6A）。此外，泡桐中 19 个基因家族中的 8 个基因，包括 S-腺苷-L-甲硫氨酸依赖性甲基转移酶超家族蛋白 GAMT1、UDP-葡糖基转移酶 76C2 和细胞周期蛋白家族蛋白 CYC1BAT，在其他 4 个物种中不存在。

白花泡桐的生长速度比毛泡桐等其他泡桐种快得多。大约 85% 的毛泡桐 cDNA 可以比对到白花泡桐基因组，表明白花泡桐和毛泡桐基因组的相似性较高，因此可以进行两个物种之间差异调控基因的比较转录组分析。对白花泡桐和

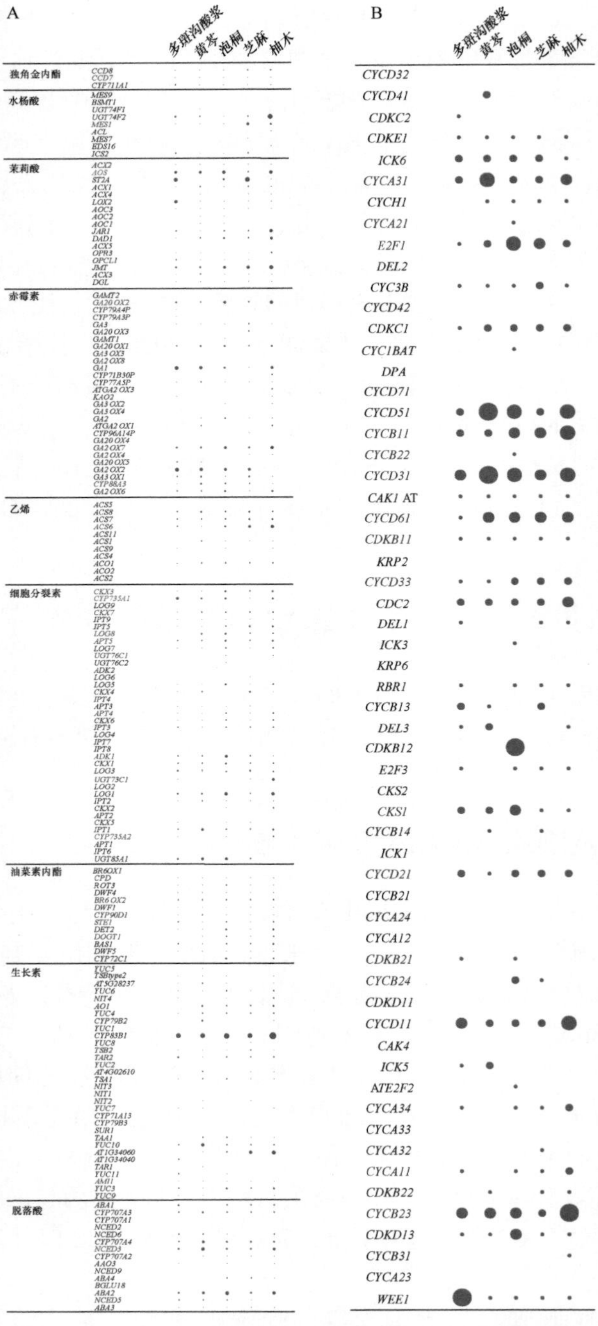

A

	多斑沟酸浆	黄芩	泡桐	芝麻	柚木

独角金内酯
CCD8
CCD7
CYP711A1

水杨酸
MES9
HSMT1
UGT74F1
UGT74F2
MES1
ACL
MES7
BD316
ICS2

茉莉酸
ACL2
AOS
ST2A
ACX1
ACX4
LOX2
AOC3
AOC2
JAR1
DAD1
ACX5
OPR3
OPCL1
JMT
ACX3
DOL

赤霉素
GA4MT2
GA20 OX2
CYP79A4P
CYP79A3P
GA3
GA20 OX3
GA4MT1
GA20 OX1
GA3 OX3
GA2 OX8
GA1
CYP71B30P
CYP714S5
ATGA2 OX3
KAO2
GA3 OX2
GA3 OX4
GA2
ATGA2 OX1
CYP96A14P
GA20 OX4
GA2 OX7
GA2 OX4
GA3 OX5
GA2 OX2
GA3 OX1
CYP88A5
GA2 OX6

乙烯
ACS5
ACS8
ACS7
ACS6
ACS1
ACS9
ACS4
ACO1
ACO2

细胞分裂素
CKX5
CYP735A1
CKX7
IPT9
IPT5
LOG8
APT5
LOG7
UGT76C1
UGT76C2
ADK2
LOG6
LOG5
CKX4
IPT4
APT4
CKX6
IPT3
LOG4
IPT7
IPT8
ADK1
CKX1
LOG3
UGT73C1
LOG2
LOG1
IPT2
CKX3
CKX5
APT2
IPT1
CYP735A2
APT1
IPT6
UGT85A1

油菜素内酯
BR6OX1
CPD
ROT3
DWF4
BR6 OX2
DWRF1
CYP90D1
STE1
DET2
DdGT1
BAS1
DWF5
CYP72C1

生长素
YUC5
TSBtype2
AT3G02237
YUC6
NIT4
AO1
YUC4
CYP79B2
YUC1
CYP83B1
YUC8
TSB2
TAR2
YUC2
AT4G02610
TSA1
NIT3
NIT2
YUC7
CYP71A13
CYP79B3
SUR1
TAA1
YUC10
AT1G34060
AT1G34040
TAR1
YUC11
AMI1
YUC3
YUC9

脱落酸
ABA1
CYP707A3
CYP707A4
NCED2
NCED6
CYP707A4
NCED3
AAO3
NCED9
ABA4
BGLU18
ABA2
NCED5
ABA3

B

	多斑沟酸浆	黄芩	泡桐	芝麻	柚木

CYCD32
CYCD41
CDKC2
CDKE1
ICK6
CYCA31
CYCH1
CYCA21
E2F1
DEL2
CYC3B
CYCD42
CDKC1
CYC1BAT
DPA
CYCD71
CYCD51
CYCB11
CYCB22
CYCD31
CAK1 AT
CYCD61
CDKB11
KRP2
CYCD33
CDC2
DEL1
ICK3
KRP6
RBR1
CYCB13
DEL3
CDKB12
E2F3
CKS2
CKS1
CYCB14
ICK1
CYCD21
CYCB21
CYCA24
CYCA12
CDKB21
CYCB24
CDKD11
CYCD11
CAK4
ICK5
ATE2F2
CYCA34
CYCA33
CYCA32
CYCA11
CDKB22
CYCB23
CDKD13
CYCB31
CYCA23
WEE1

图 8-5　白花泡桐和其他 4 个唇形目物种中的植物激素

A、B. 与细胞周期调节相关的基因家族的拷贝数。圆圈的大小表示基因家族的不同拷贝数。棕色和蓝色的
ID 分别表示模块 FME3 和 FME4 中扩张的基因家族，绿色 ID 表示模块 FME3 和 FME4 中的基因家族

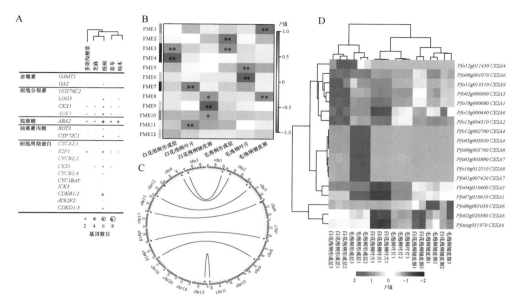

图 8-6　泡桐形态发生相关基因

A. *P. fortunei* 与 *S. indicum*、*S. baicalensis*、*T. grandis* 和 *M. guttatus* 中植物激素信号传导和细胞周期调控相关扩张基因家族比较。实心圆圈表示存在同源物，其大小对应于基因个数。细胞周期蛋白中的棕色 ID 表示模块 FME3 中扩展的基因家族。激素信号中的红色 ID 表示模块 FME4 中扩展的基因家族。B. 两种泡桐物种的三种组织中共表达模块与采样性状之间的相关性。热图颜色代表相关系数（*p<0.05，**p<0.01）。"行"代表不同的模块，"列"代表不同的样本。C. 18 个 CESA 在染色体上的分布。紫点代表泡桐纤维素合成酶（CESA）基因，中间的红线代表来自重复区域的同线块上的 16 个 CESA。D. 两种泡桐物种的三种组织中 CESA 编码基因的标准化 RNA-seq 数据热图

毛泡桐的叶片、树干韧皮部和树干形成层取样进行比较转录组学分析，基于加权基因共表达网络分析（WGCNA），共获得了 12 个潜在的快速生长相关模块特征基因（FME1～12）。其中，FME3 与毛泡桐和白花泡桐形成层的生长和发育相关（图 8-6B）。该模块包括 42 个参与植物激素途径或细胞周期调节的基因（图 8-5）。FME3 中的基因也富集于"细胞壁组织"、"细胞周期调节"、"纤维素生物合成过程"、"木质部发育"和"生长素极性转运"等 GO 条目。尤其值得注意 FME4 模块，它仅与泡桐的形成层生长和发育高度相关。该模块中的 5 个基因与激素信号传导有关，其中一些基因在白花泡桐中发生显著扩张，包括参与 CK 代谢的腺苷激酶 1（图 8-5）。

二、次生壁形成相关基因家族分析

鉴于 WGD 基因的 GO 富集中存在纤维素和木质素的生物合成相关条目，并且纤维素和木质素在植物形态发生中起重要作用（Cui et al.，2012；Peng et al.，2013）。因此，本研究进一步研究了泡桐纤维素合成酶（CESA）基因家族。结果表明共鉴

定到 18 个 CESA 基因,是多斑沟酸浆、油橄榄、黄芩和芝麻基因组中 CESA 的 1.3～
2.3 倍。除 *CESA2* 和 *CESA9* 外,泡桐中 18 个 CESA 中有 14 个来自 WGD,另外
两个来自串联复制(图 8-6C)。值得注意的是,15 个高表达的 CESA,包括 *CESA4*、
CESA7 和 *CESA8* 基因的 6 个拷贝,在形成层中表达,而其他 3 个 *CESA6* 基因在
韧皮部中高度表达(图 8-6D,图 8-7)。此外,38 个 CESA-like(Csl)基因,包
括 *CslA*、*CslC*、*CslD* 和 *CslG*,在形成层中高度表达。

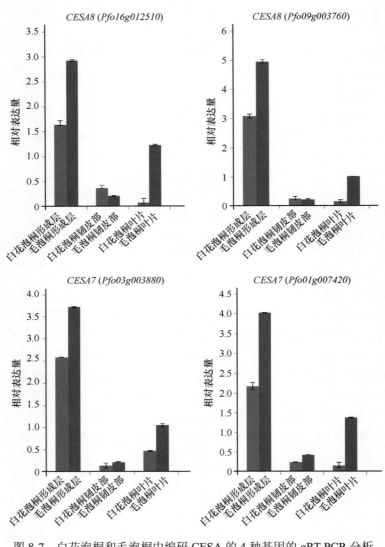

图 8-7 白花泡桐和毛泡桐中编码 CESA 的 4 种基因的 qRT-PCR 分析
两个颜色柱代表 CESA 在白花泡桐和毛泡桐的三种不同组织中的相对表达水平

　　该基因组还包含 55 个木质素生物合成基因，其中 48 个在白花泡桐和毛泡桐不同组织中的三个重复中的至少一个中表达，其中 28 个在形成层中显示出高表达水平。这些数据表明，CESA 基因家族、Csl 基因家族和木质素生物合成基因可能在泡桐的形态发生中发挥作用。

参 考 文 献

董必珍, 吕成群, 黄宝灵, 等. 2018. 5 个种源白花泡桐光合特性比较. 安徽农业科学, 46(17): 111-113, 132.

侯佳敏, 罗宁, 王溯, 等. 2021. 增密对我国玉米产量-叶面积指数-光合速率的影响. 中国农业科学, 54(12): 2538-2546.

陆新育. 1990. 泡桐根系分析、生长特点及其与农作物根系关系的研究. 泡桐与农用林业, (2): 1-6.

吕志海. 2013. 不同种源白花泡桐幼林期生长特性研究. 中南林业科技大学硕士学位论文.

吕志海. 2020. 不同种源白花泡桐光合特性及与生长量相关性分析. 湖北林业科技, 49(5): 5-9.

王军荣. 2008. 白花泡桐速生丰产栽培技术. 湖北农林科技, (3): 64-67.

Chang Y M, Liu W Y, Shih A C, et al. 2012. Characterizing regulatory and functional differentiation between maize mesophyll and bundle sheath cells by transcriptomic analysis. Plant Physiol, 160: 165-177.

Cui K, He C Y, Zhang J G, et al. 2012. Temporal and spatial profiling of internode elongation-associated protein expression in rapidly growing culms of bamboo. J. Proteome Res., 11: 2492-2507.

Freitag H, Stichler W. 2000. A remarkable new leaf type with unusual photosynthetic tissue in a central *Asiatic* genus of Chenopodiaceae. Plant Biol, 2: 154-160.

Li L, Cheng Z C, Ma Y J, et al. 2017a. The association of hormone signaling genes, transcription, and changes in shoot anatomy during moso bamboo growth. Plant Biotechnol J, 16: 72-85.

Li S, Zhen C, Xu W, et al. 2017b. Simple, rapid and efficient transformation of genotype Nisqually-1: a basic tool for the first sequenced model tree. Sci. Rep., 7: 2638.

Liu B, Yan J, Li W H, et al. 2020. Mikania micrantha genome provides insights into the molecular mechanism of rapid growth. Nat. Commun., 11: 340.

Lüttge U. 2010. Ability of crassulacean acid metabolism plants to overcome interacting stresses in tropical environments. AoB Plants: plq005.

Peng Z H, Lu Y, Li L B, et al. 2013. The draft genome of the fast-growing non-timber forest species moso bamboo (*Phyllostachys heterocycla*). Nat. Genet., 45: 456-461.

Voznesenskaya E V, Franceschi V R, Kiirats O, et al. 2002. Proof of C4 photosynthesis without Kranz anatomy in *Bienertia cycloptera* (Chenopodiaceae). Plant J., 31: 649-662.

Wang J Y, Wang H Y, Deng T, et al. 2019. Time-coursed transcriptome analysis identifies key expressional regulation in growth cessation and dormancy induced by short days in Paulownia. Sci. Rep, 9: 16602.

Wei Q, Chen J, Ding Y L, et al. 2018. Cellular and molecular characterizations of a slow-growth variant provide insights into the fast growth of bamboo. Tree Physiol., 38: 641-654.

Wood V B. 2008. Paulownia as a novel biomass crop for Northern Ireland? A review of current knowledge. 7th edn. Belfast, Northern Ireland: Agri-Food and Biosciences Institute.

第九章　泡桐对丛枝植原体入侵的分子响应

泡桐丛枝病（paulownia witches' broom，PaWB），是由泡桐丛枝植原体引起的林业病害，主要症状包括腋芽丛生、节间缩短、花变叶和叶片变小黄化，甚至导致植株死亡，严重影响了人们对泡桐种植的热情。泡桐丛枝植原体属于柔膜菌纲（Mollicutes）植原体候选属（candidatus genus *Phytoplasma*）植原体暂定种 16SrI 组的一类植物病原性细菌；由 3 层单位膜包被着细胞质、核糖体、线状核酸类物质组成（Doi et al.，1967）；植原体大多数呈球形或椭圆形；寄生于植物韧皮部组织内；靠刺吸式昆虫传播，也可通过菟丝子和嫁接等无性繁殖的方式进行传播（金开璇等，1981；Hiruki，1999）。截至目前，由于植原体难于体外培养，暂时阻碍了科研工作者对泡桐丛枝病发生机制的研究。甲基磺酸甲酯（methyl methane sulfonate，MMS），作为甲基剂，能够提供——CH_3，与 DNA 甲基化转移酶形成共价键，使 DNA 甲基化水平升高，从而影响植物的形态变化。翟晓巧等（2010）发现 60mg/L MMS 处理 30d 后的泡桐丛枝病组培苗表型能够恢复到健康苗状态，且体内检测不到植原体 16S rRNA。这一发现给科研工作者对泡桐丛枝病的研究带来了新的曙光。

近几年，随着生物科技的迅速发展，RNA 测序（RNA sequencing，RNA-seq）、蛋白质非标记定量技术（label-free）和液相色谱串联质谱法（liquid chromatography tandem mass spectrometry，LC-MS/MS）等技术不断地运用到植物病害的研究中，为控制植物病害和培育抗病新品种做出了重大贡献。Yu 等（2019）以抗病和感病大豆为试验材料，通过 RNA-seq 研究发现，活性氧（ROS）清除能力和抗氧化能力明显升高，增强了抗菌活性从而抑制核盘菌的侵染；胡毅（2019）发现印度梨形孢菌增强棉花的黄萎病抗性，采用蛋白质组测序研究发现 104 个差异蛋白，进一步研究发现，可能是通过影响 JA 的生物合成和一些抗病相关基因的表达；Zhou 等（2019）阐明了 *MdUGT88F1* 调控根皮苷的合成，并参与抵抗腐烂病和调控苹果的发育，为抗腐烂病新品种培育奠定基础。近年来，转录组、蛋白质组和代谢组数据的综合分析被广泛用于研究植物-病原体的相互作用（He et al. 2018；Mei et al.，2020）。尽管已报道植原体感染毛泡桐的代谢产物变化（Cao et al.，2017），但对植原体感染白花泡桐的全长转录组、蛋白质组和代谢组的分析尚未见报道。

为深入了解泡桐对泡桐丛枝植原体入侵的分子响应机制，本研究分别对白花泡桐健康苗（PF）、白花泡桐丛枝病苗（PFI）、60mg/L MMS 处理的健康苗（PF-60）和 60mg/L MMS 处理的白花泡桐丛枝病苗（PFI-60），模拟丛枝病苗恢复健康的过程（植株内植原体含量从有到无），同时排除 MMS 试剂和生长发育对泡桐的影响。采用 RNA-seq、蛋白质非标记定量技术和 LC-MS 技术挖掘泡桐对丛枝植原体入侵响应的基因、蛋白质和代谢物，为进一步研究泡桐丛枝植原体入侵的机制和抗丛枝病新品种的培育奠定基础。

第一节　泡桐幼苗形态变化和丛枝植原体含量之间的关系

一、泡桐丛枝植原体

前期科研工作者已对泡桐丛枝植原体的形态、结构、繁殖和传播方式进行了详细的报道，为了进一步了解植原体入侵泡桐的分子响应，本研究采用 PacBio RSII 和 HGAP2.3.0（https://rhallpb.github.io/Applications/HGAP.html）对 PaWB 植原体基因组进行了测序和组装。结果表明，PaWB 植原体由一条 891 641bp 的环状基因组和两个质粒组成，GC 含量为 27.35%；拥有 1147 个平均长度为 614bp 的 ORF（704 697bp，占基因组的 79.03%）；预测到 32 个平均长度为 79bp 的 tRNA，2 个平均长度为 108bp 的 5S rRNA，2 个平均长度为 1521bp 的 16S rRNA，2 个平均长度为 2865bp 的 23S rRNA（图 9-1）。

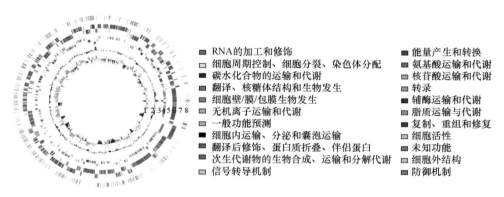

RNA的加工和修饰　　能量产生和转换
细胞周期控制、细胞分裂、染色体分配　　氨基酸运输和代谢
碳水化合物的运输和代谢　　核苷酸运输和代谢
翻译、核糖体结构和生物发生　　转录
细胞壁/膜/包膜生物发生　　辅酶运输和代谢
无机离子运输和代谢　　脂质运输与代谢
一般功能预测　　复制、重组和修复
细胞内运输、分泌和囊泡运输　　细胞活性
翻译后修饰、蛋白质折叠、伴侣蛋白　　未知功能
次生代谢物的生物合成、运输和分解代谢　　细胞外结构
信号转导机制　　防御机制

图 9-1　PaWB 植原体全基因组图谱

从内到外：1. GC 偏移［GC 偏移是使用滑动窗口计算的（G–C）/（G+C）。该值被绘制为与整个序列的平均 GC 偏移的偏差］；2. GC 含量（GC 含量用滑动窗口绘制，作为整个序列 GC 含量平均值的偏差）；3. tRNA/核糖体 RNA；4、5. 编码序列（按 COG 功能类别着色，4 为后向链，5 为前向链）；6、7. 编码序列/rRNA/tRNA 中的 m4C 和 m6A 位点（6 为后链，7 为前链）；8. 基因间区 m4C 和 m6A 位点

与其他完全测序的植原体基因组相比，我们在 PaWB 植原体中发现了 18 个 tra5 基因，13 个 dnaG 同源基因，15 个 dnaB 同源基因，16 个 tmk 同源基因，13 个 himA 同源基因，7 个 hflB 同源基因，7 个 ssb 同源基因，9 个 sigF 同源基因。通过定位这些基因的位置，我们发现 PaWB 植原体中存在 4 个潜在移动单元（potential

mobile unit, PMU)（图 9-2）。这 4 个 PMU 的长度范围为 20~41kb。其中,在 PMU1
和 PMU2 中, *hflB* 基因位于 *himA* 之后,而不是在其之前,而两个 PMU 中都缺
少 *ssb* 基因。除了保守的基因外,我们在这 4 个 PMU 中都发现了一种内切核酸
酶,它可能参与了 PMU 转移过程中对 DNA 的内部切割作用（图 9-2）。PMU3
和 PMU4 具有典型的 PMU 特征,类似于复合转座子。PMU 在植原体基因组重组
中发挥重要作用,并有助于植原体在宿主中的适应性（Bai et al., 2006; Toruño et al.,
2010）。

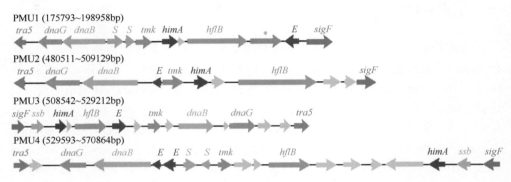

图 9-2　泡桐丛枝植原体基因组中的 4 个 PMU

tra5. 编码 IS3 元素的基因; *dnaG*. 编码 DNA 引发酶的基因; *dnaB*. 编码 DNA 解旋酶的基因; *tmk*. 编码类胸苷
酸激酶的基因,但活性不相同; *hflB*. 编码功能未知的预测膜蛋白的基因; *himA*. 编码 DNA 结合因子 HU 的基因;
ssb. 编码单链 DNA 结合蛋白的基因; *sigF*. 编码类 sigma 因子蛋白的基因; *. 编码跨膜蛋白的基因; *E*. 编码核
酸内切酶的基因; *S*. 编码 DNA 定向 RNA 聚合酶 sigma 亚基的基因

二、不同试剂处理条件下白花泡桐幼苗表型变化

实验材料来源于河南农业大学林木生物技术实验室,均通过胚胎发生获得组
培苗。将白花泡桐（*Paulownia fortunei*）健康苗（PF）和白花泡桐丛枝病苗（PFI）
组织培养植株在（25±2）℃条件下,16h/8h 昼夜循环下培养 30 天。分别取长度
1.5cm 左右的顶芽接种到含有 MMS 的培养基上进行培养。PFI 顶芽在含有 20mg/L
MMS 的 1/2MS 培养基上,分别培养 10 天（PFI200）和 30 天（PFI30-30）,结果
表明,随着试剂处理时间的延长,白花泡桐丛枝病苗的分枝数逐渐减少,叶片明
显变大,叶片颜色逐渐变绿,呈现逐渐变为健康苗的形态; 30 天时,形态完全恢
复到 PF 形态。然后,采用处理 30 天顶芽接种到不含试剂的 1/2MS 培养基上培养
40 天（PFI20-R40）,结果发现,已经恢复健康的幼苗,又出现丛枝叶片变小、叶
片变黄等丛枝病苗表型（图 9-3）。PFI 顶芽在含有 60mg/L MMS 的 1/2MS 培养基
上,分别处理 5 天、15 天和 30 天,结果表明,60mg/L MMS 处理后,均随着时
间的延长,丛枝幼苗症状逐渐消失,最后完全呈现健康苗表型。

图 9-3　MMS 处理白花泡桐丛枝病苗及恢复

A. 白花泡桐丛枝病苗；B. 白花泡桐健康苗；C～D. 20mg/L MMS 处理病苗 10 天和 30 天；
E. 20mg/L MMS 处理病苗 30 天后复培至 40 天；F～H. 60mg/L MMS 处理病苗 5 天、15 天和 30 天

三、不同条件下白花泡桐幼苗丛枝植原体含量测定

SYBR Green 实时荧光定量 PCR（realtime quantitative PCR，RT-Q-PCR），是在 PCR 反应体系中加入荧光基团，根据标准曲线对测定样品的荧光基团亮度进行定量的方法（Higuchi et al.，1993）。它具有操作简便、特异性强、灵敏度高、准确性高和实时性强等特点，已经被广泛地应用到基因表达分析、植物病害和遗传育种等方面的研究中（陈旭等，2010）。为进一步确认不同浓度 MMS 处理泡桐丛

枝病苗形态变化与植原体含量的关系，我们运用 RT-Q-PCR 技术检测不同形态泡桐内植原体含量。结果表明，60mg/L MMS 处理时，随着处理时间的增加，在 5 天和 15 天植原体含量逐渐减少，在 30 天时，检测不到植原体含量（图 9-4）。这与泡桐丛枝病苗在 PFI60-5 和 PFI60-15 时，泡桐丛枝病症状逐渐减轻，PFI60-30 时完全呈现健康苗状态相一致。因此，60mg/L MMS 处理组随着处理时间的延长，模拟了反向的植原体侵染。20mg/L MMS 处理时，处理 30 天与 10 天相比，植原体含量显著降低，在形态上 PFI20-10 时丛枝症状减轻，PFI20-30 时形态恢复到健康苗状态；但形态已恢复健康的 PFI20-30 上能检测到植原体存在，在不含 MMS 的 1/2MS 培养基上继代培养，发现随着时间的增加，植原体含量迅速增加，并且逐渐出现丛枝病症状，PFI20-R40 的植原体与 PFI 含量相近（图 9-4）。因此，可以通过 MMS 处理 PFI 组培苗，模拟植原体的侵染感病过程，为阐明 PaWB 发病机理奠定基础。

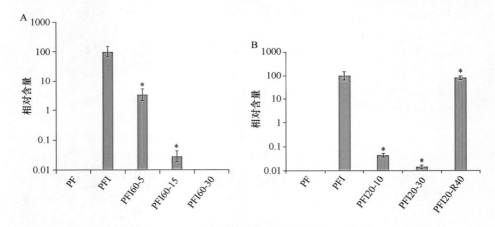

图 9-4　MMS 处理后泡桐幼苗植原体相对含量

A. 60mg/L MMS 处理植原体；B. 20mg/L MMS 处理组和恢复组中 PFI 植原体含量归一化为 100；
*表示同组数据与 PFI 间在 0.05 水平差异显著

第二节　植原体入侵对泡桐幼苗基因表达的影响

一、PacBio RSII 测序数据统计分析和质量评估

利用三代 PacBio RSII 测序平台对泡桐转录组进行分片段建库测序（1～2kb、2～3kb、3～6kb）。共获得 46.79Gb 的高质量可用序列，包括 276 222 个（PF）、332 403 个（PFI）、311 487 个（PF-60）、384 357 个（PFI-60）的插入序列（read of insert, ROI）和 124 712 个（PF）、167 754 个（PFI）、140 707 个（PF-60）、189 122 个（PFI-60）的全长非嵌合序列（表 9-1）。经过聚类分析、第二代测序数据的纠错和冗余消除，共获得 40 528 个转录本亚型，PF、PFI、PF-60 和 PFI-60 样品中分别

有 28 709 个、38 309 个、35 713 个和 37 797 个。并通过箱线图和相关性热图（图 9-5），对单个样品转录本表达水平分布的离散程度和不同样品转录本表达水平重复性进行检测，结果表明测序质量较好，可以用于后续分析。

表 9-1　白花泡桐全长序列数据统计

样品名称	CDNA大小/kb	插入序列数	含 5′端序列数	含 3′端序列数	多聚 A序列数	非全长序列数	全长序列数	全长非嵌合序列数	平均全长非嵌合序列数
PF	1～2	121 148	59 456	68 270	65 972	53 809	48 642	48 404	1 333
	2～3	91 707	55 704	59 695	59 014	39 206	47 091	47 075	2 436
	3～6	63 367	34 989	37 960	37 667	30 498	29 250	29 233	3 614
PFI	1～2	142 904	78 979	88 077	85 380	55 971	66 354	66 123	1 243
	2～3	121 908	74 971	80 246	79 523	50 142	64 022	63 989	2 346
	3～6	67 591	44 409	46 446	46 124	28 334	37 654	37 642	3 516
PF-60	1～2	90 554	48 370	53 927	52 462	37 100	40 694	40 424	2 371
	2～3	113 908	61 163	67 691	66 813	52 833	51 425	51 400	3 495
	3～6	107 025	58 692	63 391	63 322	53 677	48 970	48 883	1 284
PFI-60	1～2	140 811	76 784	85 874	83 427	56 020	64 432	64 240	2 254
	2～3	126 096	75 841	81 035	80 602	52 523	64 407	64 387	3 292
	3～6	117 450	71 585	75 380	75 048	53 361	60 520	60 495	2 777

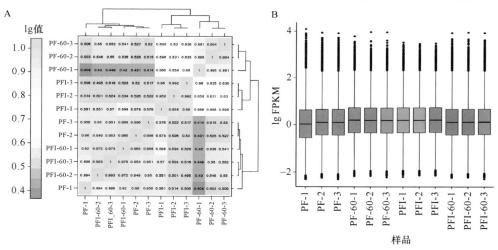

图 9-5　样品的表达量相关性热图和 FPKM 箱线图
A. 两两样品的表达量相关性热图；B. 各样品 FPKM 箱线图

二、可变剪接分析

可变剪接是调控基因表达和产生蛋白质多样性的重要机制，对可变剪接及其调控机制的深入研究将有助于揭示基因表达调控的机制。利用 SPLICEMAP 软件将非冗余转录本序列比对至白花泡桐参考基因组上，得到其可变剪接类型，从表 9-2 中可以看出，4 个样品中发生可变剪接事件最多的是 PF-60，最少的是 PF（表 9-2）。此外，每个样品的可变剪接所占比例较为相似，4 个样品中可变剪接事件发生最多的均为内含子保留，这与在其他物种中的研究结果相一致（李娇，2013）。进一步分析可以发现，PFI 中的可变剪接数目较 PF 中明显增加，且每一种剪接事件的发生频率都要高于 PF 中；而在 PFI 和 PFI-60 两个样品中，PFI-60 的剪接事件的发生频率要高于 PFI 样品中，但并不是所有的剪接类型都高，而是内含子保留、可变转录起始位点和外显子跳跃这三种类型高，可变转录终止位点和可变外显子两种类型少；在 PF 和 PF-60 两个样品中，PF-60 样品的可变剪接事件要多于PF 样品，并且每一种类型的可变剪接均高于 PF 样品；在 PF 和 PFI-60 两个样品中，PFI-60 样品的可变剪接事件要多于 PF 样品，并且每一种类型的可变剪接事件均高于 PF 样品，推测产生上述这些现象的原因可能与植原体感染和甲基剂处理有关，也就是说，植原体感染后泡桐体内发生了复杂的可变剪接模式，患丛枝病泡桐幼苗体内具备更高的潜在蛋白表达差异，这可能是植原体感染引起的泡桐防御反应所引起；而在甲基剂处理患丛枝病的泡桐幼苗后，泡桐 DNA 的碱基发生了表观修饰引起了可变剪接的产生，从而诱导了一系列蛋白质的表达最终使植株恢复健康。

表 9-2　白花泡桐可变剪接分析统计结果

类型	结构	PF	PFI	PF-60	PFI-60
内含子保留		7 209	10 295	10 904	10 524
可变转录起始位点		861	1 340	1 426	1 361
可变转录终止位点		1 742	2 768	2 682	2 681
可变外显子		1 072	1 763	1 520	1 547
外显子跳跃		76	114	125	119

三、泡桐丛枝植原体对泡桐基因表达的影响

为利用二代测序产生的转录本的表达量对三代测序的转录本进行定量，本研究采用 Illumina 测序平台分别对 MMS 处理前后白花泡桐健康苗和丛枝病苗测序，共获得 642 829 243 条原始序列，经过过滤后共获得 637 382 580 条高质量可用序列（表 9-3）。将这些高质量可用序列比对至参考基因组计算三代转录本的 FPKM 值。为了检测基因表达水平对植物原体感染的响应，采用 K-均值聚类法对标准化 FPKM 值进行分析，结果表明共 30 437 个差异表达基因被分为 10 个簇（K10）

（图 9-6A）。根据其表达趋势和功能，预测 K2 和 K6 簇中的基因与植物防御有关。为了获得 K2 和 K6 中基因的更多生物学信息，本研究进行了 GO 富集分析，发现这些基因主要参与电子载体活性、催化活性、关联、细胞膜和代谢过程（图 9-6B），表明这些基因广泛参与泡桐的生物学过程。

表 9-3　利用 Illumina 测序得到的数据

样品	原始序列数	高质量可用序列数	高质量数据（G）	GC/%	Q20
PF-1	57 882 319	57 198 731	16.90	46.41	95.74
PF-2	61 158 725	60 596 665	17.96	46.14	96.12
PF-3	54 310 625	53 783 190	15.93	45.94	96.21
PFI-1	62 256 198	61 670 923	18.25	45.14	96.1
PFI-2	57 664 538	57 242 433	16.94	45.12	96.21
PFI-3	51 985 454	51 496 481	15.23	45.03	96.05
PF-60-1	50 852 516	50 418 460	14.87	45.61	95.48
PF-60-2	49 710 340	49 351 857	14.66	45.22	95.2
PF-60-3	55 589 191	55 170 924	16.34	45.21	95.42
PFI-60-1	48 569 817	48 211 742	14.30	45.81	95.15
PFI-60-2	47 915 729	47 612 453	14.15	45.58	95.03
PFI-60-3	44 933 791	44 628 721	13.25	45.7	95.42

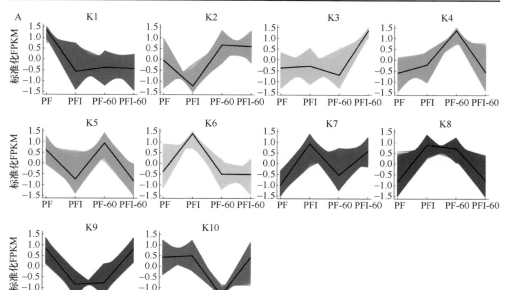

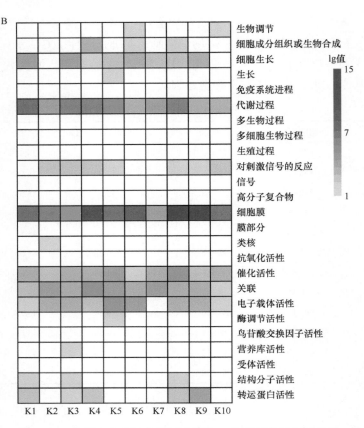

图 9-6　4 个样本中差异表达转录本的 K-均值聚类和富集分析

A. 转录本表达谱的 K-均值聚类；B. GO 富集分析 10 个聚类，白色. 不显著，黄色到红色. 显著富集

四、丛枝病发生相关转录本的 qRT-PCR 分析

为了验证全长转录组测序分析结果的可靠性，本研究随机选择 9 个与泡桐丛枝病相关转录本进行 qRT-PCR 分析（图 9-7），具体涉及赤霉素-2-β-双加氧酶、果糖-6-二磷酸酶、MYB 相关蛋白、同源亮氨酸拉链蛋白、抗病蛋白、UDP 葡萄糖基转移酶、E3 泛素蛋白连接酶、醛脱氢酶和生长素响应因子。结果分析表明，这 9 个转录本的相对表达趋势与全长转录组测序结果相一致，说明本研究中转录组测序结果是真实可靠的。

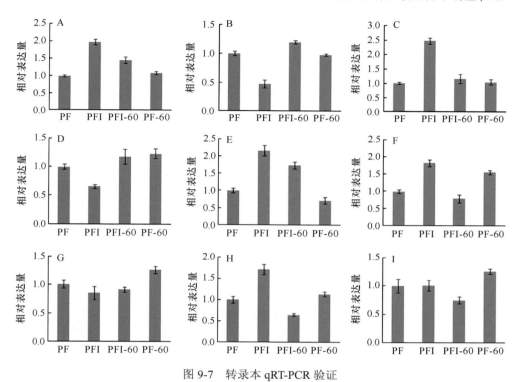

图 9-7 转录本 qRT-PCR 验证

PF. 白花泡桐健康苗；PFI. 白花泡桐丛枝病苗；PF-60. 60mg/L MMS 处理的白花泡桐健康苗；PFI-60. 60mg/L MMS 处理的白花泡桐丛枝病苗；A. 赤霉素-2-β-双加氧酶；B. 果糖-6-二磷酸酶；C. MYB 相关蛋白；D. 同源亮氨酸拉链蛋白；E. 抗病蛋白；F. UDP 葡萄糖基转移酶；G. E3 泛素蛋白连接酶；H. 醛脱氢酶；I. 生长素响应因子

第三节 植原体入侵对泡桐幼苗蛋白质表达的影响

一、样品质量评估和重复性检验

本试验以非标记定量技术为基础进行蛋白质组测序。通过评估肽段长度分布和蛋白质覆盖度分布情况，来确保蛋白质组学实验数据的准确性和稳定性。结果表明，蛋白质组学鉴定到肽段长度大小正常，进一步表明蛋白质酶解的效果良好，鉴定到蛋白质覆盖度分布正常，说明质谱鉴定和数据检索效果好，符合后续分析要求（图 9-8）。本研究利用样品主成分分析（PCA）和 FPKM 箱线图，评估了试验中各组样品的重复性。如图 9-9 所示，4 组样品均各自聚集和蛋白质表达水平分布的离散程度，说明样品组内重复性很好，不同样品间距离较远，说明样品组间差异较大，且不同样品表达水平离散程度差异明显，可以用于后续分析。

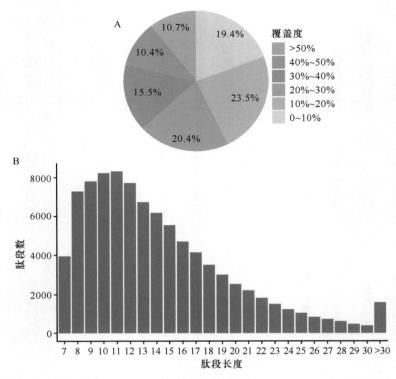

图 9-8　白花泡桐蛋白质质量控制评估

A. 蛋白质覆盖度分布；B. 鉴定肽段的长度分布

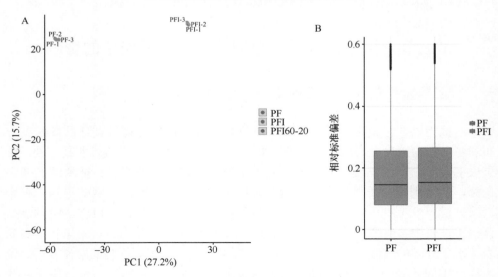

图 9-9　蛋白质实验重复性评估结果

A. PCA 主成分分析；B. PF 和 PFI 的 FPKM 箱线图

二、PaWB 植原体对泡桐蛋白质表达的影响

为了进一步挖掘植原体入侵对泡桐幼苗蛋白质的影响，并确定与丛枝病发生相关的潜在蛋白质，将在 PF 和 PFI 中表达水平变化倍数 Fold change≥1.5 倍且 $P<0.05$ 的蛋白质认定为差异蛋白。通过蛋白质组测序筛选到差异基因 2762 个，其中，有 1354 个差异基因上调表达，1408 个差异基因下调表达（图 9-10）。

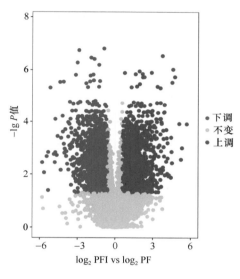

图 9-10　差异蛋白分布火山图

三、差异蛋白的 KEGG 通路富集分析

由差异蛋白 KEGG 富集分析气泡图（图 9-11）可知，在蛋白质组的 KEGG 通路富集分析中上调的是淀粉和蔗糖的代谢（ko00500，starch and sucrose metabolism）、半乳糖代谢（ko00052，galactose metabolism）、嘧啶代谢（ko00240，pyrimidine metabolism）、植物-病原体相互作用（ko04626，plant-pathogen interaction）、肌醇磷酸盐代谢（ko00562，inositol phosphate metabolism）、甘油磷脂代谢（ko00564，glycerophospholipid metabolism）、亚麻酸代谢（ko00592，alpha-linolenic acid metabolism）；下调的蛋白质富集通路包含卟啉与叶绿素代谢（porphyrin and chlorophyll metabolism）、硫代谢（ko00920，sulfur metabolism）、光合作用（ko00195，photosynthesis）、光合作用生物的固碳作用（ko00710，carbon fixation in photosynthetic organisms）、氰基氨基酸代谢（ko00460，cyanoamino acid metabolism）、单萜生物合成、戊糖磷酸途径（ko00030，pentose phosphate pathway）、苯丙氨酸、

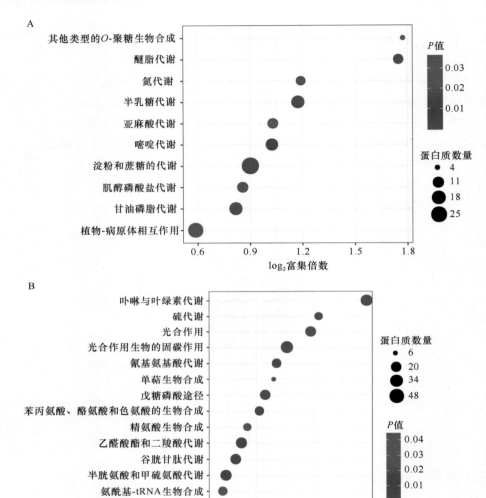

图 9-11　差异表达蛋白 KEGG 富集分析
A. 上调蛋白 KEGG 富集；B. 下调蛋白 KEGG 富集

酪氨酸和色氨酸的生物合成（ko00400，phenylalanine，tyrosine and tryptophan biosynthesis），精氨酸生物合成（ko00220，arginine biosynthesis），乙醛酸酯和二羧酸代谢（ko00630，glyoxylate and dicarboxylate metabolism），谷胱甘肽代谢（ko00480，glutathione metabolism），半胱氨酸和甲硫氨酸代谢（ko00270，cysteine and methionine metabolism），氨酰基-tRNA 生物合成（ko00970，aminoacyl-tRNA biosynthesis），淀粉和蔗糖的代谢（ko00500，starch and sucrose metabolism），核糖体（ko03008，ribosome），丙酮酸代谢（ko00620，pyruvate metabolism）。

第四节　植原体入侵对泡桐幼苗代谢物的影响

一、代谢物鉴定和 PCA 分析

采用 LC-MS/MS 技术，共获取白花泡桐 4 个样品的代谢物质谱信息，并通过 Analyst1.6.2 软件对原始数据分析。结果表明，在白花泡桐 4 个样品中共检测到 645 个代谢物（其中，已知代谢物 398 种，未知代谢物 247 种），这些代谢物主要涉及氨基酸、维生素、植物激素、糖类及黄酮类等（图 9-12）。然后，我们对白花泡桐代谢物数据进行主成分分析，以初步了解各组样本之间的总体代谢差异和组内样本之间的变异度大小。从图中可以看出 MMS 处理前后的白花泡桐健康苗和患丛枝病苗明显分离的趋势，表明 4 组样品之间的代谢物有显著差异（图 9-13）。此外，两个质控样本（QC）几乎完全重合，表明泡桐样品质谱检测分析时较为稳定，数据重复性和可信度较高，能够用于实验分析。

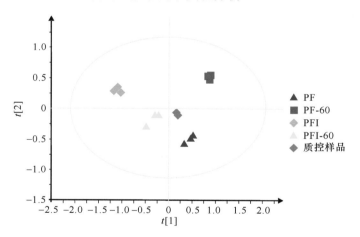

图 9-12　各组样品与质控样品质谱数据的 PCA 得分图
横轴表示第一主成分，纵轴表示第二主成分

二、植原体入侵对泡桐幼苗代谢物含量的影响

为了进一步挖掘植原体入侵对泡桐幼苗代谢物的影响，并确定与丛枝病发生相关的潜在代谢物，依据差异代谢物的定义标准（差异倍数≥2 或差异倍数≤0.5 且 VIP≥1），在 PFI/PF 中，有 109 个响应植原体感染的差异代谢物，主要涉及类黄酮、植物激素、生物碱及氨基酸衍生物（图 9-13）；在 PFI-60/PF 中，

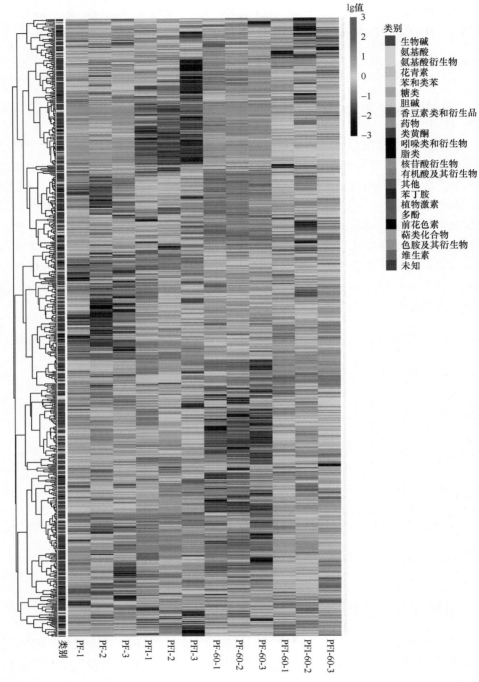

图 9-13 不同样品中代谢物聚类热图

热图中红色表示物质含量较高，蓝色表示物质含量较低有 297 个非差异的代谢物，经分析这些代谢物主要参与了类黄酮、多酚、氨基酸衍生物及氨酰-tRNA 等的生物合成（图 9-13）；通过对比，在这两组比对中差异代谢物有 321 个，主要是类黄酮和氨基酸衍生物等代谢物（图 9-13）。在 PFI-60/PFI 中，有 94 个响应植原体感染的差异代谢物，主要是类黄酮、植物激素、氨基酸和碳水化合物等；在 PF-60/PF 中，共有 102 个差异代谢物，这些代谢物主要涉及类黄酮、植物激素、氨基酸衍生物和多酚类化合物（图 9-13）；通过比较分析，在这两组比对中差异代谢物有 144 个。通过与上述 321 个代谢物取交集得到了 99 个可能与丛枝病发生密切相关的代谢物（图 9-13，图 9-14）。

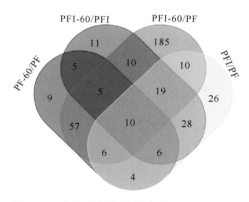

图 9-14　白花泡桐与丛枝病发生相关代谢物

进一步分析发现这些代谢物参与了激素合成及类黄酮的生物合成，研究表明植物激素的不平衡可能是导致丛枝症状发生的主要原因。在本研究中，IAA 及其螯合物含量在丛枝病苗中差异表达明显。这与我们之前的研究结果一致，表明泡桐丛枝病的发生可能与生长素含量变化相关。同时，有报道指出类黄酮类物质可作为抗氧化剂在植物响应生物胁迫中起重要作用。当植原体感染植物时，植物体内活性氧大量迸发，以激活植物的防御系统，但大量的活性氧可能对植物细胞和基因结构造成损坏，类黄酮类物质则可以作为抗氧化剂在此过程中发挥重要作用。这些结果表明，植原体感染激活了植物的防御反应并扰乱了植物的代谢过程，进一步诱导了抗氧化剂含量的增加及植物激素的不平衡。

三、转录组和代谢组关联分析

为了研究植原体入侵对泡桐幼苗转录物和代谢产物的影响，我们对转录组和代谢组进行了相关性分析。结果发现氨基酸生物合成、苯丙类生物合成、黄酮类生物合成和色氨酸代谢是富集最多的途径（图 9-15）。其中，一个代谢物可与多个转录本相关，一个转录本可与多个代谢物相关。例如，阿魏酸（PT0417）在 PFI vs

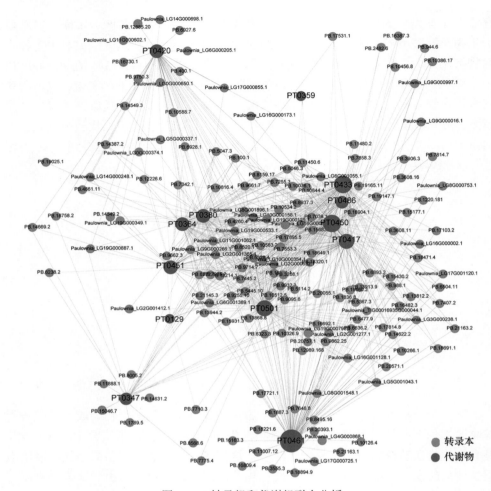

图 9-15　转录组和代谢组联合分析

图中代谢物用蓝色标记，它们之间的相关性用一条直线表示。PT0420. 金蕊醇-7-O-芦丁苷；PT0359. 芹菜素-5-O-葡萄糖苷；PT0380. 甲基槲皮素-O-O-葡萄糖苷；PT0364. 柑橘素-5-O-葡萄糖苷；PT0451. 柚素-O-O-葡萄糖苷；PT0433. 麦黄酮-7-O-葡萄糖苷；PT0486. 木犀草素；PT0450. 芹菜素-O-丙二醛己糖苷；PT0417. 阿魏酸；PT0501. 柚素；PT0129. 1-酪胺；PT0347. 槲皮素；PT0461. 金蕊醇-O-O-丙二醛己糖苷

PFI-60 和 PFI vs PF 比较中与 321 个常见转录本相关；柚皮素（PT0501）在 PFI vs PF-60 和 PFI vs PF 比较中与 342 个常见转录本相关；而过氧化物酶（PB.5202）在 PFI vs PFI-60 和 PFI vs PF 比较中与 15 种常见代谢物相关。这些结果表明，植原体感染引发了复杂的代谢物和基因表达变化。相关转录物/代谢产物的功能表明，它们主要参与植物的防御。一些与防御相关的基因被鉴定出来。其中，编码肉桂酰辅酶 a 还原酶 1 的基因在 PFI 中上调，其高表达有助于木质素纤维的木质化（De Meester et al.，2018）。编码 3-酮酰基辅酶 a 合成酶 4 的基因在 PFI 中也上

调，该基因在植物蜡的合成中起着关键作用，并被发现可以增加大麦白粉病真菌的萌发抗性（Chao et al.，2018）。阿魏酸参与细胞壁合成，并与木质素单体共同参与氧化偶联途径，生成阿魏酸-多糖-木质素复合物，交联细胞壁，可抑制微生物感染对细胞壁的降解。有报道称阿魏酸可以与细胞壁多糖和木质素交联，加强细胞壁，使其硬化以抵抗病原体的入侵（Passardi et al.，2004）。此外，阿魏酸是一种良好的抗氧化剂，对过氧化氢、超氧自由基、羟基自由基和过氧化亚硝基有很强的清除作用，保护正常代谢（Zhouen et al.，1998）。

检测到一些与防御相关的信号分子，为培育抗丛枝病新品种奠定了基础。我们发现在植物浆感染的幼苗中水杨酸（SA）含量在代谢组水平上增加。我们还发现在全长转录组数据中，两个编码 SA 结合蛋白 2 的基因在 PFI 中上调。SA 是诱导防御蛋白和植物抗毒素及增强植物细胞壁的关键信号（Vlot et al.，2008）。SA 信号分子可以在叶绿体中合成，在本研究中，编码叶绿体合成相关蛋白质的基因表达上调，包括编码二半乳糖二酰基甘油合成酶 1、叶绿素 a-b 结合蛋白 CP26 和镁螯合酶亚基 ChlH 的基因。部分过氧化物的含量也发生了显著变化，如苯丙类生物合成途径中的过氧化物酶（PB.5202）。过氧化物酶是木质素合成的最后一种关键酶，它可以调节细胞对植原体感染的木质化反应。这说明当植原体感染泡桐时，可能会产生大量的活性氧来激活其防御系统。我们还检测到 4 种编码苯丙氨酸的基因在 PFI 中表达量上调，说明苯丙类代谢增强了植原体感染幼苗，有益于木质素沉积，形成黄酮类化合物和酚类物质，并用于增加泡桐抗植原体感染能力。本研究帮助我们更好地理解基因和代谢物，它为选育抗病新品种提供了理论依据。

参 考 文 献

陈旭, 齐凤坤, 康立功, 等. 2010. 实时荧光定量 PCR 技术研究进展及其应用. 东北农业大学学报, 41(8): 14855. DOI: 10.19720/j.cnki.issn.1005-9369.2010.08.029.

胡毅. 2019. 基于 iTRAQ 技术对印度梨形孢增强植物黄萎病抗性机制的研究. 山西农业大学硕士学位论文. DOI: 10.27285/d.cnki.gsxnu.2019.000043.

金开璇, 梁成杰, 邓丹荔. 1981. 泡桐丛枝病传毒昆虫研究(I). 林业科技通讯, 12: 23-24, 228-230.

李娇. 2013. 玉米苗期干旱胁迫下可变剪接及其调控因子的研究. 郑州大学硕士学位论文.

翟晓巧, 曹喜兵, 范国强, 等. 2010. 甲基磺酸甲酯处理的豫杂一号泡桐丛枝病幼苗的生长及 SSR 分析. 林业科学, 46(12): 17681.

Bai X, Zhang J, Ewing A, et al. 2006. Living with genome instability: the adaptation of phytoplasmas to diverse environments of their insect and plant hosts. J Bacteriol., 188(10): 3682-96. DOI: 10.1128/JB.188.10.3682-3696.2006. PMID: 16672622; PMCID: PMC1482866.

Cao Y B, Zhai X Q, Deng M J, et al. 2017. Relationship between metabolites variation and Paulownia witches' broom. Sci Silv Sin, 56: 85-93.

Chao Q, Gao Z F, Zhang D, et al. 2018. The developmental dynamics of the *Populus* stem transcriptome. Plant Biotechnol J, 17: 206-219. https://doi: 10.1111/pbi.12958.

De Meester B, de Vries L, Özparpucu M, et al. 2018. Vessel-specific reintroduction of cinnamoyl-CoA reductase1 (CCR1) in dwarfed ccr1 mutants restores vessel and xylary fiber integrity and increases biomass. Plant Physiology, 176(1): 611-633. DOI: 10.1104/pp.17.01462.

Doi Y, Tetranaka M, Yora K, et al. 1967. Mycoplasma or PLT-group-like organisms found in the phloem elements of plants infected with mulberry dwarf, potato witches' broom, aster yellows or Paulownia witches' broom. Japanese Journal of Phytopathology, 33(4): 259-266.

He Y, Han J, Liu R, et al. 2018. Integrated transcriptomic and metabolomic analyses of a wax deficient citrus mutant exhibiting jasmonic acid-mediated defense against fungal pathogens. Horticulture Research, 5(1), 43. DOI: 10.1038/s41438-018-0051-0.

Higuchi R, Fockler C, Dollinger G, et al. 1993. Kinetic PCR analysis: real-time monitoring of DNA amplification reactions. Biotechnology(N Y), 11(9): 1026-1030. DOI: 10.1038/nbt0993026. PMID: 7764001.

Hiruki C. 1999. Paulownia witches' broom disease important in East Asia. Acta Hortic, 496: 63-68.

Mei C, Yang J, Yan P, et al. 2020. Full-length transcriptome and targeted metabolome analyses provide insights into defense mechanisms of *Malus sieversii* against *Agrilus mali*. DOI: 10.7717/peerj.8992. PMID: 32461824; PMCID: PMC7231508.

Passardi F, Penel C, Dunand C. 2004. Performing the paradoxical: how plant peroxidases modify the cell wall. Trends Plant Sci., 9(11): 534-540. DOI: 10.1016/j.tplants.2004.09.002. PMID: 15501178.

Toruño T Y, Musić M S, Simi S, et al. 2010. Phytoplasma PMU1 exists as linear chromosomal and circular extrachromosomal elements and has enhanced expression in insect vectors compared with plant hosts. Mol Microbiol., 77(6): 14065. DOI: 10.1111/j.1365-2958.2010.07296.x. Epub 2010 Aug 16. PMID: 20662777.

Vlot A C, Liu P P, Cameron R K, et al. 2008. Identification of likely orthologs of tobacco salicylic acid-binding protein 2 and their role in systemic acquired resistance in *Arabidopsis thaliana*. Plant J, 56: 445-456. DOI: 10.1111/j.1365-313X.2008.03618.x.

Yu Q, Xiong Y, Liu J, et al. 2016. Comparative proteomics analysis of apoptotic *Spodoptera frugiperda* cells during p35 knockout *Autographa californica* multiple nucleopolyhedrovirus infection. Comp Biochem Physiol Part D Genomics Proteomics, 18: 21-29. DOI: 10.1016/j.cbd.2016.01.008. Epub 2016 Feb 3. PMID: 26922645.

Yu Y, Du J, Wang Y, et al. 2019. Survival factor 1 contributes to the oxidative stress response and is required for full virulence of Sclerotinia sclerotiorum. Mol Plant Pathol, 20(7): 895-906. DOI: 10.1111/mpp.12801.

Zhang Z, Yao S, Lin W, et al. 1998. Mechanism of reaction of nitrogen dioxide radical with hydroxy-cinnamic acid derivatives: a pulse radiolysis study. Free Radic Res., 29(1): 13-16. DOI: 10.1080/10715769800300021. PMID: 9733017.

Zhou K, Hu L, Li Y, et al. 2019. MdUGT88F1-mediated phloridzin biosynthesis regulates apple development and valsa canker resistance. Plant Physiol, 180(4): 2290-2305. DOI: 10.1104/pp.19.00494. Epub 2019 Jun 21. PMID: 31227620; PMCID: PMC6670087.

第四部分

泡桐体外植株再生体系及四倍体泡桐优良特性形成的分子机理

第十章 泡桐体外植株高效再生体系

泡桐原产我国，是重要的速生用材树种，广泛分布于 20°～50°N，98°～125°E，在中国的 25 个省（自治区、直辖市）都有分布，近年来在世界其他地区也有引种。泡桐具有生长快、材质优良、适合农桐间作等优点，深受广大群众的喜爱。大量种植泡桐对缓解我国木材短缺、改善生态环境、增加农民收入、提高人民生活水平等具有重要的生态意义、经济意义和社会意义。培育优良的泡桐品种和建立高效的栽培技术是泡桐种植面临的主要问题。随着科学技术的进步，利用生物技术育种，基因编辑育种也为泡桐育种提供了有效的途径，但这两个方法的应用都需要以高效的体外植株再生体系为基础才能开展工作。另外泡桐丛枝病问题一直困扰着泡桐的进一步发展。对泡桐丛枝病防治药物的筛选一直集中在对大树的直接处理上，药物的筛选是一个复杂的过程，但大量筛选采用直接对大树进行处理存在费时、费力且效果差的问题。利用室内材料先小范围地处理，初步筛选出有效的药物时再在大树上进行防治是一条有效的途径。因此，建立泡桐体外植株再生系统就成为泡桐育种和丛枝病研究的一项基础性工作。

有关泡桐品种选育、苗木培育和造林方法等方面人们做过大量的研究工作。有关泡桐组织培养也进行了系统研究（张锡津等，1994；施士争和倪善庆，1995；范国强等，2002）。本章将开展研究的健康泡桐、患病泡桐和泡桐悬浮细胞系培养体外植株再生体系做一总结，可以为进一步开展泡桐分子育种和筛选防治泡桐丛枝病特效药剂提供优良的试验材料。

第一节 泡桐器官发生植株再生

一、毛泡桐器官发生植株再生

（一）毛泡桐基本培养基的筛选

毛泡桐器官发生植株再生试验材料采集于河南农业大学郑州林业实验站的毛泡桐（*Paulownia tomentosa*）种子。将毛泡桐种子先用 70% 的酒精处理 3min，再放入 0.1% 的 $HgCl_2$ 消毒 5min，然后用无菌水冲洗 3～5 次。最后将种子置于不含激素的 PC 培养基上在培养室内培养。80 天后获得 6～8 对叶龄的泡桐无菌苗叶片用作愈伤组织诱导的材料。筛选毛泡桐基本培养基，试验选用 1/2MS、MS、B_5、

PC 4 种基本培养基附加一定浓度的 NAA（生长素）和 6-BA（细胞分裂素）进行泡桐叶片愈伤组织诱导。NAA 浓度为 0.3mg/L，6-BA 浓度为 1mg/L、3mg/L、5mg/L、7mg/L、9mg/L。将毛泡桐无菌苗叶片沿主脉切成约（0.5×1.0）cm² 的块（外植体）放入培养基中进行愈伤组织诱导。

毛泡桐在不同基本培养基上愈伤组织诱导率的变化呈现相同的趋势（图 10-1～图 10-4），均在 5mg/L 6-BA 处诱导率达到最高值，而在最低（1mg/L 6-BA）或最高（9mg/L 6-BA）时诱导率均较低。MS 培养基在 5mg/L 6-BA 处形成的诱导率

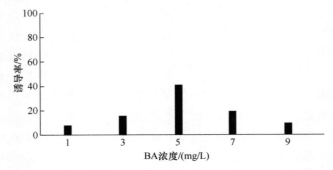

图 10-1　毛泡桐叶片在 1/2MS 培养基上愈伤组织诱导的结果

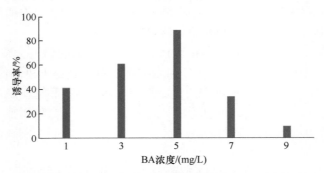

图 10-2　毛泡桐叶片在 MS 培养基上愈伤组织诱导的结果

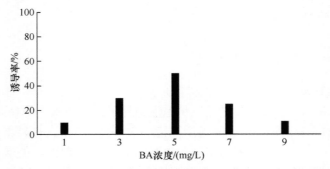

图 10-3　毛泡桐叶片在 B$_5$ 培养基上愈伤组织诱导的结果

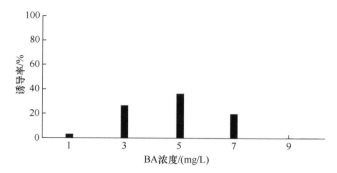

图 10-4　毛泡桐叶片在 PC 培养基上愈伤组织诱导的结果

最大（88.9%）（图 10-2），PC 培养基上形成愈伤组织的诱导率最小（37.0%）（图 10-4），其他 2 种培养基的诱导率分别为 41.7% 和 53.3%（图 10-1 和图 10-3）。可以看出这 4 种培养基能不同程度地满足毛泡桐叶片愈伤组织诱导时对养分的需求。MS 培养基上的愈伤组织诱导率均最高。反映出毛泡桐叶片愈伤组织诱导率在 MS 培养基上诱导效果最好。

　　在 $P=0.05$ 水平上，4 种基本培养基对毛泡桐叶片愈伤组织诱导率的方差分析显示差异显著（表 10-1）。MS 培养基在 4 种培养基中，毛泡桐叶片愈伤组织的平均诱导率最高（46.8%），与其他 3 种培养基上的诱导率之间差异显著。1/2MS 和 PC 培养基上的愈伤组织诱导率间无显著差异（表现为诱导率 18.6% 和 17.4%）。综合比较毛泡桐叶片在 4 种培养基上愈伤组织的最高诱导率及其多重比较的结果，MS 可作为毛泡桐叶片愈伤组织诱导的最适基本培养基。

表 10-1　毛泡桐叶片在 4 种基本培养基上愈伤组织诱导率多重比较

基本培养基	诱导率/%
1/2MS	18.6d
MS	46.8a
B_5	25.2c
PC	17.4d

注：同一列中相同字母表示差异性不显著

（二）毛泡桐愈伤组织诱导最适激素浓度的筛选

　　在愈伤组织形成的过程中，植物激素起着重要的作用。植物离体培养不是某类激素单独作用的结果，植物的各种生理效应是不同种类激素间相互作用的综合表现（裴东等，1997）。生长素和细胞分裂素是植物离体培养常用的激素，两者不同浓度比例配合不但可以诱导细胞分裂和生长，而且能控制细胞诱导和形态建成（刘传飞等，1999）。为了筛选出不同基因型泡桐叶片愈伤组织诱导的生长素和细胞分裂素最适浓度组合，我们开展了以 MS 为基本培养基附加不同浓度的 NAA（0.1～0.9mg/L）的 30 种不同浓度的生长素和细胞分裂素的组合试验。

毛泡桐叶片在附加不同浓度的 NAA（生长素）与 6-BA（细胞分裂素）的 MS 培养基上，愈伤组织可以在 0.1mg/L NAA 的激素浓度范围内形成，诱导率在 0～92.5%变化。NAA 浓度一定时，愈伤组织诱导率在 6-BA 浓度范围内均只形成一个峰值。NAA 为 0.1mg/L 时，愈伤组织诱导率呈下降趋势（从 43.7%减小为 0）（图 10-5）。NAA 为 0.3～0.9mg/L 时，诱导率均在 4mg/L 6-BA 处达到最大，之后随着 6-BA 浓度增加，诱导率会出现降低的趋势（图 10-6～图 10-9），其中在 0.5mg/L NAA 处诱导率最大（92.5%）（图 10-7），0.9mg/L NAA 处形成的最小（18.5%）（图 10-9）。由以上结果可知，在植物生长素（NAA）浓度一定的情况下，愈伤组织的诱导主要受 6-BA 浓度变化的影响。NAA 和 6-BA 对毛泡桐叶片愈伤组织诱导率的方差分析结果（表 10-2）表明，在 $P=0.05$ 水平上，NAA、6-BA 及 NAA 与 6-BA 的交互作用对毛泡桐叶片愈伤组织诱导率均影响显著。这验证了以上的结果，也表明毛泡桐叶片愈伤组织的诱导既取决于生长素 NAA 和细胞分裂素 6-BA 的

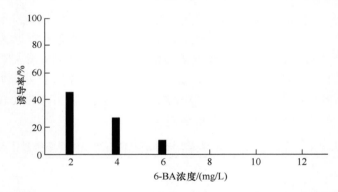

图 10-5　6-BA 浓度在 0.1mg/L NAA 对毛泡桐叶片愈伤组织诱导率的影响

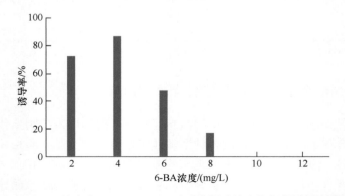

图 10-6　6-BA 浓度在 0.3mg/L NAA 对毛泡桐叶片愈伤组织诱导率的影响

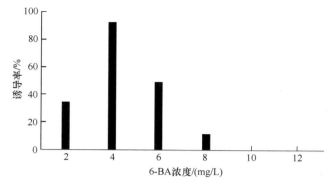

图 10-7 6-BA 浓度在 0.5mg/L NAA 对毛泡桐叶片愈伤组织诱导率的影响

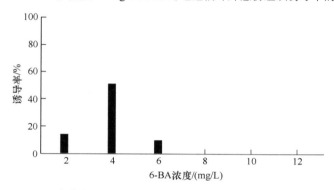

图 10-8 6-BA 浓度在 0.7mg/L NAA 对毛泡桐叶片愈伤组织诱导率的影响

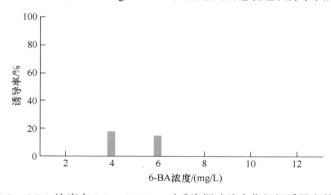

图 10-9 6-BA 浓度在 0.9mg/L NAA 对毛泡桐叶片愈伤组织诱导率的影响

表 10-2 毛泡桐叶片在不同培养基上愈伤组织诱导率方差分析

方差来源	毛泡桐	
	F	Pr>F
NAA	1087	0.0001
6-BA	1765	0.0001
NAA×6-BA	259	0.0001

作用，又取决于它们之间的交互作用。在毛泡桐叶片形成愈伤组织的激素浓度组合中，MS+0.5mg/L NAA+4mg/L 6-BA 培养基上叶片愈伤组织诱导率最高（92.5%），说明在该激素浓度组合下，NAA、6-BA 及它们之间的交互作用最有利于毛泡桐叶片愈伤组织的诱导。因此，毛泡桐叶片愈伤组织诱导的最适培养基激素配比为MS+0.5mg/L NAA+4mg/L 6-BA。

（三）不同激素浓度对毛泡桐叶片愈伤组织芽诱导的影响

芽诱导最适培养基的筛选，当愈伤组织在光照条件下长到 1cm³ 以上时，将其转移到附加不同 NAA 和 6-BA 浓度的芽诱导培养基上（NAA 浓度为 0.1~0.7mg/L），继续在上述培养条件下诱导芽的形成。光照培养 25 天时，根据芽诱导率的高低，筛选出不同基因型泡桐芽诱导的最适培养基。为了筛选出毛泡桐叶片愈伤组织芽诱导的最适激素浓度组合，我们以 MS 为基本培养基进行了 NAA 和 6-BA 的 12 种激素浓度组合试验。毛泡桐芽诱导的结果如下：设置固定生长素（NAA）浓度（0.1mg/L、0.3mg/L、0.5mg/L、0.7mg/L），不同 6-BA 浓度（8mg/L、10mg/L、12mg/L），观察毛泡桐叶片愈伤组织诱导率。在 MS 培养基上，毛泡桐叶片愈伤组织随激素浓度组合的变化，芽诱导率有两种变化趋势（图 10-10~图 10-13）。结果显示，当生长素浓度为 0.1NAA 时，随着 6-BA 浓度的增加，毛泡桐叶片诱导率逐渐降低（由 25% 减小到 0）。另外一种为，当生长素浓度为 0.3mg/L NAA、0.5mg/L NAA 和 0.7mg/L NAA 时，随着 6-BA 浓度的增加，毛泡桐叶片愈伤组织诱导率呈上升趋势，且均在 12mg/L 6-BA 时诱导率最高，6-BA 浓度为 12mg/L 时形成的最大芽诱导率（94.7%）高于 6-BA 浓度为 10mg/L 时形成的芽诱导率（83.3%）（图 10-11~图 10-13）。较高的芽诱导率集中在 0.3~0.5mg/L NAA 和 10~12mg/L 6-BA，反映出 NAA 与 6-BA 的浓度组合影响着毛泡桐叶片愈伤组织芽诱导率的大小。从芽诱导率看，毛泡桐叶片愈伤组织在 MS+0.3mg/L NAA+12mg/L 6-BA 培养基上芽诱导率最高。因此，选此培养基为毛泡桐叶片愈伤组织芽诱导的最适培养基。

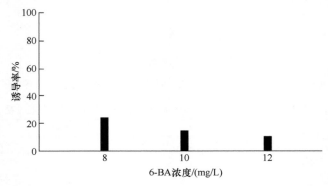

图 10-10　6-BA 浓度在 0.1mg/L NAA 毛泡桐愈伤组织芽诱导结果

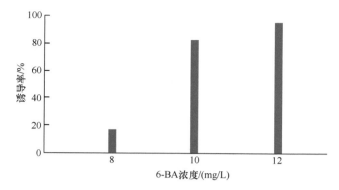

图 10-11　6-BA 浓度在 0.3mg/L NAA 毛泡桐愈伤组织芽诱导结果

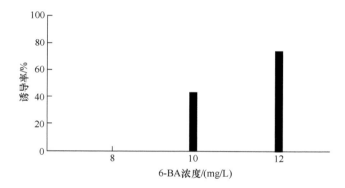

图 10-12　6-BA 浓度在 0.5mg/L NAA 毛泡桐愈伤组织芽诱导结果

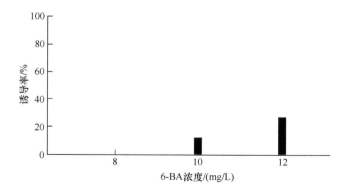

图 10-13　6-BA 浓度在 0.7mg/L NAA 毛泡桐愈伤组织芽诱导结果

（四）毛泡桐根的诱导

　　试验通过毛泡桐愈伤组织诱导培养基中丛生芽接种至含不同浓度生长素（NAA）的 1/2MS 培养基中，持续观察其生根情况。结果显示，毛泡桐芽在生长素浓度为

0.1mg/L、0.3mg/L、0.5mg/L 及不含生长素的培养基上生根率都能够达到 100%（表 10-3）。此外，毛泡桐的诱导芽在无激素培养基中也能正常生根，这可能是不同基因型泡桐在诱导形成芽过程中，其体内积累较高浓度生长素的缘故。但是，毛泡桐在含有不同浓度生长素的培养基上，生根的数量和长度存在着一定的差异。毛泡桐随 NAA 浓度的升高平均根数在 0.1mg/L NAA 时最多。毛泡桐生根的平均根长随 NAA 浓度的变化与各自的根数变化趋势相同。我们根据毛泡桐诱导芽生根的多少及其长度的最大值确定毛泡桐诱导芽的生根最适培养基，选出毛泡桐叶片愈伤组织诱导芽生根的最适培养基为 1/2MS+0.1mg/L NAA。

表 10-3　不同浓度 NAA 对毛泡桐生根的影响

NAA 浓度/（mg/L）	生根率/%	平均根数/条	平均根长/cm
0.0	100	3	2.5
0.1	100	5	3.0
0.3	100	4	2.1
0.5	100	2	1.8

二、南方泡桐器官发生植株再生

（一）南方泡桐基本培养基的筛选

南方泡桐器官发生植株再生试验材料为采集于河南农业大学郑州林业实验站南方泡桐（*Paulownia austrais*）种子。无菌苗培养、愈伤组织和芽诱导处理同毛泡桐。在 1/2MS、MS、B₅ 和 PC 4 种培养基上，结果显示，南方泡桐叶片愈伤组织诱导率表现出很大的变化范围（0～83.3%）。在不同 6-BA 浓度范围内，4 种培养基上诱导率均只形成一个峰值。在 1/2MS 和 B₅ 培养基上，5mg/L 6-BA 浓度时达到最高，MS 和 PC 培养基上，3mg/L 6-BA 浓度时达到最高。在 4 个诱导率峰值中，MS 培养基上形成的峰值最大（83.3%），PC 上形成的峰值最小（26.7%），其他几种培养基上的诱导率在 41.7%～55.2%（图 10-14～图 10-17）。这反映出南方

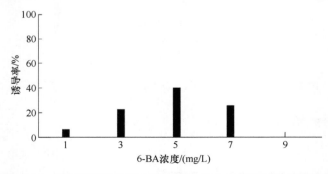

图 10-14　南方泡桐叶片在 1/2MS 培养基上愈伤组织诱导的结果

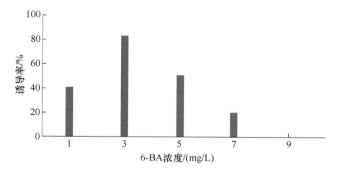

图 10-15　南方泡桐叶片在 MS 培养基上愈伤组织诱导的结果

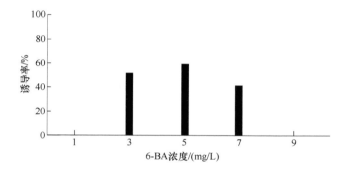

图 10-16　南方泡桐叶片在 B$_5$ 培养基上愈伤组织诱导的结果

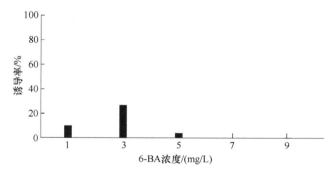

图 10-17　南方泡桐叶片在 PC 培养基上愈伤组织诱导的结果

泡桐叶片愈伤组织在 4 种培养基上诱导能力不同。由南方泡桐叶片在 4 种基本培养基上愈伤组织平均诱导率的多重比较结果（表 10-4）可知，不同基本培养基对南方泡桐叶片愈伤组织的诱导率之间具有显著差异（$P<0.05$）。在 MS 培养基上愈伤组织诱导率与其他 3 种培养基上的诱导率相比均有显著差异（$P<0.05$）。从最高诱导率和平均诱导率看，MS 培养基最适宜作南方泡桐叶片愈伤组织诱导的基本培养基，其次可选 B$_5$ 培养基。

表 10-4　南方泡桐叶片在 4 种基本培养基上愈伤组织诱导率多重比较

基本培养基	诱导率/%
1/2MS	21.6c
MS	41.3a
B$_5$	35.4b
PC	8.4d

注：同一列中相同字母表示差异性不显著

（二）南方泡桐愈伤组织诱导最适激素浓度的筛选

南方泡桐叶片愈伤组织的诱导率随 NAA 和 6-BA 浓度的变化存在一定的差异，诱导率在 0～81.5%变化（图 10-18～图 10-22）。当 NAA 浓度一定时，诱导率随 6-BA 浓度变化有 3 种表现。当 NAA 的浓度分别为 0.1mg/L 和 0.3mg/L 时，愈伤组织诱导率随 6-BA 浓度的增加呈下降趋势，且均在 2mg/L 6-BA 时诱导率最大（分别为 48.1%和 81.5%）。当 NAA 的浓度在 0.5mg/L 和 0.9mg/L 时，愈伤组织诱导率随 6-BA 浓度的升高呈现先升后降的趋势，在 4mg/L 6-BA 时达到最大，

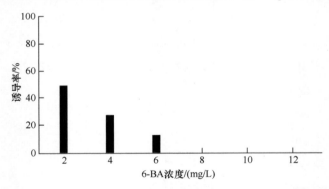

图 10-18　6-BA 浓度在 0.1mg/L NAA 对南方泡桐叶片愈伤组织诱导率的影响

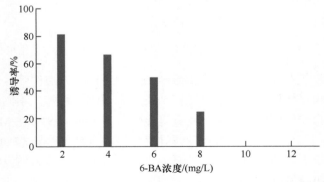

图 10-19　6-BA 浓度在 0.3mg/L NAA 对南方泡桐叶愈伤组织诱导率的影响

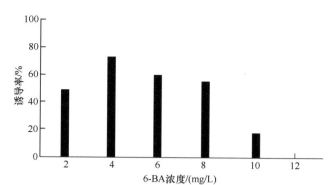

图 10-20　6-BA 浓度在 0.5mg/L NAA 对南方泡桐叶片愈伤组织诱导率的影响

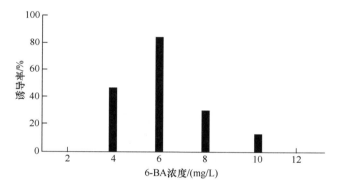

图 10-21　6-BA 浓度在 0.7mg/L NAA 对南方泡桐叶片愈伤组织诱导率的影响

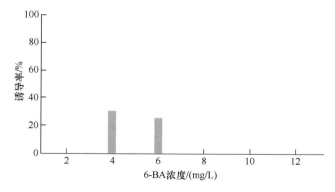

图 10-22　6-BA 浓度在 0.9mg/L NAA 对南方泡桐叶片愈伤组织诱导率的影响

分别为 74.0%、32.2%。由上可知，当生长素（NAA）浓度一定时，愈伤组织诱导
情况主要受 6-BA 浓度的影响。由激素浓度对南方泡桐叶片愈伤组织诱导率方差
分析（表 10-5）可知，NAA、6-BA 及它们之间的交互作用对叶片愈伤组织诱导影
响显著（$P<0.05$）。NAA 和 6-BA 浓度适宜时愈伤组织诱导率高，不适宜时愈伤组

织诱导率低或没有愈伤组织形成。由南方泡桐叶片在不同激素（NAA 和 6-BA）浓度组合下，在 MS 培养基上愈伤组织诱导结果可以知道，MS+0.3mg/L NAA+2mg/L 6-BA 与 MS+0.7mg/L NAA+6mg/L 6-BA 培养基上的诱导率均达 80%以上，因此培养基 MS+0.3mg/L NAA +2mg/L 6-BA 与 MS+0.7mg/L NAA +6mg/L 6-BA 皆可作为南方泡桐叶片愈伤组织诱导的最适培养基。但是，考虑到随 NAA 和 6-BA 浓度的升高，经济成本增加，且二者的诱导率之间无显著差异（分别为 81.5%和 83.3%），所以可选 MS+0.3mg/L NAA+2mg/L 6-BA 为南方泡桐叶片诱导愈伤组织的最适宜的培养基。

表 10-5　南方泡桐叶片在不同培养基上愈伤组织诱导率方差分析

方差来源	南方泡桐	
	F	Pr>F
NAA	2369	0.0001
6-BA	2060	0.0001
NAA×6-BA	538	0.0001

（三）不同激素浓度对南方泡桐叶片愈伤组织芽诱导的影响

由南方泡桐在不同激素浓度组合范围内的 MS 培养基上芽诱导结果（图 10-23～图 10-26）可以看出，在 0.1～0.7mg/L NAA 和 8～12mg/L 6-BA 的激素浓度组合范围内均有芽形成。6-BA 浓度为 8mg/L、10mg/L 和 12mg/L 时，芽诱导率随着 NAA 浓度的升高，均在 0.3mg/L NAA 处形成最大峰值，12mg/L 6-BA 的条件下形成的峰值最大（100%），8mg/L 6-BA 时形成的峰值最小（50.0%）。比较南方泡桐叶片愈伤组织在全部激素组合中的芽诱导率，可以看出在 MS+0.3mg/L NAA+12mg/L 6-BA 的培养基上，叶片愈伤组织芽诱导率最高（达 100%）。为了在愈伤组织上得到更多的泡桐芽，因此选此培养基为南方泡桐叶片愈伤组织芽诱导的最适培养基。

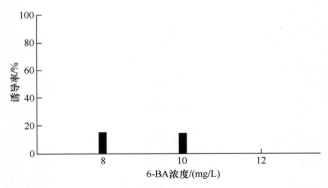

图 10-23　6-BA 浓度在 0.1mg/L NAA 对南方泡桐芽愈伤组织芽诱导

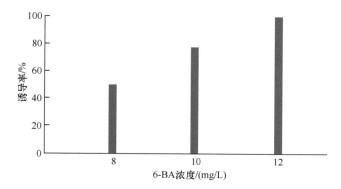

图 10-24　6-BA 浓度在 0.3mg/L NAA 对南方泡桐芽愈伤组织芽诱导

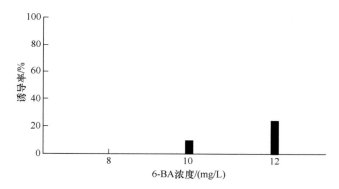

图 10-25　6-BA 浓度在 0.5mg/L NAA 对南方泡桐芽愈伤组织芽诱导

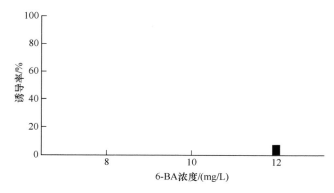

图 10-26　6-BA 浓度在 0.7mg/L NAA 对南方泡桐芽愈伤组织芽诱导

（四）南方泡桐根的诱导

试验通过南方泡桐愈伤组织诱导培养基中丛生芽接种至含不同浓度生长素（NAA）的 1/2MS 培养基中，持续观察其生根情况。结果显示，南方泡桐在生长素浓度为 0.1mg/L、0.3mg/L、0.5mg/L 及不含生长素的培养基上生根率都能够达到 100%（表 10-6）。此外，南方泡桐的诱导芽在无激素培养基中也能正常生根，这可能是不同基因型泡桐在诱导形成芽过程中，其体内积累较高浓度生长素的缘故。南方泡桐随 NAA 浓度的升高平均根数在 0.1mg/L NAA 时最多。南方泡桐生根的平均根长随 NAA 浓度的变化与根数变化趋势相同。我们根据南方泡桐诱导芽生根的多少及其长度的最大值确定南方泡桐诱导芽的生根最适培养基。因此可以选出南方泡桐叶片愈伤组织诱导芽生根的最适培养基为 1/2MS+0.1mg/L NAA。

表 10-6 不同浓度 NAA 对南方泡桐生根的影响

NAA 浓度/（mg/L）	生根率/%	平均根数/条	平均根长/cm
0.0	100	4	2.5
0.1	100	8	3.0
0.3	100	5	2.0
0.5	100	3	1.5

三、白花泡桐器官发生植株再生

（一）白花泡桐基本培养基的筛选

白花泡桐器官发生植株再生试验材料所用种子采集于河南农业大学郑州林业实验站的白花泡桐（*Paulownia fortunei*）的种子。无菌苗培养、愈伤组织和芽诱导处理同毛泡桐。白花泡桐叶片愈伤组织诱导过程中，在 4 种基本培养基上形成数量不等的愈伤组织，其愈伤组织诱导率在 0～83.3%变化（图 10-27～图 10-30）。白花泡桐叶片愈伤组织的诱导率随着 6-BA 浓度的变化呈现先升后降的趋势。当 6-BA 浓度为 5mg/L 时，在 1/2MS、MS 培养基中的愈伤组织诱导率均达到最大，而当 6-BA 浓度为 3mg/L 时，在 B_5 和 PC 培养基中的愈伤组织诱导率均达到最大。

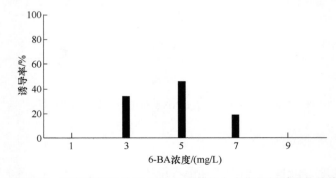

图 10-27 白花泡桐叶片在 1/2MS 培养基上愈伤组织诱导的结果

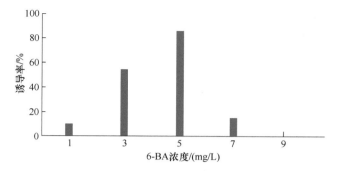

图 10-28 白花泡桐叶片在 MS 培养基上愈伤组织诱导的结果

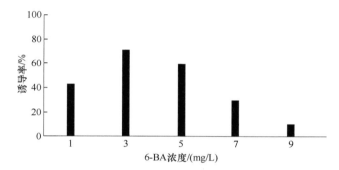

图 10-29 白花泡桐叶片在 B₅ 培养基上愈伤组织诱导的结果

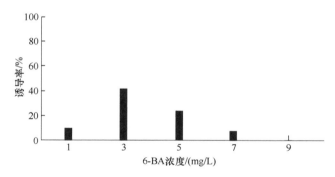

图 10-30 白花泡桐叶片在 PC 培养基上愈伤组织诱导的结果

从 4 种培养基上的愈伤组织最大诱导率看，MS 培养基上的诱导率最高（83.3%），PC 培养基上的诱导率最低（41.7%），其他 2 种培养基诱导率在 47.6% 和 71.4% 的范围内。对 4 种基本培养基白花泡桐叶片愈伤组织诱导率进行多重比较，结果（表 10-7）表明，在 $P=0.05$ 的水平上，基本培养基对白花泡桐叶片愈伤组织的诱导影响显著。白花泡桐叶片愈伤组织在 MS 培养基诱导率为 32.3%，它们与 1/2MS、B₅、PC 上的诱导率差异显著。因此选 MS 作为白花泡桐叶片愈伤组织诱导的基本培养基。

表 10-7　白花泡桐叶片在 4 种基本培养基上愈伤组织诱导率多重比较

基本培养基	诱导率/%
1/2MS	21.7c
MS	32.3a
B$_5$	28.3b
PC	17.4d

注：同一列中相同字母表示差异性不显著

（二）白花泡桐愈伤组织诱导最适激素浓度的筛选

　　白花泡桐叶片可以在较广的生长素（NAA）与 6-BA 的浓度组合中形成愈伤组织，诱导率在 0～85.7%变化（图 10-31～图 10-35）。在 0.3～0.5mg/L NAA、4mg/L 6-BA 时形成的诱导率全部高于其他激素组合上的诱导率。当生长素（NAA）浓度固定时（除 0.7mg/L NAA 外），在 6-BA 浓度为 12mg/L 时，均无愈伤组织形成。由此可知，白花泡桐在 12mg/L 6-BA 中芽诱导会受到高细胞分裂素浓度的抑制，因此，白花泡桐的芽诱导培养基的最适细胞分裂素范围应在 12mg/L 6-BA 以下。

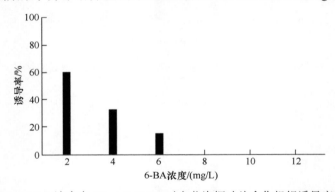

图 10-31　6-BA 浓度在 0.1mg/L NAA 对白花泡桐叶片愈伤组织诱导率的影响

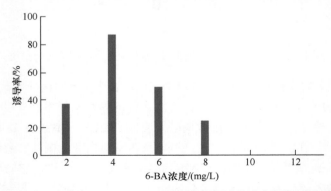

图 10-32　6-BA 浓度在 0.3mg/L NAA 对白花泡桐叶片愈伤组织诱导率的影响

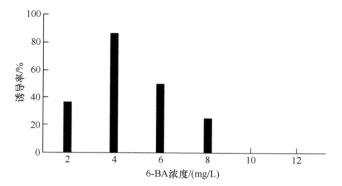

图 10-33　6-BA 浓度在 0.5mg/L NAA 对白花泡桐叶片愈伤组织诱导率的影响

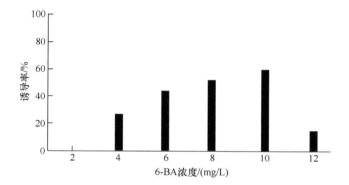

图 10-34　6-BA 浓度在 0.7mg/L NAA 对白花泡桐叶片愈伤组织诱导率的影响

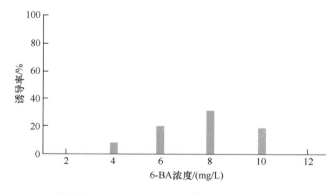

图 10-35　6-BA 浓度在 0.9mg/L NAA 对白花泡桐叶片愈伤组织诱导率的影响

由 NAA 与 6-BA 对白花泡桐叶片愈伤组织诱导率影响的方差分析结果（表 10-8）可知，在 $P=0.05$ 的水平上，NAA、6-BA 及它们之间的交互作用对愈伤组织诱导率影响显著。即白花泡桐愈伤组织芽的分化受 NAA 与 6-BA 浓度组合的影响。MS+0.5mg/L NAA+4mg/L 6-BA 的培养基上愈伤组织诱导率最高（85.7%）。反映出在这个激素组合浓度下最有利于愈伤组织的诱导。因此，选择此培养基为白花泡桐叶片诱导愈伤组织的最适培养基。

表10-8　白花泡桐叶片在不同培养基上愈伤组织诱导率方差分析

方差来源	白花泡桐	
	F	Pr>F
NAA	1705	0.0001
6-BA	1727	0.0001
NAA×6-BA	813	0.0001

（三）不同激素浓度对白花泡桐叶片愈伤组织芽诱导的影响

白花泡桐愈伤组织的芽诱导率有两种变化趋势（图10-36～图10-39）。当6-BA浓度为8mg/L时，随NAA浓度的升高，芽诱导率呈下降的趋势（20.0%减小到0）（图10-36）。当6-BA浓度为10mg/L和12mg/L时，芽诱导率随NAA浓度增加而升高，在0.5mg/L NAA处达到峰值后开始下降。由此可知，在0.3～0.5mg/L NAA+

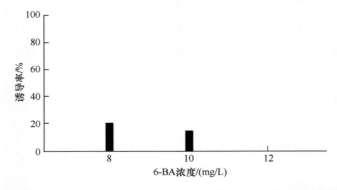

图10-36　6-BA浓度在0.1mg/L NAA对白花泡桐愈伤组织芽诱导结果

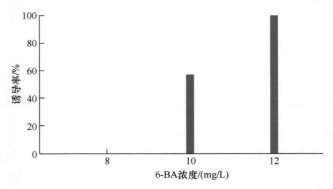

图10-37　6-BA浓度在0.3mg/L NAA对白花泡桐愈伤组织芽诱导结果

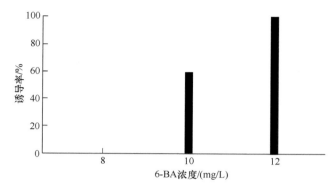

图 10-38　6-BA 浓度在 0.5mg/L NAA 对白花泡桐愈伤组织芽诱导结果

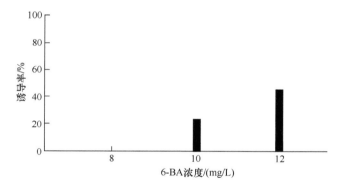

图 10-39　6-BA 浓度在 0.7mg/L NAA 对白花泡桐愈伤组织芽诱导结果

10～12mg/L 6-BA 的激素浓度组合中有较高的芽诱导率。从诱导率的大小看，MS+0.5mg/L NAA+12mg/L 6-BA 培养基上的诱导率最高达 100%。以上结果表明，在此培养基上，白花泡桐愈伤组织芽诱导达到了最大潜能。其次是 MS+0.3mg/L NAA+12mg/L 6-BA 培养基，芽诱导率达 95.0%。因此，可选以上两种培养基为白花泡桐叶片愈伤组织诱导芽的适宜培养基。其中 MS+0.5mg/L NAA+12mg/L 6-BA 为首选培养基。

（四）白花泡桐根的诱导

　　试验通过白花泡桐愈伤组织诱导培养基中丛生芽接种至含不同浓度生长素（NAA）的 1/2MS 培养基中，持续观察其生根情况。结果显示，白花泡桐芽在生长素浓度为 0.1mg/L、0.3mg/L、0.5mg/L 及不含生长素的培养基上生根率都能够达到 100%（表 10-9）。此外，白花泡桐的诱导芽在无激素培养基中也能正常生根，这可能是不同基因型泡桐在诱导形成芽过程中，其体内积累较高浓度生长素的缘故。但是，白花泡桐在含有不同浓度生长素的培养基上，生根的数量和长度存在着一定的差异。白花泡桐幼芽随 NAA 浓度从 0.0～0.5mg/L 的升高，平均根数呈下降趋势（由 8 条减少到 2 条）。我们根据白花泡桐诱导芽生根的多少及其长度的最大值确定白花泡桐诱导芽的生根最适培养基。因此可以选出白花泡桐叶片愈伤组织诱导芽生根的最适培养基为直接在不加激素的 1/2MS 培养基上生长。

表 10-9　不同浓度 NAA 对白花泡桐生根的影响

NAA 浓度/（mg/L）	生根率/%	平均根数/条	平均根长/cm
0.0	100	8	3.5
0.1	100	6	2.4
0.3	100	4	2.0
0.5	100	2	1.8

四、兰考泡桐器官发生植株再生

（一）兰考泡桐基本培养基的筛选

兰考泡桐器官发生植株再生试验材料所用种子为采集于兰考泡桐（*Paulownia eongata*）的种子。无菌苗培养、愈伤组织和芽诱导处理同毛泡桐。兰考泡桐叶片愈伤组织的诱导率随基本培养基的变化表现为，在 1/2MS、MS、B$_5$ 和 PC 培养基上愈伤组织诱导率在 0～93.3% 变化（图 10-40～图 10-43）。兰考泡桐在 4 种培养基上愈伤组织诱导率的变化趋势相同，均只形成一个峰值。当 6-BA 浓度为 7mg/L 时，在 1/2MS 和 MS 培养基中的愈伤组织诱导率达到最高，分别为 41.2% 和 93.3%。当 6-BA 浓度为 5mg/L 时，B$_5$ 和 PC 培养基中的愈伤组织诱导率达到最高，分别为 56.7% 和 47.6%。将 4 种基本培养基对兰考泡桐叶片愈伤组织诱导率的影响进行方差分析和多重比较，结果表明（表 10-10），在 $P=0.05$ 的水平上，MS 培养基上的诱导率最高，与其他 3 种培养基上的诱导率有显著性差异。1/2MS 与 PC 培养基

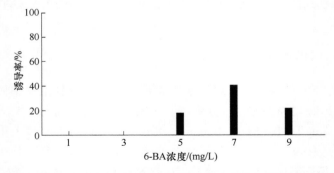

图 10-40　兰考泡桐叶片在 1/2MS 培养基上愈伤组织诱导的结果

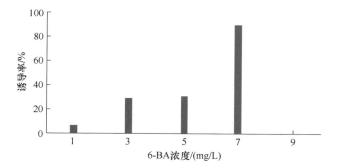

图 10-41　兰考泡桐叶片在 MS 培养基上愈伤组织诱导的结果

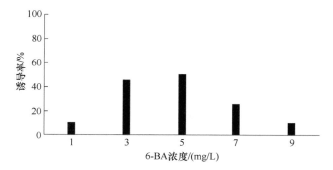

图 10-42　兰考泡桐叶片在 B_5 培养基上愈伤组织诱导的结果

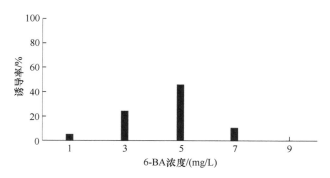

图 10-43　兰考泡桐叶片在 PC 培养基上愈伤组织诱导的结果

表 10-10　兰考泡桐叶片在 4 种基本培养基上愈伤组织诱导率多重比较

基本培养基	诱导率/%
1/2MS	19.6d
MS	34.9a
B_5	27.1c
PC	20.8d

注：同一列中相同字母表示差异不显著

上的诱导率之间差异不显著。从最高诱导率和多重比较结果看，可选择 MS 作为兰考泡桐叶片愈伤组织诱导的基本培养基。

（二）兰考泡桐愈伤组织诱导最适激素浓度的筛选

兰考泡桐叶片在 0.1～0.9mg/L NAA 的激素浓度组合范围内，形成的愈伤组织诱导率在 0～87.5%变化（图 10-44～图 10-48）。其中愈伤组织主要在 0.3～0.7mg/L NAA 形成。在 0.1mg/L NAA 和 0.9mg/L NAA 浓度上诱导率较低或没有愈伤组织形成（最高 16.7%）（图 10-44 和图 10-48）。由表 10-11 可以看出 NAA、6-BA 及它们之间的交互作用对愈伤组织诱导率影响显著。从诱导率看，兰考泡桐叶片在 MS+0.3mg/L NAA+6mg/L 6-BA 培养基上愈伤组织诱导率最高（87.5%），因此，选择 MS+0.3mg/L NAA+6mg/L 6-BA 培养基为兰考泡桐叶片愈伤组织诱导的适宜培养基。其次，可以选择 MS+0.5mg/L NAA+4mg/L 6-BA（83.3%）。

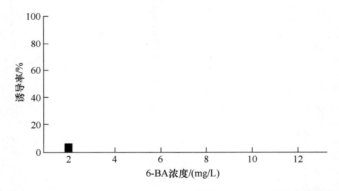

图 10-44　6-BA 浓度在 0.1mg/L NAA 对兰考泡桐叶片愈伤组织诱导率的影响

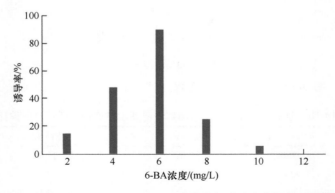

图 10-45　6-BA 浓度在 0.3mg/L NAA 对兰考泡桐叶片愈伤组织诱导率的影响

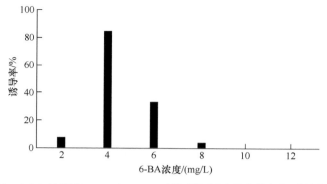

图 10-46 6-BA 浓度在 0.5mg/L NAA 对兰考泡桐叶片愈伤组织诱导率的影响

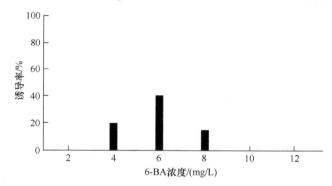

图 10-47 6-BA 浓度在 0.7mg/L NAA 对兰考泡桐叶片愈伤组织诱导率的影响

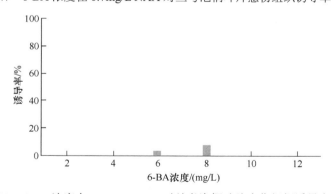

图 10-48 6-BA 浓度在 0.9mg/L NAA 对兰考泡桐叶片愈伤组织诱导率的影响

表 10-11 兰考泡桐叶片在不同培养基上愈伤组织诱导率方差分析

方差来源	兰考泡桐	
	F	Pr>F
NAA	1157	0.0001
6-BA	912	0.0001
NAA×6-BA	321	0.0001

（三）不同激素浓度对兰考泡桐叶片愈伤组织芽诱导的影响

由图 10-49～图 10-52 可以看出，当 6-BA 浓度为 8mg/L 时，不同的生长素组合间，无兰考泡桐的丛生芽形成。而当生长素（NAA）浓度固定时，在不同细胞分裂素配比下，有不同的趋势。在 6-BA 浓度为 10mg/L 和 12mg/L 时，随着 NAA 浓度的升高，芽诱导率各形成一个峰值。在 0.5mg/L NAA+12mg/L 6-BA 处形成的芽诱导率（90.0%）大于 0.7mg/L NAA+10mg/L 6-BA 处的芽诱导率（65.0%）（图 10-50 和图 10-51）。兰考泡桐叶片的愈伤组织虽然诱导形成芽的激素浓度范围较广（0.3～0.9mg/L NAA 与 8～12mg/L 6-BA 的范围内），有较高芽诱导率的范围却较小，主要集中在 0.5～0.7mg/L NAA 与 10～12mg/L 6-BA 的浓度组合内。根据芽诱导率的大小，选择 MS+0.5mg/L NAA+12mg/L 6-BA 培养基为兰考泡桐叶片愈伤组织诱导芽的最适宜培养基。

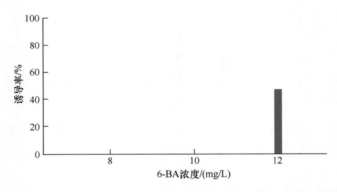

图 10-49　6-BA 浓度在 0.3mg/L NAA 对兰考泡桐愈伤组织芽诱导结果

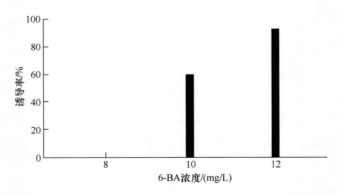

图 10-50　6-BA 浓度在 0.5mg/L NAA 对兰考泡桐愈伤组织芽诱导结果

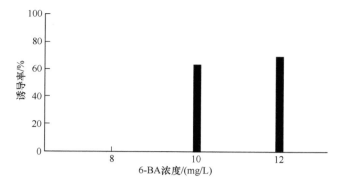

图 10-51　6-BA 浓度在 0.7mg/L NAA 对兰考泡桐愈伤组织芽诱导结果

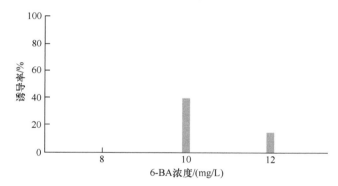

图 10-52　6-BA 浓度在 0.9mg/L NAA 对兰考泡桐愈伤组织芽诱导结果

（四）兰考泡桐根的诱导

试验通过由兰考泡桐愈伤组织诱导培养基中丛生芽接种至含不同浓度生长素（NAA）的 1/2MS 培养基中，持续观察其生根情况。结果显示，兰考泡桐芽在生长素浓度为 0.0mg/L、0.1mg/L、0.3mg/L、0.5mg/L 及不含生长素的培养基上生根率都能够达到 100%（表 10-12）。此外，兰考泡桐的诱导芽在无激素培养基中也能正常生根，这可能是不同基因型泡桐在诱导形成芽过程中，其体内积累较高浓度生长素的缘故。兰考泡桐幼芽随 NAA 浓度从 0.0～0.5mg/L 的升高，平均根长呈先降后升趋势，在 0.5mg/L NAA 培养基上的平均根长最长。另外，随着生长素

表 10-12　不同浓度 NAA 对兰考泡桐生根的影响

NAA 浓度/（mg/L）	生根率/%	平均根数/条	平均根长/cm
0.0	100	5	2.5
0.1	100	3	2.4
0.3	100	4	1.7
0.5	100	8	2.7

（NAA）浓度增加，兰考泡桐幼芽生根情况并无明显规律，在含 0.5mg/L NAA 的培养基上形成的根数最多。我们根据兰考泡桐诱导芽生根的多少及其长度的最大值确定兰考泡桐诱导芽的生根最适培养基。结果表明，可以选出兰考泡桐叶片愈伤组织诱导芽生根的最适培养基为 1/2MS+0.5mg/L NAA。

五、'豫杂一号'泡桐器官发生植株再生

（一）'豫杂一号'泡桐基本培养基的筛选

'豫杂一号'泡桐器官发生植株再生试验材料所用种子为采集于河南农业大学郑州林业实验站'豫杂一号'泡桐（*Paulownia tomentosa×Paulownia fortunei*）的种子。无菌苗培养、愈伤组织和芽诱导处理同毛泡桐。'豫杂一号'泡桐叶片在 1/2MS、MS、B_5 和 PC 培养基上均能诱导形成愈伤组织，但在不同培养基上，叶片诱导出的愈伤组织在量上存在着一定的差异，愈伤组织诱导率在 0~92.6%变化（图 10-53~图 10-56）。在 MS 培养基上，随着 6-BA 浓度增加愈伤组织诱导率呈上升趋势，当 6-BA 浓度为 9mg/L 时，愈伤组织诱导率达到最大。在 1/2MS 和 PC 培养基中，当 6-BA 浓度为 7mg/L 时，愈伤组织诱导率达到最大（图 10-53 和图 10-56）。在不同培养基不同细胞分裂素中的愈伤组织诱导情况结果显示，MS 培养基上诱导率最大为 92.6%，B_5 培养基上最小为 33.3%，其他 2 种培养基在 63.3%~75.0%变化。对 4 种基本培养基对'豫杂一号'泡桐叶片愈伤组织诱导率的影响进行多重比较（表 10-13），结果表明，在 $P=0.05$ 水平上，基本培养基对'豫杂一号'泡桐叶片愈伤组织的诱导率影响显著。MS 培养基上的诱导率最高（48.8%），与其他 3 种培养基上的诱导率之间均差异性显著。从诱导率和多重比较的结果看'豫杂一号'泡桐叶片愈伤组织培养的基本培养基应首选 MS。

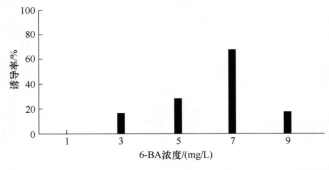

图 10-53　'豫杂一号'泡桐叶片在 1/2MS 培养基上愈伤组织诱导的结果

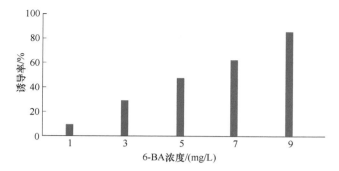

图 10-54 '豫杂一号'泡桐叶片在 MS 培养基上愈伤组织诱导的结果

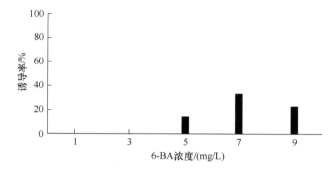

图 10-55 '豫杂一号'泡桐叶片在 B_5 培养基上愈伤组织诱导的结果

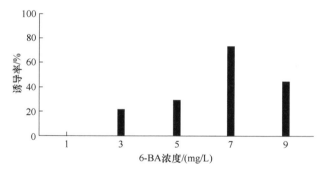

图 10-56 '豫杂一号'泡桐叶片在 PC 培养基上愈伤组织诱导的结果

表 10-13 '豫杂一号'泡桐叶片在 4 种基本培养基上愈伤组织诱导率多重比较

基本培养基	诱导率/%
1/2MS	29.5d
MS	48.8a
B_5	23.1e
PC	36.4c

注：同一列中相同字母表示差异不显著

（二）'豫杂一号'泡桐愈伤组织诱导最适激素浓度的筛选

由图 10-57～图 10-61 可以看出，在 6-BA 浓度固定的情况下，当 NAA 浓度为 0.1mg/L 时，随着 6-BA 浓度升高，愈伤组织诱导率呈下降趋势（由 2mg/L 6-BA 的 29.6%下降为 8mg/L 6-BA 的 0）（图 10-57）；当 NAA 浓度在 0.3～0.9mg/L，愈伤组织诱导率随 6-BA 的升高均只形成一个高峰，其中在 NAA 浓度为 0.3mg/L 时，与 6-BA 浓度组合上形成的愈伤组织诱导率全部大于 NAA 与 6-BA 的其他浓度组合。由此可知，'豫杂一号'泡桐虽然可在 0.1～0.9mg/L NAA 的浓度范围内形成愈伤组织，但较高的诱导率只在较小的范围内形成。从表 10-14 可以看出，NAA、6-BA 及它们之间的交互作用，对'豫杂一号'泡桐叶片愈伤组织诱导率影响显著。从不同激素配比中芽诱导率结果可知，'豫杂一号'泡桐叶片愈伤组织在 MS+0.3mg/L NAA+8mg/L 6-BA 培养基上诱导率最高（达 86.6%）。因此，选此培养基为其叶片愈伤组织诱导的最适培养基。

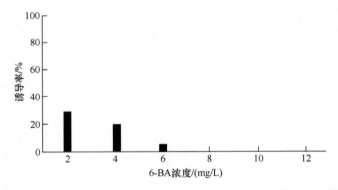

图 10-57　6-BA 浓度在 0.1mg/L NAA 对'豫杂一号'泡桐叶片愈伤组织诱导率的影响

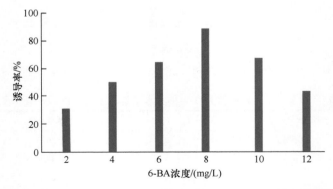

图 10-58　6-BA 浓度在 0.3mg/L NAA 对'豫杂一号'泡桐叶片愈伤组织诱导率的影响

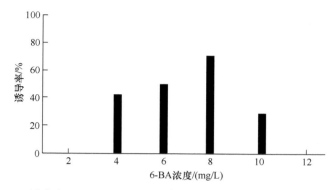

图 10-59　6-BA 浓度在 0.5mg/L NAA 对'豫杂一号'泡桐叶片愈伤组织诱导率的影响

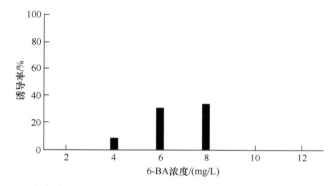

图 10-60　6-BA 浓度在 0.7mg/L NAA 对'豫杂一号'泡桐叶片愈伤组织诱导率的影响

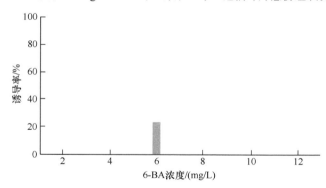

图 10-61　6-BA 浓度在 0.9mg/L NAA 对'豫杂一号'泡桐叶片愈伤组织诱导率的影响

表 10-14　'豫杂一号'泡桐叶片在不同培养基上愈伤组织诱导率方差分析

方差来源	'豫杂一号'泡桐	
	F	$Pr>F$
NAA	4695	0.0001
6-BA	792	0.0001
NAA×6-BA	306	0.0001

（三）不同激素浓度对'豫杂一号'泡桐叶片愈伤组织芽诱导的影响

'豫杂一号'泡桐愈伤组织随激素浓度组合的变化芽诱导情况如图 10-62～图 10-65 所示。当生长素（NAA）浓度固定时，随着细胞分裂素浓度增加愈伤组织芽

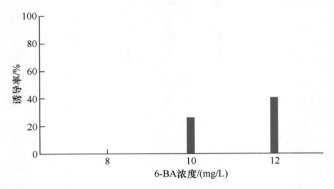

图 10-62　6-BA 浓度在 0.3mg/L NAA 对'豫杂一号'泡桐愈伤组织芽诱导结果

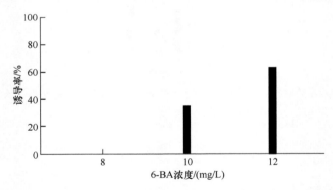

图 10-63　6-BA 浓度在 0.5mg/L NAA 对'豫杂一号'泡桐愈伤组织芽诱导结果

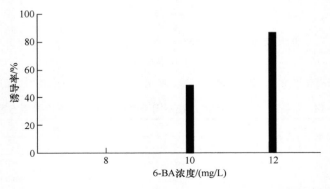

图 10-64　6-BA 浓度在 0.7mg/L NAA 对'豫杂一号'泡桐愈伤组织芽诱导结果

图 10-65　6-BA 浓度在 0.9mg/L NAA 对'豫杂一号'泡桐愈伤组织芽诱导结果

诱导率呈现增加趋势，当生长素（NAA）浓度为 0.7mg/L 和 6-BA 浓度为 8mg/L 和 12mg/L 时，愈伤组织芽诱导率达到最大，且当细胞分裂素为 12mg/L 时，不同配比生长素下的愈伤组织芽诱导率均为最高，而当 6-BA 浓度为 8mg/L 时与 NAA 的浓度组合中没有芽形成，由此可知，当生长素（NAA）浓度固定时，较高的细胞分裂素浓度有利于芽的诱导。在不同激素配比组合中，0.7mg/L NAA+12mg/L 6-BA 的激素浓度组合愈伤组织芽诱导率最高。因此，可选择此培养基作为'豫杂一号'泡桐愈伤组织芽诱导的最适宜的培养基。

（四）'豫杂一号'泡桐根的诱导

试验通过'豫杂一号'泡桐愈伤组织诱导培养基中丛生芽接种至含不同浓度生长素（NAA）的 1/2MS 培养基中，持续观察其生根情况。结果显示，'豫杂一号'泡桐芽在生长素浓度为 0.1mg/L、0.3mg/L、0.5mg/L 及不含生长素的培养基上生根率都能够达到 100%（表 10-15）。此外，'豫杂一号'泡桐的诱导芽在无激素培养基中也能正常生根，这可能是不同基因型泡桐在诱导形成芽的过程中，其体内积累较高浓度生长素的缘故。'豫杂一号'泡桐在 0.3mg/L NAA 的培养基上根数最多。根据'豫杂一号'泡桐诱导芽生根的多少及其长度的最大值确定'豫杂一号'泡桐诱导芽的生根最适培养基。因此'豫杂一号'泡桐叶片愈伤组织诱导芽生根的最适培养基为 1/2MS+0.3mg/L NAA。

表 10-15　不同浓度 NAA 对'豫杂一号'泡桐生根的影响

NAA 浓度/（mg/L）	生根率/%	平均根数/条	平均根长/cm
0.0	100	3	1.8
0.1	100	5	2.6
0.3	100	8	3.1
0.5	100	4	2.5

六、泡桐体外再生苗的移栽

泡桐组织培养苗的炼苗根据条件可以采取灵活多样的方法，以节约成本、降低劳动力、高移栽成活率为标准。根据多年的经验，当泡桐幼苗的幼根在生根培养基上长到约 3cm 时，去掉三角瓶塞，在培养室内强光下锻炼 7 天，随后移栽入盛有蛭石（经 5%的高锰酸钾消毒处理）的小花盆中。用适量 1/2MS 营养液浇灌，使栽苗环境在保持有较高的空气湿度和稳定温度的温室内。待苗木栽植 3 周后，小心移植到室外较肥沃土壤的大田中，观察其生长情况，成活率可达90%以上。

第二节　泡桐丛枝病苗体细胞植株再生

一、毛泡桐丛枝病苗体细胞植株再生

（一）植物激素对丛枝病毛泡桐外植体芽诱导的影响

实验材料选取河南农业大学郑州林业试验站丛枝病毛泡桐（*Paulownia tomentosa*）的当年生幼嫩枝条。将丛枝病毛泡桐当年生幼嫩枝条先用质量分数为 0.1%的 HgCl$_2$ 消毒 5min，再用无菌水清洗 5 次后接种于不含任何植物激素的 PC 基本培养基上。40 天后将获得 2～3 对叶片的泡桐无菌苗叶片接种在含不同浓度 NAA 和 6-BA 组合培养基上进行芽诱导的结果（图 10-66）可以看出，植物激素对丛枝病毛泡桐叶片芽诱导产生了明显的影响，当生长素（NAA）浓度固定时，随着 6-BA 浓度增加叶柄的芽诱导率基本呈现先增后降的趋势。当 NAA 浓度为 0.1mg/L 培养 30 天时，随 6-BA 浓度的增加，丛枝病毛泡桐叶片芽诱导率逐渐增大到 66.7%后开始下降。当 NAA 浓度分别为 0.3mg/L、0.5 mg/L、0.7 mg/L、0.9 mg/L

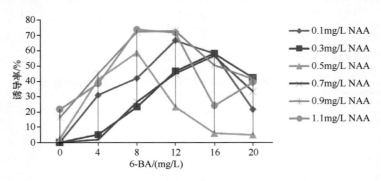

图 10-66　植物激素对丛枝病毛泡桐叶片诱导的影响

和 1.1 mg/L 时，随着 6-BA 浓度的增加丛枝病毛泡桐叶片芽诱导率的变化趋势也是如此，不同表现在叶片芽诱导率达到最大时的植物激素浓度组合存在一定的差异，其芽诱导率最大值分别为 58.3%、58.8%、56.7%、72.9% 和 73.9%。此外，随诱导时间的延长，叶片在含有 6-BA 植物激素培养基上，芽诱导率逐渐增大（诱导10 天的除外）。根据丛枝病毛泡桐叶片在不同生长调节物质浓度组合培养基上芽诱导率的情况可以看出，MS+1.1mg/L NAA +8mg/L 6-BA 可作为丛枝病毛泡桐叶片芽诱导的最适培养基。

（二）植物激素对丛枝病毛泡桐叶柄芽诱导的影响

丛枝病毛泡桐叶柄在含有不同植物激素浓度组合培养基上芽诱导的结果（图 10-67）表明，培养基中植物激素浓度及其组合决定了叶柄芽诱导率的大小。不同的激素配比对叶柄芽诱导率不同，当生长素（NAA）浓度固定时，随着细胞分裂素（BA）浓度增加叶柄的芽诱导率基本呈现先增后降的趋势。当生长素（NAA）浓度为 0.1mg/L、0.5mg/L、0.9mg/L 时，均在 4mg/L 6-BA 处，叶柄的芽诱导率达到峰值，分别为 26.3%、31.6%、8.3%；当生长素（NAA）浓度为 0.3mg/L 和 1.1mg/L 时，均在 8mg/L 6-BA 处，叶柄的芽诱导率达到峰值，分别为 16.7% 和 5%；当生长素（NAA）浓度为 0.7mg/L 时，在 16mg/L 6-BA 处达到峰值，为 13.3%。另外，当激素配比为 MS+0.5mg/L NAA+4mg/L 6-BA 时叶柄的芽诱导率最高（31.6%），而 MS+0.3mg/L NAA+20mg/L 6-BA 时，叶柄的芽诱导率最低（0%）。根据丛枝病毛泡桐叶柄在不同生长调节物质浓度组合培养基上芽诱导率的情况可以看出，MS+0.1mg/L NAA+4mg/L 6-BA 可作为丛枝病毛泡桐叶柄芽诱导的最适培养基。

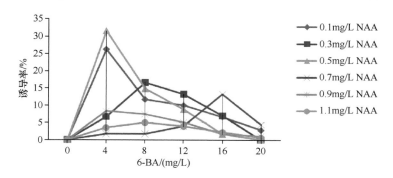

图 10-67 植物激素对丛枝病毛泡桐叶柄芽诱导的影响

（三）植物激素对丛枝病毛泡桐茎段芽诱导的影响

由培养基中植物激素浓度及其组合对丛枝病毛泡桐茎段芽诱导率大小影响结果（图 10-68）可以看出，植物激素浓度组合对丛枝病毛泡桐茎段芽诱导产生了明显的影响，当生长素（NAA）浓度固定时，随着 6-BA 浓度增加茎段的芽诱导率基本呈现先增后降的趋势。当生长素（NAA）浓度为 0.3mg/L、0.7mg/L、0.9mg/L和 1.1mg/L 时，均在 8mg/L 6-BA 处，茎段的芽诱导率达到峰值，分别为 21.7%、16.3%、13.7%和 6.7%；当生长素（NAA）浓度为 0.1mg/L 和 0.5mg/L 时，均在12mg/L 6-BA 处，茎段的芽诱导率达到峰值，分别为 19.1%和 25%。另外，当激素配比为 MS+0.5mg/L NAA+12mg/L 6-BA 时茎段的芽诱导率最高（25%），而MS+1.1mg/L NAA+20mg/L 6-BA 时，茎段的芽诱导率最低（0%）。综上所述，毛泡桐茎段最适 NAA 浓度为 0.1～0.9mg/L 时，丛枝病毛泡桐茎段芽诱导率最高培养基 6-BA 浓度在 8～12mg/L。根据患病毛泡桐茎段芽诱导率的大小可以看出，MS+0.5mg/L NAA+12mg/L 6-BA 可作为患病毛泡桐茎段芽诱导的最适培养基。

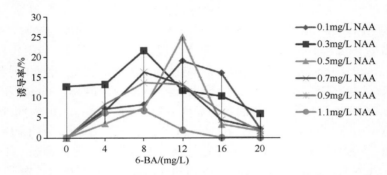

图 10-68　植物激素对丛枝病毛泡桐茎段芽诱导的影响

（四）不同 NAA 浓度对丛枝病毛泡桐幼芽根诱导的影响

将诱导出的芽长到约 3cm 时，从茎基部剪下，分别放入附加不同浓度 NAA的 1/2MS 生根培养基上，培养基中蔗糖质量浓度为 25g/L，琼脂 4.5g/L，调节 pH至 5.8～6.0。不同 NAA 浓度对患病毛泡桐幼芽生根的影响（图 10-69）表明，当 NAA

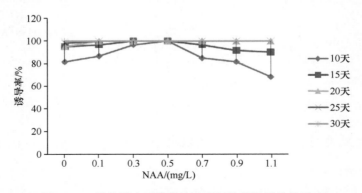

图 10-69　植物激素对丛枝病毛泡桐幼芽根诱导的影响

浓度分别为 0、0.1mg/L、0.3mg/L、0.5mg/L、0.7mg/L、0.9mg/L 和 1.1mg/L 时，幼芽根诱导率达到 100% 的诱导时间分别为 30 天、20 天、15 天、10 天、20 天、20 天和 20 天。当根诱导时间分别为 10 天和 15 天时，幼芽根诱导率随 NAA 浓度先升后降；根诱导时间为 20 天时，幼芽在含 NAA 的培养基中根诱导率皆可达到 100%。也就是说，NAA 浓度对丛枝病毛泡桐幼芽根诱导没有明显差异。根据丛枝病毛泡桐幼芽根诱导率大小、根诱导时间和幼苗培养成本，我们选择 1/2MS+NAA 0.5mg/L 为其根诱导最适培养基。

二、白花泡桐丛枝病苗体细胞植株再生

（一）植物激素对患病白花泡桐叶片芽诱导的影响

实验材料选取河南农业大学郑州林业试验站丛枝病白花泡桐（*Paulownia fortunei*）的当年生幼嫩枝条。幼嫩枝条先用质量分数为 0.1% 的 HgCl$_2$ 消毒 5min，再用无菌水清洗 5 次后接种于不含任何植物激素的 PC 基本培养基上，将 40 天后获得的泡桐无菌苗叶片接种在含不同浓度 NAA 和 6-BA 培养基上芽诱导的结果（图 10-70）可以看出，植物激素对丛枝病白花泡桐叶片芽诱导产生了明显的影响，当生长素（NAA）浓度固定时，随着细胞分裂素（BA）浓度的升高，不同激素配比的白花泡桐叶片芽诱导率基本呈先升后降的趋势。当生长素（NAA）浓度为 0.1mg/L、0.3mg/L、0.5mg/L 和 0.7mg/L 时，在 12mg/L 6-BA 处，白花泡桐叶片的芽诱导率达到峰值，分别为 68.3%、91.1%、69.4% 和 28.3%；当生长素（NAA）浓度为 1.1mg/L 时，在 8mg/L 6-BA 处，白花泡桐叶片的芽诱导率达到峰值，为 40%。另外，当激素配比为 MS+0.3mg/L NAA+12mg/L 6-BA 时白花泡桐叶片的芽诱导率最高（91.1%），而 MS+1.1mg/L NAA+20mg/L 6-BA 时，白花泡桐叶片的芽诱导率最低（6.7%）。根据丛枝病白花泡桐叶片在不同植物激素组合培养基上芽诱导率的情况可以得出，MS+0.3mg/L NAA+12mg/L 6-BA 可作为丛枝病白花泡桐叶片芽诱导的最适培养基。

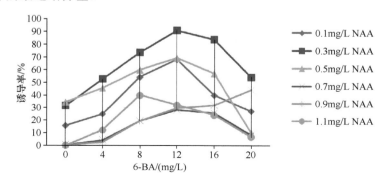

图 10-70 植物激素对丛枝病白花泡桐叶片芽诱导的影响

（二）植物激素对患病白花泡桐叶柄芽诱导的影响

丛枝病白花泡桐叶柄接种在含有不同植物激素浓度组合培养基上芽诱导的结果从图 10-71 可以看出，培养基中植物激素浓度及其组合对叶柄芽诱导率有很大影响，当生长素（NAA）浓度固定时，随着细胞分裂素（BA）浓度的升高，不同激素配比的白花泡桐叶柄芽诱导率基本呈先升后降的趋势。在 36 个 NAA 和 6-BA 浓度组合的培养基中，当生长素（NAA）浓度为 0.1mg/L、0.3mg/L、0.5mg/L 时，在 12mg/L 6-BA 处，白花泡桐叶柄的芽诱导率达到峰值，分别为 17.8%、13.9%、10.6%；当生长素（NAA）浓度为 0.9mg/L 和 1.1mg/L 时，在 16mg/L 6-BA 处，白花泡桐叶柄的芽诱导率达到峰值，为 32.8% 和 16.7%；当生长素（NAA）浓度为 0.7mg/L，在 20mg/L 6-BA 处，白花泡桐叶柄的芽诱导率达到峰值，为 18.3%。另外，当激素配比为 MS+0.9mg/L NAA+16mg/L 6-BA 时白花泡桐叶柄的芽诱导率最高（32.8%），而 MS+0.3mg/L NAA+20mg/L 6-BA 时，白花泡桐叶柄的芽诱导率最低（4.4%）。根据丛枝病白花泡桐叶柄芽诱导率大小，可以选择 MS+0.9mg/L NAA+16mg/L 6-BA 作为丛枝病白花泡桐叶柄芽诱导的最适培养基。

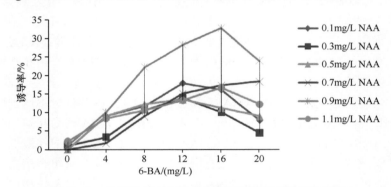

图 10-71 植物激素对丛枝病白花泡桐叶柄芽诱导的影响

（三）植物激素对患病白花泡桐茎段芽诱导的影响

植物激素浓度及其组合对患病白花泡桐茎段芽诱导影响结果见图 10-72。当 NAA 浓度为 0.1mg/L 时，丛枝病白花泡桐茎段芽诱导率皆为 0；当 NAA 浓度分别为 0.3mg/L、0.5mg/L、0.9mg/L 和 1.1mg/L 时，随着 6-BA 浓度的升高，叶柄芽诱导率呈现先上升再下降的趋势。诱导 30 天时，最大芽诱导率分别为 3.3%、4.4%、6.7%和 6.7%，此时，培养基中 6-BA 浓度分别为 8mg/L、12mg/L、12mg/L 和 12mg/L；当 NAA 浓度为 0.7mg/L 时，随着 6-BA 浓度的升高，叶柄芽诱导率逐渐增大，20 天和 30 天时，叶柄芽最大诱导率分别为 6.1%和 13.3%。由以上白花泡桐茎段芽诱导率结果可以看出，茎段最大芽诱导率为 13.3%，造成该结果的原因可能与茎段的内源植物激素浓度有一定的关系。植物激素对丛枝病白花泡桐幼苗不同外植体的体外植株再生存在一定差异。基于外植体芽诱导率和试验成本,选择叶片作为丛枝病白花泡桐体外植株再生的最适外植体,MS+0.3mg/L NAA+12mg/L 6-BA 作为其芽诱导的最适培养基。

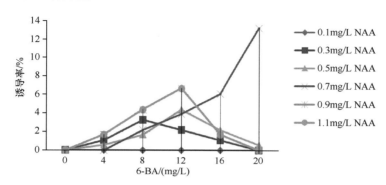

图 10-72 植物激素对丛枝病白花泡桐茎段芽诱导的影响

(四)不同 NAA 浓度对患病白花泡桐幼芽根诱导的影响

将诱导出的芽长到约 3cm 时,从茎基部剪下,分别放入附加不同浓度 NAA 的 1/2MS 生根培养基上,培养 10 天时开始每隔 5 天统计其生根情况。不同浓度 NAA 对丛枝病白花泡桐幼芽生根影响结果见图 10-73。当 NAA 浓度分别为 0、0.1mg/L、0.3mg/L、0.5mg/L、0.7mg/L、0.9 mg/L 和 1.1mg/L 时,幼芽根诱导率达到 100%的诱导时间分别为 30 天、20 天、15 天、15 天、15 天、20 天和 20 天。当根诱导时间分别为 10 天时,随着 NAA 浓度的升高,幼芽根诱导率逐渐增大到 96.7%时又开始下降;当根诱导时间为 15 天时,随着 NAA 浓度升高,根诱导率逐渐增大到 100%并持续一定时期后又开始下降。根诱导时间为 20 天时,

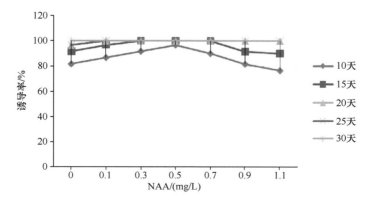

图 10-73 植物激素对丛枝病白花泡桐幼芽根诱导的影响

白花泡桐幼芽在含 NAA 的培养基中根诱导率皆可达到 100%，也就是说，NAA 浓度对丛枝病白花泡桐幼芽根诱导没有明显差异。根据丛枝病白花泡桐幼芽根诱导率大小、根诱导时间和幼苗培养成本，我们选择 1/2MS+0.3mg/L NAA 为其根诱导最适培养基。

三、'豫杂一号'泡桐丛枝病苗体细胞植株再生

（一）植物激素对患病'豫杂一号'泡桐叶片芽诱导的影响

试验材料选取河南农业大学郑州林业试验站丛枝病'豫杂一号'泡桐（*Paulownia tomentosa*×*Paulownia fortunei*）的当年生幼嫩枝条。将丛枝病'豫杂一号'泡桐当年生幼嫩枝条先用质量分数为 0.1% 的 $HgCl_2$ 消毒 5min，再用无菌水清洗 5 次后接种于不含任何植物激素的 PC 基本培养基上。40 天后将获得无菌苗患病'豫杂一号'泡桐叶片接种在含不同 NAA 和 6-BA 浓度培养基上，芽诱导结果（图 10-74）可以看出，植物激素浓度组合对患病叶片芽诱导产生了明显的影响，当生长素（NAA）浓度固定时，随着 6-BA 浓度的升高，不同激素配比的'豫杂一号'泡桐叶柄芽诱导率基本呈先升后降的趋势。结果表明，当 NAA 浓度为 0.5mg/L 时，在 8mg/L 6-BA 处，'豫杂一号'泡桐叶片的芽诱导率达到峰值，为 20%；当生长素（NAA）浓度为 0.1mg/L、0.3mg/L、0.7mg/L、0.9mg/L 时，在 12mg/L 6-BA 处，'豫杂一号'泡桐叶片的芽诱导率达到峰值，分别为 14.4%、47.8%、16.7%、13.3%。另外，当激素配比为 MS+NAA 0.3mg/L+6-BA 12mg/L 时，'豫杂一号'泡桐叶片的芽诱导率最高（47.8%），而 MS+NAA 0.9mg/L+6-BA 16mg/L 时，'豫杂一号'泡桐叶片的芽诱导率最低（8.9%）。根据患病'豫杂一号'泡桐叶片在不同植物激素浓度组合培养基上芽诱导率的情况可以看出，MS+0.3mg/L NAA+12mg/L 6-BA 可作为患病'豫杂一号'泡桐叶片芽诱导的最适培养基。

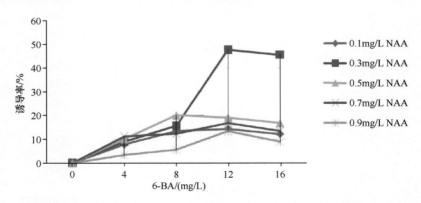

图 10-74 植物激素对丛枝病'豫杂一号'泡桐叶片芽诱导的影响

（二）植物激素对患病'豫杂一号'泡桐叶柄芽诱导的影响

患病'豫杂一号'泡桐叶柄在含有不同植物激素浓度组合培养基上芽诱导的结果（图 10-75）表明，培养基中植物激素浓度及其组合影响叶柄芽诱导率的大小，当生长素（NAA）浓度固定时，随着 6-BA 浓度的升高，不同激素配比的'豫杂一号'泡桐叶柄芽诱导率基本呈先升后降的趋势。结果表明，当生长素（NAA）浓度为 0.1mg/L 和 0.5mg/L 时，在 12mg/L 6-BA 处，'豫杂一号'泡桐叶柄的芽诱导率达到峰值，分别为 8.9% 和 18.9%；当生长素（NAA）浓度为 0.3mg/L、0.7mg/L 和 0.9mg/L 时，在 8mg/L 6-BA 处，'豫杂一号'泡桐叶柄的芽诱导率达到峰值，分别为 21.1%、20% 和 13.5%。另外，当激素配比为 MS+0.3mg/L NAA+8mg/L 6-BA 时，'豫杂一号'泡桐叶柄的芽诱导率最高（21.1%），而 MS+0.9mg/L NAA+16mg/L 6-BA 时，'豫杂一号'泡桐叶片的芽诱导率最低（0%）。根据芽诱导率最高的原则，选择 MS+NAA0.3mg/L+6-BA 8mg/L 为丛枝病'豫杂一号'泡桐叶柄最适芽诱导培养基。

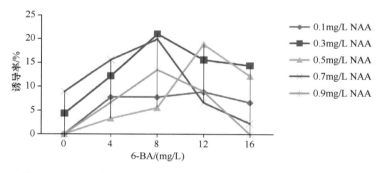

图 10-75　植物激素对丛枝病'豫杂一号'泡桐叶柄芽诱导的影响

（三）植物激素对患病'豫杂一号'泡桐茎段芽诱导的影响

培养基中的植物激素浓度及其组合对患病'豫杂一号'泡桐茎段芽诱导率大小的影响见图 10-76，培养基中植物激素浓度及其组合影响'豫杂一号'泡桐茎段芽诱导率的大小，当生长素（NAA）浓度固定时，随着 6-BA 浓度的升高，不同激素配比的'豫杂一号'泡桐茎段芽诱导率基本呈先升后降的趋势。结果表明，当生长素（NAA）浓度为 0.1mg/L 和 0.7mg/L 时，在 4mg/L 6-BA 处，'豫杂一号'泡桐茎段的芽诱导率达到峰值，分别为 17.8% 和 21.1%；当生长素（NAA）浓度为 0.5mg/L 和 0.9mg/L 时，在 8mg/L 6-BA 处，'豫杂一号'泡桐茎段的芽诱导率达到峰值，分别为 16.7% 和 14.4%；当生长素（NAA）浓度为 0.3mg/L 时，在 12mg/L 6-BA 处，'豫杂一号'泡桐茎段的芽诱导率达到峰值，为 42.3%。另外，当激素配比为 MS+0.3mg/L NAA+12mg/L 6-BA 时，'豫杂一号'泡桐茎段的芽诱导率最高（42.3%），当激素配比为 MS+0.9mg/L NAA+16mg/L 6-BA，'豫杂一号'泡桐茎段的芽诱导率最低（4.4%）。从患病'豫杂一号'泡桐茎段芽诱导率结果来看，可选择 MS+0.3mg/L NAA+12mg/L 6-BA 为其芽诱导最适培养基。

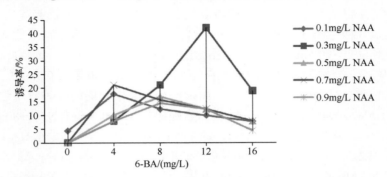

图 10-76　植物激素对丛枝病'豫杂一号'泡桐茎段芽诱导的影响

（四）不同浓度 NAA 和 IBA 对丛枝病'豫杂一号'泡桐幼芽根诱导的影响

　　将诱导出的芽长到约 3cm 时，从茎基部剪下，分别放入附加不同浓度 NAA 的 1/2MS 生根培养基上，培养 10 天时开始每隔 5 天统计其生根情况。不同种类的生长素及浓度对患病泡桐幼芽生根的影响见图 10-77。由图 10-77 可以看出，从幼芽在含有 NAA 的生根培养基中生长 5 天的结果可以看出，随着 NAA 浓度的增加，根诱导率逐渐增大，在 NAA 浓度为 0.04mg/L 时，根诱导率达到最大，之后又开始下降。造成这种现象的原因可能与生长素浓度较大时，幼芽伤口处形成较多须根从而抑制主根生长有一定的联系。当幼芽生长 10 天时，幼芽根诱导率皆可

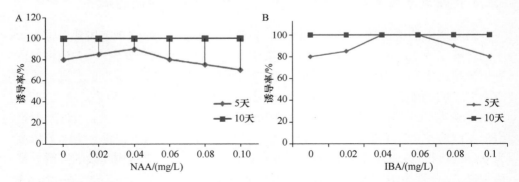

图 10-77　不同生长素 NAA（A）和 IBA（B）对'豫杂一号'丛枝病泡桐幼芽根诱导的作用

达到 100%。幼芽在含 IBA 的生根培养基的结果表明，生长 5 天时，随着 IBA 浓度的增加根诱导率逐渐增大到 100%；当幼芽在含有不同浓度 IBA 培养基中生长 10 天时，芽诱导率都可达到 100%。以上结果表明，患病'豫杂一号'泡桐幼芽生根 10 天时，可以选择不含 IBA 和 NAA 的 1/2MS 培养基作为其根诱导的最适培养基。

第三节　泡桐体细胞胚胎发生植株再生

一、胚性愈伤组织诱导培养基的筛选

试验材料采用河南农业大学泡桐研究所林木生物技术实验室的毛泡桐（PT）、兰考泡桐（PE）和白花泡桐（PF）繁殖的无菌苗叶片。胚性愈伤组织诱导培养基的筛选试验方法为，将上述毛泡桐、兰考泡桐和白花泡桐的无菌苗叶片沿主脉剪成约 1.0cm×1.0cm 的小块、茎段剪成长约 1.5cm 的小段作为外植体，接种含 NAA 和 2,4-D 浓度均为 0.3mg/L 与 6-BA 浓度为 5mg/L、8mg/L、11mg/L、14mg/L、17mg/L、20mg/L 的 MS 基本培养基上。培养基中含蔗糖 2.5%、琼脂粉 0.8%。将接种三种泡桐外植体的培养瓶放入光照强度为 130μmol/（m·s）、光照时间为 14h/d、温度为（25±2）℃的培养室内培养。每 2 天观察一次，约 10 天后取不同形态的愈伤组织制片（根据材料质地不同分别采用临时压片和切片法）观察。在显微镜下分辨出胚性和非胚性愈伤组织，并根据胚性愈伤组织诱导率筛选最适培养基。

（一）泡桐愈伤组织的形态学和组织学观察

在 MS 培养基上，毛泡桐、兰考泡桐和白花泡桐的茎段和叶片生长 10 天时诱导出的愈伤组织在颜色、质地和形状三方面的外在形态上有一定的相似性。其颜色可以分为白色、红色、黄色、浅黄色、浅绿色和黄绿色等；质地可分为松软型和致密型。形状有半透明絮状、不规则瘤状和分散颗粒状等。其中，红色和黄色愈伤组织经过一段时间后颜色都有变深的趋势，红色变为红黑色，黄色变为黄褐色。白色愈伤组织多出现在培养基表面下外植体上，颜色逐渐变为浅绿色和绿色，培养基表面上外植体白色愈伤组织有时也向半透明状发展。白色、浅黄色和绿色的愈伤组织临时压片可以发现，非胚性愈伤组织细胞比相同外植体诱导出的胚性愈伤组织细胞体积稍大，有大的中央液泡，排列疏松，核小，染色较浅。胚性愈伤组织细胞体积较小，有很多分散的小液泡，排列紧密，细胞核大而圆，染色较深。由此可以认为，颜色为白色、浅黄色、浅绿色颗粒状的愈伤组织为胚性愈伤组织；非脆致密型和松软型及半透明絮状的愈伤组织为非胚性愈伤组织。利用泡桐胚性和非胚性愈伤组织内在状态分别与其外在形态相关的特点，可以在短期内筛选出不同基因型不同外植体胚性愈伤组织诱导的最适培养基。

（二）胚性愈伤组织的诱导

体细胞转化为胚性细胞的一个重要前提是这些细胞必须脱离整体的约束，而进行离体培养。但仅离体培养并非是胚性细胞发生的充分条件，因为这一转化过程的分子基础是基因差别表达的结果。但基因的差别表达需要一定的内外条件的诱导，也就是说细胞分化必须具有相应的诱导因子。影响细胞分化的因素有很多，但其中最重要的是激素的调节作用（崔凯荣等，2000；邢更妹等，2000）。不同的激素影响着植物体胚发生的诱导。在 NAA 或 2,4-D 浓度为 0.3mg/L 时，3 种泡桐的叶片和茎段外植体随着 6-BA 浓度的变化诱导出的胚性愈伤组织和愈伤组织诱导结果（表 10-16）表明，3 种泡桐的 6 种外植体在 12 种激素浓度组合的培养基上都有愈伤组织形成。在含 NAA 和 6-BA 的培养基上出现胚性愈伤组织，而在含 2,4-D 和 6-BA 的培养基上仅形成了大量非胚性愈伤组织。也就是说，生长素的种类对泡桐胚性愈伤组织和非胚性愈伤组织的形成起决定作用。在含有生长素 NAA 的培养基中有利于胚性愈伤组织的形成，而含相同浓度的 2,4-D 培养基则不能诱导胚性愈伤组织。这可能与生长素 NAA 和 2,4-D 的具体生理特性有关。

表 10-16 不同基因型对泡桐胚性愈伤组织和愈伤组织诱导率的影响（单位：%）

基因型	外植体	愈伤组织	0.3mg/L NAA						0.3mg/L 2,4-D					
			5mg/L 6-BA	8mg/L 6-BA	11mg/L 6-BA	14mg/L 6-BA	17mg/L 6-BA	20mg/L 6-BA	5mg/L 6-BA	8mg/L 6-BA	11mg/L 6-BA	14mg/L 6-BA	17mg/L 6-BA	20mg/L 6-BA
兰考泡桐	叶片	EC	73.3	86.3	60.0	44.4	35.7	50.0	0	0	0	0	0	0
		C	100	100	100	100	100	100	100	100	100	100	100	100
	茎段	EC	66.7	75.8	85.8	58.7	41.4	30.0	0	0	0	0	0	0
		C	100	100	100	100	100	100	100	100	100	100	100	100
白花泡桐	叶片	EC	28.6	41.4	60.0	92.9	72.5	53.6	0	0	0	0	0	0
		C	100	100	100	100	100	100	100	100	100	100	100	100
	茎段	EC	9.0	24.1	14.3	13.8	10.0	6.9	0	0	0	0	0	0
		C	100	100	100	100	100	100	100	100	100	100	100	100
毛泡桐	叶片	EC	31.0	46.7	55.2	71.4	83.3	67.8	0	0	0	0	0	0
		C	100	100	100	100	100	100	100	100	100	100	100	100
	茎段	EC	14.3	23.3	27.6	35.7	46.7	21.4	0	0	0	0	0	0
		C	100	100	100	100	100	100	100	100	100	100	100	100

注：EC. 胚性愈伤组织；C. 愈伤组织

基因型的差异影响对体胚的诱导。毛泡桐、白花泡桐和兰考泡桐叶片均可以在较广的激素浓度范围内形成胚性愈伤组织（图 10-78）。3 种泡桐叶片的胚性愈伤组织诱导率有很大的诱导范围，最高和最低的诱导率相差达到50%以上（毛泡桐叶片形成的胚性愈伤组织在31.0%～83.3%变化，白花泡桐在28.6%～92.9%变化，兰考泡桐胚性愈伤组织诱导率在35.7%～86.3%变化）。其中，毛泡桐和白花泡桐随6-BA浓度的变化胚性愈伤组织诱导率均形成一个峰值，与兰考泡桐形成的两个峰值不同。从各自胚性愈伤组织的最高诱导率看，3种泡桐在不同的激素浓度组合处形成。白花泡桐14mg/L 6-BA处诱导率最高为92.9%，毛泡桐在17mg/L 6-BA处诱导率最高为83.3%，兰考泡桐在8mg/L 6-BA处为86.3%。

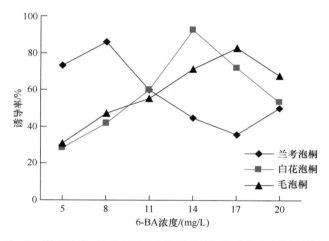

图10-78　激素浓度对不同基因型泡桐叶片胚性愈伤组织诱导的影响

　　毛泡桐、白花泡桐和兰考泡桐的茎段在浓度组合范围内均可以形成胚性愈伤组织（图10-79）。毛泡桐茎段胚性愈伤组织诱导率在14.3%～46.7%变化，白花泡桐茎段在6.9%～24.1%变化，兰考泡桐茎段在30.0%～85.8%变化。在整个浓度组合范围内3种泡桐的胚性愈伤组织诱导率各出现一个峰值，兰考泡桐茎段在11mg/L 6-BA处最高，毛泡桐茎段在17mg/L 6-BA处，白花泡桐茎段在8mg/L 6-BA处最高。从诱导率来看，兰考泡桐茎段诱导率最高，白花泡桐茎段诱导率最低。

　　从兰考泡桐叶片和茎段胚性愈伤组织诱导结果（图10-80）可以看出，叶片和茎段在NAA浓度为0.3mg/L时，胚性愈伤组织诱导率随6-BA浓度从5mg/L到20mg/L的升高，呈现两种趋势。说明NAA与6-BA的激素组合对兰考泡桐叶片和茎段外植体的胚性愈伤组织诱导率影响不同。兰考泡桐叶片和茎段胚性愈伤组织最大诱导率分别为86.3%和85.8%，此时6-BA浓度分别为8mg/L和11mg/L，而最低诱导率分别为35.7%和30%，这表明叶片和茎段的差异对兰考泡桐胚性愈伤组织在最大和最小诱导率方面影响不大。

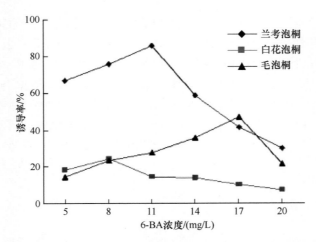

图 10-79　激素浓度对不同基因型泡桐茎段胚性愈伤组织诱导的影响

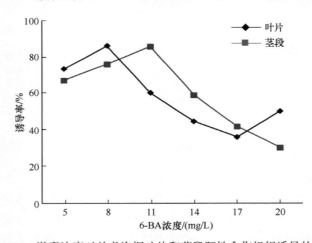

图 10-80　激素浓度对兰考泡桐叶片和茎段胚性愈伤组织诱导的影响

　　白花泡桐叶片和茎段胚性愈伤组织诱导率结果如图 10-81 所示，两者胚性愈伤组织诱导率变化趋势相似，均随 6-BA 浓度的增加形成一个高峰。叶片胚性愈伤组织诱导率在 6-BA 浓度为 14mg/L 时达到最大，茎段在 6-BA 浓度为 8mg/L 时达到最大。叶片胚性愈伤组织诱导率整体水平较高，而茎段整体水平偏低，叶片诱导率变化幅度较大而茎段较小。即在相同的诱导培养基上，白花泡桐叶片胚性愈伤组织诱导能力高于茎段。

　　毛泡桐叶片和茎段胚性愈伤组织诱导率从图 10-82 可以看出，两者变化趋势相同，在整个诱导过程中各出现一个高峰。当培养基中 6-BA 浓度达到 17mg/L 时，两者诱导率都达到最大。叶片诱导率变化幅度较大（从 83.3% 到 31.0%），而茎段较小（从 46.7%到 14.3%）。叶片诱导率全部高于相同培养条件下的茎段，这说明培养条件相同时，毛泡桐叶片胚性愈伤组织诱导能力高于茎段。

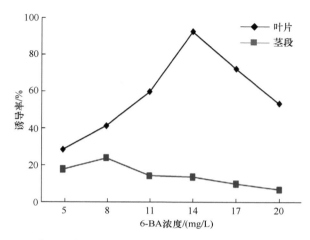

图 10-81 激素浓度对白花泡桐叶片和茎段胚性愈伤组织诱导的影响

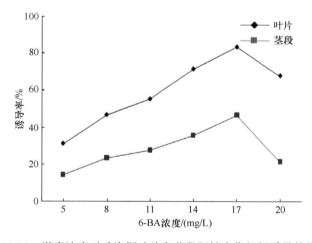

图 10-82 激素浓度对毛泡桐叶片和茎段胚性愈伤组织诱导的影响

不同基因型的泡桐外植体在相同培养基上愈伤组织诱导率多重比较结果由表 10-17 可以看出，在 $P=0.05$ 的水平上，6 种外植体胚性愈伤组织诱导率在 MS+0.3mg/L NAA+5mg/L 6-BA 培养基上差异显著，兰考泡桐叶片诱导率最高达73.3%，显著高于其他 5 种外植体，毛泡桐茎段最低（14.3%），显著低于其他 5 种外植体。即在培养基 MS+0.3mg/L NAA+5mg/L 6-BA 上，6 种外植体中兰考泡桐叶片最适合胚性愈伤组织的诱导。用同样的方法比较可知，在培养基 MS+0.3mg/L NAA+8mg/L 6-BA 上最适合兰考泡桐叶片外植体胚性愈伤组织的诱导，在培养基 MS+0.3mg/L NAA+11mg/L 6-BA 上最适合兰考泡桐茎段外植体胚性愈伤组织的诱导；在培养基 MS+0.3mg/L NAA+17mg/L 6-BA 和 MS+0.3mg/L NAA+20mg/L 6-BA
上，均有利于毛泡桐叶片外植体胚性愈伤组织的诱导。这些结果说明，在相同的
培养基上基因型和外植体种类影响胚性愈伤组织的形成。用兰考泡桐进行体细胞
胚胎发生时，叶片和茎段的发生能力差异不大，均可作为适宜的外植体。白花泡
桐和毛泡桐在诱导体细胞胚胎发生时，叶片均高于茎段。因此，叶片是白花泡桐
和毛泡桐诱导体细胞胚胎发生的适宜外植体。

表 10-17　不同基因型的泡桐外植体在相同培养基上胚性愈伤组织诱导率（%）多重比较

基因型	外植体	培养基					
		0.3mg/L NAA+5mg/L 6-BA	3mg/L NAA+8mg/L 6-BA	0.3mg/L NAA+11mg/L 6-BA	0.3mg/L NAA+14mg/L 6-BA	0.3mg/L NAA+17mg/L 6-BA	0.3mg/L NAA+20mg/L 6-BA
兰考泡桐	叶片	73.3a	86.3a	60.0b	44.5d	35.8e	50.0c
	茎段	66.7b	76.0b	85.8a	58.7c	41.4d	30.0d
白花泡桐	叶片	28.6d	41.5c	60.0b	93.0a	72.5b	53.6b
	茎段	17.9e	24.2d	14.3d	13.8f	10.1f	6.9f
毛泡桐	叶片	31.1c	46.7c	55.2b	71.5b	83.3a	67.8a
	茎段	14.3f	23.3d	27.7e	35.8e	46.7c	21.5e

注：同一列中相同字母表示差异不显著

　　NAA 和 6-BA 浓度对兰考泡桐、白花泡桐和毛泡桐的叶片和茎段外植体胚性
愈伤组织诱导率多重比较结果（表 10-18）表明，在 NAA 浓度为 0.3mg/L 时，6 种
6-BA 浓度组合对兰考泡桐叶片胚性愈伤组织诱导率的影响有显著性差异，在培养
基 MS+0.3mg/L NAA+8mg/L 6-BA 上诱导率最高（86.3%），在培养基 MS+0.3mg/L
NAA+17mg/L 6-BA 上诱导率最低（35.7%），即兰考泡桐叶片可以在较广的激素
浓度范围内形成胚性愈伤组织，不同的激素组合影响着愈伤组织诱导率的高低，
根据诱导率的高低，选择培养基 MS+0.3mg/L NAA+8mg/L 6-BA 诱导兰考泡桐叶
片胚性愈伤组织。兰考泡桐茎段在 6 种培养基上愈伤组织诱导率多重比较结果表
明（表 10-18），在 MS+0.3mg/L NAA+11mg/L 6-BA 培养基上胚性愈伤组织诱导率
与其他 5 种培养基间差异性显著，并且诱导率最大，因此可以认为 MS+0.3mg/L
NAA+11mg/L 6-BA 是兰考泡桐茎段愈伤组织诱导最适培养基，其次可选培养基
MS+0.3mg/L NAA+8mg/L 6-BA。同理可以得出：培养基 MS+0.3mg/L NAA+14mg/L
6-BA 对白花泡桐叶片胚性愈伤组织诱导最合适，其次是培养基 MS+0.3mg/L
NAA+17mg/L 6-BA，培养基 MS+0.3mg/L NAA+8mg/L 6-BA 对白花泡桐茎段胚性
愈伤组织诱导最合适。毛泡桐叶片愈伤组织诱导最合适培养基是 MS+0.3mg/L
NAA+17mg/L 6-BA。培养基 MS+0.3mg/L NAA+17mg/L 6-BA 对毛泡桐茎段愈伤
组织诱导最合适，其次是培养基 MS+0.3mg/L NAA+14mg/L 6-BA。从以上结果可
以看出，培养基中的激素浓度显著影响着胚性愈伤组织的形成，不同的培养基适

合不同的外植体。

表 10-18　不同基因型泡桐的不同外植体在不同培养基上胚性愈伤组织诱导率（%）的多重比较

培养基		兰考泡桐		白花泡桐		毛泡桐	
NAA	6-BA	叶片	茎段	叶片	茎段	叶片	茎段
0.3	5	73.3b	66.7c	28.6e	17.9b	31.1e	14.3e
0.3	8	86.3a	75.8b	41.4d	24.1a	46.7d	23.3d
0.3	11	60.0c	85.8a	60.0c	14.3c	55.2c	27.7c
0.3	14	44.4c	58.7d	92.9a	13.8c	71.5b	35.8b
0.3	17	35.7f	41.4e	72.5b	10.1d	83.3a	46.7a
0.3	20	50.0d	30.0f	53.6c	6.7e	67.8b	21.5d

注：同一列中相同字母表示差异不显著

二、泡桐体细胞胚胎发生

体细胞胚胎发生组织学观察。将以上 3 种泡桐的叶片和茎段外植体放在各自最适培养基上诱导体细胞胚胎发生，体细胞胚胎发生的培养条件同胚性愈伤组织诱导条件。从外植体接种开始，每 3 天取样一次，共取样观察 10 批。10 批样全部取完后，一并采用常规石蜡切片法制作切片，培养材料制成石蜡切片后，在尼康 TS-100 荧光倒置显微镜下观察体细胞胚胎发生情况，并拍照。

体细胞胚胎发生再生植株的培养和栽植。将三种泡桐的叶片和茎段外植体放在各自最适诱导胚性愈伤组织的培养基上进行培养，20 天后继代在相同的新鲜培养基上，经过两次继代在培养基上可以形成完整的植株。当再生植株幼根长到 3cm 左右时，可以进行幼苗的锻炼和移栽，方法同器官中再生植株的锻炼和移栽。

（一）体细胞胚胎发育进程

3 种基因型泡桐的 6 种外植体体细胞胚胎发生结果（表 10-19）表明，在各自最适培养基上，自接种 7 天左右就观察到早期原胚（6～9 天）出现；除兰考泡桐茎段外，其他外植体在 12 天时观察到球形胚，15 天时观察到心形胚（但球形胚和心形胚出现的时间间隔在所有外植体上均为 3 天）；叶片外植体鱼雷胚与心形胚在试验观察中同时出现，而茎段鱼雷胚在其心形胚发生 3 天后出现；叶片外植体都在 18 天时观察到子叶胚，兰考泡桐茎段子叶胚出现时间为 24 天，其他茎段外植体则为 21 天。以上结果表明：①在不同泡桐叶片体细胞胚胎发生过程中，各阶段大致同步发生，其中心形胚到鱼雷胚发育进程相对较快。②茎段体细胞胚胎发育中，早期原胚到球形胚进程较慢，兰考泡桐茎段体细胞胚胎发育完成相对两亲本较晚。③在所有基因型中，叶片体细胞胚胎发育能力均高于茎段，表现为叶片体细胞胚胎发育进程所需时间比茎段短。

表 10-19　不同种泡桐外植体在不同时间内的体细胞胚胎发生　（单位：天）

基因型	外植体	早期原胚	球形胚	心形胚	鱼雷胚	子叶胚
兰考泡桐	叶片	9	12	15	15	18
	茎段	9	15	18	21	24
白花泡桐	叶片	9	12	15	15	18
	茎段	6	12	15	18	21
毛泡桐	叶片	6	12	15	15	18
	茎段	6	12	15	18	21

（二）体细胞胚胎发生解剖学观察

对不同基因型泡桐外植体在各自最适培养基上的体细胞胚胎发生情况进行观察，结果发现，体细胞胚胎起源可以追溯到单个胚性细胞。这些胚性细胞可以从愈伤组织近表面（或内部）薄壁细胞发展而来；3 种基因型泡桐的叶片和茎段体细胞发生过程中经历的球形胚、心形胚和鱼雷胚无明显解剖学差异。

（三）泡桐体细胞胚胎植株再生锻炼与栽植

将在诱导胚性愈伤组织上形成的带愈伤的材料，继续在新鲜的培养基上诱导，继代在与诱导胚性愈伤组织相同的培养基上，可形成完整的植株。将不同外植体诱导得到的体细胞胚胎再生植株经过锻炼后栽植在花盆中可以正常生长。

第四节　泡桐悬浮细胞系的获得及植株再生

一、基本培养基的筛选

（一）不同基本培养基对毛泡桐悬浮培养愈伤组织生长的影响

试验材料为河南农业大学泡桐研究所林木生物技术实验室在河南农业大学郑州林业试验站采集的毛泡桐（*Paulownia tomentosa*）种子。将种子消毒后于无激素的 WPM 培养基上培养。幼苗长到 30 天时，取自顶端至根部的第 2 对叶用剪刀剪成长条状，在无菌条件下称取 2g，分别置于 200mL 含不同激素浓度的 MS、B$_5$、WPM、KM$_8$P 液体培养基中，在 100r/min 的摇床上，（25±1）℃条件下暗培养。悬浮培养 20 天时，统计叶片愈伤组织诱导率（产生愈伤组织的叶片数除以悬浮培养的总叶片数为愈伤组织诱导率），比较愈伤组织的产量和生长状态。悬浮培养 20 天后继代。继代时，先把培养基静置 10min，然后轻轻倒掉上清液，向培养瓶中加入与旧培养基相同体积的新鲜培养基。换液后第 7 天观察叶片愈伤组织的褐化情况，确定其褐变等级（0 级：淡黄色；1 级：轻度褐变，黄色；2 级：褐变，黄褐色；3 级：严重褐变，褐色）。最终根据愈伤组织的生长情况和褐化情况，筛选出最适基本培养基。

抗褐化剂的筛选，在无菌操作台上，取毛泡桐从顶端至根部的第 2 对叶，用剪刀剪成长条状，在无菌条件下称取 2g，分别置于 200mL MS、B_5、WPM、KM_8P 液体培养基中，不添加抗褐化剂，在 100r/min 的摇床上，（25±1）℃条件下暗培养。悬浮培养 20 天后用同种培养基继代，同时培养基中添加不同种类和浓度的抗褐化剂，其他培养条件同上。二硫苏糖醇（DTT）、维生素 C（Vc）、硫代硫酸钠（$Na_2S_2O_3$）、半胱氨酸（Cys）、柠檬酸（CA）需过滤灭菌，聚乙烯吡咯烷酮（PVP）可高温灭菌。继代时，先把培养基静置 10min，然后轻轻倒掉上清液，向培养瓶中加入与旧培养基相同体积的新鲜培养基。换液后第 7 天观察愈伤组织的褐化情况，确定其褐变等级（0 级：淡黄色；1 级：轻度褐变，黄色；2 级：褐变，黄褐色；3 级：严重褐变，褐色），筛选出最适抗褐化剂种类和浓度。

MS 培养基的改良，先改良 MS 培养基的 5 种大量矿质元素，微量元素不变，有机成分与 B_5 相同。每种大量矿质元素设置 6 种浓度（A、B、C、D、E、F），每种浓度与其他大量矿质元素的 6 种浓度组合（A、B、C、D、E、F）进行组合试验，并进行悬浮培养，20 天后继代。继代后第 7 天观察愈伤组织褐化情况，同时比较愈伤组织的生长情况，以找出各种大量矿质元素的最佳浓度。然后以改良大量矿质元素的 MS 培养基为基本培养基，加入各种浓度组合的激素，进行叶片悬浮培养。培养期间观察愈伤组织的形成时间（叶片上产生愈伤组织的最短时间），培养 20 天时统计叶片愈伤组织诱导率（产生愈伤组织的叶片数除以悬浮培养的总叶片数为愈伤组织诱导率），培养 20 天后继代。继代时，先把培养基静置 10min，然后轻轻倒掉上清液，向培养瓶中加入与旧培养基相同体积的新鲜培养基。以后的每次继代周期为 18 天，连续继代 3 次，第 3 次继代结束时，比较愈伤组织的产量，观察生根情况，从而确定最佳激素浓度组合。再用以上筛选出最佳大量元素浓度的改良 MS 基本培养基（去除肌醇）和最佳激素浓度作为悬浮细胞培养基，同时添加不同的肌醇浓度，进行叶片悬浮培养，第 2 次继代时，观察和比较愈伤组织的分散度和产量，以确定最佳肌醇浓度，从而筛选出最适泡桐细胞悬浮培养的改良 MS 培养基。

毛泡桐叶片在不同基本培养基（表 10-20～表 10-23）上培养，20 天后观察愈伤组织的生长情况，发现不同基本培养基对泡桐悬浮培养愈伤组织生长影响较大。在 MS 培养基上，在 15 种激素浓度组合中，6-BA 为 17mg/L 时，不能诱导出愈伤组织，0.1mg/L NAA+9mg/L 6-BA 的组合愈伤组织诱导率最低为 85%，0.3mg/L NAA+15mg/L 6-BA 的组合愈伤组织诱导率最高达 93%。就愈伤组织产量而言，

表 10-20　MS 培养基上愈伤组织诱导情况

激素浓度/（mg/L）		愈伤组织诱导率/%	愈伤组织产量	愈伤组织状态	褐化等级
NAA	6-BA				
0.1	9	85	++	颗粒小，紧密	3
0.1	11	90	++	颗粒小，紧密	3
0.1	13	89	++	颗粒小，紧密	3
0.1	15	90	++	颗粒小，紧密	3
0.1	17	0	—	—	—
0.3	9	90	++	颗粒小，疏松	3
0.3	11	91	+++	颗粒小，疏松	3
0.3	13	92	+++	颗粒小，疏松	3
0.3	15	93	+++	颗粒小，疏松	3
0.3	17	0	—	—	—
0.5	9	89	+	颗粒小，紧密	3
0.5	11	87	+	颗粒小，紧密	3
0.5	13	91	++	颗粒小，疏松	3
0.5	15	90	++	颗粒小，疏松	3
0.5	17	0	—	—	—

注："—"表明无愈伤组织，"+"表明愈伤组织产量较低，"++"表明愈伤组织产量中等，"+++"表明愈伤组织产量最高

表 10-21　WPM 培养基上愈伤组织诱导情况

激素浓度/（mg/L）		愈伤组织诱导率/%	愈伤组织产量	愈伤组织状态	褐化等级
NAA	6-BA				
0.1	9	71	++	颗粒小，疏松	2
0.1	11	71	++	颗粒小，疏松	2
0.1	13	73	+	颗粒小，紧密	2
0.1	15	70	+	颗粒小，紧密	2
0.1	17	0	—	—	—
0.3	9	70	++	颗粒小，紧密	2
0.3	11	72	++	颗粒小，疏松	2
0.3	13	74	++	颗粒小，疏松	2
0.3	15	72	++	颗粒小，疏松	2
0.3	17	0	—	—	—
0.5	9	72	+	颗粒小，紧密	2
0.5	11	73	++	颗粒小，紧密	2
0.5	13	71	++	颗粒小，疏松	2
0.5	15	73	++	颗粒小，疏松	2
0.5	17	0	—	—	—

注："—"表明无愈伤组织，"+"表明愈伤组织产量较低，"++"表明愈伤组织产量中等

表 10-22　B$_5$培养基上愈伤组织诱导情况

激素浓度/（mg/L）		愈伤组织诱导率/%	愈伤组织产量	愈伤组织状态	褐化等级
NAA	6-BA				
0.1	9	67	+	颗粒大，疏松	2
0.1	11	67	+	颗粒大，疏松	2
0.1	13	69	+	颗粒大，疏松	2
0.1	15	68	+	颗粒大，疏松	2
0.1	17	0	—	—	—
0.3	9	68	++	颗粒大，疏松	2
0.3	11	65	++	颗粒大，疏松	2
0.3	13	68	++	颗粒大，疏松	2
0.3	15	70	++	颗粒大，疏松	2
0.3	17	0	—	—	—
0.5	9	68	++	颗粒大，疏松	2
0.5	11	67	++	颗粒大，疏松	2
0.5	13	69	++	颗粒大，疏松	2
0.5	15	72	++	颗粒大，疏松	2
0.5	17	0	—	—	—

注："—"表明无愈伤组织，"+"表明愈伤组织产量较低，"++"表明愈伤组织产量中等

表 10-23　KM$_8$P 培养基上愈伤组织诱导情况

激素浓度/（mg/L）		愈伤组织诱导率/%	愈伤组织产量	愈伤组织状态	褐化等级
NAA	6-BA				
0.1	9	63	+	颗粒小，紧密	3
0.1	11	67	+	颗粒小，紧密	3
0.1	13	66	+	颗粒小，紧密	3
0.1	15	68	+	颗粒小，紧密	3
0.1	17	0	—	—	—
0.3	9	65	+	颗粒小，紧密	3
0.3	11	66	+	颗粒小，紧密	3
0.3	13	70	+	颗粒小，紧密	3
0.3	15	71	+	颗粒小，紧密	3
0.3	17	0	—	—	—
0.5	9	69	+	颗粒小，紧密	3
0.5	11	64	+	颗粒小，紧密	3
0.5	13	66	+	颗粒小，紧密	3
0.5	15	69	+	颗粒小，紧密	3
0.5	17	0	—	—	—

注："—"表明无愈伤组织，"+"表明愈伤组织产量较低

0.3mg/L NAA +11mg/L 6-BA、0.3mg/L NAA+13mg/L 6-BA、0.3mg/L NAA+15mg/L 6-BA 三种组合的产量最高，0.5mg/L NAA+9mg/L 6-BA 和 0.5mg/L NAA+11mg/L 6-BA 的组合愈伤组织产量最低，其他组合诱导的愈伤组织产量中等。在愈伤组织状态方面，0.3mg/L NAA 的组合及 0.5mg/L NAA+13mg/L 6-BA、0.5mg/L NAA+15mg/L 6-BA 的组合中，愈伤组织质地较疏松，颗粒小，其他组合诱导的愈伤组织质地紧密，颗粒小。在 WPM 培养基上，17mg/L 6-BA 的组合不能诱导出愈伤组织，0.1mg/L NAA +15mg/L 6-BA 和 0.3mg/L NAA +9mg/L 6-BA 的组合，愈伤组织诱导率最低为 70%，0.3mg/L NAA+13mg/L 6-BA 的愈伤组织诱导率最高达 74%。在愈伤组织产量方面，0.1mg/L NAA+13mg/L 6-BA、0.1mg/L NAA+15mg/L 6-BA 和 0.5mg/L NAA+9mg/L 6-BA 的组合，愈伤组织产量较少，其他组合的愈伤组织产量中等。在愈伤组织状态方面，NAA 为 0.1mg/L 的组合中，当 6-BA 达到 13mg/L 以上时愈伤组织质地较紧密；当 NAA 为 0.3mg/L 时，只有 9mg/L 6-BA 的组合中愈伤组织质地紧密，其他组合的愈伤组织质地疏松；在 0.5mg/L NAA 的组合中，6-BA 在 11mg/L 以下时愈伤组织紧密，其他条件下，愈伤组织质地疏松。另外，WPM 培养基所有组合的愈伤组织颗粒均较小。在 B_5 培养基中，17mg/L 6-BA 的组合不能诱导出愈伤组织，0.3mg/L NAA+11mg/L 6-BA 的组合愈伤组织诱导率最低为 65%，0.5mg/L NAA+15mg/L 6-BA 的组合愈伤组织诱导率最高达 72%。在愈伤组织产量方面，在 0.1mg/L NAA 的组合，愈伤组织产量少，其他组合愈伤组织产量中等。在愈伤组织状态方面，所有激素组合中，愈伤组织质地均较疏松，颗粒大。在 KM_8P 培养基中，17mg/L 6-BA 的组合不能诱导出愈伤组织，0.1mg/L NAA+9mg/L 6-BA 的组合愈伤组织诱导率最低为 63%，0.3mg/L NAA+15mg/L 6-BA 的组合愈伤组织诱导率最高达 71%。另外，KM_8P 培养基的所有组合中，愈伤组织产量较低，颗粒小，质地紧密。此外观察发现，在 4 种基本培养基上，17mg/L 6-BA 的组合中，叶片出现水浸状死亡，不能诱导出愈伤组织，可能是 6-BA 浓度过大、液体中渗透压过大所致。通过比较发现，在以上 4 种基本培养基中，MS 培养基对愈伤组织的产生、生长和悬浮培养所需愈伤组织状态最有利。

（二）不同基本培养基对毛泡桐悬浮培养愈伤组织褐化的影响

1. 不同基本培养基对毛泡桐悬浮培养愈伤组织褐化的影响

将经过悬浮培养的叶片在相同的培养基上继代培养，由表 10-20～表 10-23 可知，叶片上的愈伤组织出现不同程度的褐化。B_5 和 WPM 培养基上愈伤组织褐化等级为 2，MS 和 KM_8P 培养基上的愈伤组织褐化等级为 3。可见不同的基本培养基对继代培养的毛泡桐愈伤组织褐化影响存在一定的差异。

2. 不同抗褐化剂对毛泡桐悬浮培养愈伤组织褐化的影响

在添加抗褐化剂的各种组合（表 10-24）中，DTT、CA、Vc、$Na_2S_2O_3$ 对抑制泡桐愈伤组织褐化没有作用，Cys 和 PVP 分别在 MS 培养基上起一定作用。可见不同种类的抗褐化剂对抑制泡桐愈伤组织褐化差异较大。Cys 用量为 100mg/L 时能抑制愈伤组织褐化，使褐化等级由 3 降到 2，但随着用量增加，褐化程度不能降低。另外观察发现，当 Cys 浓度达到 300mg/L 以上时，培养基开始变浅灰色，愈伤组织生长速度变慢，可能是半胱氨酸使用量过大时对愈伤组织有毒害作用。PVP 用量为 200mg/L 时不能减轻愈伤组织褐化，当使用量增加到 500mg/L 时，褐化等级降到 2 级，在 1000mg/L 以上时，褐化程度只能维持在 2 级。另外还观察到，PVP 使用量达到 2000mg/L 以上时，愈伤组织生长速度逐渐变慢。可见抗褐化剂不能完全抑制泡桐愈伤组织褐化，只在一定程度上起作用。

表 10-24　抗褐化剂的抗褐化效果比较

抗褐化剂	浓度/（mg/L）	褐化等级				抗褐化剂	浓度/（mg/L）	褐化等级			
		MS	WPM	KM_8P	B_5			MS	WPM	KM_8P	B_5
DTT	0.06	3	2	3	2	$Na_2S_2O_3$	300	3	2	3	2
	0.10	3	2	3	2		500	3	2	3	2
	0.14	3	2	3	2		700	3	2	3	2
	0.18	3	2	3	2		900	3	2	3	2
	0.22	3	2	3	2		1100	3	2	3	2
	0.26	3	2	3	2		1300	3	2	3	2
	0.30	3	2	3	2		1500	3	2	3	2
Vc	10	3	2	3	2	CA	50	3	2	3	2
	30	3	2	3	2		100	3	2	3	2
	60	3	2	3	2		150	3	2	3	2
	100	3	2	3	2		200	3	2	3	2
	150	3	2	3	2		250	3	2	3	2
	210	3	2	3	2		300	3	2	3	2
	280	3	2	3	2		350	3	2	3	2
PVP	200	3	2	3	2	Cys	100	2	2	3	2
	500	2	2	3	2		200	2	2	3	2
	1000	2	2	3	2		300	2	2	3	2
	1500	2	2	3	2		400	2	2	3	2
	2000	2	2	3	2		500	2	2	3	2
	2500	2	2	3	2		600	2	2	3	2
	3000	2	2	3	2		700	2	2	3	2

注：MS 培养基和 KM_8P 培养基中激素为 0.3mg/L NAA+15mg/L 6-BA，WPM 培养基中激素为 0.3mg/L NAA+13mg/L 6-BA，B_5 培养基中激素为 0.5mg/L NAA+15mg/L 6-BA

（三）改良 MS 培养基中不同成分对毛泡桐愈伤组织悬浮培养的影响

1. 改良 MS 培养基中大量元素对泡桐愈伤组织悬浮培养的影响

在改良 MS 培养基（表 10-25、表 10-26）中，NH_4NO_3 浓度在 600 mg/L 以下时，组合 A、B、C、D 的愈伤组织不褐化，E、F 的愈伤组织褐化等级为 1，并且观察发现，在不褐化的培养基中，随着 NH_4NO_3 浓度增加，愈伤组织生长逐渐加快，颗粒逐渐变小。NH_4NO_3 的浓度为 800 mg/L 时，组合 A 的愈伤组织不褐化，但观察时发现，愈伤组织生长较 NH_4NO_3 浓度为 600 mg/L 的组合 C、D 的缓慢，组合 B、C、D 的愈伤组织褐化等级为 1，E、F 的愈伤组织褐化等级为 2。当 NH_4NO_3 的浓度增加到 1000mg/L 时，组合 A、B、C 的愈伤组织褐化等级为 1，D、E、F 的愈伤组织褐化等级为 2。NH_4NO_3 的浓度为 1200mg/L 时，组合 A、B 的愈伤组织褐化等级为 1，C、D、E 的愈伤组织褐化等级为 2，F 的愈伤组织褐化等级为 3。NH_4NO_3 的浓度为 1400mg/L 时，组合 A、B、C 的愈伤组织褐化等级为 2，D、E、F 愈伤组织褐化等级为 3。KNO_3 的浓度为 600 mg/L 时，组合 A、B、C 的愈伤组织不褐化，D、E 的愈伤组织褐化等级为 1，F 的愈伤组织褐化等级为 2。KNO_3 浓度为 800mg/L 时，组合 A、B 的愈伤组织不褐化，组织 C、D、E 的愈伤组织褐化等级均为 1，F 的愈伤组织褐化等级为 2。KNO_3 浓度为 1000mg/L 时，A、B 的愈伤组织不褐化，C、D 的愈伤组织褐化等级为 1，E、F 的愈伤组织褐化等级为 2。另外发现，在不褐化的组合中，随着 KNO_3 浓度的增加，愈伤组织的体积逐渐变小，生长逐渐加快。KNO_3 浓度为 1200mg/L 时，组合 A、B 的愈伤组织不褐化，C 的愈伤组织褐化等级为 1，D、E 的愈伤组织褐化等级为 2，F 的愈伤组织褐化等级为 3。当 KNO_3 浓度为 1400mg/L 时，组合 A、B 的愈伤组织褐化等级为 1，C、D、E 的愈伤组织褐化等级为 2，F 的愈伤组织褐化等级为 3。当 KNO_3 浓度为 1600mg/L 时，组合 A、B 的愈伤组织褐化等级为 1，C、D 的愈伤组织褐化等级为 2，E、F 的愈伤组织褐化等级为 3。可见随着 KNO_3 浓度的增加，愈伤组织褐化逐渐加重。当进行 KH_2PO_4、$CaCl_2$、$MgSO_4$ 三种成分的浓度试验时，组合 A、B 的愈伤组织均不褐化，但是愈伤组织生长速度慢，C 的愈伤组织褐化等级为 1，D、E 的愈伤组织褐化等级为 2，F 的愈伤组织褐化等级为 3。可见，NH_4NO_3 和 KNO_3 对泡桐悬浮培养的愈伤组织褐化影响较大，根据愈伤组织的褐化情况和生长情况，筛选 NH_4NO_3 和 KNO_3 的最佳浓度为 600mg/L、1200mg/L。KH_2PO_4、$CaCl_2$、$MgSO_4$ 对泡桐愈伤组织褐化没有抑制作用，但对愈伤组织生长速度有一定影响，随着浓度的增加，生长速度加快，因此 KH_2PO_4、$CaCl_2$、$MgSO_4$ 三种成分的最佳浓度为 150mg/L、310mg/L、350mg/L。

表 10-25 改良 MS 培养基中改良成分的浓度组合

成分	A	B	C	D	E	F
NH₄NO₃	400	600	800	1000	1200	1400
KH₂PO₄	50	70	90	110	130	150
KNO₃	600	800	1000	1200	1400	1600
CaCl₂	110	150	190	230	270	310
MgSO₄	100	150	200	250	300	350

注：改良 MS 培养基中其他成分同 MS

表 10-26 改良 MS 培养基中不同改良成分浓度下愈伤组织褐化情况

成分	浓度/（mg/L）	褐化等级					
		A	B	C	D	E	F
NH₄NO₃	400	0	0	0	0	1	1
	600	0	0	0	0	1	1
	800	0	1	1	1	2	2
	1000	1	1	1	2	2	2
	1200	1	1	2	2	2	3
	1400	2	2	2	3	3	3
KNO₃	600	0	0	0	1	1	2
	800	0	0	1	1	1	2
	1000	0	0	1	1	2	2
	1200	0	0	1	2	2	3
	1400	1	1	2	2	2	3
	1600	1	1	2	2	3	3
KH₂PO₄	50	0	0	1	2	2	3
	70	0	0	1	2	2	3
	90	0	0	1	2	2	3
	110	0	0	1	2	2	3
	130	0	0	1	2	2	3
	150	0	0	1	2	2	3
CaCl₂	110	0	0	1	2	2	3
	150	0	0	1	2	2	3
	190	0	0	1	2	2	3
	230	0	0	1	2	2	3
	270	0	0	1	2	2	3
	310	0	0	1	2	2	3
MgSO₄	100	0	0	1	2	2	3
	150	0	0	1	2	2	3
	200	0	0	1	2	2	3
	250	0	0	1	2	2	3
	300	0	0	1	2	2	3
	350	0	0	1	2	2	3

注：当用一种成分进行浓度试验时，其他成分的浓度同组合"A、B、C、D、E、F"

2. 激素对泡桐愈伤组织悬浮培养的影响

不同激素浓度组合（表 10-27）对悬浮培养的愈伤组织影响较大。通过连续继代 3 次观察发现，在 NAA 为 0.1mg/L 的组合中，6-BA 达到 11mg/L 以上时，愈伤组织形成时间为 14 天，在其他组合中为 15 天；愈伤组织诱导率在 0.1mg/L NAA+13mg/L 6-BA 的组合中最高达 78%，在 0.1mg/L NAA+11mg/L 6-BA 的组合中最低为 74%；另外愈伤组织均无生根情况。当 NAA 为 0.3mg/L 时，6-BA 为 7mg/L 的组合中愈伤组织形成时间最长为 12 天，在其他组合中，愈伤组织形成时间为 11 天；0.3mg/L NAA+13mg/L 6-BA 组合的愈伤组织诱导率最高达 93%，0.3mg/L NAA+7mg/L 6-BA 组合的愈伤组织诱导率最低为 88%；另外愈伤组织在 7mg/L 6-BA 和 9mg/L 6-BA 的组合中有生根情况。当 NAA 增加到 0.5mg/L 时，愈伤组织形成时间均为 10 天；愈伤组织诱导率在 0.5mg/L NAA+13mg/L 6-BA 的组合中最高达 94%，在 0.5mg/L NAA+7mg/L 6-BA 和 0.5mg/L NAA+9mg/L 6-BA 的组合中

表 10-27　改良 MS 培养基上不同激素浓度组合中愈伤组织诱导情况

植物激素浓度/（mg/L）		愈伤形成时间/天	愈伤组织诱导率/%	生根情况
NAA	6-BA			
0.1	7	15	75	无
0.1	9	15	75	无
0.1	11	14	74	无
0.1	13	14	78	无
0.1	15	14	76	无
0.3	7	12	88	有
0.3	9	11	90	有
0.3	11	11	92	无
0.3	13	11	93	无
0.3	15	11	91	无
0.5	7	10	90	有
0.5	9	10	90	有
0.5	11	10	92	有
0.5	13	10	94	有
0.5	15	10	92	无
0.7	7	10	86	有
0.7	9	10	90	有
0.7	11	10	91	有
0.7	13	11	91	有
0.7	15	11	92	有

最低为 90%；6-BA 降到 13mg/L 以下时，愈伤组织有生根情况。在 0.7mg/L NAA 的组合中，6-BA 在 11mg/L 以下时，愈伤组织形成时间为 10 天，当 6-BA 增加到 13mg/L 以上时，愈伤组织形成时间为 11 天；愈伤组织的诱导率在 0.7mg/L NAA+ 7mg/L 6-BA 的组合中最低为 86%，在 0.7mg/L NAA+15mg/L 6-BA 的组合中最高达 92%；愈伤组织均有生根情况。根据愈伤组织的产生时间长短和生根有无情况，选定 0.3mg/L NAA+13mg/L 6-BA 作为毛泡桐细胞悬浮培养的激素浓度组合。

3. 肌醇对泡桐愈伤组织悬浮培养的影响

肌醇浓度（表 10-28）影响着悬浮培养的愈伤组织的分散性。在悬浮培养的第 2 次继代结束时观察发现，当浓度为 25 mg/L 时，悬浮液中的愈伤组织分散性好，但愈伤组织的产量少，可能是肌醇浓度难以满足愈伤组织的需求所致。当肌醇浓度为 50 mg/L 时，愈伤组织分散性好，产量高。当浓度达到 75mg/L 以上时，愈伤组织呈圆球状，结构致密分散性差，但愈伤组织产量高。因此选用肌醇的最佳浓度为 50mg/L。

表 10-28　肌醇对愈伤组织的影响

愈伤组织	浓度/（mg/L）						
	25	50	75	100	125	150	175
分散性	好	好	差	差	差	差	差
产量	+	+++	+++	+++	+++	++	++

注："+"表示愈伤组织产量低，"++"表示愈伤组织产量中等，"+++"表示愈伤组织产量高

二、泡桐悬浮细胞的获得

（一）悬浮细胞生长密度的变化

泡桐悬浮细胞密度增长分为缓慢增长期、对数增长期和停滞期（图 10-83）。起始密度对细胞生长周期和细胞最终密度影响较大。随着起始密度的增大，细胞生长周期逐渐缩短。继代周期过长，细胞密度开始下降，可能是培养基中营养物质消耗殆尽所致。泡桐细胞生长的起始密度为 $1.49×10^7$ 个/mL 时，没有缓慢生长期，直接进入对数增长期，并且生长周期很短，第 7 天进入生长停滞期；第 7 天时细胞密度最大为 $4.514×10^7$ 个/mL，然后细胞密度开始下降，第 7 天时观察细胞活力为 85%。起始密度为 $6.76×10^6$ 个/mL 时，第 1～3 天为细胞缓慢生长期，第 3～15 天为对数增长期，然后进入生长停滞期；第 17 天时细胞密度最大为 $4.924×10^7$ 个/mL，然后开始下降；第 7 天时观察细胞活力为 92%。起始密度为 $4.3×10^6$ 个/mL 时，第 1～5 天为细胞缓慢增长期，第 5～21 天为指数增长期，然后进入生长停滞期；第 23 天时细胞密度最大为 $4.764×10^7$ 个/mL，然后细胞密度开始下降；第 7 天时观察

细胞活力为 90%。起始密度为 $2.23×10^6$ 个/mL 时，第 1～11 天为细胞缓慢增长期，第 11～29 天为指数增长期，然后进入生长停滞期；第 31 天时细胞密度最大为 $4.64×10^7$ 个/mL，然后细胞密度开始下降；第 7 天时观察细胞活力为 80%。显然起始密度为 $6.76×10^6$ 个/mL 时，最终细胞密度最大，细胞活力最高，继代周期为 15 天，是最佳起始密度。

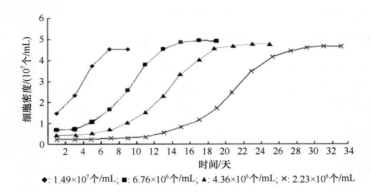

◆：$1.49×10^7$ 个/mL；■：$6.76×10^6$ 个/mL；▲：$4.36×10^6$ 个/mL；×：$2.23×10^6$ 个/mL

图 10-83　细胞密度增长曲线

（二）悬浮细胞干重的变化

泡桐悬浮细胞干重增长分为缓慢增长期、对数增长期和停滞期（图 10-84）。起始细胞干重为 2.04g/L（起始密度为 $1.49×10^7$ 个/mL）时，细胞干重增长没有缓慢增长期，直接进入对数增长期（第 1～9 天），第 9 天以后进入停滞期；第 9 天时细胞干重最大为 12.8g/L，然后干重开始下降。起始细胞干重为 1.14g/L（起始密度为 $6.76×10^6$ 个/mL）时，第 1～5 天为细胞干重缓慢增长期，第 5～17 天为细胞干重对数增长期，然后进入增长停滞期；第 19 天时细胞干重最大为 13.74g/L，然后干重开始下降。起始细胞干重为 0.64g/L（起始密度为 $4.3×10^6$ 个/mL）时，第 1～7 天为细胞干重缓慢增长期，第 7～23 天为细胞干重指数增长期，然后进入增长停滞期；第 25 天时细胞干重最大为 13.3g/L，然后细胞干重开始下降。起始细胞干重为 0.32g/L（起始密度为 $2.23×10^6$ 个/mL）时，第 1～11 天为细胞干重缓慢增长期，第 11～31 天为细胞干重指数增长期，然后进入增长停滞期；第 31 天时细胞干重最大为 12.2g/L，然后细胞干重开始下降。可见，细胞干重缓慢增长期比相应的细胞密度缓慢增长期延迟 2 天。在细胞密度指数增长期，细胞分裂速度快，生长迅速，干重也增加最快；在细胞密度进入停滞生长期后，细胞干重继续增加，比细胞密度停滞期推迟 2 天进入干重停滞期。这可能是细胞先进行分裂生长，然后再进行体积生长和干物质的积累所致。但起始密度为 $2.23×10^6$ 个/mL 时，细胞干重增长高峰与细胞密度增长高峰同步，这可能是起始密度低，细胞分裂速度慢，营养物质积累速度与细胞分裂速度同步所致。起始细胞干重对细胞干重增长周期有一定的影响。随着起始细胞干重增加，细胞干重增长周期逐渐缩短。并且细胞最终干重也随起始细胞干重增加而增加，但到一定程度时，细胞最终干重反而降低。

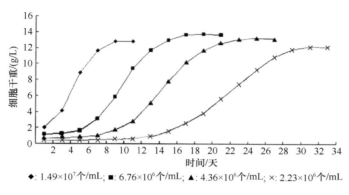

◆: $1.49×10^7$个/mL；■: $6.76×10^6$个/mL；▲: $4.36×10^6$个/mL；×: $2.23×10^6$个/mL

图 10-84　细胞干重增长曲线

三、泡桐悬浮细胞的植株再生

泡桐悬浮细胞的植株再生试验方法是先将在液体培养基中形成的小愈伤组织置于与液体培养基成分相同的固体培养基上培养，培养基中附加 500mg/L 水解酪蛋白和 100mg/L 半胱氨酸，每瓶种 3 粒小愈伤组织，每个组合制作 20 瓶。然后将变绿的质地紧密型愈伤组织置于芽诱导培养基上诱导芽，每瓶种 3 粒愈伤组织，每个组合制作 20 瓶，在（25±1）℃的温度条件下和 2000lx 的光照条件下进行愈伤组织芽诱导。待分化出来的不定芽长至 1～2cm 时，从基部剪下置于含不同激素的 MS 培养基上诱导生根，每组合 3 瓶。

（一）泡桐悬浮细胞的植株再生中愈伤组织的芽诱导情况

小愈伤组织在分化培养基上培养时，有些愈伤组织开始生长后立即变绿，随着继续生长，愈伤组织质地逐渐变坚硬；有些愈伤组织先增殖成白色透明状，待长到一定时间后，在白色透明的愈伤组织上部开始出现绿色愈伤组织。绿色愈伤组织逐渐增大，下部白色愈伤组织逐渐褐化死亡，将这些白色水质状愈伤组织继代时，极易死亡。

变绿的愈伤组织在含不同激素的分化培养基（表 10-29）诱导芽时，有些愈伤组织迅速生长，体积逐渐膨大，但仍为绿色致密型，长到一定时间后开始分化出小芽，而有些绿色愈伤组织，又出现白色柔软的无分化能力的愈伤组织，可能是愈伤组织出现混乱无序的状态。统计发现，当 NAA 浓度为 0.1 mg/L 时，6-BA 浓度为 7mg/L 的组合不能诱导出芽，6-BA 浓度为 15mg/L 的组合芽诱导率最高为 8.3%。当 NAA 浓度为 0.3mg/L 时，6-BA 浓度为 7mg/L 的组合不能诱导出芽，6-BA 浓度为 17mg/L 的组合芽诱导率最高为 16.7%。当 NAA 浓度为 0.5mg/L 时，6-BA 浓度在 7mg/L、9mg/L 的组合不能诱导出芽，6-BA 浓度为 21mg/L 的组合芽诱导率最高为 13.3%。当 NAA 浓度为 0.7mg/L 时，6-BA 浓度为 7mg/L、9mg/L、11mg/L 的组合不能诱导出芽，6-BA 浓度为 21mg/L 的组合芽诱导率最高为 8.3%。可见不同的激素浓度对愈伤组织的芽诱导差异较大。在适宜的生长素和细胞分裂素浓度配合下，芽诱导率才能达到最高。因此根据芽诱导率，选择 0.3mg/L NAA+17mg/L 6-BA 的组合作为愈伤组织芽诱导的激素浓度。

表 10-29　不同激素浓度的培养基上愈伤组织的芽诱导情况

植物激素浓度/（mg/L）		芽诱导率/%	植物激素浓度/（mg/L）		芽诱导率/%
NAA	6-BA		NAA	6-BA	
0.1	7	0	0.5	7	0
0.1	9	1.7	0.5	9	0
0.1	11	3.3	0.5	11	1.7
0.1	13	6.7	0.5	13	3.3
0.1	15	8.3	0.5	15	5.0
0.1	17	5.0	0.5	17	8.3
0.1	19	5.0	0.5	19	10
0.1	21	3.3	0.5	21	13.3
0.1	23	1.7	0.5	23	11.7
0.3	7	0	0.7	7	0
0.3	9	1.7	0.7	9	0
0.3	11	5.0	0.7	11	0
0.3	13	8.3	0.7	13	1.7
0.3	15	13.3	0.7	15	3.3
0.3	17	16.7	0.7	17	5.0
0.3	19	15	0.7	19	5.0
0.3	21	15	0.7	21	8.3
0.3	23	13.3	0.7	23	6.7

注：基本培养基为改良 MS 培养基

（二）泡桐悬浮细胞的植株再生中幼芽的生根情况

幼芽置于不同激素水平的 MS 培养基（表 10-30）上诱导根时，生根率在各种激素水平下均为 100%。但是在不同的培养基上，生根数量存在差异。生长素为 0 的培养基上，平均每个幼芽长出 4 条根；生长素为 0.1mg/L 的组合中，平均每个幼芽长出 5 条根；生长素为 0.2mg/L 的组合中，平均每个幼芽长出 4 条根；生长素为 0.3mg/L 和 0.4mg/L 时，平均每个幼芽长出 3 条根；当生长素增加到 0.5mg/L 时，平均每个幼芽长出 2 条根。因此毛泡桐幼芽根诱导最适培养基为 MS+0.1mg/L NAA。

表 10-30　MS 培养基上幼芽生根情况

生根情况	NAA 浓度/（mg/L）					
	0	0.1	0.2	0.3	0.4	0.5
均根数	4	5	4	3	3	2
生根率/%	100	100	100	100	100	100

参 考 文 献

崔凯荣，邢更生，周功克，等. 2000. 植物激素对体细胞胚胎发生的诱导与调节. 遗传, 22(5): 349-354.

范国强，翟晓巧，李松林. 2002. 泡桐愈伤组织再生植株的诱导与培养. 植物学通报, 19(1): 92-97.

刘传飞，李玲，施和平，等. 1999. 生长素和细胞分裂素物质对野葛外体器官发生的影响. 华南师范大学学报(自然科学版), 2: 100-104.

裴东，郑钧宝，凌艳荣，等. 1997. 红富士苹果试管培养中器官分化及其部分生理指标的研究. 园艺学报, 24(3): 229-234.

施士争，倪善庆. 1995. 泡桐组织培养系统性研究初报. 江苏林业科技, 22(3): 21-23.

邢更妹，李杉，崔凯荣，等. 2000. 植物体细胞胚发生中某些机理探讨. 自然科学进展, 10(8): 684-692.

张锡津，田国忠，李江山. 1994. 泡桐组织培养脱毒技术. 林业科技通讯, 16(2): 30.

第十一章 四倍体泡桐种质创制与新品种培育

多倍体是指体细胞中含有 3 个或 3 个以上染色体组的个体，多倍体在生物界广泛存在，常见于高等植物。根据植物细胞内染色体的起源，一般将其划分为同源多倍体和异源多倍体（舒尔兹-舍弗尔，1986）。在自然界多倍体物种里，常见的多倍体植物大多数属于异源多倍体，同源多倍体不到 10%，但多倍体研究和育种工作一半集中在同源多倍体上（路易斯，1984），常见的同源多倍体为同源四倍体和同源三倍体。

在自然条件下，机械损伤、射线辐射、温度骤变等物理因素可以使植物的染色体加倍，形成多倍体种群。随后发现一些化学因素，包括秋水仙素等也可以诱导促使染色体加倍（蔡旭，1988）。自此化学因素诱导掀起了多倍体育种的热潮，林木多倍体的诱导研究工作也随之广泛展开。随着科技的迅速发展，国内外研究学者在林木多倍体诱导工作中取得了巨大的进步，已成功诱导培育出大量的多倍体植株（Sattler et al.，2016；李玉岭等，2022），包括杨属、桑属、白蜡属、桦属等林木。

泡桐是我国重要的乡土造林树种，具有重要的生态和经济价值。国外早在 1942 年就进行了毛泡桐的人工多倍体诱导，但诱导率低且诱导的植株未能成功保存（平吉功，1950）。此后，国内外再也未见泡桐四倍体植株诱导和育种方面的报道。河南农业大学泡桐团队前期在泡桐植株再生方面积累了大量研究经验，并建立了泡桐体外高效再生系统，为泡桐种质资源创新和新品种培育奠定了坚实基础。本章以泡桐组织培养苗为试验材料，利用秋水仙素结合组织培养技术进行四倍体泡桐诱导研究，从而选育出同源四倍体泡桐植株。并在此基础上进行四倍体泡桐体外植株再生体系的研究，建立了四倍体泡桐的植株再生体系。通过无性繁殖及栽培技术，选育出具有速生、自然接干能力强、干形好、抗逆性强、材质优良等特点的四倍体泡桐新品种。四倍体泡桐诱导不仅可以获得新的泡桐品种，提高泡桐品质，解决泡桐易患病的问题，而且可以创制新的种质资源，为进一步扩大种间、属间杂交，获得更多、更优的新品种提供材料。

第一节 四倍体泡桐种质创制研究

一、泡桐无菌苗的获得

本研究以毛泡桐、白花泡桐、南方泡桐、兰考泡桐和'豫杂一号'泡桐的种子为试验材料。依次将泡桐种子在 70% 的酒精中消毒 30s，0.1% 的氯化汞中消毒 5min，无菌水清洗 3～4 次，然后直接放入不含任何激素的 MS 培养基（含蔗糖 20g/L、琼脂粉 3.0g/L）中，置于光照时间为 16h/d，光照强度为 130μmol/（m²·s），温度为（25±2）℃ 的培养室（条件下同）培养。种子苗长至 2cm 时（约 20 天），再将其移至 1/2MS（含蔗糖 25g/L、琼脂粉 3.0g/L）生根培养基中进行培养。获得 6～8 对叶片的泡桐无菌苗（约 40 天），作为同源四倍体泡桐的诱导材料。

二、四倍体泡桐的诱导

秋水仙素是一种生物碱，能抑制细胞有丝分裂，对植物具有很强的多倍化效应（李玉岭等，2022）。秋水仙素诱导实验中通常采用固体培养处理、液体浸泡处理和双层培养处理等方法对外植体材料进行诱导。本研究采用这三种方法，利用四因素三水平（表 11-1）的正交设计方案（表 11-2）进行四倍体泡桐植株的诱导，根据四倍体诱导率的大小筛选出最佳诱导方法和最适外植体。然后进一步采用三因素三水平（表 11-3）的完全试验设计处理组合（表 11-4）进行四倍体毛泡桐的诱导，最后筛选出同源四倍体泡桐诱导的最佳组合。

表 11-1　L9（3⁴）四倍体诱导处理设计方案

因素水平	A[秋水仙素浓度/（mg/L）]	B（共培养时间/h）		C（外植体）	D（预培养时间/天）
1	5	4（液）	24（固/双层）	茎段	0
2	10	8（液）	48（固/双层）	叶片	6
3	20	12（液）	72（固/双层）	叶柄	12

表 11-2　L9（3⁴）处理组合

试验组合	A[秋水仙素浓度/（mg/L）]	B（共培养时间/h）	C（外植体）	D（预培养时间/天）
1	A₁	B₁	C₁	D₁
2	A₁	B₂	C₂	D₂
3	A₁	B₃	C₃	D₃
4	A₂	B₁	C₂	D₃
5	A₂	B₂	C₃	D₁
6	A₂	B₃	C₁	D₂
7	A₃	B₁	C₃	D₂
8	A₃	B₂	C₁	D₃
9	A₃	B₃	C₂	D₁

注：L9（3³）采用与 L9（3⁴）的处理组合相同

表 11-3　双层培养处理对泡桐叶片诱导四倍体的因素水平

因素水平	A[（秋水仙素浓度/（mg/L）]	B（共培养时间/h）	E（预培养时间/天）
1	5	24（双层）	0
2	10	48（双层）	8
3	20	48（双层）	16

表 11-4　双层培养处理对泡桐同源四倍体诱导的因素组合

试验组合	A[（秋水仙素浓度/（mg/L）]	B（共培养时间/h）	E（预培养时间/天）
1	A_1	B_1	E_1
2	A_1	B_1	E_2
3	A_1	B_1	E_3
4	A_1	B_2	E_1
5	A_1	B_2	E_2
6	A_1	B_2	E_3
7	A_1	B_3	E_1
8	A_1	B_3	E_2
9	A_1	B_3	E_3
10	A_2	B_1	E_1
11	A_2	B_1	E_2
12	A_2	B_1	E_3
13	A_2	B_2	E_1
14	A_2	B_2	E_2
15	A_2	B_2	E_3
16	A_2	B_3	E_1
17	A_2	B_3	E_2
18	A_2	B_3	E_3
19	A_3	B_1	E_1
20	A_3	B_1	E_2
21	A_3	B_1	E_3
22	A_3	B_2	E_1
23	A_3	B_2	E_2
24	A_3	B_2	E_3
25	A_3	B_3	E_1
26	A_3	B_3	E_2
27	A_3	B_3	E_3

（一）四倍体毛泡桐的诱导

1. 液体浸泡处理对四倍体毛泡桐诱导的影响

用含有秋水仙素的液体培养基诱导处理毛泡桐外植体均可获得四倍体泡桐植株，但不同秋水仙素浓度、处理时间和预培养时间对不同外植体的存活率和四倍体的诱导率存在明显差异（表 11-5）。

表 11-5　液体浸泡处理、固体培养处理、双层培养处理对四倍体毛泡桐诱导及双层培养处理对毛泡桐叶片诱导四倍体的影响

组合	液体浸泡处理			固体培养处理			双层培养处理			双层培养处理（叶片）		
	外植体存活率/%	芽诱导率/%	四倍体诱导率/%	外植体存活率/%	芽诱导率/%	四倍体诱导率/%	外植体存活率/%	芽诱导率/%	四倍体诱导率/%	外植体存活率/%	芽诱导率/%	四倍体诱导率/%
1	24.7	8.4	0c	66.7	26.7	0c	58.4	13.4	0c	38.4	16.7	0c
2	8.4	0	0c	38.4	20.0	5.0bc	34.7	13.3	6.7b	30.0	10.0	6.7bc
3	16.7	8.4	3.3ab	53.4	24.7	5.0bc	48.4	10.0	5.0bc	20.0	16.7	14.7ab
4	14.7	10.0	3.3ab	46.7	24.7	14.7a	23.3	15.0	15.0a	25.0	18.4	16.7a
5	15.0	5.0	0c	54.7	13.3	0c	43.4	14.7	3.3bc	28.4	13.4	3.4c
6	5.0	0	0c	40.4	10.0	3.4c	23.4	6.7	4.7bc	18.4	5.0	4.7c
7	8.4	4.7	0c	33.4	8.4	0c	25.0	6.7	4.7bc	25.0	16.7	8.4bc
8	13.3	3.3	4.7bc	43.3	45.0	5.0bc	34.7	14.7	6.7b	25.0	16.7	13.4ab
9	14.7	5.0	5.0a	38.4	24.7	10.0ab	28.4	25.0	18.7a	28.4	26.7	18.4a

注：平均数据采用 LSR 检测，同列内相同字母表示 $P=0.05$ 水平上差异不显著。下同

由表 11-5 可知，经秋水仙素处理后，在不同预培养时间下，毛泡桐茎段、叶柄和叶片的最高存活率分别为 24.7%、16.7% 和 14.7%，而最高的芽诱导率和四倍体诱导率则分别为 8.4%、8.4%、10.0% 和 4.7%、3.3%、5.0%。组合 4 是毛泡桐芽诱导和四倍体诱导的最佳组合，这可能是由于不同预培养时间的外植体对秋水仙素的敏感程度和抗毒害能力出现明显差异的结果。此外，毛泡桐叶片存活率低于叶柄和茎段，而出芽率和四倍体诱导率明显高于茎段和叶柄，这可能是叶片细胞分化较活跃，但同时受伤程度又较重的缘故。方差分析（表 11-6）表明，A 因素对毛泡桐的四倍体诱导率均未产生显著影响，B 因素、C 因素和 D 因素对毛泡桐的四倍体诱导率均影响显著。因此，泡桐四倍体的诱导对秋水仙素浓度和处理时间的要求不高，而对外植体及其生理状态要求比较严格。

2. 固体培养处理对四倍体毛泡桐诱导的影响

不同固体培养处理组合对四倍体毛泡桐植株的诱导影响不同（表 11-5）。对叶片而言，组合 4 的四倍体诱导率最高（14.7%）。当外植体为茎段时，组合 1 未诱导出四倍体，组合 6 的四倍体诱导率为 3.4%，组合 8 的四倍体诱导率为 5.0%。叶柄 3 个处理组合中仅在组合 3 中诱导出四倍体植株，诱导率为 5.0%。与毛泡桐的秋水仙素液体处理相比，固体培养基处理的外植体四倍体诱导率、芽诱导率和存活率均较高，不过四倍体诱导率与其存活率相比提高幅度较小，这可能是固体培养基缓冲了秋水仙素对外植体细胞的直接接触和伤害，同时也减弱了秋水仙素

表 11-6　液体浸泡处理、固体培养处理、双层培养处理对四倍体毛泡桐诱导及双层培养处理毛泡桐叶片诱导四倍体的方差变异

液体浸泡处理

方差来源	自由度	外植体存活率/%		芽诱导率/%		四倍体诱导率/%	
		MS	F	MS	F	MS	F
A	2	39.90	6.48**	8.22	2.65	2.49	2.00
B	2	7.99	4.30	22.96	7.41	7.99	6.41*
C	2	19.11	3.10	2.49	0.80	7.99	6.41*
D	2	114.29	18.06**	76.64	24.73**	14.51	9.23**
误差	9	6.16		3.06		1.89	
总和	17						

固体培养处理

方差来源	自由度	外植体存活率/%		芽诱导率/%		四倍体诱导率/%	
		MS	F	MS	F	MS	F
A	2	313.83	33.76**	124.42	22.15**	5.56	4.11
B	2	45.24	4.87*	14.90	2.17	13.04	2.59
C	2	355.46	38.23**	105.79	19.30**	35.04	6.97**
D	2	118.11	12.70**	67.24	12.26**	90.54	18.02**
误差	9	9.30		5.48		5.03	
总和	17						

双层培养处理

方差来源	自由度	外植体存活率/%		芽诱导率/%		四倍体诱导率/%	
		MS	F	MS	F	MS	F
A	2	578.77	66.87**	17.46	4.76	37.64	6.73*
B	2	9.68	4.12	7.94	0.80	15.31	2.74
C	2	9.66	4.12	122.46	12.37**	212.29	37.95*
D	2	418.16	48.31**	94.49	9.24**	48.98	8.76**
误差	9	8.66		9.90		5.59	
总和	17						

双层培养处理（叶片）

方差来源	自由度	外植体存活率/%		芽诱导率/%		四倍体诱导率/%	
		MS	F	MS	F	MS	F
A	2	48.66	4.86	96.59	4.08*	77.16	2.49
B	2	48.66	4.86	24.20	4.02	15.22	0.49
E	2	180.79	6.92**	116.50	4.92*	128.64	4.15*
误差	11	26.11		23.68		34.00	
总和	17						

注：MS，平均平方和；*，0.01≤P≤0.05；**，0.001≤P≤0.01；下同

对外植体细胞诱导效应的缘故。

表 11-6 说明，A 因素对泡桐外植体存活率产生了极显著影响；B 因素对泡桐外植体存活率产生了显著影响，但对四倍体泡桐诱导率未产生显著影响；C 因素对四倍体毛泡桐诱导率影响显著；D 因素对泡桐外植体的存活率和四倍体诱导率均影响极显著。即用包含秋水仙素的固体培养基诱导四倍体泡桐时，秋水仙素浓度和处理时间对四倍体泡桐诱导的影响不明显，但外植体种类及其状态至关重要。

3. 双层培养处理对四倍体毛泡桐诱导的影响

由表 11-5 可知，毛泡桐的茎段、叶柄和叶片三种外植体均能诱导出四倍体植株。比较三种外植体四倍体诱导率可以得出，最高四倍体诱导率出现在组合 9 中（18.7%），次之是组合 4（15.0%），说明叶片是诱导四倍体泡桐的最佳外植体。此外，三种外植体四倍体诱导率最高时的预培养时间大多为 12 天，这可能是预培养 12 天时的叶片细胞已进入再分化阶段，而茎段和叶柄细胞脱分化能力较弱，同时由秋水仙素浓度、处理时间和预培养时间共同产生的效应在双层处理中增强了外植体的自我修复能力的缘故。

表 11-6 说明，A 因素、C 因素和 D 因素对毛泡桐的四倍体诱导率均产生了显著影响，即在双层培养法中，秋水仙素浓度、外植体种类和预培养时间均对泡桐四倍体的诱导产生了显著影响，这一点充分说明了外植体及其生理状态对秋水仙素的敏感程度存在很大差异。由此可知，不同影响因素在不同方法处理中的影响效应亦存在一定差异。

综合三种诱导方法对毛泡桐四倍体诱导的影响及方差分析可知，液体浸泡处理时，外植体存活率过低，出芽率和四倍体诱导率也很低；秋水仙素加入固体培养基中，可以明显提高外植体的存活数和四倍体变异植株个数，但相对双层培养处理，其存活率较高，而其四倍体诱导率较低，所以，双层培养处理为最优诱导方法。此外，三种方法中，叶片外植体明显优于茎段和叶柄，尤其在双层培养处理中，三种泡桐均利用叶片获得了较高的四倍体诱导率，因此确定叶片可作为四倍体毛泡桐的诱导材料。

4. 双层培养处理对毛泡桐叶片诱导四倍体的影响

由表 11-5 可以看出，经秋水仙素诱导处理后，叶片存活率均有所下降，但未表现出与秋水仙素浓度严格的负相关关系，仅表现为随秋水仙素浓度的增大，叶片存活率的最大值降低；预培养时间为 6 天时的叶片存活率较预培养 0 天和 12 天时的存活率整体上较低，预培养时间为 8 天时的叶片存活率较预培养 0 天和 16 天时的存活率整体上较低。毛泡桐叶片在组合 1 中存活率最高，为 38.4%，叶片存活率最大值出现在秋水仙素 5mg/L 和不经过预培养或预培养时间最长（12 天或

16 天）的处理组合中，可以得出秋水仙素浓度和叶片预培养时间对泡桐叶片存活率影响很关键。

随着秋水仙素浓度的增大，毛泡桐的叶片出芽率整体上呈现下降趋势，但并不完全符合负相关关系，毛泡桐在组合 4 中达到最大出芽率，为 18.4%。秋水仙素处理时间越长，叶片受伤越严重，但泡桐叶片出芽率并不与处理时间呈反比例关系，可能是随着预培养时间的延长，叶片细胞代谢活动旺盛，具有一定的抗损伤能力引起的。在四倍体诱导率最优组合的选择上，毛泡桐最优的组合是秋水仙素 20mg/L＋处理 72h＋预培养 12 天，但从实际结果来看，最好的组合是 9，即秋水仙素 20mg/L＋处理 72h＋预培养 0 天，此时，四倍体诱导率可达 18.4%。从极差（表 11-7）来看，其值越大，表示该因素越重要。因此，本试验毛泡桐四倍体诱导的三个因素中，最重要的因素是预培养时间，其次是秋水仙素浓度和处理时间，方差分析的结果也证明了这一点。

表 11-7　四倍体毛泡桐诱导率的极差

因素水平	秋水仙素浓度/(mg/L)	处理时间/h	预培养时间/天
水平 1	36.60	46.80	43.40
水平 2	43.40	46.70	30.00
水平 3	76.80	63.30	83.40
极差	40.20	16.60	53.40

由表 11-7 可知，秋水仙素浓度对毛泡桐的芽诱导率产生了显著影响，预培养时间对毛泡桐的存活率、出芽率和四倍体诱导率均产生了显著影响。同时，预培养改变了叶片的生理状态，进而对四倍体的获得非常重要。单从四倍体诱导率来看，预培养时间是影响毛泡桐四倍体诱导率的最重要因素。

（二）四倍体白花泡桐的诱导

1. 液体浸泡处理对四倍体白花泡桐诱导的影响

利用秋水仙素液体浸泡法处理白花泡桐外植体均获得了四倍体泡桐植株（表 11-8），但不同秋水仙素浓度和处理时间、预培养时间对不同外植体的存活率和四倍体诱导率存在明显的差异。

由表 11-8 可知，不同预培养时间的叶片、叶柄和茎段外植体经秋水仙素处理后的最高存活率分别为 10%、15% 和 18.4%，而最高芽诱导率和四倍体诱导率则分别为 6.7%、5.0%、6.7% 和 5.0%、3.3%、0%。表明白花泡桐经秋水仙素处理后，叶片存活率低于叶柄和茎段，而芽诱导率和四倍体诱导率明显高于茎段和叶柄，可能是叶片细胞受伤程度较重，但同时分化较活跃的缘故。组合 4 是其芽诱导和

表 11-8　液体浸泡处理、固体培养处理、双层培养处理对四倍体白花泡桐诱导及双层培养处理
对白花泡桐叶片诱导四倍体的影响

组合	液体浸泡处理			固体培养处理			双层培养处理			双层培养处理（叶片）		
	外植体存活率/%	芽诱导率/%	四倍体诱导率/%	外植体存活率/%	芽诱导率/%	四倍体诱导率/%	外植体存活率/%	芽诱导率/%	四倍体诱导率/%	外植体存活率/%	芽诱导率/%	四倍体诱导率/%
1	18.4	6.7	0b	70.0	26.7	0c	56.7	25.0	0c	38.3	25.0	3.3d
2	3.3	3.3	0b	35.0	25.7	5.0abc	26.7	6.7	3.3c	23.3	15.7	3.3d
3	15.0	5.0	3.3ab	43.4	15.0	0c	48.4	8.4	3.3c	45.7	25.0	20.0a
4	10.0	6.7	5.0a	45.0	25.0	10.0a	25.0	20.0	16.7a	25.7	25.7	16.7b
5	15.7	5.7	5.7b	50.0	15.0	0c	45.0	8.4	5.7c	35.7	6.7	5.0d
6	5.0	0	0b	36.7	15.7	5.7c	26.7	6.7	5.7c	23.4	5.7	5.7d
7	5.0	0	0b	36.7	15.0	5.7c	26.7	5.0	3.3c	18.4	10.0	3.3d
8	15.7	3.3	0b	46.7	15.0	3.3bc	35.0	6.7	3.3c	15.0	15.0	13.3c
9	3.4	5.7	5.7b	30.3	20.0	8.4ab	25.0	15.0	10.0b	23.4	20.0	15.0bc

四倍体诱导的最佳组合，这可能是不同预培养时间的外植体所处分化状态不同，进而出现明显差异的结果。

方差分析（表 11-9）表明，A 因素和 B 因素对白花泡桐四倍体诱导率均未产生显著影响，C 因素和 D 因素对白花泡桐四倍体诱导率均影响显著。也就是说，四倍体泡桐的诱导对秋水仙素浓度和处理时间的要求不高，而对外植体及其生理状态要求比较严格。

2. 固体培养处理对四倍体白花泡桐诱导的影响

表 11-8 表明，不同组合对四倍体植株的诱导影响不同。对于叶片而言，四倍体诱导率最高（10%）时的组合中秋水仙素浓度、处理时间和预培养时间分别为 10mg/L，24h 和 12 天（组合 4）。当外植体为茎段时，组合 1 未诱导出四倍体植株。叶柄在三组中仅在组合 7 中诱导出四倍体植株，诱导率为 5.7%。秋水仙素加入固体培养基处理泡桐时，处理后的外植体存活率、芽诱导率和四倍体诱导率均较液体处理的高，尤其是存活率，但四倍体诱导率与其存活率相比提高幅度较小，这可能是秋水仙素加入固体培养基后缓冲了秋水仙素对外植体细胞的直接接触和伤害，同时也减弱了对外植体细胞的诱导效应的缘故。

由表 11-9 可知，A 因素和 B 因素对泡桐的外植体存活率产生了极显著影响，但 A 因素和 B 因素对四倍体泡桐诱导率均未产生显著影响；C 因素对四倍体白花泡桐外植体存活率影响极显著；D 因素对泡桐外植体存活率和四倍体诱导率均影响极显著。即秋水仙素浓度和处理时间对白花泡桐四倍体诱导的影响不明显，而外植体种类及状态至关重要。

表 11-9　液体浸泡处理、固体培养处理、双层培养处理对四倍体白花泡桐诱导双双层培养处理白花泡桐叶片诱导四倍体的方差变异

液体浸泡处理

方差来源	自由度	外植体存活率/%		芽诱导率/%		四倍体诱导率/%	
		MS	F	MS	F	MS	F
A	2	46.83	7.51**	17.42	9.41**	4.33	2.34
B	2	17.35	2.78	8.29	4.48*	2.46	5.33
C	2	63.66	10.21**	4.33	2.34	7.96	4.30*
D	2	106.46	17.07**	22.98	12.40**	15.64	6.29*
误差	9	6.24		5.85		5.85	
总和	17						

固体培养处理

方差来源	自由度	外植体存活率/%		芽诱导率/%		四倍体诱导率/%	
		MS	F	MS	F	MS	F
A	2	204.92	7.19**	34.93	2.94	12.87	2.64
B	2	288.57	10.13**	75.95	6.06*	5.87	0.38
C	2	296.66	10.41**	29.48	2.48	5.50	5.13
D	2	313.83	15.01**	79.48	6.70*	95.15	18.69**
误差	9	28.49		15.87		4.88	
总和	17						

双层培养处理

方差来源	自由度	外植体存活率/%		芽诱导率/%		四倍体诱导率/%	
		MS	F	MS	F	MS	F
A	2	343.75	45.49**	30.12	3.74	32.16	8.68**
B	2	19.22	2.54	140.96	17.5**	22.98	6.20*
C	2	386.88	55.20**	76.38	9.49**	122.98	33.20**
D	2	365.98	48.43**	150.64	18.71**	45.24	15.13**
误差	9	7.56		8.05		3.70	
总和	17						

双层培养处理（叶片）

方差来源	自由度	外植体存活率/%		芽诱导率/%		四倍体诱导率/%	
		MS	F	MS	F	MS	F
A	2	364.42	15.31**	175.31	10.30**	15.51	5.13
B	2	56.90	5.77	69.16	4.16*	45.29	4.46*
E	2	133.62	4.15**	315.98	18.99**	298.05	29.33**
误差	11	7.56		8.05		3.70	
总和	17						

3. 双层培养处理对四倍体白花泡桐诱导的影响

表 11-8 说明，白花泡桐的茎段、叶柄和叶片三种外植体均能诱导出四倍体植株。比较三种外植体四倍体诱导率可以得出，白花泡桐最高四倍体诱导率出现在组合 4 和组合 9 中，说明叶片是诱导四倍体白花泡桐的最佳外植体。组合 4 是诱导四倍体植株的最佳组合，其四倍体诱导率最高达 16.7%，显著高于其他组合。三种外植体四倍体诱导率最高时的预培养时间大多为 12 天，且叶片四倍体诱导率明显高于茎段和叶柄。这可能是预培养 12 天时的叶片细胞已进入再分化阶段，而茎段和叶柄细胞脱分化能力较叶片弱，同时秋水仙素浓度、处理时间和预培养时间共同产生的效应在双层处理中增强了外植体的自我修复能力的缘故。

表 11-9 说明，A 因素、B 因素、C 因素和 D 因素对四倍体白花泡桐诱导率影响显著。在双层培养法中，秋水仙素浓度、外植体种类和预培养时间均对白花泡桐四倍体的诱导产生了极显著影响，这一点说明外植体及其生理状态对秋水仙素的敏感程度存在很大差异。由此可知，不同影响因素在不同方法处理中的影响效应亦存在一定差异。

综合三种诱导方法对四倍体白花泡桐诱导的影响及方差分析可以看出，液体浸泡处理对白花泡桐外植体的损伤最为严重，外植体存活率过低，出芽率和四倍体诱导率也很低；秋水仙素加入固体培养基中，可以明显提高外植体存活数和四倍体变异植株个数，但相对双层培养处理，其存活率较高，而其四倍体诱导率较低，所以，双层培养处理为最优诱导方法。三种方法中，C 因素对四倍体白花泡桐诱导率除加入固体培养基中未对四倍体白花泡桐诱导率产生显著影响外，其他影响均达到显著水平，叶片外植体明显优于茎段和叶柄，尤其在双层培养处理中，白花泡桐均利用叶片获得了较高的四倍体诱导率。因此确定叶片可作为四倍体白花泡桐的诱导材料。

4. 双层培养处理对白花泡桐叶片诱导四倍体的影响

表 11-8 可以看出，经秋水仙素诱导处理后，叶片存活率均有所下降，但未表现出与秋水仙素浓度严格的负相关关系，仅表现为随秋水仙素浓度的增大，叶片存活率在三种秋水仙素浓度下的最大值降低；预培养时间为 6 天时的叶片存活率较预培养 0 天和 12 天时的存活率整体上较低，预培养时间为 8 天时的叶片存活率较预培养 0 天和 16 天时的存活率整体上较低；泡桐叶片存活率均未表现出与秋水仙素处理时间的相关关系。白花泡桐叶片在组合 3 中外植体存活率达到最大，为 45.7%，叶片存活率最大值出现在秋水仙素 5mg/L 和不经过预培养或预培养时间最长（12 天或 16 天）的处理组合中，可以得出秋水仙素浓度和叶片预培养时间对泡桐叶片存活率影响很关键。

随着秋水仙素浓度的增大，白花泡桐的叶片出芽率整体上呈现下降趋势，但并不完全符合负相关关系，白花泡桐在组合 4 中芽诱导率最大，为 25.7%。随着秋水仙素处理时间越长，叶片受伤越严重，但白花泡桐叶片出芽率并不与处理时间呈反比例关系，可能是随着预培养时间的延长，叶片处于分化状态，此时细胞代谢活动旺盛，具有一定的抗损伤能力。在四倍体诱导率最优组合的选择上，从各因素水平来看，白花泡桐在组合 3 中，四倍体诱导率为 20.0%，在组合 4 中，四倍体诱导率为 16.7%，而组合 9 的四倍体诱导率为 15.0%。此外，秋水仙素 20mg/L＋处理72h＋预培养 12 天也是白花泡桐诱导四倍体植株的最优组合。从极差（表 11-10）来看，其值越大，表示该因素越重要。因此，本试验白花泡桐的三个因素中，最重要的因素是预培养时间，其次是秋水仙素浓度和处理时间。方差分析的结果也证明了这一点。

表 11-10　四倍体白花泡桐诱导率的极差

因素水平	秋水仙素浓度/(mg/L)	处理时间/h	预培养时间/天
水平 1	53.20	46.60	46.60
水平 2	46.70	43.20	16.50
水平 3	63.20	73.30	100.00
极差	16.50	30.10	83.51

由表 11-9 可知，秋水仙素浓度对白花泡桐外植体存活率和出芽率均产生了显著影响；共培养时间对白花泡桐芽诱导率、四倍体诱导率影响显著；而预培养时间对白花泡桐的存活率、出芽率和四倍体诱导率均产生了显著影响，进一步说明了预培养改变的生理状态对成功获得四倍体非常重要。单从四倍体诱导率来看，预培养时间是影响四倍体白花泡桐诱导率最重要的因素，可能是因为预培养时间在一定范围内对白花泡桐四倍体诱导的影响较大，也可能是基因型材料不同造成的差异或正交试验中各因素效应互作影响了效应估计的精确度。

（三）四倍体兰考泡桐的诱导

1. 液体浸泡处理对四倍体兰考泡桐诱导的影响

秋水仙素液体浸泡法处理兰考泡桐外植体均获得了四倍体泡桐植株（表 11-11），但不同的秋水仙素浓度和处理时间、预培养时间对不同外植体的存活率和四倍体诱导率存在明显的差异。

表 11-11 说明，经秋水仙素处理后，不同预培养时间的叶片、叶柄和茎段的最高存活率分别为 15.0%、16.7% 和 23.4%，而最高芽诱导率和四倍体诱导率则分别为 17.5%、5.0%、8.4% 和 6.7%、7.7%、7.7%。由此可知，兰考泡桐经秋水仙素处

表 11-11 液体浸泡处理、固体培养处理、双层培养处理对四倍体兰考泡桐诱导及双层培养处理兰考泡桐叶片诱导四倍体的影响

组合	液体浸泡处理			固体培养处理			双层培养处理			双层培养处理（叶片）		
	外植体存活率/%	芽诱导率/%	四倍体诱导率/%	外植体存活率/%	芽诱导率/%	四倍体诱导率/%	外植体存活率/%	芽诱导率/%	四倍体诱导率/%	外植体存活率/%	芽诱导率/%	四倍体诱导率/%
1	23.4	8.4	0c	77.7	37.7	0c	67.7	20.0	0d	53.4	30.0	7.7c
2	7.7	0	0c	33.4	25.0	3.3bc	25.0	6.7	5.0cd	23.4	3.4	7.7c
3	15.0	5.0	7.7bc	45.0	28.4	0c	56.7	20.0	5.0cd	38.4	27.7	17.7c
4	15.0	17.5	6.7a	46.7	35.0	17.7a	38.4	26.7	23.4a	45.0	25.0	23.4a
5	16.7	7.7	0c	55.0	26.7	5.0b	57.7	18.4	3.4cd	47.7	13.4	5.0bc
6	0	0	0c	36.7	16.7	0c	33.7	10.0	0d	18.3	0	0c
7	6.7	7.7	0c	33.3	20.0	0c	28.4	8.4	0d	16.7	3.4	3.4c
8	13.3	3.3	7.7bc	45.0	28.4	5.0b	47.7	13.3	6.7c	35.0	27.7	27.7a
9	8.4	3.3	3.3b	33.4	26.6	10.0a	33.4	18.4	16.7b	35.0	15.0	17.7b

理后，叶片存活率和四倍体诱导率低于叶柄和茎段，而出芽率明显高于茎段和叶柄，可能是叶片细胞受伤程度较重，但同时分化较活跃的缘故。组合 4 即质量浓度为 10mg/L 的秋水仙素处理 4h，预培养 12 天的叶片是其芽诱导和四倍体诱导的最佳组合。

方差分析（表 11-12）结果表明，秋水仙素浓度对兰考泡桐外植体存活率、出芽率及四倍体诱导率均未产生显著影响，外植体处理时间对兰考泡桐存活率、出芽率的影响极显著，而对四倍体诱导率的影响不显著，外植体对兰考泡桐存活率和四倍体诱导率产生了显著影响，而预培养时间对存活率、出芽率、四倍体诱导率均产生了极显著影响。由此可知，兰考泡桐四倍体的诱导对秋水仙素浓度和处理时间的要求不高，而对外植体及其生理状态要求比较严格。

2. 固体培养处理对四倍体兰考泡桐诱导的影响

表 11-11 表明，不同组合对四倍体植株的诱导影响不同。对叶片而言，四倍体诱导率最高（17.7%）时的组合为组合 4。当外植体为茎段时，仅在组合 8 诱导出四倍体植株，诱导率为 5.0%。当外植体为叶柄时仅在组合 5 中诱导出四倍体植株，诱导率为 5.0%。秋水仙素加入固体培养基处理泡桐时，处理后的外植体存活率、芽诱导率和四倍体诱导率均较液体处理的高，尤其是存活率，但四倍体诱导率与其存活率相比提高幅度较小，这可能是秋水仙素加入固体培养基后缓冲了秋水仙素对外植体细胞的直接接触和伤害，同时也减弱了秋水仙素对外植体细胞的诱导效应的缘故。

表 11-12 液体浸泡处理、固体培养处理、双层培养处理对四倍体兰考泡桐叶片诱导及双层培养处理兰考泡桐四倍体的方差变异

液体浸泡处理

方差来源	自由度	外植体存活率/%		芽诱导率/%		四倍体诱导率/%	
		MS	F	MS	F	MS	F
A	2	24.15	3.23	5.72	7.87	4.38	3.62
B	2	79.54	10.63**	52.04	16.99**	4.38	3.62
C	2	35.20	4.71*	7.37	2.41	15.49	12.80**
D	2	317.67	42.46**	57.20	18.68**	17.31	14.30**
误差	9	7.48		3.06		0.61	
总和	17						

固体培养处理

方差来源	自由度	外植体存活率/%		芽诱导率/%		四倍体诱导率/%	
		MS	F	MS	F	MS	F
A	2	257.54	20.59**	57.20	3.88	35.32	18.69**
B	2	223.26	17.85**	49.67	3.37	7.81	0.96
C	2	547.37	43.28**	112.70	7.65**	35.32	18.69**
D	2	266.00	27.27**	57.50	3.90	88.45	46.81**
误差	9	12.51		14.74		7.89	
总和	17						

双层培养处理

方差来源	自由度	外植体存活率/%		芽诱导率/%		四倍体诱导率/%	
		MS	F	MS	F	MS	F
A	2	266.67	30.81**	37.92	5.64*	52.15	8.31**
B	2	16.83	7.95	47.38	7.04**	12.87	2.05
C	2	355.11	47.03*	17.90	7.77	313.37	49.96**
D	2	688.11	79.50**	248.98	37.00**	150.50	23.99**
误差	9	8.65		6.73		6.27	
总和	17						

双层培养处理（叶片）

方差来源	自由度	外植体存活率/%		芽诱导率/%		四倍体诱导率/%	
		MS	F	MS	F	MS	F
A	2	137.64	9.62**	56.11	3.59	79.93	4.84**
B	2	93.75	6.55*	97.09	6.22*	5.61	0.34
E	2	985.49	8.89**	729.03	46.70**	479.48	29.06**
误差	11	4.31		15.61		16.50	
总和	17						

由表 11-12 可知，A 因素对兰考泡桐的四倍体诱导率影响极显著；B 因素对兰考泡桐的外植体存活率产生了极显著影响，但对兰考泡桐四倍体诱导率未产生显著影响；C 因素对兰考泡桐四倍体诱导率影响显著；D 因素对兰考泡桐的存活率和四倍体诱导率均影响极显著。即秋水仙素加入固体培养基中诱导兰考泡桐四倍体过程中，秋水仙素浓度和处理时间对兰考泡桐四倍体诱导的影响不明显，而外植体种类及其状态至关重要。

3. 双层培养处理对四倍体兰考泡桐诱导的影响

表 11-11 表明，双层培养处理下兰考泡桐的茎段、叶柄和叶片三种外植体均能诱导出四倍体植株，三种外植体四倍体诱导率最高时的预培养时间大多为 12 天。组合 4 是诱导四倍体植株的最佳组合，其四倍体诱导率最高达 23.4%，其次是组合 9，说明叶片是诱导四倍体兰考泡桐的最佳外植体。此外，叶片四倍体诱导率明显高于茎段和叶柄，这可能是由于预培养 12 天时的叶片细胞进入再分化阶段，而茎段和叶柄细胞脱分化能力较叶片弱，同时又由于秋水仙素浓度、处理时间和预培养时间共同产生的效应在双层处理中增强了外植体的自我修复能力。

由表 11-12 可知，在双层培养处理中，秋水仙素浓度、外植体种类和预培养时间均对兰考泡桐四倍体的诱导产生了极显著影响，这一点也说明了外植体及其生理状态对秋水仙素的敏感程度存在很大差异。由此可知，不同影响因素在不同方法处理中的影响效应亦存在一定差异。

综合三种诱导方法对四倍体兰考泡桐诱导的影响及方差分析（表 11-10～表 11-13）可以看出，液体浸泡处理对兰考泡桐外植体的损伤最为严重，外植体存活率过低，出芽率和四倍体诱导率也很低；固体培养处理可以明显提高外植体的存活数和四倍体变异植株个数，相对双层培养处理法，其存活率较高，但其四倍体诱导率较低，所以，双层培养处理为最优诱导方法。此外，在双层培养处理中，兰考泡桐均利用叶片获得了较高的四倍体诱导率，叶片外植体诱导率明显优于茎段和叶柄，因为叶片可作为四倍体兰考泡桐的诱导材料。

表 11-13　四倍体兰考泡桐诱导率的极差

因素水平	秋水仙素浓度/(mg/L)	处理时间/h	预培养时间/天
水平 1	29.90	56.70	36.60
水平 2	56.70	56.60	10.00
水平 3	73.30	46.60	113.30
极差	43.40	10.10	103.30

4. 双层培养处理对兰考泡桐叶片诱导四倍体的影响

利用双层培养处理法对兰考泡桐叶片进行了四倍体植株的诱导。由表 11-11 可知，经秋水仙素诱导处理后，兰考泡桐叶片存活率均有所下降，但未表现出与秋水仙素浓度严格的负相关关系，仅表现为随秋水仙素浓度的增大，叶片存活率在三种秋水仙素浓度下的最大值降低；预培养时间为 6 天时的叶片存活率较预培养 0 天和 12 天时的存活率整体上较低，预培养时间为 8 天时的叶片存活率较预培养 0 天和 16 天时的存活率整体上较低；兰考泡桐叶片存活率均未表现出与秋水仙素处理时间的相关关系。兰考泡桐叶片在组合 1 和组合 4 中存活率较高，分别为 53.4% 和 45.0%，叶片存活率最大值均出现在秋水仙素 5mg/L 和不经过预培养或预培养时间最长（12 天或 16 天）的处理组合中，可以得出秋水仙素浓度和叶片预培养时间对兰考泡桐叶片存活率影响很关键。

综合考虑，随着秋水仙素浓度的增大，兰考泡桐的叶片出芽率整体上呈现下降趋势，但并不完全符合负相关关系，兰考泡桐叶片在组合 4 中达到最大出芽率，为 25.0%；秋水仙素处理时间越长，叶片受伤越严重，兰考泡桐叶片出芽率并不与处理时间呈反比例关系。在四倍体诱导率最优组合的选择上，兰考泡桐叶片在组合 4 和组合 8 中四倍体诱导率最高，可分别达 23.4% 和 27.7%。此外，秋水仙素 20mg/L ＋处理 72h ＋预培养 12 天也是诱导四倍体兰考泡桐植株的最优组合；从极差（表 11-13）来看，其值越大，表示该因素越重要。因此，本试验兰考泡桐的三个因素中，最重要的因素是预培养时间，其次是秋水仙素浓度和处理时间。

由表 11-12 可以看出，秋水仙素浓度对兰考泡桐外植体存活率和四倍体诱导率产生了极显著影响，共培养时间对兰考泡桐外植体存活率、芽诱导率影响显著，而预培养时间对兰考泡桐的存活率、出芽率和四倍体诱导率均产生了极显著影响。单从四倍体诱导率来看，预培养时间是影响四倍体兰考泡桐诱导率的最重要因素，可能是因为预培养时间在一定范围内改变了叶片的生理状态，对兰考泡桐四倍体诱导的影响较大，也可能是基因型材料不同造成的差异或正交试验中各因素效应互作影响了效应估计的精确度。

（四）四倍体南方泡桐的诱导

根据之前研究毛泡桐、白花泡桐和兰考泡桐四倍体诱导的试验结果，直接研究了双层培养处理对南方泡桐叶片诱导四倍体植株的影响。由表 11-14 可以看出，经秋水仙素诱导处理后，南方泡桐叶片存活率均有所下降，但未表现出与秋水仙素浓度严格的负相关关系，仅表现为随秋水仙素浓度的增大，叶片存活率在三种秋水仙素浓度下的最大值降低；预培养时间为 6 天时的叶片存活率较预培养 0 天和 12 天时的存活率整体上较低，预培养时间为 8 天时的叶片存活率较预培养 0 天和 16 天时的存活率整体上较低；南方泡桐叶片存活率均未表现出与秋水仙素处理时间的相关关系。南方泡桐叶片在组合 $A_1B_1E_3$（秋水仙素 5mg/L＋处理 24h＋预培养 16 天）中存活率最高，为 53.3%，叶片存活率最大值均出现在秋水仙素 5mg/L 和不经过预培养或预培养时间最长（12 天或 16 天）的处理组合中，可以得出秋水仙素浓度和叶片预培养时间对南方泡桐叶片存活率影响很关键。

表 11-14　双层培养处理对南方泡桐叶片和'豫杂一号'泡桐叶片诱导四倍体的影响

组合	双层培养处理叶片诱导南方泡桐四倍体			双层培养处理叶片诱导'豫杂一号'泡桐四倍体		
	外植体存活率/%	芽诱导率/%	四倍体诱导率/%	外植体存活率/%	芽诱导率/%	四倍体诱导率/%
1	50b	25ab	0r	56.7b	30ab	0o
2	45c	23.3abc	0r	55bc	26.7abc	0o
3	53.3a	28.4a	0r	60a	38.7a	0o
4	40d	18.4cde	3.2q	50d	28.7cde	4.7m
5	36.7e	16.7de	0r	46.7e	20def	3.7n
6	43.3c	20bcd	0r	53.3c	25bcd	0o
7	33.3f	13.3ef	16.3g	40g	15fgh	18.3g
8	30g	13.3ef	8.4i	36.7h	18.7ghij	9.8i
9	40d	16.7de	6.8m	40g	16.7efg	7.8k
10	40d	18.4cde	5.8p	46.7e	20def	8.5j
11	36.7e	16.7de	3.3q	43.3f	16.7efg	5.7l
12	43.3c	26.7bcd	0r	53.3c	23.3cd	0o
13	35ef	13.3ef	9.9h	40g	16.7efg	13.6f
14	30g	13.3ef	8j	36.7h	15fgh	18.4g
15	36.7e	16.7de	6.5n	43.3f	20def	10.7h
16	30g	10fg	18.8a	33.3i	18.7ghij	17.6d
17	26.7h	6.7gh	17.4b	30j	8.4j	15.3e
18	33.3f	16.7f	16.3c	36.7h	13.3ghi	13.6f
19	36.7e	13.3ef	7.7k	43.3f	16.7efg	10.6h
20	33.3f	13.3ef	7.4l	40g	15fgh	9.8i
21	40d	18.4cde	6.2o	50d	28.7cde	8.6j
22	30g	10fg	15.5d	30j	13.3ghi	28.2a
23	26.7h	10fg	14.9e	26.7kl	10hij	19.6b
24	35ef	13.3ef	12.9f	33.3i	13.3ghi	18.7c
25	23.3i	6.7j	0r	25l	8.7l	0o
26	20j	0k	0r	28.7m	0m	0o
27	26.7h	3.3i	0r	28.4jk	3.3k	0o

随着秋水仙素浓度的增大，南方泡桐的叶片出芽率整体上呈现下降趋势，但并不完全符合负相关关系，南方泡桐叶片在组合 $A_1B_1E_3$（秋水仙素 5mg/L＋处理 24h＋预培养 16 天）中出芽率最高，为 28.4%。秋水仙素处理时间越长，叶片受伤越严重，但由于预培养因素的影响，泡桐叶片出芽率并不与处理时间呈反比例关系，可能是随着预培养时间的延长，叶片处于分化状态，此时细胞代谢活动旺盛，具有一定的抗损伤能力。在四倍体诱导率最优组合的选择上，从各因素水平来看，南方泡桐叶片在组合 $A_2B_3E_1$（秋水仙素 10mg/L＋处理 72h＋预培养 0 天）中四倍体诱导率最高，为 18.8%。从极差（表 11-15）来看，其值越大，表示该因素越重要。因此，本试验南方泡桐的三个因素中，最重要的因素是秋水仙素浓度，其次是处理时间和预培养时间。

表 11-15　四倍体南方泡桐诱导率的极差

因素水平	秋水仙素浓度/(mg/L)	处理时间/h	预培养时间/天
水平 1	66.43	70.39	126.75
水平 2	147.82	126.41	106.57
水平 3	112.92	125.37	88.85
极差	86.39	56.02	33.9

由表 11-16 可以看出，秋水仙素浓度和共培养时间均对南方泡桐的外植体存活率、芽诱导率、四倍体诱导率均产生了极显著或显著影响。同时，单从四倍体诱导率来看，秋水仙素浓度是影响南方泡桐四倍体诱导率的最重要因素。

表 11-16　双层培养处理南方泡桐叶片诱导四倍体植株的方差变异

方差来源	df	外植体存活率/%		芽诱导率/%		四倍体诱导率/%	
		MS	F	MS	F	MS	F
重复	1	0.07	0.10	13.92	6.64	0.09	0.001
A	2	205.20	296.54**	475.35	55.97**	417.84	6.07**
B	2	270.62	396.09**	576.41	67.87**	228.59	3.32*
E	2	90.66	136.01**	79.42	9.35**	80.54	6.17
误差	46	0.69		8.49		68.82	
总和	53						

（五）四倍体'豫杂一号'泡桐的诱导

结合上述不同泡桐四倍体诱导试验结果，进一步研究了双层培养处理对'豫杂一号'泡桐叶片诱导四倍体植株的影响。由表 11-14 可知，经秋水仙素诱导处理后，'豫杂一号'泡桐叶片存活率均有所下降，但未表现出与秋水仙素浓度严格的负相关关系，仅表现为随秋水仙素浓度的增大，叶片存活率在三种秋水仙素浓度下的最大值降低；预培养时间为 6 天时的叶片存活率较预培养 0 天和 12 天时的存活率整体上较低，预培养时间为 8 天时的叶片存活率较预培养 0 天和 16 天时的存活率整体上较低；'豫杂一号'泡桐叶片存活率均未表现出与秋水仙素处理时间的相关关系。'豫杂一号'叶片在组合 $A_1B_1E_3$（秋水仙素 5mg/L＋处理 24h＋预培养 16 天）中存活率最高，为 60.0%，叶片存活率最大值均出现在秋水仙素 5mg/L 和不经过预培养或预培养时间最长（12 天或 16 天）的处理组合中，可以得出秋水仙素浓度和叶片预培养时间对'豫杂一号'泡桐叶片存活率影响很关键。

随着秋水仙素浓度的增大，'豫杂一号'泡桐的叶片出芽率整体上呈现下降趋势，但并不完全符合负相关关系，'豫杂一号'叶片在组合 $A_1B_1E_3$（秋水仙素 5mg/L＋处理 24h＋预培养 16 天）中出芽率最高，为 38.7%。秋水仙素处理时间越长，叶片受伤越严重，但泡桐叶片出芽率并不与处理时间呈反比例关系，可能是随着预培养时间的延长，叶片细胞代谢活动旺盛，具有一定的抗损伤能力。

在四倍体诱导率最优组合的选择上，'豫杂一号'叶片在组合 $A_3B_2E_1$（秋水仙素 20mg/L＋处理 48h＋预培养 0 天）中四倍体诱导率最高，为 28.2%；组合 $A_3B_3E_3$ 即秋水仙素 20mg/L＋处理 72h＋预培养 12 天也是'豫杂一号'泡桐诱导四倍体植株的最优组合；从极差（表 11-17）来看，其值越大，表示该因素越重要。因此，本试验'豫杂一号'泡桐的三个因素中，最重要的因素是秋水仙素浓度，其次是处理时间和预培养时间。

表 11-17 四倍体'豫杂一号'泡桐诱导率的极差

因素水平	秋水仙素浓度/(mg/L)	处理时间/h	预培养时间/天
水平 1	77.32	84.65	128.73
水平 2	140.91	142.85	130.07
水平 3	113.18	123.55	99.25
极差	63.59	58.2	30.82

由表 11-18 可知，秋水仙素浓度和共培养时间对'豫杂一号'泡桐的外植体存活率、芽诱导率、四倍体诱导率均产生了极显著或显著影响，进一步说明了预培养改变的叶片生理状态对四倍体的成功获得非常重要。单从四倍体诱导率来看，秋水仙素浓度是影响四倍体'豫杂一号'泡桐诱导率的最重要因素，可能是因为预培养在一定范围内对'豫杂一号'泡桐四倍体诱导的影响较大，也可能是基因型材料不同造成的差异或正交试验中各因素效应互作影响了效应估计的精确度。

表 11-18　双层培养处理'豫杂一号'叶片诱导四倍体植株的方差变异

方差来源	df	外植体存活率/%		芽诱导率/%		四倍体诱导率/%	
		MS	F	MS	F	MS	F
重复	1	0.04	0.01	14.76	8.60	8.80	0.12
A	2	390.38	124.83**	542.69	58.82**	384.02	5.10**
B	2	530.62	169.67**	736.07	79.77**	260.28	3.46*
E	2	55.74	17.82**	99.85	10.82**	74.37	0.99
误差	46	3.13		9.23		75.28	
总和	53						

三、四倍体泡桐的鉴定

多倍体植物最本质的特征是体细胞染色体数目增加，如秋水仙素能抑制或破坏细胞纺锤丝和初生壁的形成，因此当细胞分裂时染色体分裂，但由于没有纺锤丝把它们拉向两极，故仍留在细胞中央，成为一个重组核。同时由于细胞的初生壁不能形成，使整个细胞没有分裂，而仅仅是染色体一分为二，便形成了染色体加倍。当染色体组成倍增加后，其细胞核与细胞质的比例关系发生变化，基因的剂量效应和互作效应等都会破坏原有的生理生化平衡，导致植株发生一系列的变化（Manzoor et al.，2019）。染色体计数法是多倍体植物鉴定最根本，也是最准确的方法，且染色体制片技术已日渐成熟。近年来，流式细胞仪计数法用于单细胞DNA 含量测定作为鉴定多倍体的新手段得到了越来越广泛的应用，其原理是用染色剂对细胞进行染色后测定样品的荧光密度，荧光密度与 DNA 含量成正比，DNA 含量分布图可直接反映出不同倍性水平的细胞数（杭海英等，2019）。本小节利用染色体计数法和 BD FACS Calibur 流式细胞仪进行 5 种泡桐同源四倍体植株的鉴定。

（一）四倍体毛泡桐的鉴定

1. 毛泡桐染色体数目鉴定

在显微镜（40×10）下观察临时压片发现，毛泡桐的二倍体根尖染色体条数均为 $2n = 2x = 40$，而获得的诱导植株根尖染色体条数均为 $2n = 4x = 80$，未发现非整倍体的存在，而且变异植株根尖分生细胞体积增大，细胞核及核仁也随之增大。

2. 流式细胞仪鉴定

利用流式细胞仪对毛泡桐变异植株和二倍体植株叶片单细胞核相对 DNA 含

量进行了分析。由图 11-1 可以看出,毛泡桐二倍体均在荧光强度为 50 的位置处出现一个单峰(G2 期小峰除外),而诱导获得的变异植株均在 100 位置处出现一个单峰(G2 期小峰除外),未发现在 50 和 100 位置处以外的任意峰出现,表明诱导获得的变异植株完全为同源四倍体植株。因此,成功获得染色体加倍的四倍体毛泡桐植株。

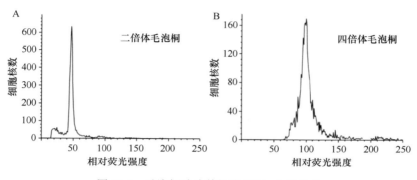

图 11-1 毛泡桐叶片单细胞 DNA 含量分布

(二)四倍体白花泡桐的鉴定

1. 白花泡桐染色体数目鉴定

在显微镜(40×10)下观察临时压片发现,白花泡桐的二倍体根尖染色体条数均为 $2n = 2x = 40$,而获得的诱导植株根尖染色体条数均为 $2n = 4x = 80$,未发现非整倍体的存在,而且,变异植株根尖分生细胞体积增大,细胞核及核仁也随之增大。

2. 流式细胞仪鉴定

利用流式细胞仪对白花泡桐变异植株和二倍体植株叶片单细胞核相对 DNA 含量进行了分析。由图 11-2 可以看出,白花泡桐二倍体在荧光强度为 50 的位置

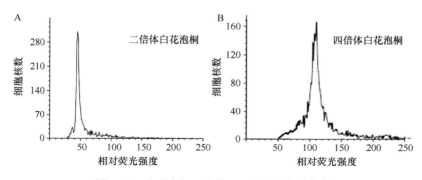

图 11-2 白花泡桐叶片单细胞 DNA 含量分布

处出现一个单峰（G_2 期小峰除外），而诱导获得的变异植株均在 100 位置处出现一个单峰（G_2 期小峰除外），未发现在 50 和 100 位置处以外的任意峰出现，表明诱导获得的变异植株完全为同源四倍体植株。因此，成功获得染色体加倍的四倍体白花泡桐植株。

（三）四倍体兰考泡桐的鉴定

1. 兰考泡桐染色体数目鉴定

在显微镜（40×10）下观察临时压片发现，兰考泡桐的二倍体根尖染色体条数均为 $2n = 2x = 40$，而获得的诱导植株根尖染色体条数均为 $2n = 4x = 80$，未发现非整倍体的存在，而且变异植株根尖分生细胞体积增大，细胞核及核仁也随之增大。

2. 流式细胞仪鉴定

利用流式细胞仪对兰考泡桐变异植株和二倍体植株叶片单细胞核相对 DNA 含量进行了分析。由图 11-3 可以看出，兰考泡桐二倍体在荧光强度为 50 的位置处出现一个单峰（G2 期小峰除外），而诱导获得的变异植株均在 100 位置处出现一个单峰（G2 期小峰除外），未发现在 50 和 100 位置处以外的任意峰出现，表明诱导获得的变异植株完全为同源四倍体植株。因此，成功获得染色体加倍的四倍体兰考泡桐植株。

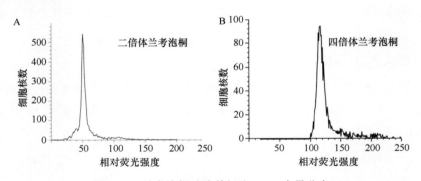

图 11-3　兰考泡桐叶片单细胞 DNA 含量分布

（四）四倍体南方泡桐的鉴定

1. 南方泡桐染色体数目鉴定

在显微镜（40×10）下观察临时压片发现，南方泡桐的二倍体根尖染色体条数均为 $2n = 2x = 40$，而获得的诱导植株根尖染色体条数均为 $2n = 4x = 80$，未发现非整倍体的存在，而且变异植株根尖分生细胞体积增大，细胞核及核仁也随之增大。

2. 流式细胞仪鉴定

利用流式细胞仪对南方泡桐变异植株和二倍体植株叶片单细胞核相对 DNA 含量进行了分析。由图 11-4 可以看出，南方泡桐二倍体在荧光强度为 50 的位置处出现一个单峰（G_2 期小峰除外），而诱导获得的变异植株均在 100 位置处出现一个单峰（G_2 期小峰除外），未发现在 50 和 100 位置处以外的任意峰出现，表明诱导获得的变异植株完全为同源四倍体植株。因此，成功获得染色体加倍的四倍体南方泡桐植株。

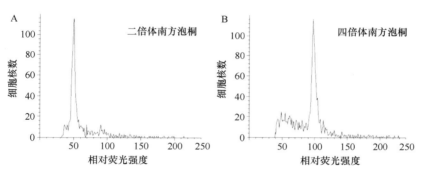

图 11-4　南方泡桐叶片单细胞 DNA 含量分布

（五）四倍体'豫杂一号'泡桐的鉴定

1. '豫杂一号'泡桐染色体数目鉴定

在显微镜（40×10）下观察临时压片发现，'豫杂一号'泡桐的二倍体根尖染色体条数均为 $2n = 2x = 40$，而获得的诱导植株根尖染色体条数均为 $2n = 4x = 80$，未发现非整倍体的存在，而且变异植株根尖分生细胞体积增大，细胞核及核仁也随之增大。

2. 流式细胞仪鉴定

利用流式细胞仪对'豫杂一号'泡桐变异植株和二倍体植株叶片单细胞核相对 DNA 含量进行了分析。由图 11-5 可以看出，'豫杂一号'泡桐二倍体在荧光强度为 50 的位置处出现一个单峰（G2 期小峰除外），而诱导获得的变异植株均在 100 位置处出现一个单峰（G2 期小峰除外），未发现在 50 和 100 位置处以外的任意峰出现，表明诱导获得的变异植株完全为同源四倍体植株。因此，成功获得染色体加倍的四倍体'豫杂一号'泡桐植株。

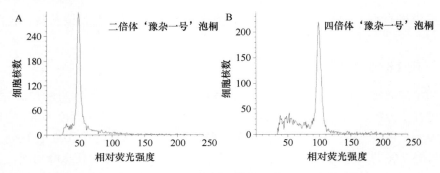

图 11-5 '豫杂一号'泡桐叶片单细胞 DNA 含量分布

第二节　四倍体泡桐植株再生体系建立

在植物组织培养过程中，外植体经过诱导能够重新进行器官分化，长出芽、根、花等器官，最后形成完整植株，这种经离体培养的外植体重新形成的完整植株称为再生植株。植物体外植株再生系统包括植物的器官再生、体细胞胚胎发生和原生质体游离及植株再生，它以细胞学说和细胞的全能性（Haberlandt，1969）为理论基础。高等植物的体细胞在一定条件下所诱导形成的胚称为细胞胚，大量研究表明，植物的体细胞具有形成胚的潜力，植物组织培养中体细胞胚胎的发生不仅具有普遍性，而且具有数量多、速度快、结构完整的特点，这就为木本植物在细胞水平上进行遗传操作及品种改良提供了可靠依据和有效途径（李志勇，2003）。本课题组前期对 5 种四倍体泡桐的诱导条件进行了初探，已经鉴定获得了同源四倍体泡桐植株。本节将进一步对这 5 种四倍体泡桐体外植株再生进行研究，建立 5 种四倍体泡桐的植株再生体系，以期为开展泡桐基因工程、细胞工程的研究和培育泡桐新品种奠定基础。

一、四倍体毛泡桐植株再生体系的建立

（一）四倍体毛泡桐叶片愈伤组织诱导

由表 11-19 可以看出，四倍体毛泡桐在激素萘乙酸（NAA）质量浓度为 0.1～0.5mg/L 时，6-BA 质量浓度为 2～10mg/L 的 MS 培养基中，其叶片愈伤组织诱导率均为 100%，但 6-BA 质量浓度增大为 12～20mg/L，叶片愈伤组织诱导率随着6-BA 质量浓度的增大保持不变或降低；在 NAA 质量浓度为 0.7～4.1mg/L 时，6-BA 质量浓度为 2～8mg/L 的 MS 培养基中，其愈伤组织诱导率均为 100%，随后个别组合愈伤组织诱导率有所降低。四倍体毛泡桐叶片除在培养基 MS＋0.1mg/L NAA＋18mg/L 6-BA 和 MS＋0.1mg/L NAA＋20mg/L 6-BA 中愈伤组织诱导率为

95%外，在其他所有培养基中的愈伤组织诱导率均为100%，多重比较结果也说明除培养基MS＋0.1mg/L NAA＋18mg/L 6-BA和MS＋0.1mg/L NAA＋20mg/L 6-BA外，所有组合均差异不显著。从愈伤组织诱导率而言，大多培养基组合都可作为愈伤组织诱导培养基，但考虑到愈伤组织形态、质地及分化芽的能力等因素，选择四倍体毛泡桐叶片愈伤组织诱导最适培养基为MS+0.3mg/L NAA+14mg/L 6-BA。

表 11-19　不同植物激素组合对四倍体毛泡桐叶片愈伤组织诱导的影响

激素组合（NAA＋6-BA）/(mg/L)	四倍体愈伤率/%	激素组合（NAA＋6-BA）/(mg/L)	四倍体愈伤率/%
0.1＋2	100a	0.7＋2	100a
0.1＋4	100a	0.7＋4	100a
0.1＋6	100a	0.7＋6	100a
0.1＋8	100a	0.7＋8	100a
0.1＋10	100a	0.7＋10	100a
0.1＋12	100a	0.7＋12	100a
0.1＋14	100a	0.7＋14	100a
0.1＋16	100a	0.7＋16	100a
0.1＋18	95b	0.7＋18	100a
0.1＋20	95b	0.7＋20	100a
0.3＋2	100a	0.9＋2	100a
0.3＋4	100a	0.9＋4	100a
0.3＋6	100a	0.9＋6	100a
0.3＋8	100a	0.9＋8	100a
0.3＋10	100a	0.9＋10	100a
0.3＋12	100a	0.9＋12	100a
0.3＋14	100a	0.9＋14	100a
0.3＋16	100a	0.9＋16	100a
0.3＋18	100a	0.9＋18	100a
0.3＋20	100a	0.9＋20	100a
0.5＋2	100a	4.1＋2	100a
0.5＋4	100a	4.1＋4	100a
0.5＋6	100a	4.1＋6	100a
0.5＋8	100a	4.1＋8	100a
0.5＋10	100a	4.1＋10	100a
0.5＋12	100a	4.1＋12	100a
0.5＋14	100a	4.1＋14	100a
0.5＋16	100a	4.1＋16	100a
0.5＋18	100a	4.1＋18	100a
0.5＋20	100a	4.1＋20	100a

方差分析结果表明（表11-20），NAA和6-BA对四倍体毛泡桐叶片愈伤组织的伴随概率分别为0.066和0.454，均高于显著性水平（$P=0.05$），未对四倍体毛泡桐叶片愈伤组织诱导率造成显著影响。

表 11-20　四倍体毛泡桐叶片愈伤组织诱导的方差分析

方差来源	df	SS	MS	F	Sig.
NAA	5	8.333	4.667	2.250	0.066
6-BA	9	6.667	0.741	4.000	0.454
误差	45	33.333	0.741		
总计	59	48.333			

（二）四倍体毛泡桐芽的诱导

由表11-21可知，在一定的NAA质量浓度下，愈伤组织分化芽随着6-BA质量浓度的增加呈现先上升后下降的趋势。四倍体毛泡桐叶片愈伤组织分化芽的最适培养基为MS+0.9mg/L NAA+16mg/L 6-BA，此时，芽分化率达到最高为100%。此外，四倍体毛泡桐在MS+0.9mg/L NAA+14mg/L 6-BA和MS+4.1mg/L NAA+18mg/L 6-BA中亦获得了较高的出芽率，分别为95%和90%。所有组合间芽诱导率比较的结果表明MS+0.9mg/L NAA+16mg/L 6-BA与MS+0.9mg/L NAA+14mg/L 6-BA并不显著，而与其他任意组合差异显著。由方差分析结果（表11-22）可以看出，NAA和6-BA对四倍体毛泡桐叶片愈伤组织芽分化的伴随概率均为0，低于显著性水平（$P=0.05$），因此，NAA和6-BA均对四倍体毛泡桐芽诱导率造成了显著影响。

表 11-21　不同植物激素组合对四倍体毛泡桐愈伤组织分化芽的影响

激素组合（NAA＋6-BA）/(mg/L)	四倍体愈伤率/%	激素组合（NAA＋6-BA）/(mg/L)	四倍体愈伤率/%
0.1+2	0o	0.3+2	5no
0.1+4	20klm	0.3+4	10mno
0.1+6	20klm	0.3+6	10mno
0.1+8	20klm	0.3+8	20klm
0.1+10	35ij	0.3+10	30ijk
0.1+12	35ij	0.3+12	40hi
0.1+14	30ijk	0.3+14	65ef
0.1+16	15lmn	0.3+16	65ef
0.1+18	10mno	0.3+18	55fg
0.1+20	5no	0.3+20	50gh

激素组合（NAA＋6-BA）/(mg/L)	四倍体愈伤率/%	激素组合（NAA＋6-BA）/(mg/L)	四倍体愈伤率/%
0.5＋2	5no	0.9＋2	25jkl
0.5＋4	5no	0.9＋4	40hi
0.5＋6	70de	0.9＋6	40hi
0.5＋8	70de	0.9＋8	65ef
0.5＋10	75cde	0.9＋10	80cd
0.5＋12	80cd	0.9＋12	85bc
0.5＋14	85bc	0.9＋14	95ab
0.5＋16	70de	0.9＋16	100a
0.5＋18	70de	0.9＋18	85bc
0.5＋20	55fg	0.9＋20	75cde
0.7＋2	5no	4.1＋2	10mno
0.7＋4	5no	4.1＋4	40hi
0.7＋6	65ef	4.1＋6	40hi
0.7＋8	65ef	4.1＋8	75cde
0.7＋10	80cd	4.1＋10	75cde
0.7＋12	80cd	4.1＋12	75cde
0.7＋14	85bc	4.1＋14	75cde
0.7＋16	80cd	4.1＋16	85bc
0.7＋18	75cde	4.1＋18	90b
0.7＋20	10mno	4.1＋20	80cd

表 11-22　四倍体毛泡桐愈伤组织芽分化的方差分析

方差来源	df	SS	MS	F	Sig.
NAA	5	18 688.75	3 737.75	15.327	0.000
6-BA	9	25 308.75	2 812.08	14.531	0.000
误差	45	10 973.75	243.861		
总计	59	54 974.25			

注：SS，平方和；下同

（三）四倍体毛泡桐根的诱导

由表 11-23 可知，四倍体毛泡桐在无论是否附加生长素的生根培养基上均诱导出根，且生根率均达 100%。由于诱导出根的时间各异，且根的条数及粗壮程度随生长素含量不同而不同，选择 1/2MS+0.1mg/L NAA 作为四倍体毛泡桐幼芽生根的最适培养基。

表 11-23　四倍体泡桐芽的生根

NAA/（mg/L）	毛泡桐 生根百分率/%	白花泡桐 生根百分率/%	兰考泡桐 生根百分率/%	南方泡桐 生根百分率/%	'豫杂一号'泡桐 生根百分率/%
0.0	100	100	100	100	100
0.1	100	100	100	100	100
0.3	100	100	100	100	100
0.5	100	100	100	100	100
0.7	100	100	100	100	100

二、四倍体白花泡桐植株再生体系的建立

（一）四倍体白花泡桐叶片愈伤组织的诱导

从愈伤组织诱导率而言，大多培养基组合都可作为愈伤组织诱导培养基。由表 11-24 可以看出，四倍体白花泡桐在 NAA 质量浓度为 0.1～0.5mg/L，6-BA 质量浓度为 2～10mg/L 的 MS 培养基中，其叶片愈伤组织诱导率为 100%，但 6-BA 质量浓度增大为 12～20mg/L，叶片愈伤组织诱导率随着 6-BA 质量浓度的增大保持不变或降低；在 NAA 质量浓度为 0.7～5.1mg/L 时、6-BA 质量浓度为 2～8mg/L 的 MS 培养基中，其愈伤组织诱导率为 100%，随后个别组合愈伤组织诱导率有所降低。四倍体白花泡桐叶片在培养基 MS＋0.3mg/L NAA＋20mg/L 6-BA 中，愈伤组织诱导率最低，为 65%，与其他组合差异显著。但考虑到愈伤组织形态、质地及分化芽的能力等因素，选择四倍体白花泡桐叶片愈伤组织诱导最适培养基为 MS+0.1mg/L NAA +10mg/L 6-BA。方差分析结果表明（表 11-25），NAA 对四倍体白花泡桐叶片愈伤组织的伴随概率为 0.001，6-BA 对四倍体白花泡桐叶片愈伤组织的伴随概率为 0，均低于显著性水平（$P=0.05$），NAA 和 6-BA 对四倍体白花泡桐叶片愈伤组织诱导率均影响显著。

表 11-24　不同植物激素组合对四倍体白花泡桐愈伤组织诱导的影响

激素组合（NAA＋6-BA）/(mg/L)	四倍体愈伤率/%	激素组合（NAA＋6-BA）/(mg/L)	四倍体愈伤率/%
0.1＋2	100a	0.1＋12	100a
0.1＋4	100a	0.1＋14	95ab
0.1＋6	100a	0.1＋16	95ab
0.1＋8	100a	0.1＋18	85cd
0.1＋10	100a	0.1＋20	85cd

续表

激素组合（NAA＋6-BA）/(mg/L)	四倍体愈伤率/%	激素组合（NAA＋6-BA）/(mg/L)	四倍体愈伤率/%
0.3＋2	100a	0.7＋12	100a
0.3＋4	100a	0.7＋14	100a
0.3＋6	100a	0.7＋16	100a
0.3＋8	100a	0.7＋18	100a
0.3＋10	100a	0.7＋20	90bc
0.3＋12	100a	0.9＋2	100a
0.3＋14	85cd	0.9＋4	100a
0.3＋16	80d	0.9＋6	100a
0.3＋18	70e	0.9＋8	100a
0.3＋20	65f	0.9＋10	95ab
0.5＋2	100a	0.9＋12	95ab
0.5＋4	100a	0.9＋14	90bc
0.5＋6	100a	0.9＋16	85cd
0.5＋8	100a	0.9＋18	85cd
0.5＋10	100a	0.9＋20	80d
0.5＋12	100a	5.1＋2	100a
0.5＋14	100a	5.1＋4	100a
0.5＋16	95ab	5.1＋6	100a
0.5＋18	95ab	5.1＋8	100a
0.5＋20	95ab	5.1＋10	100a
0.7＋2	100a	5.1＋12	100a
0.7＋4	100a	5.1＋14	100a
0.7＋6	100a	5.1＋16	100a
0.7＋8	100a	5.1＋18	85cd
0.7＋10	100a	5.1＋20	80d

表 11-25　四倍体白花泡桐叶片愈伤组织诱导的方差分析

方差来源	df	SS	MS	F	Sig.
NAA	5	590.000	118.000	4.784	0.001
6-BA	9	2135.000	237.222	9.617	0.000
误差	45	1110.000	24.667		
总计	59	3835.000			

（二）四倍体白花泡桐芽的诱导

由表 11-26 可以看出，在一定的 NAA 质量浓度下，愈伤组织分化芽的整体趋势随着 6-BA 质量浓度的增加呈现先上升后下降的趋势。四倍体白花泡桐叶片愈伤组织在 MS+0.1mg/L NAA+12mg/L 6-BA、MS+0.3mg/L NAA+8mg/L 6-BA、MS+0.3mg/L NAA+10mg/L 6-BA、MS+0.3mg/L NAA+12mg/L 6-BA 中芽分化率最高，均为 100%，且在 MS+0.1mg/L NAA+6mg/L 6-BA、MS+0.1mg/L NAA+8mg/L 6-BA、MS+0.1mg/L NAA+10mg/L 6-BA、MS+0.1mg/L NAA+14mg/L 6-BA 中获得了 90% 以上的出芽率，考虑到芽丛状态、数量及成本，选择 MS+0.1mg/L NAA+10mg/L 6-BA 作为四倍体白花泡桐芽诱导最适培养基。由方差分析结果（表 11-27）可以看出，NAA 和 6-BA 对四倍体白花泡桐叶片愈伤组织的伴随概率分别为 0.000 和 0.001，均低于显著性水平（P=0.05），对四倍体白花泡桐叶片愈伤组织诱导率影响显著。

表 11-26　不同植物激素组合对四倍体白花泡桐愈伤组织分化芽的影响

激素组合（NAA＋6-BA）/(mg/L)	四倍体愈伤率/%	激素组合（NAA＋6-BA）/(mg/L)	四倍体愈伤率/%
0.1＋2	5no	0.5＋14	30ijk
0.1＋4	55g	0.5＋16	25jkl
0.1＋6	90abc	0.5＋18	25jkl
0.1＋8	90abc	0.5＋20	10mno
0.1＋10	95ab	0.7＋2	0o
0.1＋12	100a	0.7＋4	5no
0.1＋14	90abc	0.7＋6	15lmn
0.1＋16	35hij	0.7＋8	30ijk
0.1＋18	15lmn	0.7＋10	35hij
0.1＋20	0o	0.7＋12	45gh
0.3＋2	25jkl	0.7＋14	75de
0.3＋4	80cd	0.7＋16	60f
0.3＋6	85bcd	0.7＋18	60f
0.3＋8	100a	0.7＋20	20klm
0.3＋10	100a	0.9＋2	0o
0.3＋12	100a	0.9＋4	10mno
0.3＋14	30ijk	0.9＋6	20klm
0.3＋16	20klm	0.9＋8	25jkl
0.3＋18	15lmn	0.9＋10	25jkl
0.3＋20	15lmn	0.9＋12	30ijk
0.5＋2	5no	0.9＋14	25jkl
0.5＋4	10mno	0.9＋16	20klm
0.5＋6	15lmn	0.9＋18	15lmn
0.5＋8	85bcd	0.9＋20	15lmn
0.5＋10	65ef	5.1＋2	0o
0.5＋12	40hi	5.1＋4	5no

续表

激素组合（NAA＋6-BA）/(mg/L)	四倍体愈伤率/%	激素组合（NAA＋6-BA）/(mg/L)	四倍体愈伤率/%
5.1＋6	5no	5.1＋14	20klm
5.1＋8	10mno	5.1＋16	25jkl
5.1＋10	15lmn	5.1＋18	15lmn
5.1＋12	20klm	5.1＋20	10mno

表 11-27　四倍体白花泡桐愈伤组织芽分化的方差分析

方差来源	df	SS	MS	F	Sig.
NAA	5	17 848.333	3 569.667	6.956	0.000
6-BA	9	18 206.667	2 022.963	3.942	0.001
误差	45	23 093.333	513.185		
总计	59	59 148.333			

（三）四倍体白花泡桐根的诱导

由表 11-23 可以看出，四倍体白花泡桐在无论是否附加生长素的生根培养基上均诱导出根，且生根率均达 100%。由于诱导出根的时间各异，且根的条数及粗壮程度随生长素含量不同而不同，选择 1/2MS 作为四倍体白花泡桐幼芽分化根的最适培养基。

三、四倍体兰考泡桐植株再生体系的建立

（一）四倍体兰考泡桐叶片愈伤组织的诱导

从愈伤组织诱导率而言，大多培养基组合都可作为愈伤组织诱导培养基。由表 11-28 可以看出，四倍体兰考泡桐在 NAA 质量浓度为 0.1～0.5mg/L，6-BA 质量浓度为 2～10mg/L 的 MS 培养基中，其叶片愈伤组织诱导率为 100%，但 6-BA 质量浓度增大为 12～20mg/L，叶片愈伤组织诱导率随着 6-BA 质量浓度的增大保持不变或降低；在 NAA 质量浓度为 0.7～7.1mg/L 时，6-BA 质量浓度为 2～8mg/L 的 MS 培养基中，其愈伤组织诱导率为 100%，随后个别组合愈伤组织诱导率有所降低。四倍体兰考泡桐叶片在培养基 MS＋0.1mg/L NAA＋20mg/L 6-BA 中，愈伤组织诱导率最低，为 30%，与其他组合差异显著。但考虑到愈伤组织形态、质地及分化芽的能力等因素，选择四倍体兰考泡桐叶片愈伤组织诱导最适培养基为 MS＋0.3mg/L NAA＋14mg/L 6-BA，四倍体兰考泡桐叶片愈伤组织诱导最适培养基为 MS＋0.3mg/L NAA＋8mg/L 6-BA。方差分析结果表明（表 11-29），NAA 对四倍体兰考泡桐叶片愈伤组织的伴随概率为 0.004，6-BA 对四倍体兰考泡桐叶片愈伤

组织的伴随概率为 0.000，低于显著性水平（P=0.05），NAA、6-BA 对四倍体兰考泡桐叶片愈伤组织诱导率均影响显著。

表 11-28　不同植物激素组合对四倍体兰考泡桐愈伤组织诱导的影响

激素组合（NAA＋6-BA）/(mg/L)	四倍体愈伤率/%	激素组合（NAA＋6-BA）/(mg/L)	四倍体愈伤率/%
0.1＋2	100a	0.7＋2	100a
0.1＋4	100a	0.7＋4	100a
0.1＋6	100a	0.7＋6	100a
0.1＋8	100a	0.7＋8	100a
0.1＋10	100a	0.7＋10	100a
0.1＋12	90a	0.7＋12	95a
0.1＋14	90a	0.7＋14	95a
0.1＋16	70c	0.7＋16	90a
0.1＋18	45e	0.7＋18	90a
0.1＋20	30f	0.7＋20	90a
0.3＋2	100a	0.9＋2	100a
0.3＋4	100a	0.9＋4	100a
0.3＋6	100a	0.9＋6	100a
0.3＋8	100a	0.9＋8	100a
0.3＋10	100a	0.9＋10	100a
0.3＋12	100a	0.9＋12	95a
0.3＋14	90a	0.9＋14	70c
0.3＋16	80b	0.9＋16	60d
0.3＋18	75bc	0.9＋18	60d
0.3＋20	70bc	0.9＋20	35f
0.5＋2	100a	7.1＋2	100a
0.5＋4	100a	7.1＋4	100a
0.5＋6	100a	7.1＋6	100a
0.5＋8	100a	7.1＋8	100a
0.5＋10	100a	7.1＋10	100a
0.5＋12	95a	7.1＋12	100a
0.5＋14	95a	7.1＋14	95a
0.5＋16	95a	7.1＋16	95a
0.5＋18	70cd	7.1＋18	95a
0.5＋20	45e	7.1＋20	90a

表 11-29　四倍体兰考泡桐叶片愈伤组织诱导方差分析

方差来源	df	SS	MS	F	Sig.
NAA	5	2 147.083	429.417	4.013	0.004

续表

方差来源	df	SS	MS	F	Sig.
6-BA	4	10 862.083	1 296.898	17.278	0.000
误差	49	4 815.417	107.009		
总计	59	17 824.583			

（二）四倍体兰考泡桐芽的诱导

由表 11-30 可以看出，在一定的 NAA 质量浓度下，愈伤组织分化芽随着 6-BA 质量浓度的增加呈现先上升后下降的趋势。四倍体兰考泡桐芽诱导率整体水平较低，最高出芽率仅达 35%，确定培养基 MS+0.7mg/L NAA+14mg/L 6-BA 为四倍体兰考泡桐芽诱导最适培养基。由方差分析结果（表 11-31）可以看出，NAA 对四倍体兰考泡桐芽分化的伴随概率为 0.031，低于显著性水平（$P=0.05$），对其产生显著影响，而 6-BA 对四倍体兰考泡桐的伴随概率为 0.059，高于显著性水平（$P=0.05$），对其产生的影响不显著。

表 11-30　不同植物激素组合对四倍体兰考泡桐愈伤组织分化芽的影响

激素组合（NAA＋6-BA）/(mg/L)	四倍体愈伤率%	激素组合（NAA＋6-BA）/(mg/L)	四倍体愈伤率/%
0.1＋2	5ef	0.5＋2	0f
0.1＋4	5ef	0.5＋4	0f
0.1＋6	5ef	0.5＋6	15cd
0.1＋8	10de	0.5＋8	20bc
0.1＋10	0f	0.5＋10	5ef
0.1＋12	0f	0.5＋12	5ef
0.1＋14	0f	0.5＋14	5ef
0.1＋16	0f	0.5＋16	0f
0.1＋18	0f	0.5＋18	0f
0.1＋20	0f	0.5＋20	0f
0.3＋2	0f	0.7＋2	0f
0.3＋4	0f	0.7＋4	5ef
0.3＋6	10de	0.7＋6	10de
0.3＋8	25b	0.7＋8	15cd
0.3＋10	10de	0.7＋10	20bc
0.3＋12	5ef	0.7＋12	20bc
0.3＋14	0f	0.7＋14	35a
0.3＋16	0f	0.7＋16	20bc
0.3＋18	0f	0.7＋18	10de
0.3＋20	0f	0.7＋20	5ef

续表

激素组合（NAA＋6-BA）/(mg/L)	四倍体愈伤率%	激素组合（NAA＋6-BA）/(mg/L)	四倍体愈伤率/%
0.9＋2	0f	7.1＋2	0f
0.9＋4	0f	7.1＋4	0f
0.9＋6	5ef	7.1＋6	0f
0.9＋8	20bc	7.1＋8	0f
0.9＋10	25b	7.1＋10	0f
0.9＋12	25b	7.1＋12	5ef
0.9＋14	20bc	7.1＋14	15cd
0.9＋16	5ef	7.1＋16	15cd
0.9＋18	0f	7.1＋18	15cd
0.9＋20	0f	7.1＋20	25b

表 11-31　四倍体兰考泡桐愈伤组织芽分化的方差分析

方差来源	df	SS	MS	F	Sig.
NAA	5	858.333	177.667	2.735	0.031
6-BA	4	1140.00	126.667	2.018	0.059
误差	49	2825.00	62.778		
总计	59	4823.33			

（三）四倍体兰考泡桐根的诱导

由表 11-23 可以看出，四倍体兰考泡桐在无论是否附加生长素的生根培养基上均诱导出根，且生根率均达 100%。由于诱导出根的时间各异，且根的条数及粗壮程度随生长素含量不同而不同，选择 1/2MS 作为四倍体兰考泡桐幼芽分化出根的最适培养基。

四、四倍体南方泡桐植株再生体系的建立

（一）四倍体南方泡桐叶片愈伤组织的诱导

从愈伤组织诱导率而言，大多数培养基组合都可作为愈伤组织诱导培养基。由表 11-32 可知，四倍体南方泡桐在激素 NAA 质量浓度为 0.1～0.3mg/L，6-BA 质量浓度为 4～16mg/L 的 MS 培养基中，其叶片愈伤组织诱导率均为 100%，6-BA质量浓度增大为 20mg/L，叶片愈伤组织诱导率随着 6-BA 质量浓度的增大保持不变或降低；在 NAA 质量浓度为 0.5～6.1mg/L 时，6-BA 质量浓度为 4～16mg/L 的MS 培养基中，其愈伤组织诱导率均为 100%，随后愈伤组织诱导率有所降低。但考虑到愈伤组织形态、质地及芽分化能力等因素，选择 MS+0.3mg/L NAA+12mg/L

6-BA 作为四倍体南方泡桐叶片愈伤组织的最适培养基。方差分析结果表明（表 11-33），NAA 对四倍体南方泡桐叶片愈伤组织的伴随概率为 0.16，高于显著性水平（$P=0.05$），NAA 对四倍体南方泡桐叶片愈伤组织诱导率无显著影响，6-BA 对四倍体南方泡桐叶片愈伤组织的伴随概率均为 0.00，低于显著性水平（$P=0.05$），对四倍体南方泡桐叶片愈伤组织诱导率影响显著。

表 11-32　不同植物激素组合对四倍体南方泡桐愈伤组织诱导率的影响

激素组合（NAA＋6-BA）/(mg/L)	四倍体愈伤率/%	激素组合（NAA＋6-BA）/(mg/L)	四倍体愈伤率/%
0.1＋4	100a	0.7＋4	100a
0.1＋8	100a	0.7＋8	100a
0.1＋12	100a	0.7＋12	100a
0.1＋16	100a	0.7＋16	100a
0.1＋20	100a	0.7＋20	98.4b
0.3＋4	100a	0.9＋4	100a
0.3＋8	100a	0.9＋8	100a
0.3＋12	100a	0.9＋12	100a
0.3＋16	100a	0.9＋16	100a
0.3＋20	96.7c	0.9＋20	96.7c
0.5＋4	100a	6.1＋4	100a
0.5＋8	100a	6.1＋8	100a
0.5＋12	100a	6.1＋12	100a
0.5＋16	100a	6.1＋16	100a
0.5＋20	95.0c	6.1＋20	96.7c

表 11-33　四倍体南方泡桐叶片愈伤组织诱导方差分析

方差来源	df	SS	MS	F	Sig.
NAA	5	5.90	6.18	6.66	0.16
6-BA	4	73.04	18.26	25.70	0.00
误差	49	34.81	0.71		
总计	59	113.75			

（二）四倍体南方泡桐芽的诱导

由表 11-34 可以看出，在 NAA 浓度一定时，随 6-BA 浓度增加，四倍体南方泡桐叶片愈伤组织芽诱导率呈现先上升后下降的趋势。但是，四倍体南方泡桐愈伤组织芽诱导率的变化幅度有一定的差异。当 NAA 浓度分别为 0.1mg/L 和 0.3mg/L 时，南方泡桐愈伤组织最高芽诱导率可达到 76.7% 和 96.7%；当 NAA 浓度为 0.5mg/L 时，则为 88.4%。多重比较结果说明，所有植物激素组合间差异显著，但考虑到诱导出芽的生长状态和植物生长调节物质使用量等因素，选择 MS+0.3mg/L NAA+12mg/L 6-BA 为南方泡桐四倍体叶片愈伤组织芽诱导的最适培养基。由方差分析结果（表 11-35）可以看出，NAA 和 6-BA 对四倍体南方泡桐叶片愈伤组织芽分化的伴随概率均为 0.00，低于显著性水平（$P=0.05$），因此，NAA 和 6-BA 对四倍体南方泡桐叶片芽诱导率造成了显著影响。

表 11-34　不同植物激素组合对四倍体南方泡桐愈伤组织分化芽的影响

激素组合（NAA＋6-BA）/(mg/L)	四倍体愈伤率/%	激素组合（NAA＋6-BA）/(mg/L)	四倍体愈伤率/%
0.1＋4	26.6q	0.7＋4	36.7o
0.1＋8	46.7l	0.7＋8	66.7h
0.1＋12	56.7k	0.7＋12	83.3c
0.1＋16	76.7e	0.7＋16	88.4b
0.1＋20	33.3p	0.7＋20	66.7h
0.3＋4	33.3p	0.9＋4	43.3m
0.3＋8	75ef	0.9＋8	60j
0.3＋12	96.7a	0.9＋12	73.3f
0.3＋16	70g	0.9＋16	76.7e
0.3＋20	68.4gh	0.9＋20	63.3i
0.5＋4	40n	1.1＋4	13.3r
0.5＋8	80d	1.1＋8	43.3m
0.5＋12	88.4b	1.1＋12	76.7e
0.5＋16	83.3c	1.1＋16	83.3c
0.5＋20	70g	1.1＋20	66.7h

表 11-35　四倍体南方泡桐愈伤组织芽分化的方差分析

方差来源	df	SS	MS	F	Sig.
NAA	5	4 327.99	865.60	16.97	0.00
6-BA	4	17 292.70	4 323.17	59.78	0.00
误差	49	3 543.29	72.31		
总计	59	25 164.73			

（三）四倍体南方泡桐根的诱导

由表 11-23 可以看出，四倍体泡桐在无论是否附加生长素的生根培养基上均诱导出根，且生根率均达 100%。由于诱导出根的时间各异，且根的条数及粗壮程度随生长素含量不同而不同，选择 1/2MS 作为四倍体南方泡桐幼芽分化根的最适培养基。

五、四倍体'豫杂一号'泡桐植株再生体系的建立

(一)四倍体'豫杂一号'泡桐叶片愈伤组织的诱导

从愈伤组织诱导率而言，大多培养基组合都可作为愈伤组织诱导培养基。由表 11-36 可知，四倍体'豫杂一号'泡桐在 NAA 质量浓度为 0.1～0.7mg/L，6-BA 质量浓度为 4～12mg/L 的 MS 培养基中，其叶片愈伤组织诱导率均为 100%，但 6-BA 质量浓度增大为 16～20mg/L，叶片愈伤组织诱导率随着 6-BA 质量浓度的增大保持不变或降低；在 NAA 质量浓度为 0.9～8.1mg/L 时，6-BA 质量浓度为 4～8mg/L 的 MS 培养基中，其愈伤组织诱导率均为 100%，随后愈伤组织诱导率有所降低。但考虑到愈伤组织形态、质地及芽分化能力等因素，选择 MS+0.5mg/L NAA+16mg/L 6-BA 作为四倍体'豫杂一号'泡桐叶片愈伤组织的最适培养基。方差分析结果表明（表 11-37），NAA 和 6-BA 对四倍体'豫杂一号'泡桐叶片的伴随概率均为 0.00，均低于显著性水平（$P=0.05$），NAA、6-BA 对四倍体'豫杂一号'泡桐叶片愈伤组织诱导率影响显著。

表 11-36　不同植物激素组合对四倍体'豫杂一号'泡桐愈伤组织诱导率的影响

激素组合（NAA+6-BA）/(mg/L)	四倍体愈伤率/%	激素组合（NAA+6-BA）/(mg/L)	四倍体愈伤率/%
0.1+4	100a	0.7+4	100a
0.1+8	100a	0.7+8	100a
0.1+12	100a	0.7+12	100a
0.1+16	95bc	0.7+16	93.3c
0.1+20	86.7e	0.7+20	75f
0.3+4	100a	0.9+4	100a
0.3+8	100a	0.9+8	100a
0.3+12	100a	0.9+12	96.7b
0.3+16	100a	0.9+16	90d
0.3+20	98.7c	0.9+20	86.7e
0.5+4	100a	8.1+4	100a
0.5+8	100a	8.1+8	100a
0.5+12	100a	8.1+12	95bc
0.5+16	100a	8.1+16	86.7e
0.5+20	98.7c	8.1+20	86.7e

表 11-37　四倍体'豫杂一号'泡桐叶片愈伤组织诱导方差分析

方差来源	df	SS	MS	F	Sig.
NAA	5	268.50	53.70	4.62	0.00

续表

方差来源	df	SS	MS	F	Sig.
6-BA	4	1489.16	372.29	32.02	0.00
误差	49	569.67	18.63		
总计	59	2332.03			

（二）四倍体'豫杂一号'泡桐芽的诱导

由表 11-38 可以看出，在一定的 NAA 质量浓度下'豫杂一号'泡桐叶片愈伤组织芽诱导率随着 6-BA 质量浓度的增加呈现先上升后下降的趋势。但是，四倍体'豫杂一号'泡桐叶片愈伤组织芽诱导率的变化幅度有一定差异。'豫杂一号'泡桐叶片芽诱导率整体水平较低，在 MS+0.5mg/L NAA+16mg/L 6-BA 培养基上，最高出芽率为 48.4%，在 MS+0.3mg/L NAA+12mg/L 6-BA 培养基上四倍体'豫杂一号'泡桐芽诱导率为 28.7%。考虑到诱导出芽的生长状态和植物生长调节物质使用量等因素，选择 MS+0.5mg/L NAA+16mg/L 6-BA 为四倍体'豫杂一号'泡桐叶片愈伤组织芽诱导的最适培养基。由方差分析结果（表 11-39）可以看出，NAA 和 6-BA 对四倍体'豫杂一号'泡桐叶片愈伤组织芽分化的伴随概率为 0，低于显著性水平（$P=0.05$），因此，NAA 和 6-BA 对四倍体'豫杂一号'泡桐叶片芽诱导率造成了显著影响。

表 11-38　不同植物激素组合对四倍体'豫杂一号'泡桐愈伤组织分化芽的影响

激素组合（NAA＋6-BA）/(mg/L)	四倍体愈伤率%	激素组合（NAA＋6-BA）/(mg/L)	四倍体愈伤率/%
0.1＋4	0k	0.7＋4	0k
0.1＋8	6.7i	0.7＋8	6.7i
0.1＋12	10h	0.7-12	13.3fg
0.1＋16	15ef	0.7＋16	20d
0.1＋20	8.4h	0.7＋20	18.7gh
0.3＋4	0k	0.9＋4	0k
0.3＋8	6.7i	0.9＋8	6.7i
0.3＋12	28.7d	0.9＋12	10h
0.3＋16	28.4c	0.9＋16	28.7d
0.3＋20	16.7e	0.9＋20	16.7e
0.5＋4	0k	8.1＋4	0k
0.5＋8	10h	8.1＋8	3.3j
0.5＋12	28.4c	8.1＋12	18.7gh
0.5＋16	48.4a	8.1＋16	20d
0.5＋20	43.3b	8.1＋20	13.3fg

表 11-39　四倍体'豫杂一号'泡桐愈伤组织芽分化的方差分析

方差来源	df	SS	MS	F	Sig.
NAA	5	2069.08	413.82	13.81	0.00
6-BA	4	4850.11	1212.53	40.48	0.00
误差	49	1467.83	29.96		
总计	59	8387.20			

（三）四倍体'豫杂一号'泡桐根的诱导

由表 11-23 可知，四倍体'豫杂一号'泡桐在无论是否附加生长素的生根培养基上均诱导出根，且生根率均达 100%。由于诱导出根的时间各异，且根的条数及粗壮程度随生长素含量不同而不同，选择 1/2MS+0.1mg/L NAA 作为四倍体'豫杂一号'泡桐幼芽分化根的最适培养基。

第三节　四倍体泡桐新品种培育

待组织培养的四倍体泡桐根长到 3cm 以上时，将培养瓶口打开在光照条件下炼苗一周，再移至室外锻炼 7 天，随后移入盛有蛭石（经 5%高锰酸钾消毒处理）的小花盆中，20 天后移至盛有肥沃土壤的大花盆中。新的根系长出生长稳固后移入种苗繁育基地，再进行移栽后管理等措施，对四倍体新品种综合评价。本节以四倍体白花泡桐'豫桐 1 号'为例，对四倍体泡桐新品种培育过程中的繁殖技术、栽培技术、区域试验及推广应用前景进行介绍。

一、四倍体泡桐繁殖和栽培技术

（一）'豫桐 1 号'泡桐繁殖技术

1. 种根采集

在秋冬季出圃的当年生苗圃地及时挖取或翌年春季气温回升后挖取无病虫害和无机械损伤、粗度为 1.0～2.0cm 的苗根制作种根，种根长度为 13～15cm，种根上端剪成平口、下端剪成斜口，根据种根粗度不同分别按一定数量绑扎成捆，在阴凉通风处放置 3～5 天后，再贮藏。种根采集气温应在 0℃以上。

2. 催芽处理

春季树液流动前，选择背风向阳的地方，挖宽 100cm，深 40cm 的沟，沟长视种根数量而定。沟底铺 5cm 的湿沙，将种根平头向上，成捆直立于坑内，种根间填充湿沙，种根上部覆沙厚度 10cm，上置塑料拱棚 15～20 天，80%种根出现露白时，应及时埋根育苗。

3. 埋根育苗

埋根时间为树木萌芽前。埋根密度为株行距（90～100）cm×100cm。埋根方法：在垄上按株距挖好穴，将催过芽的种根平头向上直立穴内，埋土至种根 2/3，挤实，然后封土高出顶端 1cm，覆膜，拉紧、压实，浇一次透水，增加土壤水分，使种根和土壤密接。

4. 苗期管理

当幼苗出土与地膜接触时，要及时破膜放苗，视墒情适量浇水；6 月中旬，当苗高 20～30cm 时定苗，去膜，进行第一次施肥，每亩①施入 20～30kg 尿素，施肥后及时浇水；7～9 月为速生期，其中 7 月上旬、7 月下旬和 8 月中旬各施一次肥，开浅沟穴施，每亩施入 20～30kg 尿素。期间应及时中耕除草、防治病虫、抹除叶腋萌发的副梢；7 月下旬结合施肥根部培土 5～10cm；土壤保持湿润，雨后无积水；9 月上旬之后，苗木高生长逐渐减缓，至 10 月中、下旬封顶，高度生长完全停止。期间应适当浇水。

5. 病虫害防治

发生的主要病虫害有腐烂病、溃疡病、泡桐网蝽、泡桐叶甲等，要采取生物、营林、物理、化学等综合措施及时进行防治。

（二）'豫桐 1 号'泡桐栽培技术

1. 造林地选择

选择地势较为平坦、土层深厚、土壤肥沃、排水良好、通气性好、地下水位在 1.5～2.0m 的地方，土壤质地为褐土、壤土、沙壤土或沙质土，年平均气温为 10～21℃，年降水量在 400～1000mm，土壤酸碱度适中，pH 为 6.5～8.0。但应避免在风口造林。

2. 造林密度

造林密度根据不同林种而定。

纯林：初植株行距（3～5）m×（4～6）m，生长期及时进行间伐，调整密度。

农桐间作林：株行距（5～7）m×（30～50）m；以桐为主间作林，株行距（5～7）m×（10～15）m；农桐并重间作林，株行距（5～7）m×（20～25）m。

---

① 1 亩≈666.7m²

防护林：株行距设计为（3～5）m×（4～6）m。在一般风害区，主林带间距 200～300m，副林带间距 400～500m，网格面积 8～15hm²；风速大、风蚀严重受害区，主林带间距 150m 左右，副林带间距 300～400m，网格面积 4.5～6.0hm²。

3. 整地与挖穴

在造林之前整地。整地方式依立地条件而定。平地主要是穴状整地：穴深 0.8～1.0m，直径 0.8～1.0m；缓坡地主要是鱼鳞坑整地：破土圆面直径 1m 左右；后在坑的外围作高 10cm 的土埂；然后在坑内挖穴松土，坑深 0.5～1.0m；表层土和深层土分开放置。

4. 栽植

苗木选择：选择具有优良品质的种源，要求达到一级苗标准，植株健壮苗木通直圆满，组织充实，木质化程度高，根系发达而完整。

栽植时间：秋季造林在落叶后至土壤上冻前，春季造林在树木萌芽前。

栽植方法：栽植前，回填土 20cm 并施入复合肥 1.5kg、饼肥或有机肥 2.0kg，充分拌匀。采用"三埋两踩一提苗"方法进行定植，根际线比地面低 5cm。栽后灌 1 次透水，灌水后随即培土 10cm 高。

5. 抚育管理

施肥：栽植后 2～6 年，每年晚春至夏初采取开沟追肥，在离树干基部沿不同方向根据树龄挖 3～5 条 25～30cm 深的放射状条形沟，然后均匀施入肥料，覆土封盖。挖沟时不要伤害树根，不要使肥料附着树干或主根。每株施氮肥 0.5～2.0kg、磷肥 0.5～1.5kg，施肥后及时浇水。

灌溉及排水：萌芽前、生长期内各浇一次水。如遇干旱要及时浇水，如遇水涝及时排水，防治积水。

修枝间伐：'豫桐 1 号'泡桐定植 3 年后，在树木停止生长后、发芽前 1 个月及时进行修枝，适量修除下层枝；保留一个主干顶端萌发的生长旺盛的直立枝条，培养主干，修除其余对其影响的直立枝条。当林分郁闭度达到 0.8 时进行作业设计，报批后开始间伐，间伐强度要根据林型、林分培育目的、造林密度的大小、间伐材的利用等因素，采取隔行间伐或隔株间伐。

6. 病虫害防治

'豫桐 1 号'泡桐易遭受黑痘病、溃疡病、大袋蛾、泡桐网蝽、泡桐叶甲等病虫危害，要及时进行防治。

二、四倍体泡桐区域试验

（一）试验点布置及试验设计布局

根据泡桐生长的主要分布范围，为了充分观察'豫桐1号'泡桐在河南省不同地域的生长情况，选择许昌市的禹州市、新乡市的长垣县、洛阳市的宜阳县作为'豫桐1号'泡桐的试验地点。

各试验点种植方式采用大穴定植，株行距为4m×5m，苗木规格为地径5cm以上、高3.5～4.0m。苗木生长过程中定期观察记录苗木的生长情况。

（二）试验点苗木观察及数据统计

1. 试验地点：河南省禹州市鸿畅镇

2009年3月在河南省许昌市禹州市鸿畅镇岗沟石村进行'豫桐1号'泡桐区域试验，以白花泡桐为对照。试验地土壤为褐壤土，土层较厚，土地肥沃。各年份按正常的土肥水管理和病虫害防治，无其他特殊处理，定期进行泡桐形态特征和生长特性观察并记录。期间分别于2012年7月、2014年7月和2016年9月在试验地点隔行随机各选取25株白花泡桐和'豫桐1号'泡桐测量其树高和胸径并计算其平均值，统计其丛枝病发生情况（表11-40）。

表11-40　河南省禹州市鸿畅镇不同树龄泡桐生长情况统计表

观察测量指标	树种	观察测量时间		
		2012年7月	2014年7月	2016年9月
树高/m	I	10.6	14.8	17.0
	II	11.9	15.7	18.4
胸径/cm	I	12.3	16.9	21.4
	II	15.2	20.5	26.3
丛枝病发病率/%	I	27	40	72
	II	0	20	29

注：I. 白花泡桐；II. '豫桐1号'泡桐；下同

根据以上'豫桐1号'泡桐和对照白花泡桐的观察统计结果，总结其生长情况如下。

（1）截至2016年9月生长情况：7年生'豫桐1号'泡桐平均树高18.4m、平均胸径26.3cm；7年生白花泡桐平均树高17.0m、平均胸径21.4cm。'豫桐1号'泡桐的树高和胸径分别为对照的1.08倍和1.23倍。

（2）'豫桐1号'泡桐主要形态特征：一年生幼叶大，叶卵圆形、边缘锯齿状，苗干红褐色，皮孔大、稀疏、突起。大树树皮青灰色，树干通直，自然接干能力强，树冠卵圆形，叶深绿色，有光泽，侧枝较细，分枝角度小。

（3）'豫桐1号'泡桐显著特点为丛枝病发病率低，约为29%，而白花泡桐发病率约为72%；'豫桐1号'泡桐丛枝病发病率与对照相比约降低60%。

（4）'豫桐1号'泡桐耐瘠薄，适应性强，栽培7年未发生严重病虫害，丛枝病发病率较低，且发病部位在主干的下部，不影响正常生长和木材材质。

2. 试验地点：河南省新乡市长垣县满村镇

2009年3月在河南省新乡市长垣县满村镇邱村进行'豫桐1号'泡桐区域试验，以白花泡桐为对照。试验地位于黄河故道区，土壤为褐壤土，土层较厚，土地肥沃。各年份按正常的土肥水管理和病虫害防治，无其他特殊处理，定期进行泡桐形态特征和生长特性观察并记录。期间分别于2012年7月、2014年7月和2016年9月在试验地点隔行随机各选取25株白花泡桐和'豫桐1号'泡桐测量其树高和胸径并计算平均值，统计其丛枝病发生情况（表11-41）。

表 11-41　河南省新乡市长垣县满村镇不同树龄泡桐生长情况统计表

观察测量指标	树种	观察测量时间		
		2012年7月	2014年7月	2016年9月
树高/m	I	10.6	15.7	17.1
	II	11.9	16.9	18.7
胸径/cm	I	12.3	17.2	24.5
	II	15.2	21.5	29.9
丛枝病发病率/%	I	16	32	73
	II	0	16	26

根据观察统计结果总结白花泡桐和'豫桐1号'泡桐的生长情况如下。

（1）截至2016年9月生长情况：7年生'豫桐1号'泡桐平均树高18.7m、平均胸径29.9cm；7年生白花泡桐平均树高17.1m、平均胸径24.5cm。'豫桐1号'泡桐的树高和胸径分别为对照的1.09倍和1.22倍。

（2）'豫桐1号'泡桐主要形态特征：一年生苗木幼叶大，叶卵圆形，边缘锯齿状，苗干红褐色、皮孔大、突起。大树树干通直，树冠卵圆形，叶深绿色，有光泽；侧枝较细，分枝角度小。

（3）'豫桐1号'泡桐显著特点为丛枝病发病率低，约为26%，而白花泡桐发病率约为73%；'豫桐1号'泡桐丛枝病发病率与对照相比约降低64%。

（4）适应性：'豫桐1号'泡桐耐瘠薄，树木生长健壮，栽培7年未发生严重病虫害，且发病部位在主干的下部，不影响正常生长和木材材质。

3. 试验地点：河南省洛阳市宜阳县林场

2009 年 3 月在河南省洛阳市宜阳县林场进行'豫桐 1 号'泡桐区域试验，以白花泡桐为对照。试验地土壤为褐壤土，土层较厚，土地肥沃。按正常的土肥水管理和病虫害防治，无其他特殊处理，定期进行泡桐形态特征和生长特性观察并记录，分别于 2012 年 7 月、2014 年 7 月和 2016 年 9 月在试验地点隔行随机各选取 25 株白花泡桐和'豫桐 1 号'泡桐测量其树高和胸径并计算平均值，统计其丛枝病发生情况（表 11-42）。

表 11-42 河南省洛阳市宜阳县林场不同树龄泡桐生长情况统计表

观察测量指标	树种	观察测量时间		
		2012 年 7 月	2014 年 7 月	2016 年 9 月
树高/m	I	11.3	15.9	18.1
	II	12.4	17.0	20.3
胸径/cm	I	12.8	17.5	22.2
	II	15.6	21.7	28.4
丛枝病发病率/%	I	20	36	72
	II	0	16	28

根据观察统计结果总结白花泡桐和'豫桐 1 号'泡桐的生长情况如下。

（1）截至 2016 年 9 月生长情况：7 年生'豫桐 1 号'泡桐平均树高 20.3m、平均胸径 28.4cm；7 年生白花泡桐平均树高 18.1m、平均胸径 22.2cm。'豫桐 1 号'泡桐的树高和胸径分别为对照的 1.12 倍和 1.28 倍。

（2）'豫桐 1 号'泡桐主要形态特征：一年生苗叶卵圆形、边缘锯齿状，苗干红褐色、皮孔突起。大树树干通直，叶深绿色，有光泽，侧枝较细。

（3）'豫桐 1 号'泡桐优良特点为泡桐丛枝病发病率低，约为 28%，而白花泡桐发病率约为 72%；'豫桐 1 号'泡桐丛枝病发病率与对照相比约降低 61%。

（4）适应性：'豫桐 1 号'泡桐耐瘠薄，适应性强，树木生长健壮，栽培 7 年未发生严重病虫害。

三、四倍体泡桐推广应用前景

（一）种质资源的创新

'豫桐 1 号'泡桐的成功诱导创造了泡桐新的种质资源。泡桐种质资源是泡桐优良基因的载体，切实保护现有保存种质资源的遗传多样性，努力推进改良创新利用是当前乃至长远泡桐种质资源研究工作的主要内容。因此，采用诱变的育种手段创制新的泡桐种质资源，对培育泡桐新品种、推动泡桐的进一步推广应用具有深远的意义。

（二）培育新品种的基础

由于染色体增加后基因剂量的增加和遗传背景的改变，多倍体育种不仅可以丰富物种种质资源，创造大量优良品种，而且可广泛应用于遗传学研究中，如克服远缘杂交的不孕性和提高杂种的可育性。倍性育种是植物遗传改良的一条重要途径。在多倍体系列中，三倍体被认为是营养生长最好的。由细胞体积的增大所引起的巨大性以及由于减数分裂紊乱而造成的不育性，使得三倍体成为无性繁殖和以获取材积为目标的林木育种的主要目标，'豫桐1号'泡桐为三倍体泡桐的杂交育种奠定了良好的基础。

（三）自身特性优良

'豫桐1号'泡桐在生长速度、材质上高于常规栽植的泡桐品种，尤其是抗丛枝病特性明显，决定了泡桐木材产量的提升，随着农民种植泡桐的积极性将显著提高，'豫桐1号'泡桐必将具有良好的推广应用前景。

参 考 文 献

蔡旭. 1988. 植物遗传育种学(第二版). 北京: 科学出版社.

杭海英, 刘春春, 任丹丹. 2019. 流式细胞术的发展、应用及前景. 中国生物工程杂志, 39(9): 68-83.

李玉岭, 闫少波, 毛秀红, 等. 2022. 秋水仙素诱导林木多倍体研究进展. 农学学报, 12(8): 55-61.

李志勇. 2023. 细胞工程. 北京: 科学出版社.

路易斯 W H. 1984. 多倍体在植物和动物中的地位. 严育瑞, 鲍文奎, 译. 贵阳: 贵州人民出版社.

舒尔兹-舍弗尔. 1986. 细胞遗传学. 刘大钧, 译. 南京: 江苏科学技术出版社.

平吉功. 1950. 森林植物にぉける人为倍数の研究 Ⅱ. キソ倍数体にぉけるの观察. Reports of the Kihara Institute for Biological Research, 4: 17-21.

Haberlandt, G. 1969. Experiments on the culture of isolated plant cells. The Botanical Review, 35: 68-85.

Manzoor A, Ahmad T, Bashir M A, et al. 2019. Studies on colchicine induced chromosome doubling for enhancement of quality traits in ornamental plants. Plants, 8(7): 194.

Sattler M C, Carvalho C R, Clarindo W R. 2016. The polyploidy and its key role in plant breeding. Planta, 243(2): 281-296.

第十二章 四倍体泡桐特性

植物多倍体化能够为植物提供更广泛的适应性和抗性，也是新品种创制的重要途径之一。通常而言，多倍体内基因剂量的增加和重复基因的表达使得多倍体植物在形态、生理、生化等方面较之前的二倍体发生很大的变化，通常表现为，多倍体植株株形巨大、细胞体积增大、根茎粗壮、叶片增厚增大、叶色加深、花朵大而质地加重、花期延长、光合酶数量增多、净同化增大、产量和品质及抗逆性提高等（Warner et al., 1987；Hilu, 1993；Romero-Aranda et al., 1997；Mashkina et al., 1998；Ramsey and Schemske, 1998；Wolfe, 2001；Liu and Wendel, 2002）。泡桐是重要的速生用材树种和绿化树种，因其具有生长迅速、材质优良、栽培历史悠久等优良特性，深受广大人民的喜爱。大力发展泡桐对于改善生态环境、缓解木材短缺、提高人们生活水平具有重要意义。但是，泡桐生产中存在的丛枝病发生严重和低干大冠等问题严重影响着泡桐产业的发展。因此，为解决泡桐在生产上存在的一系列问题并选育泡桐新品种，范国强等（2006，2007a，2007b，2009，2010）成功获得了兰考泡桐、白花泡桐、毛泡桐、南方泡桐和'豫杂一号'泡桐的同源四倍体泡桐树种。赵振利等（2011）成功诱导了'9501'泡桐的四倍体品种。加倍后的四倍体泡桐在抗寒性、抗旱性、抗盐胁迫能力等抗逆性方面，以及木材材性和生长等方面表现出优于其二倍体的优良特征。为从多角度全面分析同源加倍后的不同品种的四倍体泡桐的优良特征，本章对寒冷、干旱和盐胁迫下的四倍体泡桐各项指标，四倍体泡桐木材材性相关的各项理化性质指标，生理物候期、叶片显微形态特征、花粉和种子形态特征及发芽率等四倍体泡桐的器官形态特征，四倍体泡桐光合特征相关的各项指标及纤维形态、叶片显微形态特征、叶绿素含量与叶面积等生长特征指标进行检测和分析，以明确四倍体泡桐的相关特性。

第一节 四倍体泡桐生物学特性

一、四倍体泡桐器官形态

叶片是植物进行光合作用和呼吸作用的重要器官，其表皮、栅栏组织和海绵组织厚度及细胞结构紧密度等形态结构与植物的抗旱性（Dunbar-Co et al., 2009；梁文斌等，2010；金龙飞等，2012）、抗寒性（余文琴和刘星辉，1995；吴林等，2005；何小勇等，2007；刘杜玲等，2012）等密切相关。国内外至今未见关于四倍体泡桐物候期、叶片显微结构和花粉及种子等方面的文献报道，为了解泡桐染色体加倍后物候期、叶片显微结构特征和花粉及种子的变化规律并阐明四倍体泡桐与其二倍体泡桐生长差异的机理，我们对四倍体泡桐的物候期进行观察，研究 4 种四倍体泡桐叶片显微结构的差异，对 3 种四倍体泡桐的花粉及种子的特征进行观察研究，来探讨二倍体泡桐加倍后生物学特性发生的变化。

（一）四倍体泡桐物候期

一般二倍体植物加倍后其生命周期及生理活动均表现出不同的变化，其物候期也与原二倍体相比有所差异。5 年生二倍体及其四倍体泡桐均出现开花和结果现象，根据 2012 年观察的四倍体泡桐的物候期（表 12-1）可看出，5 种四倍体泡桐的腋芽膨胀、展叶、萌发新梢、封顶、叶片变色、落叶始、落叶盛、落叶末的时间与其二倍体泡桐相比变化均在 1～7 天。腋芽膨胀、展叶、萌发新梢四倍体泡桐均比其二倍体早 1～6 天，封顶、叶片变色、落叶始、落叶盛、落叶末四倍体泡桐也比其二倍体晚 1～7 天，四倍体泡桐的开花始、开花盛和开花末也比其二倍体提早 1～7 天，四倍体泡桐的现蕾时间和幼果形成也比其二倍体提早 3～5 天，而四倍体泡桐的果实成熟和种子飞散则均比二倍体稍晚。另外，连续 5 年的物候期观察结果表明二倍体泡桐及其四倍体变化不大。二倍体泡桐经过染色体加倍后物候期稍有变化，但仍保持其原有的生物学特性。

表 12-1 二倍体及其四倍体泡桐 2012 年物候期

物候特征	出现时间（月-日）									
	四倍体毛泡桐（PT₄）	二倍体毛泡桐（PT₂）	四倍体'豫杂一号'泡桐（PTF₄）	二倍体'豫杂一号'泡桐（PTF₂）	四倍体兰考泡桐（PE₄）	二倍体兰考泡桐（PE₂）	四倍体白花泡桐（PF₄）	二倍体白花泡桐（PF₂）	四倍体南方泡桐（PA₄）	二倍体南方泡桐（PA₂）
腋芽膨胀	3-24	3-25	3-26	4-1	3-24	3-27	3-21	3-22	3-23	3-25
展叶	4-3	4-8	4-10	4-15	4-5	4-9	3-28	3-29	4-5	4-10
萌发新梢	4-10	4-12	4-15	4-21	4-10	4-13	4-11	4-15	4-10	4-12
开花始	4-6	4-10	4-8	4-15	4-2	4-6	4-2	4-3	4-5	4-10
开花盛	4-10	4-15	4-12	4-19	4-8	4-10	4-7	4-12	4-16	4-20
开花末	4-19	4-20	4-20	4-24	4-15	4-16	4-12	4-18	4-28	4-30
现蕾	9-1	9-6	9-10	9-15	9-12	9-16	9-3	9-7	9-8	9-13
幼果形成	6-22	6-25	6-15	6-20	6-25	6-20	6-21	6-24	6-20	6-24
果实成熟	10-1	9-28	10-8	10-6	9-29	9-26	9-23	9-20	10-4	10-1
种子飞散	10-14	10-11	10-18	10-16	10-19	10-10	10-19	10-12	10-13	10-9
封顶	9-15	9-13	9-20	9-14	9-20	9-13	9-15	9-10	9-18	9-25
叶片变色	10-18	10-16	10-19	10-15	10-16	10-15	10-16	10-14	10-21	10-15
落叶始	11-10	11-8	11-9	11-13	11-11	11-7	11-10	11-6	11-8	11-5
落叶盛	11-18	11-16	11-23	11-21	11-19	11-18	11-20	11-17	11-20	11-15
落叶末	11-25	11-21	11-30	11-28	11-22	11-20	11-27	11-25	11-24	11-22

（二）四倍体泡桐叶片显微形态特征

二倍体及其四倍体泡桐叶片显微结构观察和测定结果（表12-2和图12-1）表明，4种四倍体泡桐叶片与二倍体泡桐叶片细胞排列顺序基本一致；四倍体泡桐的叶片厚度、上表皮和下表皮厚度、栅栏组织厚度、栅海比、细胞结构紧密度等均大于其二倍体，而海绵组织厚度和细胞结构疏松度则正好相反。PF4、PTF4、PA4和PT4的栅栏组织厚度分别比其二倍体增加了10.58%、9.15%、13.33%和7.64%；栅海比分别比其二倍体增加了15.28%、14.29%、21.92%和11.24%；细胞结构紧密度分别比其二倍体增加了7.80%、1.54%、12.55%和4.44%；栅海比和细胞结构紧密度均以PT4为最大，PTF2最小，栅海比增幅最大的是PA4为21.92%，细胞结构紧密。

表 12-2　四倍体泡桐与二倍体泡桐的叶片显微结构

种类	TUE/μm	TLE/μm	TPT/μm	TS/μm	TL/μm	P/S	CTR/%	SR/%
PF2	3.13±0.13def	3.08±0.15ef	12.47±0.24e	17.22±1.15a	35.90±1.17d	0.72d	34.74e	47.97a
PF4	3.22±0.22cd	3.19±0.76cd	13.79±0.89c	16.62±1.06b	36.82±1.26c	0.83c	37.45d	45.14c
PTF2	3.57±0.48b	3.83±0.48b	10.49±0.05g	16.75±1.74ab	34.64±1.30f	0.63e	30.29g	48.36a
PTF4	3.97±0.32a	4.05±0.09a	11.45±0.02f	16.00±0.35c	35.47±1.89e	0.72d	32.28f	45.11c
PA2	3.01±0.69f	3.03±0.31f	10.09±0.98h	15.23±0.67d	32.36±1.24g	0.73d	34.27e	47.06b
PA4	3.07±0.24ef	3.15±0.23de	13.33±0.45d	15.01±0.88d	34.56±1.45f	0.89b	38.57c	43.43e
PT2	3.20±0.31cde	2.89±0.42g	15.17±0.26b	17.04±2.09ab	38.30±1.08b	0.89b	39.61b	44.49d
PT4	3.30±0.12c	3.27±0.32c	16.33±0.45a	16.57±1.76b	39.47±1.56a	0.99a	41.37a	41.98f

注：同一列不同字母间表示LSD检验达显著水平（P<0.05），下同；TUE，叶片上表皮厚度；TL，叶片厚度；TLE，叶片下表皮厚度；TPT，栅栏组织厚度；TS，海绵组织厚度；CTR，细胞结构紧密度；SR，细胞结构疏松度；P/S，栅栏组织厚度/海绵组织厚度

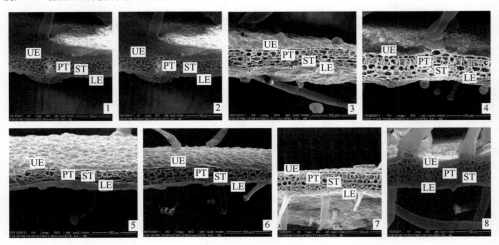

图 12-1　4种四倍体泡桐及其二倍体泡桐叶片显微结构图
1. PF2；2. PF4；3. PTF2；4. PTF4；5. PA2；6. PA4；7. PT2；8. PT4。UE. 上表皮；LE. 下表皮；PT. 栅栏组织；ST. 海绵组织

（三）四倍体泡桐花粉形态特征

四倍体泡桐及其二倍体泡桐花粉粒的形态观察（图 12-2 和表 12-3）表明，四倍体泡桐的花粉粒极轴长、赤道轴长、花粉粒大小和极赤比均大于其二倍体，极面观和纹饰基本一致。从花粉整体观可以看出四倍体泡桐花粉的畸形率稍大于二倍体；花粉侧面观形状基本一致；从极赤比看，除了 PTF_2 属于长球形外，其余均属于超长球形；从极面观看，兰考泡桐四倍体和豫杂一号泡桐四倍体均为三浅裂圆形，其二倍体泡桐为三深裂圆形，毛泡桐四倍体为三深裂圆形，毛泡桐二倍体

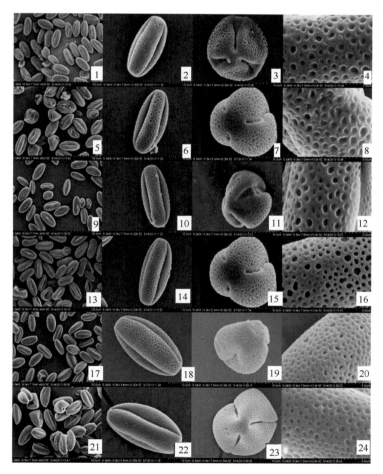

图 12-2　四倍体泡桐及其二倍体泡桐花粉形态扫描电镜观察结果

1～4. PTF_2；5～8. PTF_4；9～12. PE_2；13～16. PE_4；17～20. PT_2；21～24. PT_4。
1、5、9、13、17、21. 整体观；2、6、10、14、18、22. 侧面观；3、7、11、15、19、23. 极面观；4、8、12、16、20、24. 纹饰。花粉粒整体，800 倍；花粉粒的侧面，3000 倍；花粉极面，5000 倍；花粉纹饰，10 000 倍

表 12-3　二倍体及其四倍体泡桐花粉形态特征指标

材料	极轴长/μm	赤道轴长/μm	花粉粒大小/μm²	极赤比	极面观	花粉畸形率/%
PTF$_2$	28.32±0.14e	14.35±0.98c	406.39±5.46c	1.97±0.08b	三深裂圆形	18.27±0.24cd
PTF$_4$	30.54±0.18c	15.16±0.23a	462.98±4.87b	2.01±0.07b	三浅裂圆形	20.16±0.38ab
PE$_2$	26.42±0.03f	13.11±0.13d	346.37±3.42e	2.02±0.09b	三深裂圆形	19.34±0.51bc
PE$_4$	28.65±0.05d	13.15±0.87d	376.74±4.18d	2.18±0.04a	三浅裂圆形	21.52±0.47a
PT$_2$	31.42±0.57b	15.23±0.76a	478.53±3.79a	2.06±0.05ab	三浅裂圆形	17.39±0.62e
PT$_4$	32.29±0.32a	14.83±1.23b	478.86±4.33a	2.18±0.06a	三深裂圆形	21.28±0.58a

则为三浅裂圆形；四倍体泡桐与其二倍体泡桐的纹饰基本一致。PTF$_4$、PE$_4$ 和 PT$_4$ 的极轴长分别比其二倍体长 7.84%、8.44% 和 2.77%；PTF$_4$ 和 PE$_4$ 的赤道轴长分别比其二倍体长 5.64% 和 0.31%，PT$_4$ 的赤道轴长比其二倍体小 2.63%；3 种四倍体泡桐 PTF$_4$、PE$_4$ 和 PT$_4$ 的极赤比分别比其二倍体大 2.03%、7.34% 和 5.83%；3 种四倍体泡桐 PTF$_4$、PE$_4$ 和 PT$_4$ 的花粉畸形率分别比其二倍体高 10.34%、11.27% 和 22.37%。

（四）四倍体泡桐种子形态特征及发芽率

四倍体泡桐与其二倍体泡桐种子形态学差异（图 12-3 和表 12-4）表明，四倍

图 12-3　二倍体及其四倍体泡桐种子形态扫描电镜观察结果

1、2. PTF$_2$；3、4. PTF$_4$；5、6. PE$_2$；7、8. PE$_4$；9、10. PT$_2$；11、12. PT$_4$。

1、3、5、7、9、11 为带翅种子，2、4、6、8、10、12 为不带翅种子

表 12-4　二倍体及其四倍体泡桐种子性状

材料	带翅长/mm	带翅宽/mm	不带翅长/mm	不带翅宽/mm	千粒重/g	发芽率/%
PE_2	4.90±0.12ab	3.16±0.24c	1.41±0.09bc	0.66±0.02a	0.2767±0.0012d	32.43±0.15a
PE_4	4.65±0.23bc	2.04±0.14d	1.40±0.12bc	0.56±0.06d	0.2810±0.0023c	30.08±0.23c
PT_2	3.35±0.34d	2.25±0.11d	1.21±0.15cd	0.61±0.04bc	0.1864±0.0034f	28.57±0.24d
PT_4	4.41±0.16c	3.28±0.18bc	1.64±0.24a	0.65±0.01ab	0.3263±0.0056b	26.59±0.31f
PTF_2	4.86±0.14ab	3.52±0.16b	1.18±0.16d	0.59±0.04cd	0.2435±0.0016e	30.58±0.27b
PTF_4	4.97±0.26a	3.87±0.21a	1.53±0.12ab	0.66±0.02a	0.3405±0.0027a	27.46±0.19e

体泡桐 PT_4 和 PTF_4 的带翅种子长和宽、不带翅种子的长和宽均大于其二倍体，而 PE_4 的带翅种子长和宽、不带翅种子的长和宽均小于其二倍体；PT_4 和 PTF_4 带翅种子长比其二倍体分别增加了 32.54% 和 2.26%，带翅种子宽比其二倍体分别增加了 45.78% 和 9.94%，不带翅种子长比其二倍体分别增加了 35.54% 和 29.66%，不带翅种子宽比其二倍体分别增加了 6.56% 和 11.86%；PE_4 的带翅种子长、带翅种子宽、不带翅种子长和不带翅种子宽比其二倍体分别减少了 5.10%、35.44%、0.71% 和 15.15%；3 种四倍体泡桐 PE_4、PT_4 和 PTF_4 的千粒重分别比其二倍体高 1.55%、75.05% 和 39.84%；3 种四倍体泡桐 PE_4、PT_4 和 PTF_4 的发芽率分别比其二倍体低 7.25%、6.93% 和 10.20%。

二、四倍体泡桐光合特性

四倍体泡桐的优良生物学特性与其光合特性密切相关。相对于二倍体泡桐，其同源四倍体泡桐在净光合速率（Pn）、气孔导度（Gs）、胞间 CO_2 浓度（Ci）和蒸腾速率（Tr）等光合特性指标中具有优势。接下来对四倍体毛泡桐、白花泡桐、南方泡桐、兰考泡桐和'豫杂一号'泡桐的光合特性进行阐述。

（一）四倍体毛泡桐的光合特性

将四倍体毛泡桐的光合特性与其二倍体进行对比以更好地揭示四倍体毛泡桐的光合特性。发现不同月份二倍体和四倍体毛泡桐净光合速率（Pn）的日变化曲线不同。由图 12-4 可知，5 月、7 月、9 月和 10 月二倍体、四倍体毛泡桐 Pn 的日变化均为单峰曲线，6 月和 8 月二倍体和四倍体毛泡桐 Pn 的日变化曲线为双峰型，存在"光合午休"现象；同时可以发现，5～10 月四倍体的 Pn 在全天各时间点均比二倍体高，表明四倍体毛泡桐具有更强的光合同化能力。不同月份二倍体、四倍体毛泡桐气孔导度（Gs）的日变化与 Pn 的日变化动态相似（图 12-5），两者呈正相关关系。从图 12-6 可知，二倍体和四倍体毛泡桐的胞间 CO_2 浓度（Ci）的变化趋势相同，5～10 月的日变化动态均呈"V"形曲线，Ci 均在 12：00～14：00 达到最低点。由图 12-7 可以看出，各月份不同时间点四倍体毛泡桐的蒸腾速率（Tr）均大于二倍体毛泡桐，Tr 与 Pn 之间呈现出明显的正相关关系。

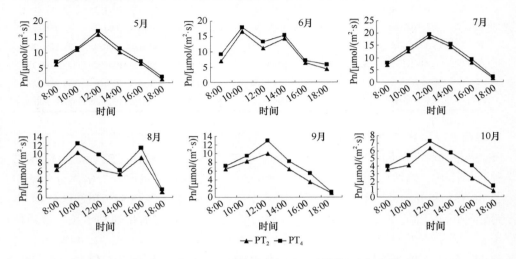

图 12-4 二倍体和四倍体毛泡桐不同月份的 Pn 日变化

T2. 二倍体毛泡桐；T4. 四倍体毛泡桐；下同

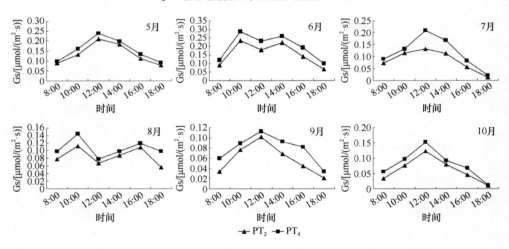

图 12-5 二倍体和四倍体毛泡桐不同月份 Gs 日变化

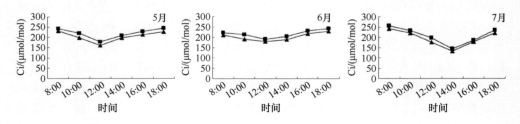

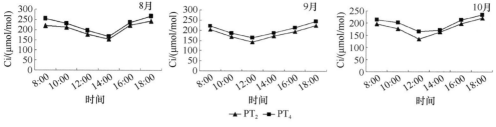

图 12-6　二倍体和四倍体毛泡桐不同月份 Ci 的日变化

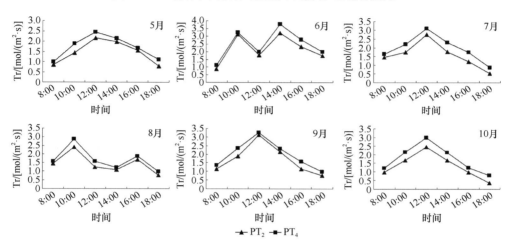

图 12-7　二倍体和四倍体毛泡桐不同月份 Tr 的日变化

（二）四倍体白花泡桐光合特性

四倍体与二倍体白花泡桐在不同月份的净光合速率（Pn）日变化规律不同。图 12-8 显示，5 月、7 月、9 月和 10 月二倍体和四倍体白花泡桐 Pn 的日变化动态均为单峰曲线，Pn 峰值出现在中午 12：00 附近；而 6 月和 8 月二倍体和四倍体白花泡桐 Pn 的日变化曲线则为双峰型，Pn 峰值出现在上午 10：00 附近和下午 14：00～16：00，属于典型的"光合午休"现象。且 5～10 月各时段四倍体白花泡桐的 Pn 均大于二倍体，5 月、7 月、9 月、10 月峰值时四倍体的 Pn 比二倍体分别提高了 5.69%、14.54%、19.78% 和 13.14%；6 月上午和下午峰值时四倍体的 Pn 比二倍体分别提高了 10.11% 和 19.96%，8 月上午和下午峰值时四倍体的 Pn 比二倍体分别提高了 35.74% 和 35.62%，显示出四倍体白花泡桐的光合作用优势。不同月份二倍体、四倍体白花泡桐 Gs 的日变化与 Pn 的日变化相似，呈平行变化趋势，峰值出现的时间也相似，两者呈正相关关系。从图 12-9 可以看出，不同月份和不同时间四倍体泡桐的 Gs 均大于二倍体泡桐，这可能是四倍体泡桐 Ci 均比二倍体高（图 12-10）的内在原因。另外，不同月份四倍体的 Tr 均大于二倍体的 Tr（图 12-11），且二倍体和四倍体白花泡桐的 Tr 与 Pn 存在明显的正相关关系。

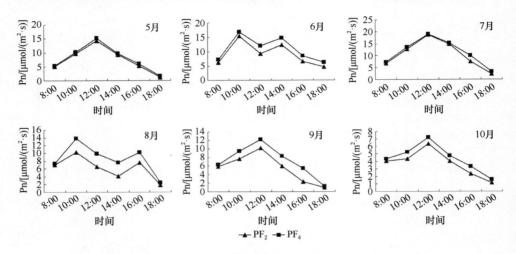

图 12-8　二倍体和四倍体白花泡桐不同月份的 Pn 日变化

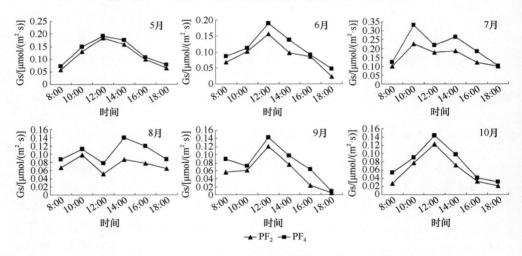

图 12-9　二倍体和四倍体白花泡桐不同月份的 Gs 日变化

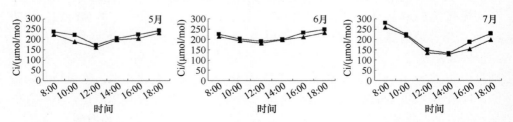

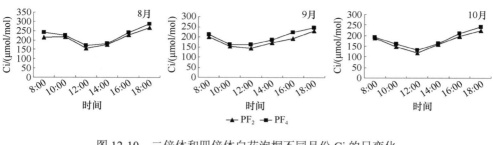

图 12-10　二倍体和四倍体白花泡桐不同月份 Ci 的日变化

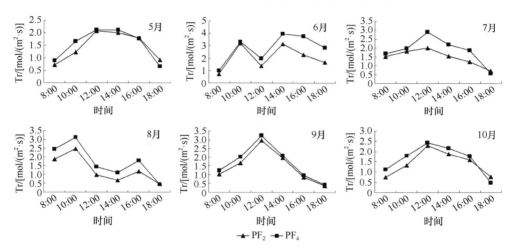

图 12-11　二倍体和四倍体白花泡桐不同月份 Tr 的日变化

（三）四倍体南方泡桐光合特性

由图 12-12 可知，5 月、7 月、9 月和 10 月二倍体和四倍体南方泡桐 Pn 的日变化曲线均为单峰，6 月和 8 月 Pn 的日变化曲线为双峰型，说明二倍体和四倍体南方泡桐可能也存在"光合午休"现象。不同月份四倍体的 Pn 均大于对应的二倍体，尤其 8～10 月，两者差异较为明显。由图 12-13 可以看出，不同月份二倍体和四倍体南方泡桐 Gs 的日变化与 Pn 的日变化相似，Gs 日变化与 Pn 日变化正相关。图 12-14 显示，二倍体和四倍体南方泡桐 Ci 的日变化趋势在不同月份均是单谷变化，先下降后上升，四倍体的 Ci 不同时间均大于二倍体的 Ci，且 Ci 与 Pn 的日变化呈负相关关系。图 12-15 表明，5～10 月各时段四倍体的 Tr 均大于二倍体，不同月份二倍体和四倍体南方泡桐的 Tr 与 Pn 存在明显的正相关关系。

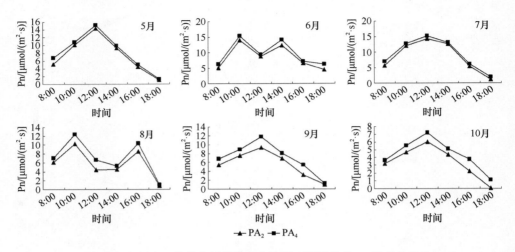

图 12-12　二倍体和四倍体南方泡桐不同月份的 Pn 日变化

A₂. 二倍体南方泡桐；A₄. 四倍体南方泡桐；下同

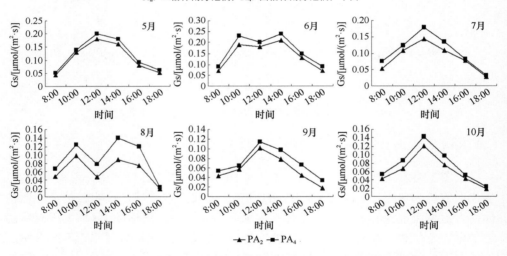

图 12-13　二倍体和四倍体南方泡桐不同月份 Gs 日变化

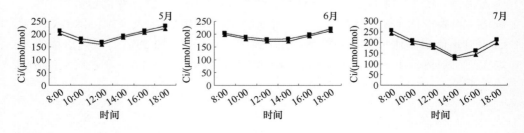

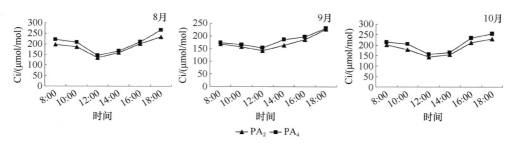

图 12-14　二倍体和四倍体南方泡桐不同月份 Ci 的日变化

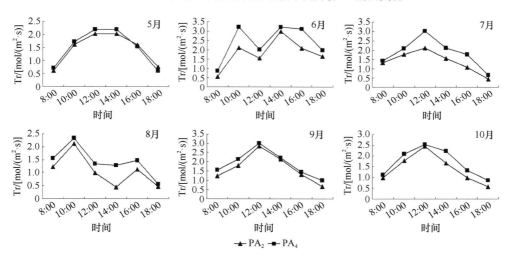

图 12-15　二倍体和四倍体南方泡桐不同月份 Tr 的日变化

（四）四倍体兰考泡桐光合特性

图 12-16 显示，5 月、7 月、9 月和 10 月二倍体和四倍体兰考泡桐 Pn 的日变化曲线均为单峰型，不存在"光合午休"；而 6 月和 8 月二倍体和四倍体兰考泡桐 Pn 的日变化曲线为双峰型，而且不同时间点四倍体泡桐的 Pn 均大于二倍体。从图 12-17 可以看出，不同月份和不同时间四倍体泡桐的 Gs 均大于二倍体泡桐，且二倍体和四倍体兰考泡桐 Gs 的日变化与 Pn 的日变化正向相关。由图 12-18 可知，二倍体、四倍体兰考泡桐的 Ci 的日变化趋势在不同月份均呈"V"形曲线，Ci 与 Pn 的日变化呈负相关关系，说明二倍体、四倍体兰考泡桐光合作用可能均存在气孔限制。二倍体和四倍体兰考泡桐的 Tr 不同月份日变化与 Pn 和 Gs 的日变化相似（图 12-19），不同月份不同时间四倍体兰考泡桐的 Tr 均大于二倍体。

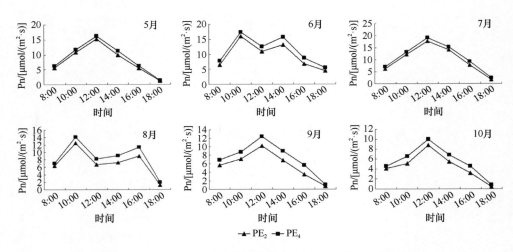

图 12-16　二倍体和四倍体兰考泡桐不同月份的 Pn 日变化

E_2. 二倍体兰考泡桐；E_4. 四倍体兰考泡桐；下同

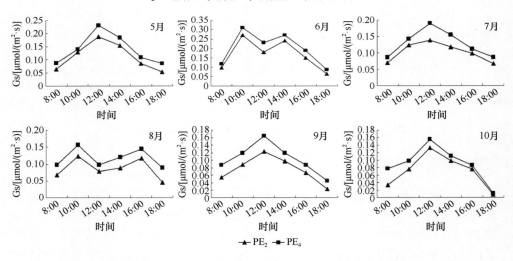

图 12-17　二倍体和四倍体兰考泡桐不同月份 Gs 日变化

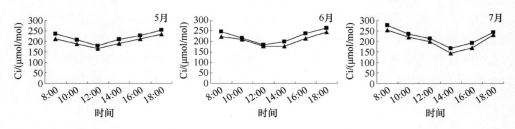

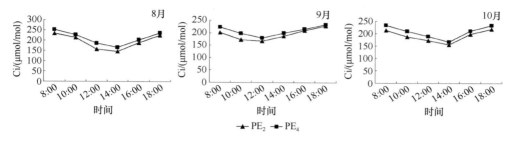

图 12-18 二倍体和四倍体兰考泡桐不同月份 Ci 的日变化

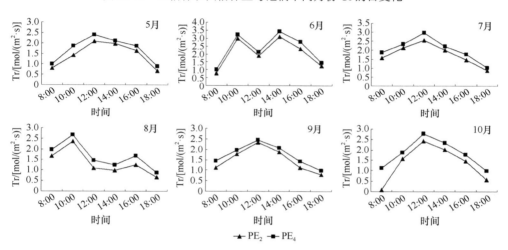

图 12-19 二倍体和四倍体兰考泡桐不同月份 Tr 的日变化

（五）四倍体'豫杂一号'泡桐光合特性

图 12-20 显示，5 月、7 月、9 月和 10 月二倍体和四倍体'豫杂一号'泡桐 Pn 的日变化曲线均为单峰，峰值时四倍体的 Pn 大于二倍体；6 月和 8 月二倍体、四倍体'豫杂一号'泡桐 Pn 的日变化曲线为双峰型，峰值时四倍体的 Pn 也高于二倍体。从图 12-21 可以看出，不同月份二倍体和四倍体'豫杂一号'泡桐 Gs 的日变化与 Pn 的日变化相似，两者正相关。从图 12-22 可知，二倍体和四倍体'豫杂一号'泡桐的 Ci 的日变化趋势在不同月份均是单谷变化，先下降后上升。二倍体和四倍体'豫杂一号'泡桐的 Tr 不同月份日变化与 Pn 和 Gs 的日变化相似（图 12-23），不同月份峰值时四倍体 Tr 均大于二倍体，不同月份二倍体和四倍体'豫杂一号'泡桐的 Tr 与 Pn 显示出明显的正相关关系。

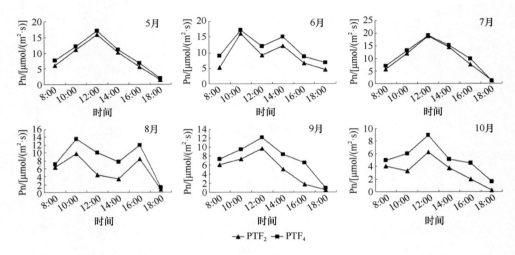

图 12-20　二倍体和四倍体'豫杂一号'泡桐不同月份的 Pn 日变化

PTF₂. 二倍体'豫杂一号'泡桐；PTF₄. 四倍体'豫杂一号'泡桐；下同

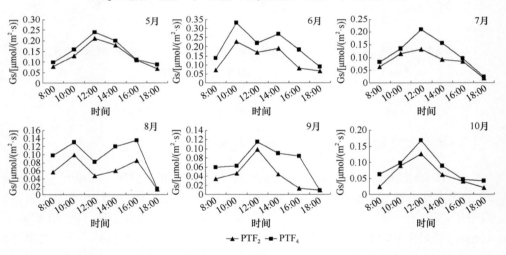

图 12-21　二倍体和四倍体'豫杂一号'泡桐不同月份 Gs 日变化

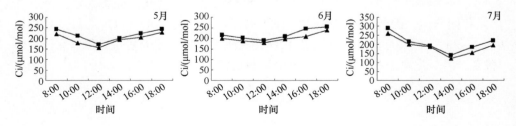

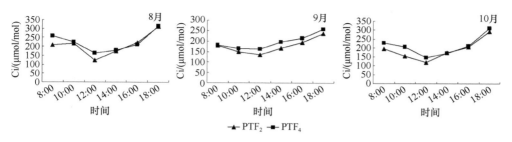

图 12-22　二倍体和四倍体'豫杂一号'泡桐不同月份 Ci 的日变化

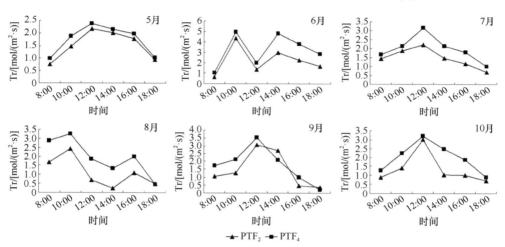

图 12-23　二倍体和四倍体'豫杂一号'泡桐不同月份 Tr 的日变化

三、四倍体泡桐生长特性

（一）四倍体泡桐的纤维形态

从表 12-5 可以看出，毛泡桐、白花泡桐、南方泡桐、兰考泡桐和'豫杂一号' 5 种四倍体泡桐树高 0cm 处纤维长度、宽度和纤维腔径均大于 CK，E_4 纤维长度最长，平均纤维长度达到 1079.40μm；E_4 纤维长宽比最大，为 26.78；在四倍体泡桐树干高度 35cm 处，TF_4 纤维长度最长，平均纤维长度达到 1184.40μm（表 12-6）；表 12-7 显示，在树高 70cm 处，5 种四倍体泡桐的纤维长度、纤维宽度和纤维壁厚均大于 CK，纤维长度最大值为 E_4，平均纤维长度可达 1286.60μm；在树高 105cm 处，5 种四倍体泡桐的纤维长度、纤维长宽比、纤维壁厚和纤维壁腔比均大于 CK（表 12-8）。

表 12-5　四倍体泡桐 0cm 处纤维形态的变异

处理	纤维长度/μm	纤维宽度/μm	长宽比	纤维腔径/μm	壁厚/μm	壁腔比
PE₄	1079.40±3.47a	43.68±15.10b	26.78±15.27a	28.98±0.73c	7.35±0.55a	0.28±0.03ab
PTF₄	1058.90±5.73b	51.59±0.99a	20.97±15.37c	43.27±15.05a	4.33±0.18d	0.11±0.03b
PA₄	799.4±15.68e	43.68±15.07b	19.11±0.81c	34.16±0.83b	4.76±0.10d	0.14±0.10ab
PT₄	883.4±2.19d	36.4±15.04c	25.0±15.44ab	24.36±15.91d	6.02±0.12b	0.32±0.19a
PF₄	897.8±2.02c	44.52±0.64b	20.95±0.77c	33.74±15.36b	5.39±0.12c	0.24±0.10ab
CK	779.8±2.87f	35.14±0.99c	23.66±15.07b	24.08±0.97d	5.53±0.15c	0.27±0.09ab

注：表中同列相同小写字母表示 5%水平差异不显著，下同

表 12-6　四倍体泡桐 35cm 处纤维形态的变异

处理	纤维长度/μm	纤维宽度/μm	长宽比	纤维腔径/μm	壁厚/μm	壁腔比
PE₄	1155.00±9.54b	37.38±0.66c	315.98±0.72a	28.28±15.21b	4.55±0.57c	0.17±0.09a
PTF₄	1184.40±2.10a	42.56±15.09b	28.58±0.84b	28.84±15.16b	6.86±0.30b	0.24±0.10a
PA₄	779.80±15.47e	47.46±0.90a	16.94±0.24d	34.16±2.73a	6.65±0.36b	0.20±0.20a
PT₄	1072.40±0.95c	35.56±0.52cd	315.51±15.06a	20.02±15.04d	7.77±0.26a	0.47±0.32a
PF₄	907.20±15.13d	42.28±2.48b	22.98±15.76c	29.54±0.48b	6.37±0.58b	0.25±0.12a
CK	700.00±4.36f	34.03±15.70d	215.32±2.60c	24.78±15.12c	4.63±0.50c	0.20±0.10a

表 12-7　四倍体泡桐 70cm 处纤维形态的变异

处理	纤维长度/μm	纤维宽度/μm	长宽比	纤维腔径/μm	壁厚/μm	壁腔比
PE₄	1286.60±15.90a	44.80±15.57a	29.78±0.22b	30.80±0.61b	7.00±0.20b	0.24±0.11ab
PTF₄	1006.60±0.70b	33.04±0.50c	315.34±0.85a	215.42±0.42d	5.81±0.13c	0.29±0.06ab
PA₄	844.20±4.65d	41.30±15.59b	215.03±0.47e	315.92±0.82a	4.69±0.15d	0.16±0.11b
PT₄	827.40±15.84e	33.46±0.78c	25.31±15.68d	23.52±0.57c	4.97±0.28d	0.23±0.10b
PF₄	894.60±15.71c	32.90±0.70c	29.32±0.33b	17.64±0.09e	7.63±0.21a	0.45±0.19a
CK	775.60±15.14f	30.66±0.61d	27.04±0.62c	23.24±0.10c	3.71±0.11e	0.18±0.01b

表 12-8　四倍体泡桐 105cm 处纤维形态的变异

处理	纤维长度/μm	纤维宽度/μm	长宽比	纤维腔径/μm	壁厚/μm	壁腔比
PE₄	1012.60±3.46b	44.80±2.31a	23.38±15.72a	315.36±0.66a	8.26±0.37a	0.33±0.02b
PTF₄	1173.22±2.80a	36.26±15.22c	33.65±15.20b	23.50±0.90d	6.38±0.64b	0.29±0.08b
PA₄	806.40±7.04e	35.42±15.23c	23.53±0.62c	24.50±0.79d	5.46±0.18d	0.24±0.03bc
PT₄	861.00±3.69d	41.16±0.90b	22.64±0.56c	28.84±0.94b	6.16±0.17c	0.27±0.01bc
PF₄	915.20±5.84c	28.00±0.58d	36.48±15.10a	14.84±15.16e	6.58±0.39bc	0.49±0.08a
CK	723.80±7.08f	34.30±0.37c	22.19±0.23c	26.04±0.13c	4.13±0.18e	0.18±0.05c

（二）四倍体泡桐叶绿素含量与叶面积

如表 12-9 所示，旺盛生长期（8 月）3 种四倍体泡桐叶片的叶绿素含量均比其对应二倍体泡桐有所提高。其中，以四倍体毛泡桐叶片叶绿素含量最高，达到 3.25mg/g，比二倍体毛泡桐提高了 2.85%；四倍体'豫杂一号'泡桐叶片叶绿素含量比二倍体增大了 3.65%；四倍体白花泡桐叶片叶绿素含量比二倍体提高了 6.69%。

表 12-9 四倍体泡桐与二倍体泡桐叶绿素含量的比较

种类	PTF$_4$	PTF$_2$	PT$_4$	PT$_2$	PF$_4$	PF$_2$
叶绿素含量/（mg/g）	3.12±0.03	3.01±0.02	3.25±0.04	3.16±0.03	2.87±0.01	2.69±0.02

从表 12-10 可以看出，四倍体与二倍体叶面积有显著差异，四倍体泡桐均比其对应的二倍体泡桐大。四倍体白花泡桐叶宽及面积最大，四倍体毛泡桐叶长和最大叶宽最大。毛泡桐、白花泡桐、'豫杂一号'四倍体叶面积比二倍体分别增大了 12.60%、37.89%和 19.66%；四倍体与二倍体叶长、叶宽变化规律不同，四倍体毛泡桐和'豫杂一号'泡桐的叶长均比其对应的二倍体长，而四倍体白花泡桐的叶长比其二倍体短；3 种四倍体泡桐的叶宽均比其对应的二倍体宽。

表 12-10 四倍体泡桐与二倍体泡桐叶面积的比较

处理	叶面积/cm^2	叶长/cm	叶宽/cm	最大叶宽/cm
PT$_4$	1311.38±12.71b	43.92±0.39a	33.36±0.93b	46.41±0.36a
PT$_2$	1164.66±12.94c	39.94±0.76b	28.23±0.72c	45.63±0.41a
PF$_4$	1372.39±6.39a	37.92±0.16d	34.77±0.18a	45.71±0.53c
PF$_2$	995.29±10.13e	38.05±0.16c	26.89±0.27d	36.34±0.28c
PTF$_4$	1132.43±6.04d	39.22±0.55b	28.60±0.87c	42.92±0.31b
PTF$_2$	946.37±9.78f	37.68±0.76d	23.49±0.43e	34.65±0.48c

第二节 四倍体泡桐的抗寒性

一、四倍体毛泡桐的抗寒性

（一）电导率的变化

泡桐的电导率受低温胁迫影响而发生变化，由图 12-24 可以看出，四倍体和二倍体毛泡桐在低温胁迫条件下，其电导率均随胁迫温度的降低而逐步增大，但四倍体毛泡桐在不同低温处理温度下，电导率均比其二倍体小，这表明四倍体毛泡桐相对其二倍体具有较好的耐寒性。为进一步验证该判断，使用 Logistic 方程 $y=K/(1+ae^{-bt})$ [①]将四倍体和二倍体毛泡桐在不同处理温度下的电导率进行拟合，求各自对应的半致死温度。一般认为，相对电导率达到 50% 时的温度可作为植物的半致死温度（LT_{50}）。结果求得四倍体和二倍体毛泡桐的 LT_{50} 分别为 –11.9136℃ 和 –13.1814℃，进一步表明四倍体毛泡桐的耐寒性高于其对应二倍体。

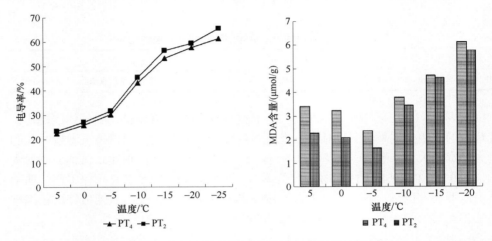

图 12-24　低温胁迫下毛泡桐电导率的变化　图 12-25　低温胁迫下毛泡桐 MDA 含量的变化

（二）人工低温对生理指标的影响

低温胁迫对泡桐的各项生理指标也产生影响，由图 12-25 可以看出，随温度降低，四倍体和二倍体毛泡桐的丙二醛（MDA）含量都呈现出先降后升的趋势。而从图 12-26 和图 12-27 可以看出，两种毛泡桐的脯氨酸含量和可溶性糖含量在低温胁迫的初期也都不断增加，在 –15℃ 时达到峰值，随后开始下降，同时可以看出四倍体毛泡桐在不同低温处理下的脯氨酸含量和可溶性糖含量均大于其对应二倍体。从图 12-28 也可以看出两种毛泡桐的可溶性蛋白含量亦呈先降后升再降的变化趋势且于 –15℃ 时达到峰值，四倍体毛泡桐的可溶性蛋白含量亦高于其对应的二倍体，–15℃ 时高出 9.11%。两种毛泡桐的 SOD、POD、CAT 的活性根据图 12-29、图 12-30 和图 12-31 也可以看出呈现先升后降的趋势，并于 –15℃ 达到峰值后开始下降。同样四倍体毛泡桐在不同低温处理下的 SOD、POD、CAT 活性均高于对应二倍体。综上可以看出，四倍体毛泡桐的各项生理指标在低温胁迫下均优于其对应的二倍体。

---

① y 为电导率；t 为温度；K 为极限电导率，为 100%；a 和 b 为待定系数。

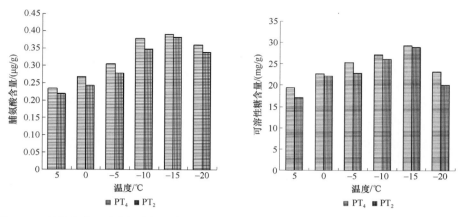

图 12-26　低温胁迫下毛泡桐脯氨酸含量的变化　图 12-27　低温胁迫下毛泡桐可溶性糖含量的变化

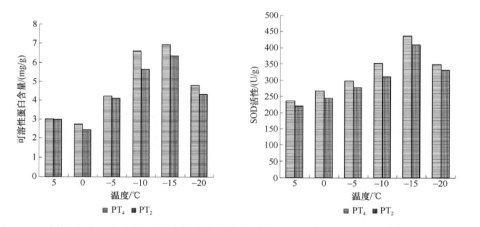

图 12-28　低温胁迫下毛泡桐可溶性蛋白含量变化　图 12-29　低温胁迫下毛泡桐 SOD 活性变化

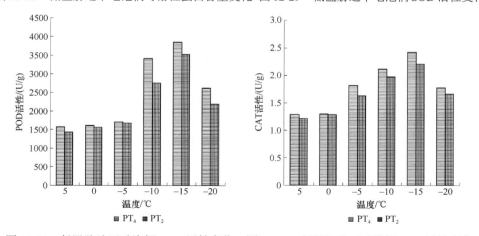

图 12-30　低温胁迫下毛泡桐 POD 活性变化　图 12-31　低温胁迫下毛泡桐 CAT 活性变化

二、四倍体白花泡桐的抗寒性

（一）电导率的变化

为测定不同泡桐品种对低温胁迫的反应是否一致，接下来对白花泡桐的四倍体和二倍体在低温胁迫下的电导率进行测定，结果如图 12-32 所示：两种白花泡桐的电导率也均随胁迫温度的降低而增大，且在不同温度处理下，四倍体白花泡桐的电导率也均比其对应的二倍体小。为进一步准确判断两种白花泡桐的 LT_{50}，同样使用 Logistic 方程 $y=K/(1+ae^{-bt})$ 将各处理温度下四倍体与二倍体白花泡桐的电导率进行拟合，分别求出白花泡桐四倍体与二倍体的 LT_{50} 为 $-12.5374℃$ 和 $-10.5382℃$，表明四倍体白花泡桐的抗寒能力比其二倍体强。

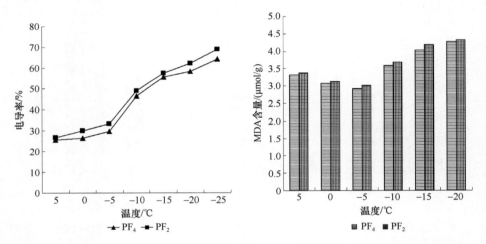

图 12-32　低温胁迫下白花泡桐电导率变化　图 12-33　低温胁迫下白花泡桐 MDA 含量变化

（二）人工低温对丙二醛变化的影响

对低温胁迫对两种白花泡桐丙二醛含量的影响进行测定，根据图 12-33 可以看出四倍体与二倍体白花泡桐的 MDA 含量均随温度降低而呈现出先下降后上升的趋势。同时也可以看出，四倍体白花泡桐的 MDA 含量在测定的各低温温度下均低于其对应的二倍体。而由于低温胁迫初期两种白花泡桐的 MDA 含量增加可能与白花泡桐前期保护酶活性及渗透调节物质的增加相关，因此可以说明四倍体白花泡桐的膜脂过氧化程度高于其对应的二倍体。

（三）脯氨酸含量的变化

在关于脯氨酸含量的相关测定中，由图 12-34 中可以看出，四倍体与二倍体白花泡桐的脯氨酸含量在低温胁迫的初期也均呈不断增加的趋势，在-15℃时达到峰值随后开始下降；同时四倍体白花泡桐的脯氨酸含量在不同低温处理温度下均大于其对应二倍体。由此可以说明四倍体在低温处理下调节稳定蛋白质结构和保护细胞内大生物分子的能力强于其对应二倍体。而脯氨酸含量在低温超过-15℃时有所下降的现象，可能与白花泡桐一年生枝条在低温重度胁迫下的耐寒性有限相关。

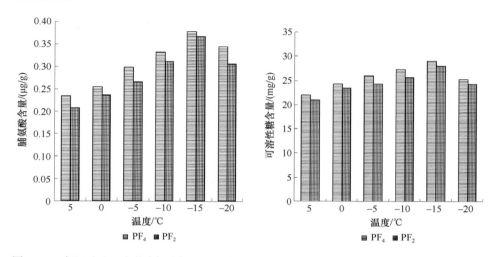

图 12-34 低温胁迫下白花泡桐脯氨酸含量变化 图 12-35 低温胁迫下白花泡桐可溶性糖含量变化

（四）可溶性糖、可溶性蛋白含量的变化

对低温胁迫下两种类型白花泡桐可溶性糖、可溶性蛋白含量的变化进行测定。首先是可溶性糖方面，由图 12-35 可以看出，低温胁迫下两种白花泡桐的可溶性糖含量均表现出先升后降的趋势，并于-15℃达到峰值，且在不同低温处理温度下，四倍体白花泡桐的可溶性糖含量均大于其对应二倍体，而在峰值-15℃时，四倍体比其对应的二倍体高出 3.16%。其次是可溶性蛋白方面，从图 12-36 看出，两种白花泡桐的可溶性蛋白含量变化趋势与可溶性糖变化趋势略有不同，表现为先降后升再降，但也于-15℃时达到峰值，且四倍体白花泡桐的含量亦相对高于其对应二倍体，在峰值-15℃时的四倍体比其对应的二倍体高出 2.55%。综上可以看出四倍体白花泡桐在适度的低温胁迫中，通过提高可溶性糖和可溶性蛋白的含量来增强其抗寒性，表现出强于二倍体的抗寒能力。在低温胁迫初期两种渗透物质含量前期的升高可能与白花泡桐对低温的应激反应相关，而当-15℃达到峰值之后，随着温度降低，可溶性糖和可溶性蛋白的含量均开始明显地下降，反映出其低温调节能力的下降，这可能与一年生枝条低温胁迫承受能力范围有限相关。

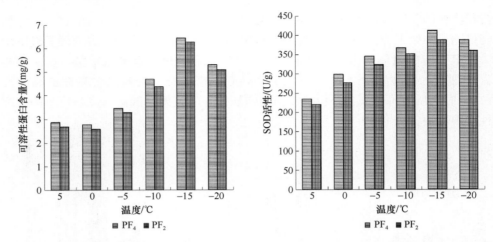

图 12-36　低温胁迫白花泡桐可溶性蛋白含量变化　图 12-37　低温胁迫下白花泡桐 SOD 活性变化

（五）SOD、POD 和 CAT 活性的变化

图 12-37、图 12-38 和图 12-39 反映的是低温胁迫对两种倍性白花泡桐的三种酶活性的影响。从图中可以看出，两种倍性白花泡桐的三种酶的活性也均呈现先升后降的变化，并于-15℃达到峰值，同时四倍体白花泡桐在不同低温处理温度下的三种酶活性均高于其对应的二倍体，SOD、POD 和 CAT 含量分别高出其二倍体 6.46%、6.55%和 9.63%。这都反映出四倍体白花泡桐的抗寒能力高于其对应的二倍体。而三种酶活性随着低温胁迫温度持续降低而大幅下降的现象则可能与胁迫温度超过其承受的范围进而导致保护酶活性失活相关。

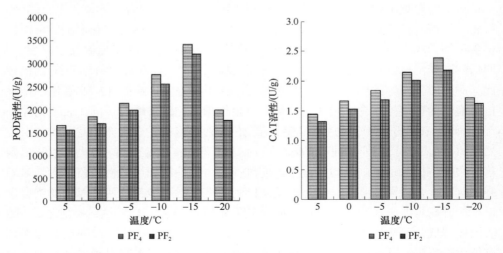

图 12-38　低温胁迫下白花泡桐 POD 活性变化　图 12-39　低温胁迫下白花泡桐 CAT 活性变化

三、四倍体南方泡桐的抗寒性

（一）电导率的变化

本小节进一步对南方泡桐的各项低温胁迫指标进行分析，首先是低温胁迫下四倍体与二倍体南方泡桐的电导率的变化。由图 12-40 可以看出两种南方泡桐的电导率均随胁迫温度的降低而逐步增大，且在不同低温温度处理下，四倍体南方泡桐的电导率均比其对应的二倍体小。同时，利用 Logistic 方程 $y=K/(1+ae^{-bt})$ 将各低温处理温度下四倍体和二倍体南方泡桐的电导率进行拟合，以进一步准确求出两种泡桐的半致死温度，通过计算求得四倍体和二倍体南方泡桐的 LT_{50} 分别为 $-11.7532℃$ 和 $-10.3707℃$，这表明四倍体南方泡桐的抗寒性也强于其对应的二倍体。

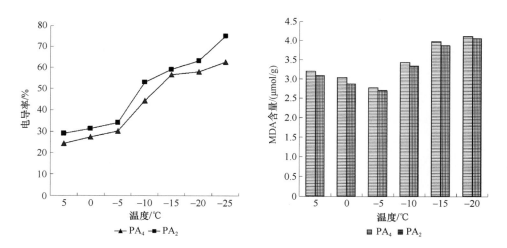

图 12-40 低温胁迫下南方泡桐电导率变化 图 12-41 低温胁迫下南方泡桐 MDA 含量变化

（二）人工低温对南方泡桐生理指标的影响

分析完两种倍性的南方泡桐的电导率后，进一步分析其在低温胁迫条件下的各项生理指标。图 12-41 是两种倍性的南方泡桐品种在低温胁迫下的 MDA 含量变化图，可以看出与毛泡桐和白花泡桐一致，两种南方泡桐的 MDA 含量都随着温度的降低而呈先降后升的趋势，但四倍体的 MDA 含量在各低温条件下均高于其对应二倍体，这也进一步说明四倍体的膜脂过氧化程度高于二倍体，具有较好的抗寒能力。而图 12-42、图 12-43、图 12-44、图 12-46 和图 12-47 则分别为低温胁迫下两种南方泡桐的脯氨酸含量、可溶性糖含量和三种酶的活性变化图，也都表现出先升后降的变化趋势，并于–15℃时达到峰值，且四倍体南方泡桐在不同低温处理下的各种物质的含量也均大于其对应的二倍体。图 12-45 是关于可溶性蛋白含量的变化图，与毛泡桐和白花泡桐一致，呈现出先降后升再降的变化趋势并于–15℃时达到峰值，同时不同低温处理温度下四倍体南方泡桐的可溶性蛋白含量也均高于其对应的二倍体。

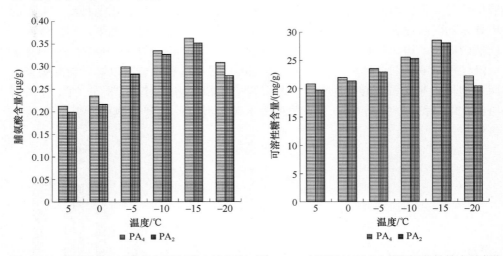

图 12-42　低温胁迫下南方泡桐脯氨酸含量变化　图 12-43　低温胁迫下南方泡桐可溶性糖含量变化

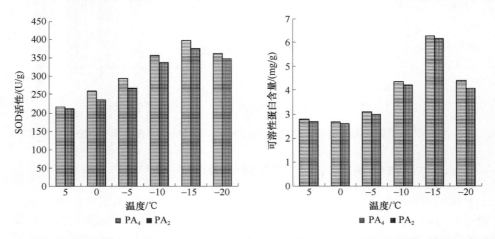

图 12-44　低温胁迫南方泡桐 SOD 活性变化　图 12-45　低温胁迫下南方泡桐可溶性蛋白含量变化

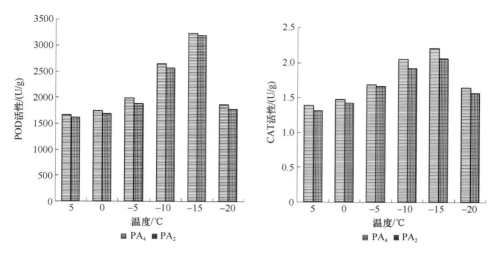

图 12-46　低温胁迫下南方泡桐 POD 活性变化　图 12-47　低温胁迫下南方泡桐 CAT 活性变化

四、四倍体兰考泡桐的抗寒性

（一）电导率的变化

使用同样流程对兰考泡桐的抗寒性进行检测。根据图 12-48 在低温胁迫下四倍体和二倍体兰考泡桐的电导率变化趋势图，亦可看出其电导率均随胁迫温度的降低而逐步增大。进一步利用 Logistic 方程 $y=K/(1+ae^{-bt})$ 对各低温处理温度下四倍体与二倍体兰考泡桐的电导率进行拟合，分别求得四倍体和二倍体兰考泡桐的 LT_{50} 为 −12.2911℃和−11.7141℃，同样表明四倍体兰考泡桐的抗寒性强于其二倍体。

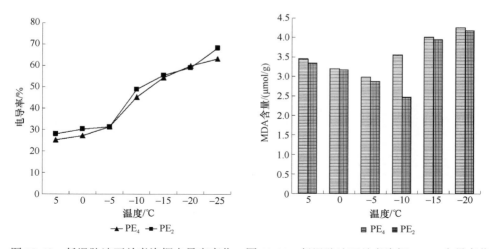

图 12-48　低温胁迫下兰考泡桐电导率变化　图 12-49　低温胁迫下兰考泡桐 MDA 含量变化

（二）低温对兰考泡桐生理指标的影响

根据兰考泡桐低温胁迫下各项生理指标的测定结果可以看出，两种泡桐的MDA含量在温度降低过程中呈现先降后升的变化趋势且四倍体兰考泡桐的MDA含量均高于其对应二倍体，表明四倍体兰考泡桐在低温胁迫条件下比其对应二倍体的膜脂过氧化程度高（图 12-49）。而低温胁迫条件下两种倍性兰考泡桐的脯氨酸含量、可溶性糖含量和三种酶的活性变化则根据图 12-50、图 12-51、图 12-53、图 12-54 和图 12-55 中可以看出都呈现出先升后降并于 –15℃时达到峰值的变化趋

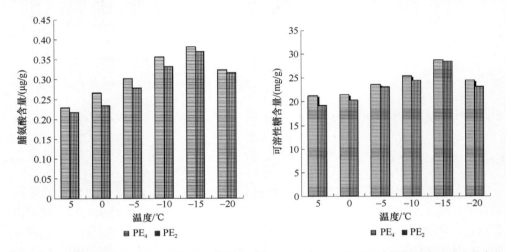

图 12-50　低温胁迫下兰考泡桐脯氨酸含量变化　图 12-51　低温胁迫下兰考泡桐可溶性糖含量变化

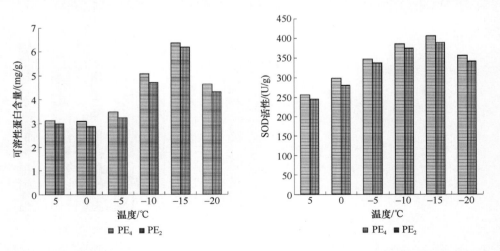

图 12-52　低温胁迫兰考泡桐可溶性蛋白含量变化　图 12-53　低温胁迫下兰考泡桐 SOD 活性变化

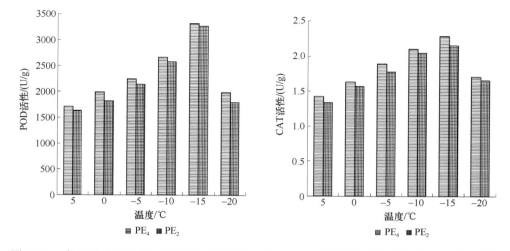

图 12-54 低温胁迫下兰考泡桐 POD 活性变化 图 12-55 低温胁迫下兰考泡桐 CAT 活性变化

势，同时从图中可以看出四倍体在不同处理温度下的各项生理指标均高于其对应的二倍体。图 12-52 中的可溶性蛋白含量也同其他泡桐品种一致，表现出先降后升再降并于–15℃时出现峰值的变化趋势，同样四倍体兰考泡桐在不同处理温度下的可溶性蛋白含量也均高于其对应的二倍体。综上都可进一步表明兰考四倍体泡桐相对于其二倍体而言，具有较强的抗寒能力。

五、四倍体'豫杂一号'泡桐的抗寒性

（一）电导率的变化

本小节同样对'豫杂一号'泡桐的抗寒性进行分析，发现在低温胁迫条件下，四倍体与二倍体'豫杂一号'泡桐的电导率也均随胁迫温度的降低而增大且四倍体'豫杂一号'泡桐的电导率也低于对应的二倍体（图 12-56）。进一步使用 Logistic 方程 $y=K/(1+ae^{-bt})$ 将各低温处理温度下四倍体和二倍体'豫杂一号'泡桐的电导率进行拟合，分别求出其四倍体与二倍体的 LT_{50} 分别为–12.5462℃和–11.1568℃，表明四倍体'豫杂一号'泡桐的抗寒性高于其对应的二倍体。

（二）人工低温对'豫杂一号'泡桐生理指标的影响

为进一步检测两种不同倍性'豫杂一号'泡桐的抗寒能力，对低温胁迫条件下两种'豫杂一号'泡桐的 MDA、脯氨酸含量、可溶性糖含量、可溶性蛋白含量及各种酶活性等各项生理指标进行测定。由图 12-57 可以看出，随着温度的降低，四倍体'豫杂一号'泡桐的 MDA 含量基本高于其对应的二倍体，且两种泡桐的

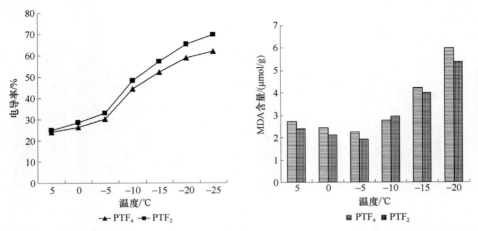

图 12-56　低温胁迫'豫杂一号'泡桐电导率变化　图 12-57　低温胁迫'豫杂一号'泡桐 MDA 含量变化

MDA 含量都呈现出先降后升的变化趋势，表明四倍体'豫杂一号'泡桐的膜脂过氧化程度高于其对应的二倍体。而根据图 12-58、图 12-59、图 12-61、图 12-62 和图 12-63 可以看出，低温胁迫四倍体'豫杂一号'泡桐的脯氨酸含量、可溶性糖含量和三种酶的活性也都高于其对应的二倍体，且都表现为先升后降的趋势并于-15℃时达到峰值。根据图 12-60 中关于可溶性蛋白含量的变化图同样可以看出四倍体'豫杂一号'泡桐明显高于其对应的二倍体，且呈现出先降后升再降的变化趋势并于-15℃时出现峰值。以上结果也进一步表明四倍体'豫杂一号'泡桐的抗寒能力优于其对应的二倍体。

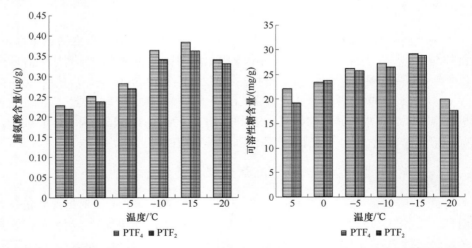

图 12-58　低温胁迫下'豫杂一号'泡桐脯氨酸变化　图 12-59　低温胁迫下'豫杂一号'泡桐可溶性糖变化

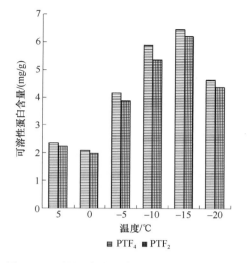

图 12-60 低温胁迫'豫杂一号'泡桐可溶性
蛋白变化

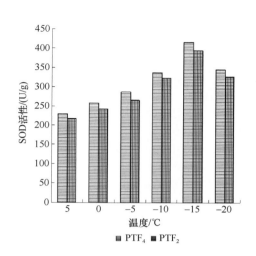

图 12-61 低温胁迫'豫杂一号'泡桐 SOD
活性变化

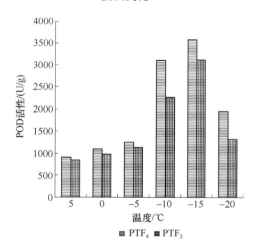

图 12-62 低温胁迫下'豫杂一号'泡桐 POD
活性变化

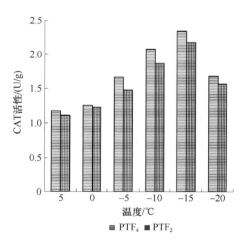

图 12-63 低温胁迫下'豫杂一号'泡桐 CAT
活性变化

六、四倍体泡桐的抗寒性分析

通过对毛泡桐、白花泡桐、南方泡桐、兰考泡桐和'豫杂一号'泡桐 5 种泡桐品种各自的电导率及各项生理指标分别进行测定分析后,对这 5 种泡桐的四倍体及其对应二倍体泡桐的上述 8 项抗寒指标参数进行综合汇总分析,详见表 12-11。可以看出不同品种四倍体泡桐的电导率、MDA、脯氨酸、可溶性糖和可溶性蛋白含量及三种酶的活性在不同温度处理下均高于其对应的二倍体。表明 5 种泡桐的四倍体抗寒性均高于其对应的二倍体，其中四倍体毛泡桐的抗寒能力最强，四倍体'豫杂一号'泡桐的抗寒性次之，二倍体的南方泡桐的抗寒性最弱。其综合抗寒能力由强到弱分别为 $PT_4 > PTF_4 > PF_4 > PE_4 > PT_2 > PA_4 > PE_2 > PTF_2 > PF_2 > PA_2$。

表 12-11　5 种四倍体泡桐与二倍体泡桐抗寒性综合评判

组合	可溶性糖	电导率	MDA含量	SOD活性	可溶性蛋白	脯氨酸含量	POD活性	CAT活性	综合评判	排序
PT_4	0.1248	0.0941	0.0000	0.1349	0.1262	0.1284	0.1279	0.1254	0.8621	1
PT_2	0.0883	0.0458	0.0123	0.0728	0.0347	0.0995	0.0702	0.0488	0.4723	5
PTF_4	0.0767	0.1154	0.0672	0.0899	0.0505	0.1092	0.0789	0.0976	0.6856	2
PTF_2	0.0767	0.0345	0.0974	0.0451	0.0094	0.0353	0.0000	0.0383	0.3368	8
PE_4	0.0615	0.0806	0.0878	0.0685	0.0347	0.0963	0.0353	0.0767	0.5415	4
PE_2	0.0401	0.0616	0.1042	0.0311	0.0063	0.0578	0.0268	0.0314	0.3593	7
PA_4	0.0517	0.0418	0.1166	0.0471	0.0205	0.0385	0.0212	0.0488	0.3862	6
PA_2	0.0000	0.0000	0.0727	0.0000	0.0000	0.0000	0.0131	0.0000	0.0858	10
PF_4	0.0937	0.0580	0.0962	0.0793	0.0458	0.0899	0.0514	0.1115	0.6255	3
PF_2	0.0143	0.0287	0.0991	0.0049	0.0205	0.0546	0.0152	0.0383	0.2756	9

第三节　四倍体泡桐的抗旱性

受非生物胁迫的影响时，自然界中多数植物都会在其形态和生理生化等方面发生相应变化以适应生存环境。研究发现，在干旱胁迫条件下，植物叶片的相对含水量越大，叶片发生萎蔫的可能性越小，其抗旱能力也就越强。而植物品种的抗旱性与其细胞内的脯氨酸和可溶性糖含量及可溶性蛋白含量等生理指标密切相关。脯氨酸和可溶性糖含量越高、同时能够产生较多的可溶性蛋白或转化产生的可溶性蛋白含量越多、丙二醛含量越低、SOD 酶的活性较强，便越能够促使细胞维持较低的渗透势，进而起到阻止细胞膜解离、增强细胞保水能力和稳定细胞结构的作用，其抗旱能力也就越强。

一、干旱胁迫对四倍体泡桐叶片可溶性糖含量和脯氨酸含量的影响

对干旱胁迫条件下的四倍体泡桐叶片的可溶性糖含量和脯氨酸含量进行分析，结果如图 12-64 和图 12-65 所示，在土壤不同相对含水量条件下 4 种四倍体泡桐叶片的可溶性糖和脯氨酸含量均高于其对应的二倍体，同时，随土壤干旱胁迫程度的增强而逐步增高。其中，可溶性糖含量在土壤相对含水量 25% 条件下最

大的为 PT$_4$=0.65mg/g，最小为 PF$_2$=0.57mg/g；脯氨酸含量最高的为 PTF$_4$=123.4μg/g，最低为 PT$_2$=112.9μg/g。根据上述结果可以看出四倍体泡桐的抗旱性高于其对应的二倍体。

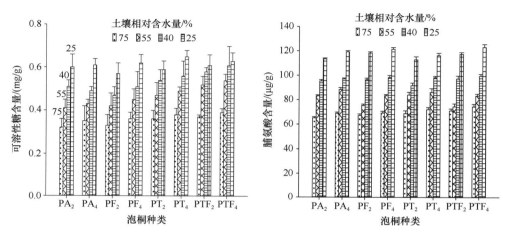

图 12-64　干旱胁迫下叶片可溶性糖含量的变化　　图 12-65　干旱胁迫下叶片脯氨酸含量的变化

二、干旱胁迫对四倍体泡桐叶片叶绿素含量和相对含水量的影响

对 4 种泡桐的叶片相对含水量和叶绿素含量进行分析，结果如图 12-66 和图 12-67 所示。总体来看，南方泡桐（PA）、白花泡桐（PF）、毛泡桐（PT）'豫杂一号'泡桐（PTF）4 种四倍体泡桐叶片相对含水量和叶绿素含量都随土壤相对含水量的减少而逐渐下降，且在土壤不同相对含水量条件下均大于其对应的二倍体泡桐。就相对含水量而言，在土壤相对含水量为 25% 的条件下，PA$_2$、PA$_4$、PF$_2$、PF$_4$、PT$_2$、PT$_4$、PTF$_2$ 和 PTF$_4$ 的叶片相对含水量比 CK 分别减少了 18.20%、17.55%、15.14%、16.91%、15.71%、14.89%、13.25% 和 12.23%。由此可以看出，除 PF$_2$ 和 PF$_4$ 外，其余三种泡桐的四倍体叶片相对含水量减少的均小于其对应的二倍体，表明这些品种的四倍体的保水能力高于其对应的二倍体。其次就叶绿素含量而言，4 种四倍体泡桐叶片的含量均大于其对应的二倍体，也表明四倍体泡桐相对于其对应的二倍体在干旱胁迫条件下具有较好的适应能力。最后，将 4 种四倍体和二倍体泡桐的两项指标汇总来看，在土壤相对含水量为 25% 时，PT$_4$ 的叶片含水量最高，为 75.56%，PF$_2$ 的叶片含水量最低，为 72.21%；PTF$_4$ 的叶片叶绿素含量最高，为 3.61mg/g，PF$_2$ 的叶片叶绿素含量最低，为 2.92mg/g，可以看出四倍体泡桐的抗旱能力最强，二倍体 PF$_2$ 的抗旱能力最弱。

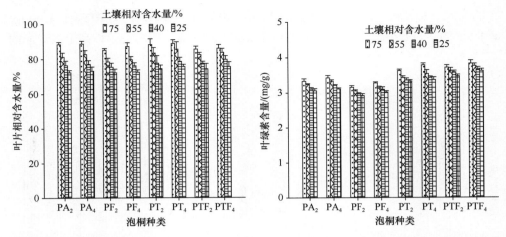

图 12-66　干旱胁迫下叶片相对含水量的变化　　图 12-67　干旱胁迫下叶片叶绿素含量的变化

三、干旱胁迫对四倍体泡桐叶片丙二醛含量和相对电导率的影响

在对 4 种泡桐干旱胁迫条件下叶片丙二醛含量和相对电导率变化的分析中，发现 4 种泡桐叶片丙二醛含量和相对电导率均随土壤干旱胁迫程度的加重而逐渐增加且四倍体泡桐叶片丙二醛含量和相对电导率在不同土壤相对含水量条件下均小于其二倍体（图 12-68 和图 12-69）。其中，在重度干旱条件下，PTF$_2$ 的丙二醛含量最高，为 6.72μmol/g，PA$_4$ 的丙二醛最低，为 6.49μmol/g；PT$_4$ 的相对电导率最小，为 33.57%，PA$_2$ 的相对电导率最大，为 43.27%，亦表明四倍体泡桐具有较好的抗旱能力。

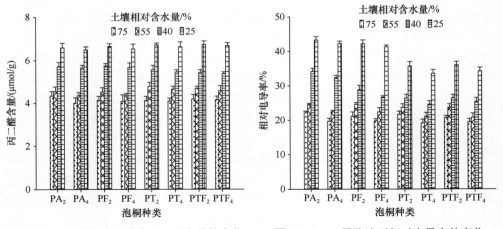

图 12-68　干旱胁迫下叶片丙二醛含量的变化　　图 12-69　干旱胁迫下相对电导率的变化

四、干旱胁迫对四倍体泡桐叶片 SOD 活性和可溶性蛋白含量的影响

从图 12-70 和图 12-71 中可以看出干旱胁迫条件对 4 种不同倍性泡桐叶片 SOD 活性和可溶性蛋白含量的影响。总体而言，四倍体泡桐及其二倍体泡桐叶片 SOD 活性和可溶性蛋白含量均随土壤相对含水量下降呈现先升高后下降的变化趋势且 4 种四倍体泡桐叶片 SOD 活性和可溶性蛋白含量在不同土壤相对含水量条件下也均分别大于其对应的二倍体。其中，在土壤相对含水量 25% 条件下，PT₄ 的 SOD 活性最高，为 192.4U/g，PA₂ 的 SOD 活性最低，为 160.8U/g；PT₄ 的叶片可溶性蛋白含量最高，为 5.34mg/g，PA₂ 的叶片可溶性蛋白含量最低，为 4.65mg/g，可以看出 PA₂ 的抗旱能力最弱。

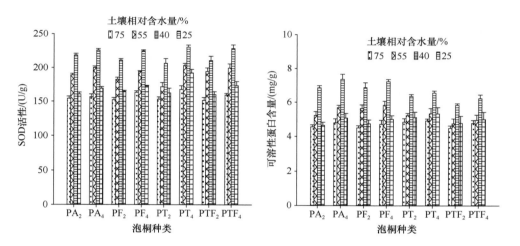

图 12-70　干旱胁迫下叶片 SOD 活性的变化　　图 12-71　干旱胁迫下叶片可溶性蛋白含量的变化

五、四倍体泡桐抗旱性的综合评价

在土壤相对含水量 25% 条件下，对 4 种不同倍性泡桐的叶片可溶性糖、相对含水量、相对电导率、叶绿素含量等 8 项生理指标进行模糊隶属函数分析并进行综合评价，结果如表 12-12 所示。由表可见，4 种泡桐的四倍体的抗旱性均强于其对应的二倍性，抗旱性由大到小顺序为 PT₄>PTF₄>PA₄>PF₄>PT₂>PTF₂>PA₂>PF₂，其中，抗旱性最强的是 PT₄，抗旱性最弱的是 PF₂。

表 12-12　四倍体及其二倍体泡桐抗旱性的综合评价

种类	相对含水量	相对电导率	超氧化物歧化酶	可溶性蛋白	脯氨酸	可溶性糖	叶绿素含量	丙二醛	隶属函数均值	排序
PA$_2$	0.0047	0.0000	0.0022	0.0000	0.0047	0.0493	0.0263	0.0921	0.0224	7
PA$_4$	0.0327	0.0132	0.0396	0.0769	0.0505	0.0658	0.0357	0.1513	0.0582	3
PF$_2$	0.0000	0.0147	0.0200	0.0175	0.0435	0.0000	0.0000	0.0526	0.0185	8
PF$_4$	0.0095	0.0266	0.0538	0.0629	0.0684	0.0822	0.0169	0.1250	0.0557	4
PT$_2$	0.0732	0.1015	0.0093	0.0822	0.0000	0.0658	0.0752	0.0066	0.0517	5
PT$_4$	0.1131	0.1296	0.1427	0.1206	0.0280	0.1315	0.0827	0.0658	0.1017	1
PTF$_2$	0.0651	0.0963	0.0000	0.0245	0.0365	0.0329	0.1015	0.0000	0.0446	6
PTF$_4$	0.1073	0.1205	0.0591	0.0629	0.0816	0.0987	0.1297	0.0329	0.0866	2

第四节　四倍体泡桐的耐盐性

植物生长发育受盐胁迫影响时，细胞膜透性、抗氧化酶活性和渗透调节物含量及 MDA 发生变化。具体表现为在高强度盐胁迫条件下，植物细胞内自由基产生与消除的平衡遭到破坏，膜脂过氧化作用增强，膜结构破坏，进而导致 MDA 含量和相对电导率升高，含水量和叶绿素含量下降，最终引起植物死亡。为维持正常的植物生命活动，在盐胁迫条件下，植物会通过提高细胞内脯氨酸、可溶性糖、可溶性蛋白含量及 SOD 活性来保持较低的渗透势，维持正常的生理代谢活动，进而减轻盐胁迫对细胞的伤害。

一、盐胁迫处理对四倍体泡桐叶片可溶性糖和脯氨酸含量的影响

首先对盐胁迫条件下 4 种不同倍性泡桐的叶片可溶性糖和脯氨酸含量进行检测，结果如图 12-72 和图 12-73 所示，4 种四倍体泡桐的可溶性糖及脯氨酸含量在相同的 NaCl 浓度下均大于其对应的二倍体，且随着 NaCl 处理浓度增大，不同倍性的泡桐的叶片可溶性糖含量和脯氨酸含量都逐渐升高。其中，在 NaCl 浓度为 0.6%时可溶性糖和脯氨酸含量最高的都是 PT$_4$，分别是 0.69mg/g 和 119.7μg/g，最小的都是 PF$_2$，分别是 0.61mg/g 和 99.7μg/g。

二、盐胁迫处理对四倍体泡桐叶片叶绿素含量和相对含水量的影响

图 12-74 和图 12-75 为 4 种不同倍性泡桐的叶片在不同 NaCl 浓度处理下相对含水量和叶绿素含量的测定结果，发现在不同处理浓度下，四倍体的叶片相对含水量和叶绿素含量均大于其对应的二倍体，同时随处理浓度的不断增加，4 种不

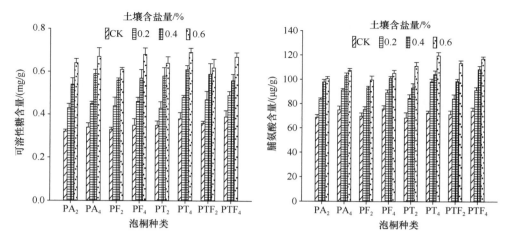

图 12-72　盐胁迫下叶片可溶性糖含量的变化　　图 12-73　盐胁迫下叶片脯氨酸含量的变化

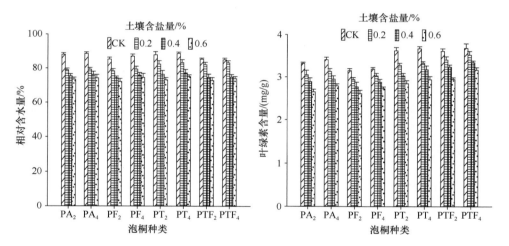

图 12-74　盐胁迫下叶片相对含水量的变化　　图 12-75　盐胁迫下叶片叶绿素含量的变化

同倍性的泡桐叶片相对含水量和叶绿素含量都呈现逐渐降低的变化趋势。其中在 NaCl 处理浓度为 0.6% 时，叶片相对含水量和叶绿素含量最大的分别为 PT₄=75.17% 和 PTF₄=3.17mg/g，最小的为 PF₂，分别为 72.89% 和 2.61mg/g。

三、盐胁迫处理对四倍体泡桐叶片丙二醛含量和相对电导率的影响

图 12-76 和图 12-77 为 4 种不同倍性泡桐叶片的相对电导率和丙二醛含量受 NaCl 处理的影响结果图，结果表明 4 种四倍体泡桐叶片的相对电导率和丙二醛含量均低于其对应的二倍体，同时随着 NaCl 浓度的增大，4 种不同倍性泡桐的相对

电导率和丙二醛含量均呈现逐渐增大的变化趋势。其中在 NaCl 浓度为 0.6%时，叶片相对电导率最大的是 PF_2，为 49.23%，最小的是 PT_4，为 37.83%，丙二醛含量最大的分别是 PA_2，为 7.24μmol/g，最小的是 PTF_4，为 7.02μmol/g。由于丙二醛含量越高，细胞膜的过氧化伤害性越大，抗盐能力越弱，因此可以看出四倍体泡桐的耐盐胁迫能力强于二倍体。

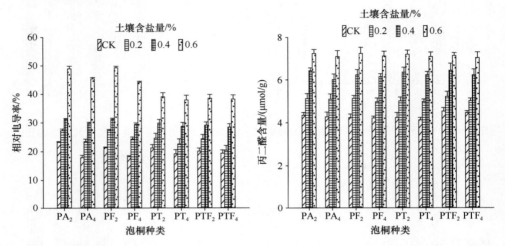

图 12-76　盐胁迫下叶片相对电导率的变化　　图 12-77　盐胁迫下叶片丙二醛含量的变化

四、盐胁迫处理对四倍体泡桐叶片 SOD 活性和可溶性蛋白含量的影响

由图 12-78 和图 12-79 关于 4 种不同倍性泡桐叶片 SOD 活性和可溶性蛋白含量受 NaCl 浓度影响的结果可以看出，在不同 NaCl 浓度处理下，四倍体泡桐叶片 SOD 活性和可溶性蛋白含量均大于其对应的二倍体，同时随 NaCl 浓度的增加 4 种不同倍性泡桐叶片 SOD 活性和可溶性蛋白含量都呈现先升后降的变化趋势。其中，当 NaCl 浓度为 0.4%时，4 种不同倍性泡桐叶片 SOD 活性和可溶性蛋白含量上升幅度较大，SOD 活性增幅最大的是 PTF_4，为 80.08%，可溶性蛋白含量增幅最大的为 PF_4，为 56.11%。

五、四倍体泡桐耐盐性的综合评价

使用 NaCl 处理浓度为 0.6%时的 4 种不同倍性的泡桐叶片的可溶性脯氨酸、可溶性糖、可溶性蛋白含量、质膜相对透性和 SOD 酶活性等 8 项指标的测定结果进行模糊隶属函数分析并汇总生成表 12-13，根据该表对 4 种泡桐耐盐性进行综合评价。结

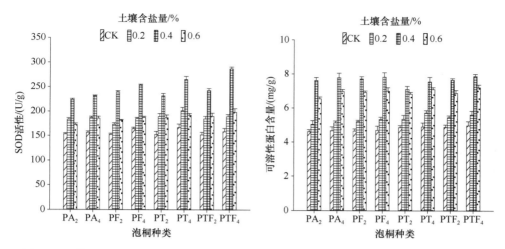

图 12-78 盐胁迫下叶片 SOD 活性的变化　图 12-79 盐胁迫下叶片可溶性蛋白含量的变化

表 12-13　四倍体及其二倍体泡桐耐盐性综合评价

种类	相对含水量	相对电导率	超氧化物歧化酶	可溶性蛋白	脯氨酸	可溶性糖	叶绿素含量	丙二醛	隶属函数均值	排序
PA$_2$	0.0729	0.0033	0.0000	0.0000	0.0049	0.0681	0.0093	0.0000	0.0198	7
PA$_4$	0.1231	0.0441	0.0582	0.0405	0.0425	0.1362	0.0417	0.0612	0.0684	4
PF$_2$	0.0000	0.0000	0.0395	0.0359	0.0000	0.0000	0.0000	0.0041	0.0099	8
PF$_4$	0.1482	0.0582	0.0670	0.0433	0.0305	0.1590	0.0278	0.0531	0.0734	3
PT$_2$	0.0663	0.1168	0.0661	0.0276	0.0626	0.0681	0.0557	0.0204	0.0605	6
PT$_4$	0.1793	0.1298	0.0892	0.0525	0.1089	0.1817	0.0765	0.0653	0.1104	1
PTF$_2$	0.0430	0.1227	0.0794	0.0322	0.0762	0.0227	0.0789	0.0490	0.0630	5
PTF$_4$	0.1147	0.1265	0.1172	0.0635	0.0959	0.1362	0.1299	0.0898	0.1092	2

果显示，4 种不同倍性泡桐的耐盐性由强到弱的顺序为 PT$_4$>PTF$_4$>PF$_4$>PA$_4$>PTF$_2$>PT$_2$>PA$_2$>PF$_2$，可以看出，四倍体泡桐的耐盐性均大于其对应的二倍体，其中耐盐能力最强的为 PT$_4$，耐盐能力最弱的为 PF$_2$。分析四倍体抗盐能力强的原因，推测可能与四倍体泡桐的基因剂量效应和核质不平衡及与四倍体泡桐核 DNA 发生表观遗传变化有关，但也不排除可能与四倍体泡桐叶片结构的特殊性的联系。

第五节　四倍体泡桐木材理化特性

一、四倍体泡桐木材物理力学性能

在对四倍体木材理化性质的分析中，选用不同倍性的白花泡桐为研究对象，首先对其主要的物理力学性能进行测试，结果如表 12-14 所示：四倍体白花泡桐的各项物理力学性能指标均优于其二倍体木材，其中四倍体木材的顺纹抗拉强度、抗弯强度、抗弯弹性模量、硬度和顺纹抗压强度分别比二倍体木材增大了 38.90%、26.13%、32.50%、18.36% 和 17.28%。

表 12-14　两种泡桐物理力学性质的比较

试材	顺纹抗拉强度/MPa	抗弯强度/MPa	抗弯弹性模量/MPa	硬度/N	顺纹抗压强度/MPa
白花泡桐四倍体	50.17	40.30	3946.25	2034.67	19.95
白花泡桐二倍体	36.12	31.95	2978.33	1719.00	17.01

二、四倍体泡桐木材化学性质

进一步通过冷水和热水抽提物、木质素、纤维素、半纤维素含量等指标对 5 种四倍体泡桐及对照组的化学性质进行测定，结果如表 12-15 所示：冷水和热水抽提物最大的均为 PT_4，最小的为 PTF_4；1%NaOH 抽提物最大的为 PT_4，最小的为 PTF_4；木质素含量最高的为 CK，最低的为 PTF_4，从大到小为 CK>PA_4>PT_4>PE_4>PF_4>PTF_4；纤维素含量最高的为 PE_4，最低的为 PA_4，从大到小为 PE_4>PT_4>PTF_4>PF_4>CK>PA_4 且含量均大于 40%，说明从纤维素含量角度而言可以用于造纸；半纤维素含量最高为 PT_4，最低为 PA_4。

表 12-15　四倍体泡桐木材化学性质的变化

处理	冷水抽提/%	热水抽提/%	1%NaOH 抽提/%	木质素/%	纤维素/%	半纤维素/%
PA_4	8.89±0.03c	9.61±0.13c	24.55±0.10c	18.39±0.13b	43.72±0.15c	25.54±0.21c
PTF_4	8.57±0.03c	8.78±0.11d	23.21±0.15d	13.45±0.17f	45.0±15.21b	26.89±0.09b
PE_4	10.94±0.04a	11.35±0.16a	25.43±0.22b	15.43±0.22d	47.56±0.14a	26.83±0.11b
PT_4	11.01±0.02a	11.52±0.13a	26.04±0.14a	16.87±0.21c	46.73±0.17a	28.49±0.06a
PF_4	8.76±0.04c	9.45±0.16c	24.47±0.16c	14.81±0.15e	44.86±0.12b	28.41±0.07a
CK	9.85±0.02b	10.32±0.16b	24.65±0.13c	19.04±0.17a	44.84±0.18b	26.87±0.09b

注：同列不同小写字母表示两者之间差异显著，下同

三、四倍体泡桐木材的白度和基本密度

对 5 种四倍体泡桐和对照二倍体泡桐的木材白度和基本密度进行检测，结果如表 12-16 所示。其中，白度最高的为 PTF_4，最低的为 PT_4，由高到低的排序为 PTF_4>PF_4>PA_4>PE_4>PT_4，分别为 42.01、39.06、38.35、36.62 和 35.51。基本密度最大的为四倍体'豫杂一号'泡桐 0.243g/cm³，最小为二倍体'豫杂一号'泡桐

为 0.223g/cm³，四倍体白花泡桐、四倍体毛泡桐、四倍体南方泡桐、四倍体兰考泡桐的基本密度分别为 0.240g/cm³、0.238g/cm³、0.225g/cm³ 和 0.231g/cm³，可以看出在基本密度方面四倍体泡桐大于对照的二倍体泡桐。

表 12-16　四倍体泡桐基本密度和白度

项目	PA₄	PF₄	PTF₄	PE₄	PT₄	PTF₂
基本密度/（g/cm³）	0.225±0.04	0.240±0.01	0.243±0.04	0.231±0.02	0.238±0.03	0.223±0.02
白度	38.35±0.22	39.06±0.16	42.01±0.19	36.62±0.21	35.51±0.09	37.17±0.12

四、四倍体泡桐木材的干缩性

烘干后四倍体泡桐的干缩情况如表 12-17 所示，可以看出四倍体泡桐的弦向、纵向、径向和体积干缩性均小于对照：弦向干缩性排序为 CK>PA₄>PTF₄>PE₄>PF₄>PT₄；纵向干缩性排序为 CK>PA₄>PTF₄>PE₄>PT₄>PF₄；径向干缩性排序为 CK>PA₄>PTF₄>PE₄>PF₄>PT₄；体积干缩性排序为 CK>PA₄>PTF₄>PF₄>PT₄>PE₄。总体来看，四倍体与一般木材的干缩性特征一致，弦向干缩率最大，纵向干缩率最小，径向干缩率介于二者之间。

表 12-17　四倍体泡桐干缩比较

处理	弦向/%	纵向/%	径向/%	体积/%
PA₄	2.83±0.08b	2.63±0.09a	2.78±0.17a	2.61±0.13b
PTF₄	2.64±0.04c	1.73±0.09b	2.36±0.18b	2.21±0.08c
PE₄	2.43±0.13d	1.61±0.02c	2.24±0.16c	1.84±0.11e
PT₄	2.15±0.25e	1.58±0.11c	1.89±0.17d	2.02±0.27d
PF₄	2.20±0.10e	1.42±0.15d	2.17±0.12c	2.07±0.14d
CK	3.02±0.08a	2.72±0.26a	2.87±0.20a	2.67±0.16a

参 考 文 献

范国强, 曹艳春, 赵振利, 等. 2007a. 白花泡桐同源四倍体的诱导. 林业科学, 2007(4): 31-35, 143.

范国强, 魏真真, 杨志清. 2009. 南方泡桐同源四倍体的诱导及其体外植株再生. 西北农林科技大学学报(自然科学版), 37(10): 83-90.

范国强, 杨志清, 曹艳春, 等. 2006. 秋水仙素诱导兰考泡桐同源四倍体. 核农学报, 20(6): 473-476.

范国强, 杨志清, 曹艳春, 等. 2007b. 毛泡桐同源四倍体的诱导. 植物生理学通讯, 2007(1): 109-111.

范国强, 翟晓巧, 魏真真, 等. 2010. 豫杂一号泡桐体细胞同源四倍体诱导及其体外植株再生. 东北林业大学学报, 38(12): 22-26.

何小勇, 柳新红, 袁得义. 2007. 不同种源翅荚木的抗寒性. 林业科学, 43(4): 24-28.

金龙飞, 范飞, 罗轩, 等. 2012. 芒果叶片解剖结构与抗旱性的关系. 西南农业学报, 25(1): 232-235.

梁文斌, 李志辉, 许仲坤, 等. 2010. 桤木无性系叶片显微结构特征与其抗旱性的研究. 中南林业科技大学学报, 30(2): 16-22.

刘杜玲, 张博勇, 彭少兵, 等. 2012. 基于早实核桃不同品种叶片组织结构的抗寒性划分. 果树学报, 29(2): 205-211.

吴林, 刘广海, 刘雅娟, 等. 2005. 越橘叶片组织结构及其与抗寒性. 吉林农业大学学报, 27(1): 48-50.

余文琴, 刘星辉. 1995. 荔枝叶片细胞结构紧密度与耐寒性的关系. 园艺学报, 22(2): 185-186.

张晓申. 2013. 四倍体泡桐特性研究. 河南农业大学硕士学位论文.

赵振利, 何佳, 赵晓改, 等. 2011. 泡桐 9501 体外植株再生体系的建立及体细胞同源四倍体诱导. 河南农业大学学报, 45(1): 59-65.

Dunbar-Co S, Sporck M J, Sack L. 2009. Leaf trait diversification and design in seven rare taxa of the Hawaiian *Plantago* radiation. Int J Plant Sci, 170: 61-75.

Hilu K W. 1993. Polyploidy and the evolution of domesticated plants. Am J Bot, 80(12): 1494-1499.

Liu B, Wendel J F. 2002. Non-Mendelian phenomena in allopolyploid genome evolution. Curr Genomics, 3(6): 489-505.

Mashkina O S, Burdaeva L M, Belozerova M, et al. 1998. Method of obtaining diploid pollen of woody species. Lesovedenie, 34(1): 19-25.

Ramsey J, Schemske D W. 1998. Pathways, mechanisms, and rates of polyploid formation in flowering plants. Annual Review Ecology and Systematic, 29(1): 467-501.

Romero-Aranda R, Bondada B R, Syvertsen J P, et al. 1997. Leaf characteristics and net gas exchange of diploid and autotetraploid citrus. Annals of Botany, 79(2): 153-160.

Warner D A, Ku M S B, Edwards G E. 1987. Photosynthesis, leaf anatomy, and cellular constituents in the polyploid C4 grass *Panicun virgatum1*. Plant Physiol, 84: 461-466.

Wolfe K H. 2001. Yesterday's polyploids and the mystery of diploidization. Nat Rev Genet, 2(5): 333-334.

第十三章　四倍体泡桐优良特性的分子机理

植物中的多倍体现象十分普遍，特别是在被子植物中（Leitch and Bennett，1997；Comai，2005）。大多数现存植物都经历了古老的多倍化事件或最近的基因组复制事件，这被认为是开花植物多样化和进化的驱动力量（Adams and Wendel，2005）。根据染色体的组成和形成方式，多倍体可分为三种类型：同源多倍体、异源多倍体和区段异源多倍体（Yoo et al.，2014）。除了产生基因冗余，多倍体还可以引起核增大、染色体重排、表观遗传重塑和基因表达的器官特异性亚功能化，导致转录组、代谢组和蛋白质组的重组（Leitch and Leitch，2008）。与它们的二倍体祖先相比，多倍体通常表现出新的优势性状，如抗逆性增强、病虫害抗性增强、器官巨大性和生物量增加，使多倍体在植物育种中具有重要意义（Osborn et al.，2003；Chen，2007）。尽管关于多倍体的相关研究取得了一些进展，但仍没有足够的信息来解释多倍体生物学特性的形成机制。高通量基因组和转录组测序技术为全面了解同源多倍体的基因组信息作出了巨大贡献，使相关分析成为可能。该技术使得人们能够从转录组分析、蛋白质组分析等多个角度出发深入探究多倍体植物独特生物学特征的形成机制。本书在四倍体泡桐特性一章中从生理和表型等角度入手，分析了同源四倍体泡桐相较于二倍体而言生长更快、产量和品质提升、抗旱和盐胁迫等抗逆性更强等的可能原因，但是调控同源四倍体泡桐使其表现出优于其对应二倍体的优良特性的内在分子机制并不清楚。因此，本章借助高通量测序和转录组测序技术等新技术手段，从 SSR（简单重复序列）和 AFLP（扩增片段长度多态性）、DNA（脱氧核糖核酸）甲基化、转录组、蛋白质组及 microRNA（微小核糖核酸）5 个角度入手，对四倍体泡桐优良特性的分子机制进行分析，以探索四倍体泡桐相较于其对应二倍体表现出生理、生化等优良特性的可能原因。

第一节　四倍体泡桐 SSR 和 AFLP 分析

一、建立泡桐 SSR 分子标记体系

（一）确定 dNTP（脱氧核糖核苷三磷酸）浓度

如图 13-1 所示，不同的 dNTP 浓度明显影响了四倍体泡桐的 SSR 扩增产物量。在泳道 1～4，dNTP 浓度依次为 0.025mmol/L、0.100mmol/L、0.200mmol/L 和

0.300mmol/L。虽然这 4 个泳道对应的 4 个浓度电泳均出现了谱带，但不同 dNTP浓度扩增谱带的亮度强度不同。具体表现为，0.100mmol/L 亮度最强，0.200mmol/L次之，0.025mmol/L 亮度较弱，0.300mmol/L 最弱。随着 dNTP 浓度增大到0.400mmol/L（泳道 5）和 0.500mmol/L（泳道 6）时，没有出现谱带。在 6 个 dNTP浓度中，SSR 扩增最清晰的谱带出现在 0.100mmol/L，因此将四倍体泡桐 SSR 扩增的最适浓度确定为 0.100mmol/L。另外，dNTP 浓度过低或者过高均不利于改善四倍体泡桐 SSR 的扩增效果。

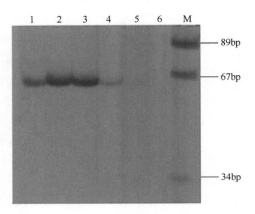

图 13-1　dNTP 浓度对 SSR 扩增的影响

1. 0.025mmol/L；2. 0.1mmol/L；3. 0.2mmol/L；4. 0.3mmol/L；5. 0.4mmol/L；6. 0.5mmol/L；M. marker

（二）确定引物浓度

引物浓度的不同会对四倍体泡桐 SSR 扩增产物量造成影响（图 13-2）。当引物浓度较高，为 0.50μmol/L 和 0.70μmol/L 时（泳道 5 和泳道 6），SSR 扩增出的谱带明显，但是扩增产物量过剩，出现弥散现象。当引物浓度为 0.05μmol/L 时（泳道 1），引物浓度较低，谱带亮度过低。因此，过低或过高的引物浓度均对SSR 扩增产生不良影响。经分析，将 0.30μmol/L 作为四倍体泡桐 SSR 扩增的适宜引物浓度。

（三）确定 *Taq* 酶（从水生栖热菌中分离出的具有热稳定性的 DNA 聚合酶）量

图 13-3 显示了不同 *Taq* 酶量对四倍体泡桐 SSR 扩增结果的影响，可以发现当*Taq* 酶量为 6.25×10^{-3}U/μL 时（泳道 1），扩增的谱带亮度过低，随着 *Taq* 酶量不断增大，扩增的谱带清晰度与亮度均增强。当 *Taq* 酶量增大到 2.5×10^{-2}U/μL 和3.125×10^{-2}U/μL 时（泳道 3 和泳道 4），扩增的谱带清晰度与亮度明显强于 *Taq* 酶

量为 $6.25×10^{-3}$U/μL 和 $1.25×10^{-2}$U/μL 时（泳道 1 和泳道 2）。也即是随着 *Taq* 酶量的不断增加，四倍体泡桐 SSR 的扩增产物量也在逐渐增大。然而，随着 *Taq* 酶量进一步增大到 $4.375×10^{-2}$U/μL 时（泳道 6），弥散现象出现在扩增的谱带上。在四倍体泡桐 SSR 扩增体系中，考虑采用最少的 *Taq* 酶量获取最佳扩增结果。基于此，我们将四倍体泡桐 SSR 扩增体系的最优 *Taq* 酶量确定为 $2.5×10^{-2}$U/μL。

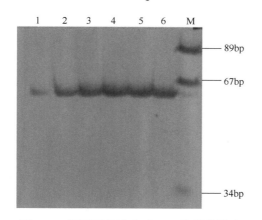

图 13-2　不同引物浓度对 SSR 扩增的影响

1. 0.05μmol/L；2. 0.2μmol/L；3. 0.3μmol/L；4. 0.4μmol/L；5. 0.5μmol/L；6. 0.7μmol/L；M. marker

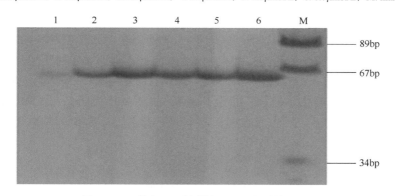

图 13-3　不同 *Taq* 酶用量对 SSR 扩增的影响

1. $6.25×10^{-3}$U/μL；2. $1.25×10^{-2}$U/μL；3. $2.5×10^{-2}$U/μL；4. $3.125×10^{-2}$U/μL；5. $3.75×10^{-2}$U/μL；6. $4.375×10^{-2}$U/μL；
M. marker

（四）确定退火温度

如图 13-4 所示，退火温度对四倍体泡桐 SSR 的扩增产物量的影响明显。当退火温度较低时（泳道 1，45℃），谱带亮度较弱。随着退火温度升高至 47℃、50℃、53℃、55℃时（泳道 2~5），四倍体泡桐 SSR 的扩增产物条带明显。然而，随着退火温度进一步上升到 57℃时（泳道 6），四倍体泡桐 SSR 的扩增产物条带明显减弱。也即是在一定温度范围内，随着退火温度的逐渐升高，四倍体泡桐 SSR 扩增产物量逐渐增大。但是当退火温度达到一定程度时，随着退火温度的升高，四倍体泡桐 SSR 扩增产物量逐渐下降。图 13-4 表明，当退火温度设定为 53℃时（泳道 4），四倍体泡桐 SSR 扩增产物的电泳条带亮度最强。由此，我们将四倍体泡桐 SSR 扩增的最适退火温度设定为 53℃。

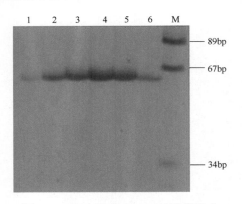

图 13-4　退火温度对 SSR 扩增的影响
1. 45℃；2. 47℃；3. 50℃；4. 53℃；5. 55℃；6. 57℃；M. marker

（五）确定泡桐 DNA 浓度

图 13-5 表明了泡桐 DNA 浓度对四倍体泡桐 SSR 扩增结果的影响。虽然四倍体泡桐 DNA 浓度从 0.050 ng/μL 增大到 0.250 ng/μL，但是 SSR 扩增的谱带亮度没有明显的差别。这一结果表明，当泡桐 DNA 浓度在一定范围内变化时，四倍体泡桐 SSR 扩增效果变化不显著。由此，综合考虑节省模板用量和扩增产物的稳定性等因素，将 0.050 ng/μL 作为泡桐 SSR 扩增的最适 DNA 模板浓度。

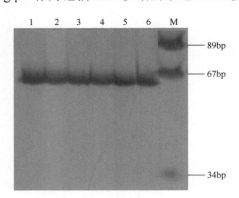

图 13-5　不同模板用量对 SSR 扩增的影响
1. 0.025ng/μL；2. 0.05ng/μL；3. 0.075ng/μL；4. 0.1ng/μL；5. 0.15ng/μL；6. 0.25ng/μL；M. marker

二、建立泡桐 AFLP 分子标记体系

（一）优化 AFLP 连接反应体系

在四倍体泡桐 AFLP 连接反应体系中，连接时间对预扩增产物量影响较大。将连接时间分别设置为 4h、8h 和过夜连接。在完成反应后，对预扩增结果进行检测，发现预扩增反应的扩增量受到连接反应时间的影响。也即是随着连接时间的增加，预扩增产物量也在增加。另外，在接头用量和 T4 连接酶方面，2U 的 T4 连接酶量和 0.5μL 的接头用量较合适。

（二）优化 AFLP 酶切反应体系

如图 13-6 所示，加入 200~700ng 浓度的四倍体泡桐 DNA 时，经过酶切、连接、预扩增和选择性扩增后，在 2% 的琼脂糖凝胶上进行电泳检测，都在 400bp 左右较为明亮，也都获得了清楚的扩增带。另外，不同 DNA 浓度的扩增条带均在 100~650bp。之后采用 6% 聚丙酰胺变性胶进行电泳，结果显示不同 DNA 浓度的电泳条带清晰度差别不显著，条带多寡的变化也不明显。采用 500ng 的模板 DNA 进行酶切处理，酶切处理时间分别为 2h、3h、5h、7h 和 9h。结果发现，虽然酶切处理的时间不同，但是都可以完全切开 DNA 片段，并且差别不显著（图 13-7）。综合考虑 AFLP 的酶切反应体系，确定酶切处理时间为 3h。

（三）筛选 AFLP 反应选择性扩增引物

不同的引物对于 AFLP 反应体系 DNA 模板的结合能力是不同的，而且将进一步导致扩增产物片段的紧密度、分布、长度产生变化，所以在进行泡桐 AFLP 分析的过程中需要筛选引物组合。在泡桐的 AFLP 反应选择性扩增引物的研究中，

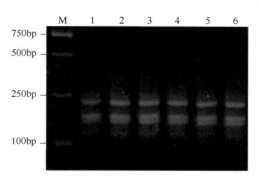

图 13-6 DNA 浓度对选择性扩增结果的影响

M. marker；1. 200ng；2. 300ng；3. 400ng；4. 500ng；5. 600ng；6. 700ng

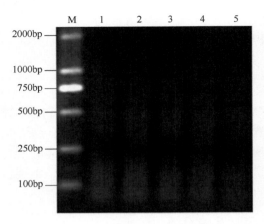

图 13-7　不同时间酶切的琼脂糖凝胶电泳

M. marker；1. 2h；2. 3h；3. 5h；4. 7h；5. 9h

采用 3 个选择性碱基作为选择性扩增引物。筛选 64 对引物组合需利用二倍体'豫杂一号'DNA 样品。通过对最终聚丙烯酰胺凝胶上条带所反映的重复性、数目及清晰度情况，选出 96 对引物组合。图 13-8 展示了 46 对引物扩增结果的聚丙烯酰胺凝胶电泳结果。

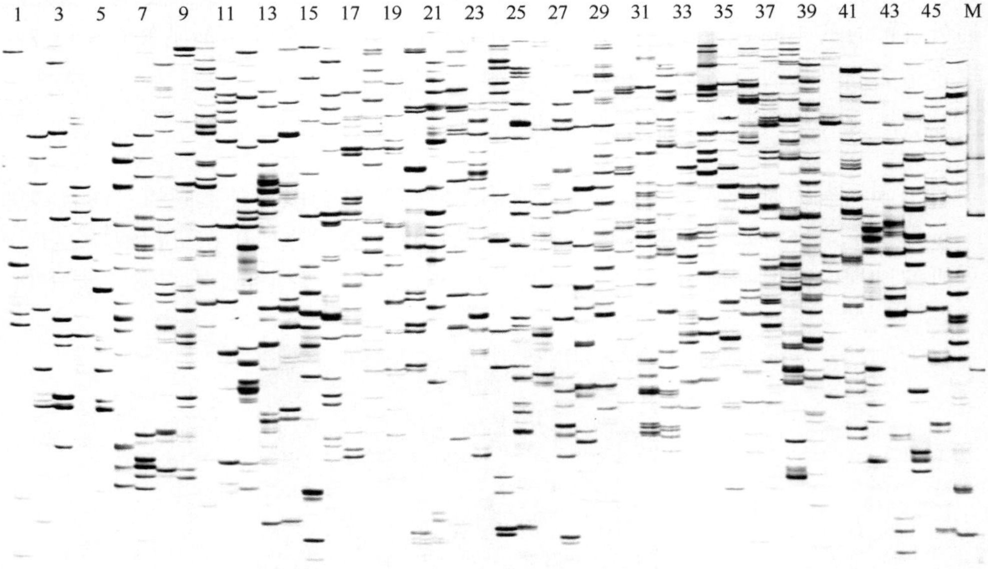

图 13-8　46 对引物的 AFLP 选择性扩增图

1～5. P2/M22，23，25，28，32；6～23. P5/ M 5，9，13，15，16，30，34，36，41，45，46，48，49，52，55，59，60，61；24～27. P8 /M21，33，52，57；28. P63/M63；29. P64/M64；30～46. P1/ M1，2，3，4，11，12，13，14，15，16，19，21，22，23，25，30，31；M. marker

（四）优化 AFLP 选择性扩增反应体系

如图 13-9 所示，AFLP 选择性扩增反应体系中 *Taq* 酶用量优化结果分布在泳道 1～4 中。*Taq* 酶用量结果表明，当 *Taq* 酶的浓度较低时（泳道 4），扩增产物量较少。随着 *Taq* 酶浓度逐渐升高，扩增产物量逐渐增加，当 *Taq* 酶浓度升高到 2U 时，扩增产物量迅速增加。基于此，在四倍体泡桐 AFLP 选择性扩增反应体系中确定 *Taq* 酶用量为 2U。在 AFLP 选择性扩增反应体系中，dNTP 用量优化试验结果如图 13-10 所示（泳道 1～4）。当 dNTP 浓度为 100μmol/L 和 200μmol/L 时（泳道 3 和 4），产物量较多。随着 dNTP 浓度的增大，当 dNTP 浓度大于 200μmol/L 时（泳道 1 和 2），AFLP 选择性扩增反应体系中产物量减少。相关结果表明 dNTP 用量影响四倍体泡桐 AFLP 选择性扩增反应体系。由于 dNTP 与 *Taq* 酶存在竞争 Mg^{2+} 作用，所以综合考虑在不影响 Mg^{2+} 作用的同时增大四倍体泡桐 AFLP 选择性扩增反应的扩增产物量，设定 100μmol/L 作为四倍体泡桐 AFLP 选择性扩增体系中 dNTP 的最适浓度。由于扩增产物主带集中在 100～650bp，所以设定的 dNTP 最适浓度符合要求。

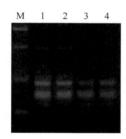

图 13-9 *Taq* 酶用量对选择性扩增的影响

M. marker；1. 2 U；2. 1.5 U；3. 1 U；4. 0.5 U

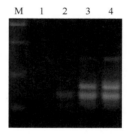

图 13-10 dNTP 用量对选择性扩增的影响

M. marker；1. 350μmol/L；2. 250μmol/L；3. 200μmol/L；4. 100μmol/L

不同引物浓度对四倍体泡桐 AFLP 预扩增反应影响不大（图 13-11）。当引物浓度大于 0.8μmol/L 时，虽然四倍体泡桐 AFLP 预扩增产物量增加，但是扩增片段仍然在 100～650bp。基于此，确定四倍体泡桐 AFLP 选择性扩增反应体系的引物浓度为 0.7μmol/L。在泡桐 AFLP 选择性扩增反应体系中，不同预扩增产物用量影响选择性扩增结果（图 13-12）。采用 500ng DNA 依次经过酶切、连接和预扩后，将稀释倍数分别设置为 5、10、20、30、40 和 50，经过选择性扩增后在 2%琼脂糖凝胶上进行电泳检测。结果显示，当稀释 40 倍、50 倍或者不稀释时效果较差，当稀释 5 倍、10 倍、20 倍和 30 倍时，效果较好，条带集中在 100～650bp，条带较清楚。综合考虑将稀释倍数 20 作为四倍体泡桐 AFLP 选择性扩增反应体系中预扩产物最适稀释倍数。

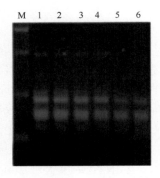

图 13-11　引物浓度对选择性扩增的影响

M. marker；1. 0.8μmol/L；2. 0.7μmol/L；3. 0.6μmol/L；
4. 0.5μmol/L；5. 0.4μmol/L；6. 0.3μmol/L

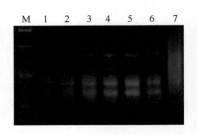

图 13-12　预扩增产物稀释倍数对选择性扩增
的影响

M. marker；1. 50 倍；2. 40 倍；3. 30 倍；4. 20 倍；5. 10 倍；
6. 5 倍；7. 1 倍

（五）优化 AFLP 预扩增反应体系

如图 13-13 所示，*Taq* 酶用量对四倍体泡桐预扩增反应同样没有显著的影响（泳道 1~4）。当 *Taq* 酶浓度较低时（泳道 4），泡桐 AFLP 预扩增反应体系的扩增产物量较少。当 *Taq* 酶浓度增大到 2U 时，四倍体泡桐 AFLP 预扩增反应体系的扩增产物量迅速增加。基于此，将 2U 作为四倍体泡桐 AFLP 预扩增反应体系中的最适酶用量。图 13-14 显示了在泡桐 AFLP 预扩增反应体系中的 dNTP 用量（泳道 1~4）。结果表明，当 dNTP 的浓度为 100μmol/L 和 200μmol/L 时（泳道 3 和泳道 4），预扩增产物量较多。随着 dNTP 浓度的增大，当 dNTP 浓度大于 200μmol/L 时（泳道 1 和泳道 2），AFLP 预扩增反应体系中预扩增产物量减少。由于 dNTP 与 *Taq* 酶竞争 Mg^{2+}，考虑在不影响 Mg^{2+} 作用的同时增大四倍体泡桐 AFLP 预扩增反应体系扩增产物量，同样设定 100μmol/L 作为四倍体泡桐 AFLP 预扩增反应体系中 dNTP 的最适浓度。扩增产物主带集中在 100~650bp，因此设定的 dNTP 最适浓度符合预扩增要求。

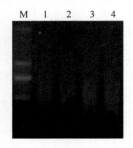

图 13-13　*Taq* 酶用量对预扩增的影响

M. marker；1. 2 U；2. 1.5 U；3. 1 U；4. 0.5 U

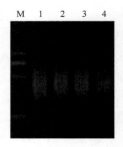

图 13-14　dNTP 用量对预扩增的影响

M. marker；1. 350μmol/L；2. 250μmol/L；
3. 200μmol/L；4. 100μmol/L

　　图 13-15 显示了不同引物浓度对泡桐 AFLP 预扩增反应体系的影响。结果显示，引物浓度对四倍体泡桐 AFLP 预扩增反应没有显著影响。当引物浓度大于0.8μmol/L 时，虽然四倍体泡桐 AFLP 预扩增产物量增加，但是电泳结果显示扩增片段仍在 100~650bp，符合要求。综合考虑，将 0.5μmol/L 设定为四倍体泡桐预扩增反应体系的引物浓度。不同连接产物用量对四倍体泡桐 AFLP 预扩增反应体系的影响如图 13-16 所示，当稀释倍数超过 10 时，虽然电泳结果显示条带分布在100~650bp，但是四倍体泡桐 AFLP 预扩增产物量减小。基于此，将稀释倍数 10作为四倍体泡桐 AFLP 预扩增反应体系的最适稀释倍数。

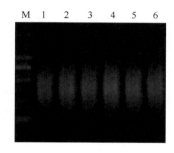

图 13-15　引物浓度对预扩增的影响

M. marker；1. 0.8μmol/L；2. 0.7μmol/L；
3. 0.6μmol/L；4. 0.5μmol/L；5. 0.4μmol/L；6. 0.3μmol/L

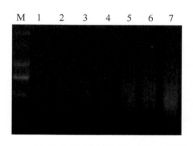

图 13-16　连接产物稀释倍数对预扩增的影响

M. marker；1. 50 倍；2. 40 倍；3. 30 倍；4. 20 倍；5. 10
倍；6. 5 倍；7. 1 倍

三、4 种四倍体泡桐的 SSR 和 AFLP 分析

（一）四倍体白花泡桐幼苗的 SSR 和 AFLP 分析

　　为了便于进行对比分析，将四倍体白花泡桐与二倍体白花泡桐幼苗 DNA 的SSR 扩增结果（图 13-17）进行对比展示。结果显示，四倍体白花泡桐幼苗 DNA与其二倍体幼苗 DNA 经 45 对引物扩增后，在相同位置扩增出谱带并产生数量和大小相同的片段。虽然经不同引物 SSR 扩增后，四倍体与二倍体白花泡桐幼苗的DNA 片段在数量上和大小上确实存在差异，但是需要明确的是，四倍体与二倍体白花泡桐幼苗 DNA 经过同一引物扩增后，其 DNA 片段在大小和数量上相同。综上所述，四倍体白花泡桐幼苗 DNA 一级结构未发生变化。

　　如图 13-18 和图 13-19 所示，四倍体白花泡桐幼苗 DNA 与其二倍体幼苗 DNA经筛选出的 96 对引物扩增后，其 DNA 的 AFLP 分子标记酶切位点在同样的位置扩增出谱带，说明酶切位点未发生变化。每一对引物平均能够扩增出 50~70 条谱带，AFLP 扩增片段大小都小于 500 bp。另外，图 13-20 和图 13-21 也说明，虽然经不同引物 AFLP 扩增后，四倍体与二倍体白花泡桐幼苗的 DNA 片段在数量上和大小上确实存在差异，但是，四倍体与二倍体白花泡桐幼苗 DNA 经过同一引物扩增后，其 DNA 片段在大小和数量上相同。上述 AFLP 结果同样表明，四倍体白花泡桐与二倍体白花泡桐幼苗 DNA 一级结构未发生变化。

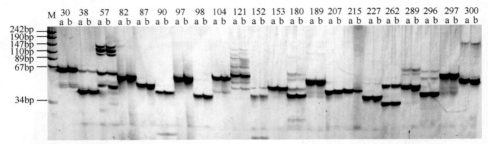

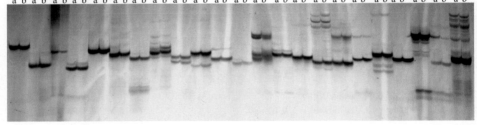

图 13-17　四倍体（a）与二倍体（b）白花泡桐幼苗 SSR 扩增电泳结果

M. marker；30，38，57，…，395，415. 引物编号

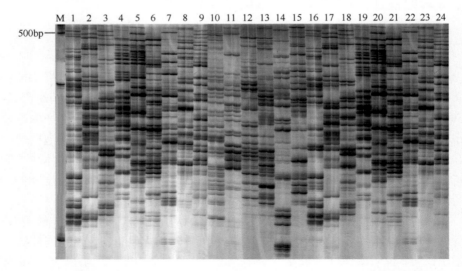

图 13-18　四倍体与二倍体白花泡桐幼苗 1～24 对引物的 AFLP 扩增电泳结果

M. marker；1，2，3，…，23，24. 引物编号

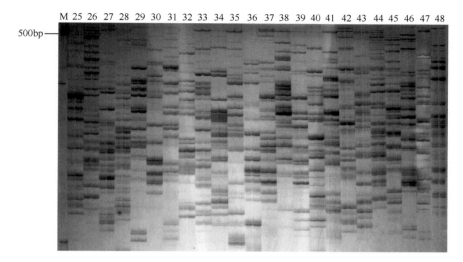

图 13-19　四倍体与二倍体白花泡桐幼苗 25～48 对引物的 AFLP 扩增电泳结果

M. marker；25，26，27，…，47，48. 引物编号

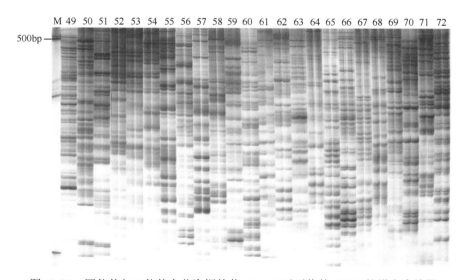

图 13-20　四倍体与二倍体白花泡桐幼苗 49～72 对引物的 AFLP 扩增电泳结果

M. marker；49，50，51，…，71，72. 引物编号

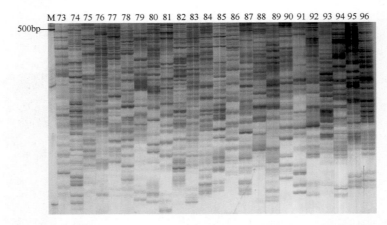

图 13-21　四倍体与二倍体白花泡桐幼苗 73～96 对引物的 AFLP 扩增电泳结果

M. marker；73，74，75，…，95，96. 引物编号

（二）四倍体'豫杂一号'泡桐幼苗的 SSR 和 AFLP 分析

为了便于对四倍体'豫杂一号'泡桐进行 SSR 分析，将四倍体'豫杂一号'泡桐与其二倍体泡桐幼苗 DNA 的 SSR 扩增结果（图 13-22）进行对比显示。四倍体'豫杂一号'泡桐幼苗的 SSR 结果表明，其与二倍体'豫杂一号'泡桐幼苗的 DNA 扩增位点没有变化。同样，虽然经不同引物 SSR 扩增后，四倍体与二倍体'豫杂一号'泡桐幼苗的 DNA 片段在数量上和大小上存在差异，但是，经过同一引物扩增后，四倍体与二倍体'豫杂一号'泡桐幼苗 DNA 片段在大小和数量上相同。综上，四倍体'豫杂一号'泡桐的 DNA 一级结构未发生变化。

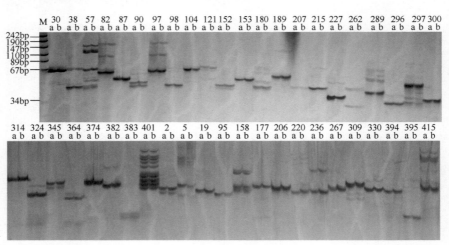

图 13-22　四倍体（a）与二倍体（b）'豫杂一号'泡桐幼苗 SSR 扩增电泳结果

M. marker；30，38，57，…，395，415. 引物编号

　　四倍体'豫杂一号'泡桐幼苗 DNA 的 AFLP 扩增结果显示（图 13-23～图 13-26），经 96 对引物扩增，四倍体'豫杂一号'泡桐幼苗 DNA 的 AFLP 分子标记酶切位点相对于二倍体'豫杂一号'的 AFLP 分子标记酶切位点没有发生改变。四倍体'豫杂一号'与二倍体'豫杂一号'泡桐幼苗 AFLP 扩增片段都小于 500 bp，每一对引物平均能够扩增出 50～70 条谱带。虽然经不同引物 AFLP 扩增后，四倍体与二倍体'豫杂一号'泡桐幼苗的 DNA 片段大小呈现多态性，但是，经过同一引物扩增后，四倍体与二倍体'豫杂一号'泡桐幼苗 DNA 片段没有多态性。上述结果说明，四倍体'豫杂一号'泡桐幼苗与二倍体'豫杂一号'泡桐幼苗的遗传背景相同。综上，四倍体'豫杂一号'泡桐的 DNA 碱基序列没有发生改变。

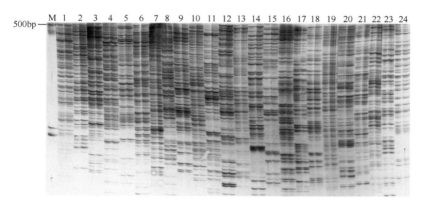

图 13-23　四倍体与二倍体'豫杂一号'泡桐幼苗 1～24 对引物的 AFLP 扩增电泳结果

M. marker；1，2，3，…，23，24. 引物编号

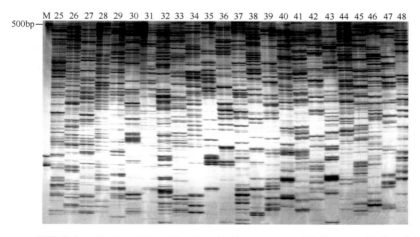

图 13-24　四倍体与二倍体'豫杂一号'泡桐幼苗 25～48 对引物的 AFLP 扩增电泳结果

M. marker；25，26，27，…，47，48. 引物编号

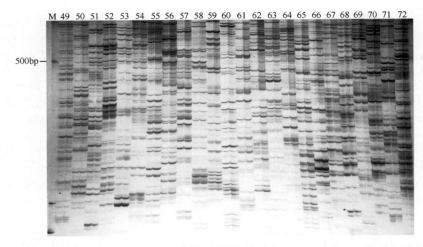

图 13-25　四倍体与二倍体'豫杂一号'泡桐幼苗 49～72 对引物 AFLP 扩增电泳结果

M. marker；49，50，51，…，71，72. 引物编号

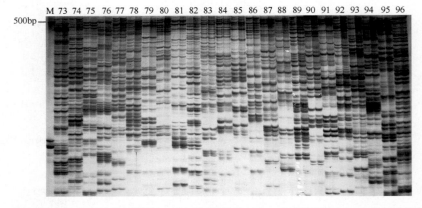

图 13-26　四倍体与二倍体'豫杂一号'泡桐幼苗 73～96 对引物的 AFLP 扩增电泳结果

M. marker；73，74，75，…，95，96. 引物编号

（三）四倍体南方泡桐幼苗的 SSR 和 AFLP 分析

为了便于进行分析对比，同样呈现四倍体南方泡桐与二倍体南方泡桐幼苗 DNA 的 SSR 扩增结果（图 13-27）。结果显示，经过 45 对引物扩增，四倍体南方泡桐与二倍体南方泡桐幼苗 DNA 的片段数量和大小都没有发生改变，并且扩增条带都出现在同样的位置。虽然经不同引物 SSR 扩增后，四倍体与二倍体南方泡桐幼苗的 DNA 片段在数量上和大小上存在差异，但是，经过同一引物扩增后，四倍体与二倍体南方泡桐幼苗 DNA 片段在大小和数量上相同。综上，四倍体南方泡桐与二倍体南方泡桐遗传背景相同，四倍体南方泡桐 DNA 一级结构同样没有发生变化。

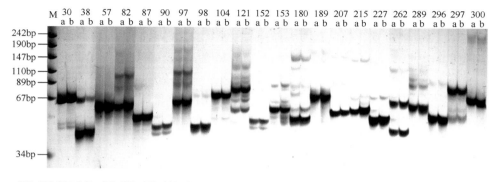

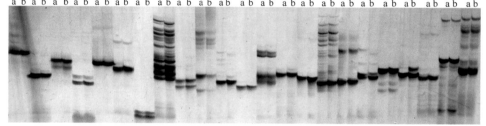

图 13-27 四倍体（a）与二倍体（b）南方泡桐幼苗 SSR 扩增电泳结果

M. marker；30，38，57，…，395，415. 引物编号

四倍体南方泡桐幼苗 DNA 与二倍体南方泡桐幼苗 DNA 的 AFLP 扩增结果显示（图 13-28～图 13-31），经 96 对引物 AFLP 扩增后，四倍体南方泡桐幼苗 DNA

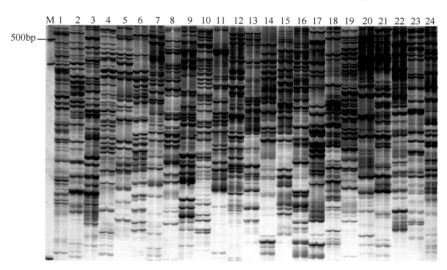

图 13-28 四倍体与二倍体南方泡桐幼苗 1～24 对引物的 AFLP 扩增电泳结果

M. marker；1，2，3，…，23，24. 引物编号

与二倍体南方泡桐幼苗 DNA 的 AFLP 分子标记酶切位点同样没有改变，其扩增条带均在同样的位置。四倍体南方泡桐与二倍体南方泡桐幼苗 AFLP 扩增片段都小于 500bp，每一对引物平均能扩增出 50～70 条谱带。虽然经不同引物 AFLP 扩增后，四倍体与二倍体南方泡桐幼苗的 DNA 片段在数量上和大小上不相同，表现出多态性，但是，四倍体与二倍体南方泡桐幼苗 DNA 经过同一引物 AFLP 扩增后，其 DNA 片段在大小和数量上相同。综上所述，四倍体南方泡桐幼苗 DNA 一级结构未发生变化。

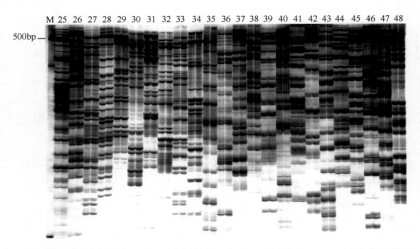

图 13-29　四倍体与二倍体南方泡桐幼苗 25～48 对引物的 AFLP 扩增电泳结果

M. marker；25，26，27，…，47，48. 引物编号

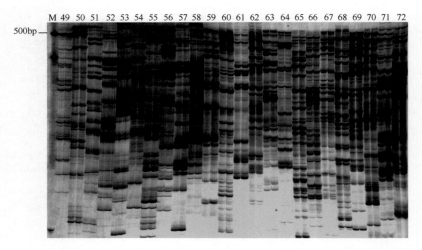

图 13-30　四倍体与二倍体南方泡桐幼苗 49～72 对引物的 AFLP 扩增电泳结果

M. marker；49，50，51，…，71，72. 引物编号

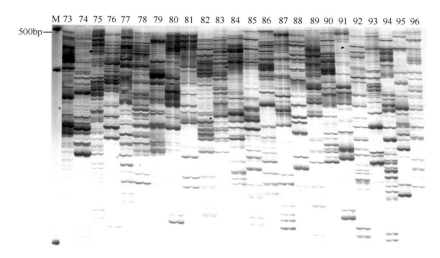

图 13-31　四倍体与二倍体南方泡桐幼苗 73～96 对引物的 AFLP 扩增电泳结果

M. marker；73，74，75，…，95，96. 引物编号

（四）四倍体毛泡桐幼苗的 SSR 和 AFLP 分析

如图 13-32 所示，相对于二倍体毛泡桐，四倍体毛泡桐幼苗 DNA 扩增产生的片段大小和数量没有发生变化。虽然经不同引物 SSR 扩增后，四倍体与二倍体毛泡桐

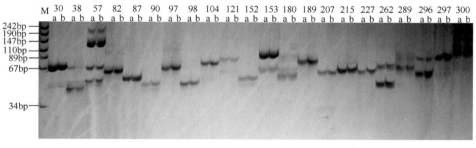

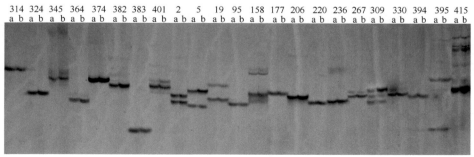

图 13-32　四倍体（a）与二倍体（b）毛泡桐幼苗 SSR 扩增电泳结果

M. marker；30，38，57，…，395，415. 引物编号

幼苗的 DNA 片段在数量上和大小上存在差异，但是，经过同一引物扩增后，四倍体与二倍体毛泡桐幼苗 DNA 片段在大小和数量上相同。综上，四倍体毛泡桐与二倍体毛泡桐遗传背景相同，四倍体毛泡桐 DNA 一级结构也没有发生变化。

四倍体毛泡桐幼苗 DNA 与二倍体毛泡桐幼苗 DNA 的 AFLP 扩增结果显示（图 13-33～图 13-36），四倍体毛泡桐与二倍体毛泡桐幼苗 AFLP 扩增片段都小于 500bp，每一对引物平均能够扩增出 50～70 条谱带。四倍体毛泡桐幼苗 DNA 与

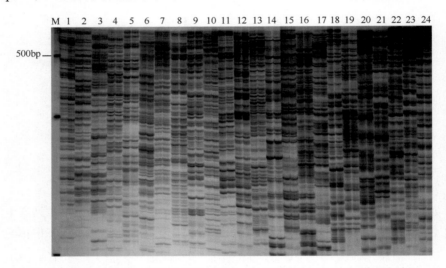

图 13-33　四倍体与二倍体毛泡桐幼苗 1～24 对引物的 AFLP 扩增电泳结果

M. marker；1，2，3，…，23，24. 引物编号

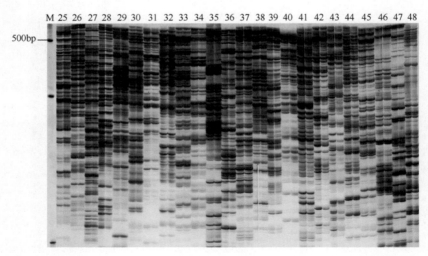

图 13-34　四倍体与二倍体毛泡桐幼苗 25～48 对引物的 AFLP 扩增电泳结果

M. marker；25，26，27，…，47，48. 引物编号

二倍体毛泡桐幼苗 DNA 的 AFLP 分子标记酶切位点同样没有改变。虽然经不同引物 AFLP 扩增后，四倍体与二倍体毛泡桐幼苗的 DNA 片段在数量上和大小上不相同，存在一定的差异，但是，经过同一引物 AFLP 扩增后，四倍体与二倍体毛泡桐幼苗 DNA 片段在大小和数量上相同。综上分析得出，四倍体毛泡桐幼苗 DNA 一级结构未发生变化。

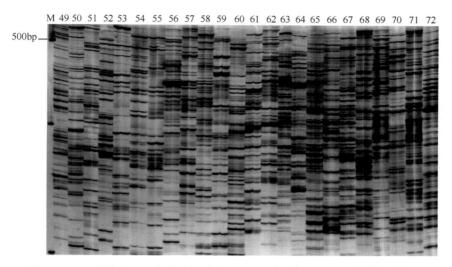

图 13-35　四倍体与二倍体毛泡桐幼苗 49～72 对引物的 AFLP 扩增电泳结果

M. marker；49，50，51，…，71，72. 引物编号

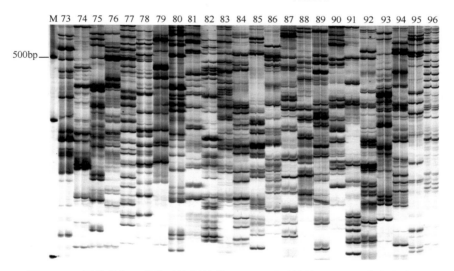

图 13-36　四倍体与二倍体毛泡桐幼苗 73～96 对引物的 AFLP 扩增电泳结果

M. marker；73，74，75，…，95，96. 引物编号

第二节　四倍体泡桐的 DNA 甲基化分析

一、建立四倍体泡桐 MSAP（甲基化敏感扩增多态性）体系并筛选引物

（一）优化四倍体泡桐 MSAP 连接反应体系

泡桐 MSAP 连接体系的连接时间对其影响较大（图 13-37）。随着连接时间的延长，如 6h、8h、18h，预扩增产物量呈现逐渐增加的变化趋势，因此选择 18h 作为本试验体系的连接反应时间。

（二）优化四倍体泡桐 MSAP 酶切反应体系

在 AFLP 的基础上，将 300ng 模板 DNA 进行不同时间的酶切，用 1%琼脂糖电泳进行检测，发现无论是 4h、8h 还是 12h 的酶切，DNA 片段都完全裂解，几乎没有区别（图 13-38），因此本研究的四倍体泡桐 MSAP 酶切反应体系采用 8h 的酶切处理。

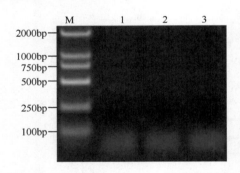

图 13-37　不同时间连接 DNA 的琼脂糖凝胶电泳

M. marker；1. 6h；2. 8h；3. 18h

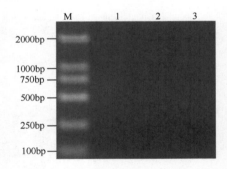

图 13-38　不同时间酶切 DNA 的琼脂糖凝胶电泳

M. marker；1. 4h；2. 8h；3. 12h

（三）泡桐 MSAP 预扩增体系的优化

1. 不同连接产物用量对泡桐 MSAP 预扩增的影响

选择不同量的连接产物进行优化试验，结果（图 13-39）显示连接产物的量对预扩增反应有较大影响。当使用连接产物原液进行扩增反应时，电泳条带会出现拖尾严重的情况（泳道 5），而原液的浓度太大，扩增时会影响到后续的检测，实验结果的准确性也将被影响。稀释倍数增加，条带也随之变弱，当连接产物稀释

用量超过 50 倍时（泳道 2），条带亮度更弱，因此，将连接产物稀释 10 倍用于泡桐 MSAP 预扩增体系。

2. dNTP 浓度对泡桐 MSAP 预扩增的影响

dNTP 浓度对预扩增反应有很大影响（图 13-40）。dNTP 为 25μmol/L 时，条带较弱（泳道 4），随着 dNTP 浓度增大，条带逐渐清晰，扩增产物也逐渐增多，在 dNTP 为 100μmol/L 时，预扩增产量较高（泳道 2），当 dNTP 的浓度超过 100μmol/L 时，预扩增产物量减少，这种情况可能是因为 dNTP 与 *Taq* 酶竞争 Mg^{2+}，导致 *Taq* 酶活力下降，进而抑制了 PCR 反应（泳道 1）。因此，选择 100μmol/L 为预扩增体系中 dNTP 的适宜浓度。

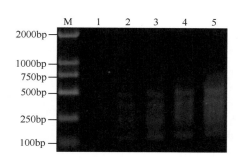

图 13-39　连接产物稀释倍数对预扩增的影响
M. marker；1. 100 倍；2. 50 倍；3. 20 倍；4. 10 倍；5. 1 倍

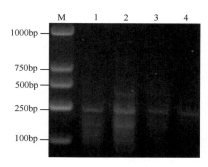

图 13-40　dNTP 量对预扩增的影响
M. marker；1. 200μmol/L；2. 100μmol/L；3. 50μmol/L；4. 25μmol/L

3. 引物浓度对泡桐 MSAP 预扩增的影响

对引物浓度进行优化试验，结果（图 13-41）显示，引物浓度对预扩增产物有很大的影响。引物浓度为 0.3μmol/L 时，预扩增产率较小，随着引物浓度增加，扩增产物增加，扩增带型逐渐清晰，当引物浓度达到 1μmol/L 时产物最多，但存在出现二聚体的倾向。综合考虑，选择引物浓度为 0.5μmol/L（泳道 3）作为该体系的最佳引物浓度。

4. *Taq* 酶浓度对泡桐 MSAP 预扩增的影响

Taq 酶浓度优化试验结果（图 13-42）表明，*Taq* 酶的用量对预扩增反应影响较大。当 *Taq* 酶的量为 0.25U、0.5U、1U、2U 时，扩增产率逐渐增加，扩增带型逐渐清晰，但 2U（泳道 1）时出现了严重的拖曳现象。因此，考虑到节约，在泡桐 MSAP 的预扩增体系中，选择 0.5U 作为 *Taq* 酶的最佳用量。

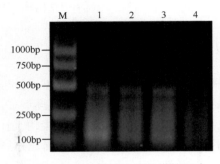

图 13-41　引物浓度对预扩增的影响

M. marker；1. 1.0μmol/L；2. 0.7μmol/L；3. 0.5μmol/L；
4. 0.3μmol/L

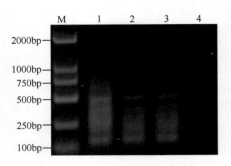

图 13-42　*Taq* 酶量对预扩增的影响

M. marker；1. 2.0U；2. 1.0U；3. 0.5U；4. 0.25U

二、优化四倍体泡桐 MSAP 选择性扩增反应体系

（一）不同预扩增产物用量对泡桐 MSAP 选择性扩增的影响

对预扩增产物用量进行优化实验（图 13-43），结果显示，预扩增产物用量对选择性扩增有较大的影响。对 300ng DNA 进行酶切、连接和预扩增处理后，将预扩增产物分别稀释 1 倍、20 倍、30 倍、80 倍和 150 倍，在 2%琼脂糖凝胶上进行电泳检测，结果显示用预扩增原液进行选择性扩增时，电泳条带主次不明显（泳道 5），且呈现弥散及拖曳严重的现象。随着稀释倍数的增加，泳道的带型变化不大（泳道 2、泳道 3、泳道 4）。为了保证实验的顺利进行，泡桐 MSAP 选择性扩增体系中的预扩产物以稀释 30 倍为宜。

（二）dNTP 浓度对泡桐 MSAP 选择性扩增的影响

dNTP 的用量对选择性扩增有较大影响（图 13-44）。dNTP 的含量过小（25μmol/L）时，会形成二聚体和非特异性扩增产物（泳道 3 和泳道 4）。随着其浓度增加，选择性扩增产物更多，泳带更亮。当浓度增加到 200μmol/L 时，扩增产物的电泳结果出现拖拽严重现象，不利于正常实验。因此，泡桐 MSAP 选择性扩增体系中 dNTP 的最佳浓度为 100μmol/L。

（三）引物浓度对泡桐 MSAP 选择性扩增的影响

对不同引物浓度进行优化，结果显示（图 13-45），引物浓度对选择性扩增反应的影响很大。扩增量会随引物浓度的增加而增加，条带呈现逐渐清晰的现象。但是引物与模板的比例过高，会有二聚体，因此引物浓度为 0.6μmol/L 较为合适。

（四）*Taq* 酶浓度对泡桐 MSAP 选择性扩增的影响

Taq 酶不同浓度实验结果（图 13-46）显示，*Taq* 酶浓度对选择性扩增反应影响较大。在 *Taq* 酶浓度为 0.25U 条件下，泡桐 MSAP（泳道 4）无扩增产物。随着 *Taq* 酶浓度增加，条带逐渐清晰（泳道 2 和泳道 3），*Taq* 酶浓度为 2U 时，电泳条带有严重的拖尾现象，这是因为过多的酶会导致高错配率。因此，从经济性考虑，泡桐 MSAP 选择性扩增系统中选择 0.5U 作为 *Taq* 酶的最适用量。

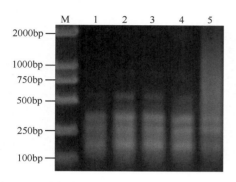

图 13-43　连接产物稀释倍数对选择性扩增的影响
M. marker；1. 150 倍；2. 80 倍；3. 30 倍；4. 20 倍；5. 1 倍

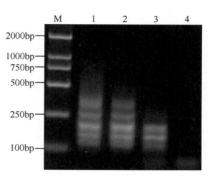

图 13-44　dNTP 量对选择性扩增的影响
M. marker；1. 200μmol/L；2. 100μmol/L；3. 50μmol/L；4. 25μmol/L

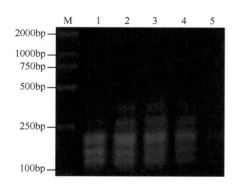

图 13-45　引物浓度对选择性扩增的影响
M. marker；1. 1.0μmol/L；2. 0.8μmol/L；3. 0.6μmol/L；4. 0.4μmol/L；5. 0.2μmol/L

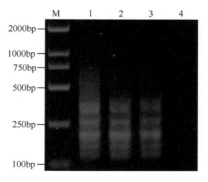

图 13-46　*Taq* 酶量对选择性扩增的影响
M. marker；1. 2.0U；2. 1.0U；3. 0.5U；4. 0.25U

三、筛选四倍体泡桐 MSAP 选择性扩增引物

在上述优化体系基础上，根据最终 4% 聚丙烯酰胺凝胶上反映的条带的清晰

度、数量和重复性，从 64×64 对引物组合中筛选出 96 对引物，其中 21 对引物的聚丙烯酰胺凝胶电泳结果如图 13-47 所示。优化后的泡桐 MSAP 选择性扩增系统中的引物扩增后具有清晰且多态性的电泳带，可用于泡桐的基因工程研究。MSAP分析所用的接头和引物序列如表 13-1 所示。

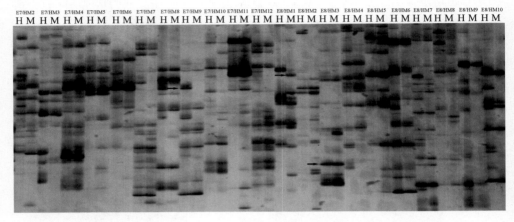

图 13-47 21 对引物的 MSAP 选择性扩增图

H、M 分别表示 DNA 分别经 *Hap*Ⅱ/*Eco*RⅠ 和 *Msp*Ⅰ/*Eco*RⅠ 酶切，下同

表 13-1 MSAP 分析所用的接头和引物序列

接头与引物	*Eco*R1（E）	序列 *Hap*Ⅱ/*Msp*Ⅰ（HM）
接头	5'-CTCGTAGACTGCG TACC-3'	5'-GATCATGAGTCCTGCT-3'
	3'-CATCTGACGCA TGGTTAA-5'	3'-AGTACTCAGGACGAGC-5'
预扩引物	5'-GACTGCGTACCAATTCA-3'	5'-ATCATGAGTCCTGCTCGGT-3'
选择性扩增引物	E+AAA(E1)	HM+AAC (HM+1)
	E+AGG(E2)	HM+ATT (HM+2)
	E+TAC(E3)	HM+ACA (HM+3)
	E+TTT(E4)	HM+TGG (HM+4)
	E+TGA(E5)	HM+GTC (HM+5)
	E+TGT(E6)	HM+GGA (HM+6)
	E+GAC(E7)	HM+GCC (HM+7)
	E+CGC(E8)	HM+GAC (HM+8)
		HM+CTT (HM+9)
		HM+CTC (HM+10)
		HM+CGG (HM+11)
		HM+CCT (HM+12)

四、四种泡桐基因组 DNA 甲基化分析

电泳结束后，样品 DNA 经 *Hap* Ⅱ/*Eco*R1（H）和 *Msp* Ⅰ/*Eco*R1（M）酶切后的产物进行统计分析，H 为 *Eco*R Ⅰ/*Hap* Ⅱ双酶切产物的电泳谱带，M 分别为 *Eco*R Ⅰ/*Msp* Ⅰ双酶切产物的电泳谱带。一个酶切位点用一条谱带代表，有谱带记作 1，无谱带则记作 0。将每个 DNA 样品的 H 和 M 扩增谱带划分为 4 种[种类Ⅰ（H，M=1，1），无甲基化发生；种类Ⅱ（H，M=1，0），单链 DNA 外甲基化；种类Ⅲ（H，M=0，1），双链 DNA 内甲基化；种类Ⅳ（H，M=0，0），双链 DNA 外甲基化]。DNA 甲基化类型可分为两种，即多态性和单态性类型。DNA 多态性类型包括：A（甲基化）型、B（去甲基化）型和 C（不定）型。其中，A 型中的 A1 和 A2 代表 DNA 重新甲基化（对照样 H 和 M 泳道均有带，而处理样仅 H 或 M 泳道有带），A3 和 A4 代表 DNA 超甲基化（对照样仅 H 或 M 有一条带，而处理样 H 和 M 泳道都没带）。B 型（B1、B2、B3 和 B4）代表 DNA 去甲基化，DNA 甲基化谱带与 A 型相反。C 型代表 DNA 甲基化的不确定性（对照样与处理样 DNA 甲基化差异谱带无法确定）。单态性类型为 D 型（对照样与处理样间 DNA 谱带相同）。同时，对样品的总 DNA 甲基化水平[种类Ⅱ+种类Ⅲ）/（种类Ⅰ+种类Ⅱ+种类Ⅲ）×100%]和总 DNA 甲基化多态性[（A+B+C）/（A+B+C+D）×100%]及 DNA 单态性[D/（A+B+C+D）×100%]进行计算。

（一）四种泡桐二倍体与其四倍体 DNA 甲基化水平差异

1. 白花泡桐二倍体与同源四倍体 DNA 甲基化水平差异

结合 *Eco*R1 和 *Hap* Ⅱ-*Msp* Ⅰ的 96 条引物，利用 MSAP 对白花泡桐的二倍体和四倍体进行了分析。结果表明，白花泡桐二倍体的甲基化率低于同源四倍体（表 13-2）。在白花泡桐四倍体中扩增了 2512 个位点数，其中，占总扩增带数 12.94% 的全甲基化位点为 325 个，占总扩增带数 25.04% 的半甲基化位点为 629 个，占总扩增带数 37.98% 的总甲基化位点为 954 个。白花泡桐二倍体和四倍体泡桐的 CCGG 位点均主要为双链甲基化，且同源四倍体的总甲基化程度要比二倍体高。同样，同源四倍体的半甲基化水平也高于二倍体。这表明白花泡桐的同源四倍体在 DNA 甲基化水平上引起了表观遗传变异。

表 13-2　白花泡桐二倍体及其四倍体基因组 DNA 甲基化水平

倍性	总扩增带数	类型Ⅰ	比例/%	类型Ⅱ	比例/%	类型Ⅲ	比例/%	总甲基化点数	比例/%
二倍体	2357	1510	64.06	283	12.01	564	23.93	847	35.94
四倍体	2512	1558	62.02	325	12.94	629	25.04	954	37.98

2. 毛泡桐二倍体与同源四倍体 DNA 甲基化水平差异

对毛泡桐二倍体及其四倍体进行 MSAP 分析,变性聚丙烯凝胶电泳结果表明毛泡桐同源四倍体的甲基化率比二倍体高(表 13-3)。毛泡桐四倍体共扩增出 2180个位点数,其中占总扩增带数 14.13% 的全甲基化位点为 308 个,占总扩增带数24.45% 的半甲基化位点为 533 个,占总扩增带数 38.58% 的总甲基化位点为 841 个。二倍体和四倍体毛泡桐的 CCGG 位点以双链全甲基化为主,且同源四倍体的全甲基化高于二倍体。同样同源四倍体的半甲基化水平也高于二倍体。这表明毛泡桐的同源四倍体在 DNA 甲基化水平上引起了表观遗传变异。

表 13-3 毛泡桐二倍体及其四倍体基因组 DNA 甲基化水平

倍性	总扩增带数	类型 I	比例/%	类型 II	比例/%	类型III	比例/%	总甲基化点数	比例/%
二倍体	2262	1463	64.68	291	12.86	498	22.02	799	35.32
四倍体	2180	1339	61.42	308	14.13	533	24.45	841	38.58

3. '豫杂一号'泡桐二倍体与同源四倍体 DNA 甲基化水平差异

对'豫杂一号'泡桐二倍体及其四倍体进行 MSAP 分析,对电泳谱带进行统计,结果(表 13-4)表明,'豫杂一号'泡桐二倍体的总 DNA 甲基化水平要比其同源四倍体低。'豫杂一号'泡桐四倍体的 MSAP 扩增位点总数为 2217个。其中,占总扩增位点 14.98% 的 DNA 全甲基化位点为 332 个,占总扩增位点 24.81% 的 DNA 半甲基化位点为 550 个,占总扩增位点 39.78% 的 DNA 总甲基化位点为 882 个。也就是说,'豫杂一号'泡桐四倍体的总 DNA 甲基化水平要比其二倍体高。此外,'豫杂一号'泡桐二倍体和四倍体的 CCGG 位点主要为双链甲基化,且'豫杂一号'泡桐四倍体的总 DNA 全甲基化和半甲基化水平均高于其二倍体。结果表明,'豫杂一号'泡桐四倍体植株的 DNA 发生了甲基化修饰。

表 13-4 '豫杂一号'泡桐二倍体及其四倍体基因组 DNA 甲基化水平

倍性	扩增总带数	种类 I 谱带	种类 II 谱带	种类III谱带	DNA 甲基化总谱带	总 DNA 甲基化水平/%
二倍体	2093	1331	269	493	762	36.41
四倍体	2217	1335	332	550	882	39.78

4. 南方泡桐二倍体与同源四倍体 DNA 甲基化水平差异

对南方泡桐二倍体及其同源四倍体进行 MSAP 分析,其扩增产物电泳结果(表 13-5)显示,南方泡桐同源四倍体的总 DNA 甲基化水平要比二倍体高。南方泡桐同源四倍体的扩增位点为 2214 个,其中,占总扩增位点 11.74% 的全甲基化位点为 260 个, 占总扩增位点 25.02%的半甲基化位点为 554 个, 占总扩增位点 36.77%的总甲基化位点为 814 个。此外, 南方泡桐二倍体和同源四倍体的 CCGG 位点以双链全甲基化为主, 且同源四倍体的 DNA 全甲基化和半甲基化水平均高于二倍体。结合南方泡桐二倍体染色体加倍前后 DNA 碱基序列的变化, 可以推断南方泡桐同源四倍体 DNA 甲基化水平的提高可能是其生物学和木材理化性状未呈现倍增的主要原因之一。

表 13-5 南方泡桐二倍体及其四倍体基因组 DNA 甲基化水平

倍性	扩增总带数	种类Ⅰ谱带	种类Ⅱ谱带	种类Ⅲ谱带	DNA 甲基化总谱带	总 DNA 甲基化水平/%
二倍体	2059	1352	201	506	707	34.34
四倍体	2214	1400	260	554	814	36.77

（二）四种四倍体泡桐 DNA 甲基化模式的变化

在不同引物组合的基础上, 选择性扩增了 4 个二倍体和四倍体泡桐 DNA 的 *Hap* Ⅱ/*Eco*R1（H）和 *Msp* Ⅰ/*Eco*R1（M）酶切产物。详述如下。

1. 白花泡桐四倍体 DNA 甲基化模式的变化

从表 13-6 和表 13-7 中可以看出, 同源四倍体总甲基化多态性比例为 34.78%, 甲基化状态（D 型）比率为 65.22%, 位点如图 13-48 所示。由此可见, 在扩增的甲基化位点中, 同源四倍体的去甲基化位点要比甲基化位点高。

表 13-6 白花泡桐二倍体及其四倍体 DNA 甲基化模式

酶切				DNA 甲基化状态变化		DNA 甲基化差异谱带数 二倍体−四倍体	带型
H	M	H	M	二倍体	四倍体		
1	1	0	1	CCGGGGCC	CCGGGGCC	39	A1
1	1	1	0	CCGGGGCC	CCGGCCGGGGCCGGCC	34	A2
0	1	0	0	CCGGGGCC	CCGGGGCC	127	A3
1	0	0	0	CCGGCCGGGGCCGGCC	CCGGGGCC	91	A4
0	1	1	1	CCGGGGCC	CCGGGGCC	50	B1
1	0	1	1	CCGGGGCC	CCGGCCGGGGCCGGCC	22	B2
0	0	1	1	CCGGGGCC	CCGGGGCC	145	B3
0	0	1	1	CCGGGGCC	CCGGGGCC	159	B4
0	1	1	0	CCGGGGCC	CCGGCCGGGGCCGGCC	7	C
1	1	0	0	CCGGGGCC	CCGGGGCC	942	D1
1	0	0	0	CCGGCCGGGGCCGGCC	CCGGCCGGGGCCGGCC	62	D2
0	1	0	1	CCGGGGCC	CCGGGGCC	260	D3

注: C 和 CC 为胞嘧啶甲基化

表 13-7　白花泡桐二倍体及其四倍体 DNA 甲基化状态变化

倍性	甲基化带数	总甲基化多态性带数								单态性带数	
		A 型	比率/%	B 型	比率/%	C 型	比率/%	合计	比率/%	D 型	比率/%
二倍体–四倍体	1938	291	15.02	376	19.40	7	0.36	674	34.78	1264	65.22

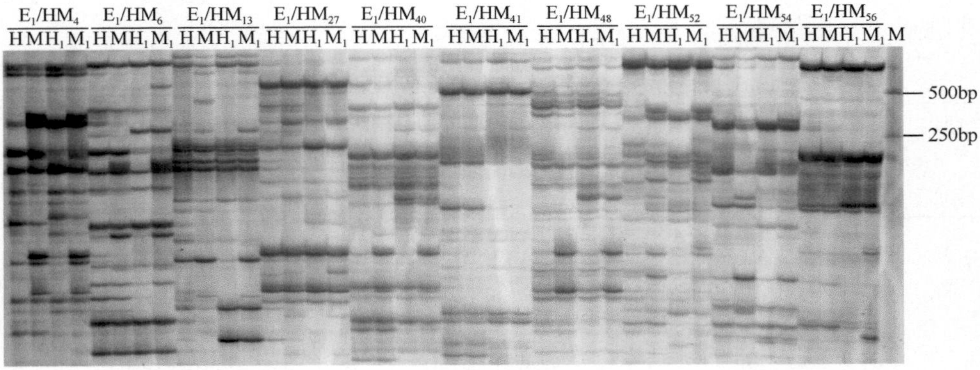

图 13-48　白花泡桐二倍体及其四倍体 DNA 甲基化模式变化

H. H$_1$ 为 *Hap* II/*Eco* R I 酶切；M. M$_1$ 为 *Msp* I/*Eco* R I 酶切。H 和 M 泳道为二倍体的 MSAP 带型。H$_1$ 和 M$_1$ 泳道为四倍体的 MSAP 带型。下同

2. 毛泡桐四倍体 DNA 甲基化模式的变化

由表 13-8 和表 13-9 可知，毛泡桐同源四倍体的总甲基化多态性比例为 36.60%，

表 13-8　毛泡桐二倍体及其四倍体 DNA 甲基化模式变化

酶切				DNA 甲基化状态变化		DNA 甲基化差异谱带数 二倍体–四倍体	带型
H	M	H	M	二倍体	四倍体		
1	1	0	1	CCGGGGCC	CCGGGGCC	32	A1
1	1	1	0	CCGGGGCC	CCGGCCGGGGCCGGCC	43	A2
0	1	0	0	CCGGGGCC	CCGGGGCC	123	A3
1	0	0	0	CCGGCCGGGGCCGGCC	CCGGGGCC	137	A4
0	1	1	1	CCGGGGCC	CCGGGGCC	149	B1
1	0	1	1	CCGGGGCC	CCGGCCGGGGCCGGCC	22	B2
0	0	0	1	CCGGGGCC	CCGGGGCC	122	B3
0	0	1	0	CCGGGGCC	CCGGGGCC	79	B4
0	1	1	0	CCGGGGCC	CCGGCCGGGGCCGGCC	10	C
1	1	1	1	CCGGGGCC	CCGGGGCC	949	D1
1	0	1	0	CCGGCCGGGGCCGGCC	CCGGCCGGGGCCGGCC	51	D2
0	1	0	1	CCGGGGCC	CCGGGGCC	242	D3

注：C 和 CC 为胞嘧啶甲基化

表 13-9　毛泡桐二倍体及其四倍体 DNA 甲基化状态变化

倍性	甲基化带数	总甲基化多态性带数								单态性带数	
		A 型	比率/%	B 型	比率/%	C 型	比率/%	合计	比率/%	D 型	比率/%
二倍体–四倍体	1959	335	17.10	372	18.99	10	0.51	717	36.60	1242	63.40

甲基化（D 型）的比率为 63.40%，位点如图 13-49 所示。由此可见，在扩增的甲基化位点中，同源四倍体的去甲基化位点要比发生甲基化位点高。

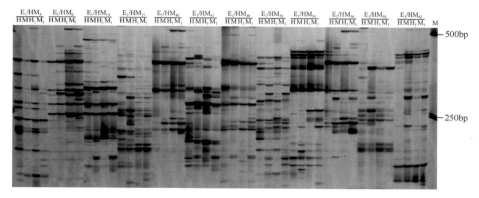

图 13-49　毛泡桐二倍体及其四倍体基因组 DNA 甲基化模式变化

3. '豫杂一号'泡桐四倍体 DNA 甲基化模式的变化

Hap Ⅱ/*Eco*R1 和 *Msp* I/*Eco*R1 酶切'豫杂一号'泡桐二倍体和四倍体 DNA 后，MSAP 选择性扩增产物，扩增产物经电泳后结果（表 13-10 和表 13-11、图 13-50）显示，'豫杂一号'泡桐二倍体和四倍体的 DNA 甲基化模式存在一定差

表 13-10　'豫杂一号'泡桐二倍体及其四倍体 DNA 甲基化模式

酶切				DNA 甲基化状态变化		DNA 甲基化差异谱带数	带型
H	M	H	M	二倍体	四倍体	二倍体–四倍体	
1	1	0	1	CCGGGGCC	CCGGGGCC	17	A1
1	1	1	0	CCGGGGCC	CCGGCCGGGGCCGGCC	26	A2
0	1	0	0	CCGGGGCC	CCGGGGCC	59	A3
1	0	0	0	CCGGCCGGGGCCGGCC	CCGGGGCC	102	A4
0	1	1	1	CCGGGGCC	CCGGGGCC	89	B1
1	0	1	1	CCGGGGCC	CCGGCCGGGGCCGGCC	45	B2
0	0	0	1	CCGGGGCC	CCGGGGCC	71	B3
0	0	1	1	CCGGGGCC	CCGGGGCC	30	B4
0	1	1	0	CCGGGGCC	CCGGCCGGGGCCGGCC	9	C
1	1	1	1	CCGGGGCC	CCGGGGCC	1181	D1
1	0	1	0	CCGGCCGGGGCCGGCC	CCGGCCGGGGCCGGCC	76	D2
0	1	0	1	CCGGGGCC	CCGGGGCC	342	D3

表 13-11　'豫杂一号'泡桐二倍体及其四倍体 DNA 甲基化状态变化

倍性	甲基化带数	A 型		B 型		C 型		D 型	
		带数	比率/%	带数	比率/%	带数	比率/%	带数	比率/%
二倍体–四倍体	2047	204	9.97	235	11.48	9	0.44	1599	78.11

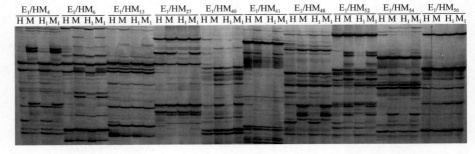

图 13-50　'豫杂一号'泡桐二倍体及其四倍体 DNA 甲基化模式变化

异。'豫杂一号'泡桐同源四倍体 DNA 甲基化多态性为 21.89%，DNA 甲基化单态性为 78.11%。也就是说，'豫杂一号'同源四倍体泡桐 DNA 的去甲基化发生频率高于其甲基化发生频率。

4. 南方泡桐四倍体 DNA 甲基化模式的变化

从表 13-12、表 13-13 和图 13-51 可以看出，南方泡桐同源四倍体的总甲基化多态性比率为 40.80%，甲基化单态性（D 型）比率为 59.20%。结果表明，南方泡桐同源四倍体 DNA 的去甲基化发生频率高于其甲基化发生频率。

表 13-12　南方泡桐二倍体及其四倍体 DNA 甲基化模式

酶切				DNA 甲基化状态变化		DNA 甲基化差异谱带数	带型
H	M	H	M	二倍体	四倍体	二倍体–四倍体	
0	0	0	1	CCGGGGCC	CCGGGGCC	158	B3
0	0	1	1	CCGGGGCC	CCGGGGCC	192	B4
0	1	1	1	CCGGGGCC	CCGGGGCC	76	B1
1	0	1	1	CCGGGGCC	CCGGCCGGGGCCGGCC	23	B2
1	1	1	0	CCGGGGCC	CCGGCCGGGGCCGGCC	52	A2
1	1	0	1	CCGGGGCC	CCGGGGCC	23	A1
0	1	0	1	CCGGGGCC	CCGGGGCC	120	A3
1	0	0	0	CCGGCCGGGGCCGGCC	CCGGGGCC	86	A4
0	1	1	0	CCGGGGCC	CCGGCCGGGGCCGGCC	11	C
1	1	1	1	CCGGGGCC	CCGGGGCC	866	D1
1	0	0	0	CCGGCCGGGGCCGGCC	CCGGCCGGGGCCGGCC	36	D2
0	1	0	1	CCGGGGCC	CCGGGGCC	173	D3

表 13-13 南方泡桐二倍体及其四倍体 DNA 甲基化状态变化

倍性	甲基化带数	A 型		B 型		C 型		D 型	
		带数	比率/%	带数	比率/%	带数	比率/%	带数	比率/%
二倍体–四倍体	1816	281	15.47	449	24.72	11	0.61	1075	59.20

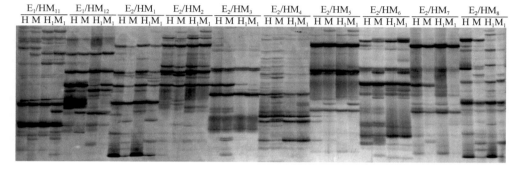

图 13-51 南方泡桐二倍体及其四倍体 DNA 甲基化模式变化

第三节 四倍体泡桐的转录组

基因组加倍产生的四倍体泡桐与其二倍体相比，由于表观遗传等发生变化，通常表现出新的优良表型，如四倍体泡桐相比之下生长更快，产量和品质提升，抗旱和盐胁迫等能力也有所增强等。因此基于转录组学的相关分析，对探索四倍体泡桐的优良分子机制具有重要意义。

一、四倍体毛泡桐转录组

四倍体毛泡桐表现出比二倍体更高的产量和更强的抗性等优良性状，为了理解其与基因复制有关的分子机制，运用高通量测序技术对相关差异表达的单基因进行鉴定，并对两种倍性的毛泡桐的相关数据进行比较，其中在同源四倍体毛泡桐中发现了 2677 个显著差异表达的单基因，这可能与四倍体毛泡桐的优良性状相关。

分析发现，与二倍体泡桐相比，在光合生长方面，同源四倍体毛泡桐中编码捕光色素蛋白复合体（LHC）的差异表达基因全部上调。如图 13-52 所示，LHC作为一种能量介质，能够参与有效光的捕获，促进光合作用的初级氧化还原反应，这些上调的差异表达基因能够增加四倍体毛泡桐的光合产物，还可进一步增强四倍体毛泡桐的细胞渗透调节能力。同时，与叶绿素合成密切相关的 6 个差异表达基因也出现上调，它们能够促进四倍体毛泡桐碳水化合物和生物质的积累。在光合作用途径中 2 个差异表达基因在四倍体毛泡桐中也出现上调。这些结果表明，四倍体毛泡桐可能主要通过提高酶活性和与光合作用相关的光合电子传递效率来提高光合作用，进而改善碳水化合物的生物合成及能量代谢。

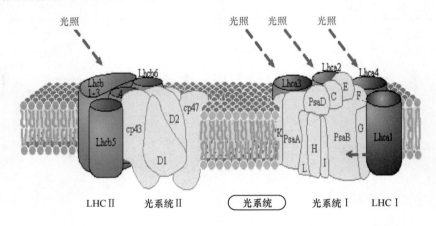

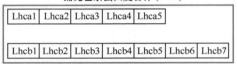

图 13-52　四倍体毛泡桐中关于光合作用的 LHC 的上调基因（红色框图内）

在抗氧化方面，同源四倍体毛泡桐的过氧化物酶清除活性氧途径中的 21 个差异表达基因中，16 个出现上调，5 个出现下调。超氧化物歧化酶、过氧化氢酶等抗氧化酶能够降低活性氧，维持细胞膜的完整性，四倍体毛泡桐中过量表达的差异表达基因解释了同源四倍体毛泡桐相较于其二倍体表现出更高的抗氧化能力的原因。

在木材的质量方面，鉴定了四倍体毛泡桐在类苯丙酸生物合成途径中参与木质素合成的差异表达基因，如羟基肉桂酰辅酶 A、过氧化物酶（POD）和 β-葡萄糖苷酶等的差异表达基因都出现上调，其中 POD 是木质素生物合成最终途径的关键酶，POD 的上调可能引起四倍体毛泡桐的木质素增加。木质素是木材的主要成分，决定了木材的脆性和刚性，并且在保持细胞壁的结构完整性和保护植物免受病原体侵害方面也发挥着至关重要的作用。此外，也在四倍体毛泡桐鉴定到一些间接影响木材品质的调控基因，如 *NAC*、*R2R3-MYB* 等。

在关于抗非生物胁迫方面，常见的转录因子（TF）家族如 WRKY、MYB、NAC 和 R2R3-MYB 等都参与非生物胁迫。分析发现同源四倍体毛泡桐中的 MYB

DNA 结合蛋白特别表达并上调，它能够激活或抑制内源基因的表达，并提高植物在各种环境中的适应性。同时 MYB DNA 连接蛋白的 B 调节因子有助于细胞分裂素（CTK）的增加，它不但能够增加植物对水分胁迫、冷害、植物疾病和害虫的耐受性，还在植株形态修饰方面发挥重要作用，这可能也与同源四倍体毛泡桐在植株高度、直径等方面优于其二倍体泡桐有关。此外，在淀粉和蔗糖代谢途径中也检测到 23 个差异表达基因。可以发现，与二倍体相比，同源四倍体毛泡桐可能通过调节内源基因表达和碳水化合物代谢的方式来适应非生物胁迫。

同时，在病原防御方面，四倍体毛泡桐中的 WRKY33 转录因子发生上调，WRKY33 是调节水杨酸盐和茉莉酸盐对植物防御反应调节级联的关键成员，该基因的上调有利于提高植物的抗性（Fan et al.，2015）。

综上可以发现，同源四倍体毛泡桐可能主要通过差异基因的表达，调控植物木质素生物合成、光合作用效率和产量、抗氧化酶活性和植物激素等，以提高生长速度、增强植物抗性、提升木材质量和调整植株形态等，进而使四倍体毛泡桐在生长、品质、抗性等方面表现出优良性状。

二、四倍体白花泡桐转录组

四倍体白花泡桐同样表现出优于其二倍体的优良性状，通过使用 Illumina 基因组分析仪 IIx（GAIIx）进行了转录组测序并对同源四倍体白花泡桐与其二倍体的转录组进行比较，发现在其完整的转录物中（18 984 个），共有 6.09%（1158 个）的转录本在同源四倍体白花泡桐和其二倍体之间存在明显的差异表达。与二倍体样本相比，同源四倍体白花泡桐中有 658 个转录本上调，500 个转录本下调。其中发生上调的转录本的差异在 2.17～10.65 倍，发生下调的转录本的差异在 2.59～10.89 倍。483 个转录本只在同源四倍体白花泡桐样本中被检测到，378 个转录本只在二倍体样本中被检测到。

将这些差异表达的转录本（DET）映射到 KEGG 数据库中，并与完整转录组进行比较，来重点寻找参与代谢途径的转录本。结果如表 13-14 所示，有多达 16 条 KEGG 途径被明显富集，其中"丙酮酸代谢"（map00620）、"光合生物的碳固定"（map00710）和"氧化磷酸化"（map00190）排名前三。"硫代谢"（map00920）和"光合作用-天线蛋白"（map00196）是能量代谢的一部分。在"氧化磷酸化"途径中，对应 4 个 V 型（液泡或液泡质子泵）H^+ 转运 ATP 酶亚单位的转录本被上调，分别是 K02155、K02147、K02154 和 K02145。"光合生物的碳固定"途径中对应于 K00025、K01006、K00873、 K00029 和 K01595 五个酶的转录本中有 7 个发生上调，2 个发生下调。同时，这 5 个酶也在碳水化合物代谢相关的"丙酮酸代谢"途径中发挥作用，见表 13-15。

表 13-14　二倍体和四倍体的白花泡桐中 KEGG 通路显著富集了的差异表达转录本

路径条目	路径名称	DET 的数量	矫正 P 值
map00620	丙酮酸代谢	20	0.008
map00710	光合生物的碳固定	17	0.011
map00190	氧化磷酸化	11	0.023
map00720	原核生物的碳固定途径	9	0.009
map00860	卟啉和叶绿素的代谢	9	0.009
map00906	类胡萝卜素的生物合成	6	0.020
map00592	α-亚麻酸代谢	5	0.038
map00920	硫代谢	5	0.034
map00591	亚油酸代谢	5	0.015
map00670	叶酸-碳代谢通路	5	0.015
map00061	脂肪酸生物合成	4	0.021
map00590	花生四烯酸代谢	3	0.015
map00902	单萜类化合物的生物合成	3	0.012
map00196	光合作用-天线蛋白	2	0.038
map00785	硫辛酸的代谢	2	0.014
map00253	四环素的生物合成	2	0.016

表 13-15　白花泡桐中涉及前 3 个富集代谢通路的 14 个差异表达转录本的 KEGG 注释

组装转录本编号	KEGG 同源基因数据库编号	KEGG 描述	E 值	KEGG 代谢通路
m.14097	K02155	V 型 H⁺转运 ATP 酶 16kDa 蛋白质亚单位	7.0×10^{-69}	map00190
m.54501	K02147	V 型 H⁺转运 ATP 酶亚单位 B	1.0×10^{-45}	map00190
m.32555	K02154	V 型 H⁺转运 ATP 酶亚单位 I	1.0×10^{-48}	map00190
m.33871	K02145	V 型 H⁺转运 ATP 酶亚单位 A	1.0×10^{-48}	map00190
m.30899	K02144	V 型 H⁺转运 ATP 酶 54kD 亚单位	7.0×10^{-48}	map00190
m.8309	K00029	苹果酸脱氢酶	1.0×10^{-34}	map00620，map00710
m.32221	K00029	（草酰乙酸-脱羧）（NADP+）	8.0×10^{-43}	map00620，map00710
m.28729	K00025	苹果酸脱氢酶	6.0×10^{-54}	map00620，map00710
m.37547	K01006	丙酮酸、正磷酸盐二激酶	6.0×10^{-46}	map00620，map00710
m.37548	K01006	丙酮酸、正磷酸盐二化酶	1.0×10^{-54}	map00620，map00710
m.41758	K00873	丙酮酸激酶	2.0×10^{-26}	map00620，map00710
m.43095	K00873	丙酮酸激酶	4.0×10^{-31}	map00620，map00710
m.50116	K01595	磷酸烯醇丙酮酸羧化酶	7.0×10^{-79}	map00620，map00710
m.50118	K01595	磷酸烯醇丙酮酸羧化酶	9.0×10^{-40}	map00620，map00710

为进一步探究二倍体白花泡桐与其同源四倍体白花泡桐遗传信息的差异，对与遗传信息存储和处理相关的差异表达转录本进行分析，发现在 KOG 数据库中

有 135 个差异表达转录本被归入"信息存储和处理"这一大类中。其中，含差异表达转录本最多的类别是"RNA 加工和修饰"，共有 49 个；其次是"翻译、核糖体结构和生物生成"类，有 37 个差异表达转录本，14 个发生上调，23 个下调；"复制、重组和修复"包括 17 个差异表达转录本，12 个发生上调，5 个下调；划入"转录"相关差异表达转录本也有 17 个；归于"染色质结构和动态"的 8 个差异表达转录本中 6 个上调，2 个下调；这些结果表明遗传信息的传输管道可能在从二倍体到四倍体的转变过程中发生了变化。

而根据表 13-15 和表 13-16 的相关内容，挑选 22 个差异表达转录本，利用 RT-qPCR 进行验证，结果如图 13-53 所示。有 12 个转录本在同源四倍体白花泡桐

表 13-16　白花泡桐中涉及遗传信息存储和处理的差异表达转录本的注释

组装转录本编号	功能描述	E 值
m.56286	5'-3'外切酶 HKE1/RAT1	9.0×10^{-11}
m.59998	染色质重塑复合物 SWI/SNF，组件 SWI2 和相关 ATP 酶（DNA/RNA 螺旋酶超家族）	4.0×10^{-27}
m.17815	染色质重塑蛋白 HARP/SMARCAL1，DEAD-box 超家族	8.0×10^{-7}
m.48610	聚腺苷酸结合蛋白（RRM 超家族）	7.0×10^{-6}
m.38370	翻译启动因子 3，亚单位 c（eIF-3c）	3.0×10^{-34}
m.58566	mRNA 裂解和聚腺苷酸化因子 II 复合体，BRR5（CPSF 亚单位）	1.0×10^{-110}
m.24433	RNA 解旋酶	9.0×10^{-6}
m.12316	含有 NAC 和翻译延伸因子 EF-TS，N 端结构域（TS-N）的转录因子	3.0×10^{-8}

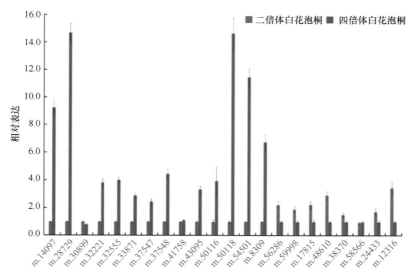

图 13-53　白花泡桐部分差异表达转录本的 RT-qPCR 分析结果

条形图表示平均值（±SD）

中的表达水平较其二倍体高，7 个转录本在同源四倍体中的表达水平低于其二倍体，3 个转录本在两者之间的表达几乎没有差异。12 个上调的转录本表明同源四倍体白花泡桐的能量和碳水化合物代谢水平可能高于其二倍体，其中 8 个上调的转录本与同源四倍体白花泡桐的碳固定有关，这有助于解释同源四倍体白花泡桐的木材密度和纤维长度比其二倍体优质的现象。而 7 个下调的转录本则证实了白花泡桐在多倍体化过程中染色质重塑、mRNA 加工和转录本调节等方面发生变化，有助于解释四倍体和二倍体白花泡桐的生理、生化和表型出现差异的可能原因（Zhang et al.，2014）。

由此可以看出，在多倍体化的过程中，四倍体白花泡桐的转录本出现差异，使其固碳和能量代谢等能力上调，引起其生理、生化等差异，进而促使四倍体白花泡桐表现出生长快、木材质量好等优良特性。

三、四倍体南方泡桐转录组

同源四倍体南方泡桐与二倍体南方泡桐相比，在产量、品质、生长和抗逆性方面也表现出明显优势。为研究四倍体南方泡桐相较于其二倍体表现出优良特性的分子机制，使用 Illumina/Solexa 基因组分析仪平台，对二倍体和同源四倍体南方泡桐的转录组进行了配对末端测序，并比较了染色体加倍后基因表达的变化以探究引起性状差异的分子机制。

在分析中发现大量差异表达基因都与碳水化合物和能量代谢、细胞壁的生物合成、胁迫耐受性、刺激反应、细胞增殖、生长和生物调节相关，推测同源四倍体南方泡桐和其二倍体之间显著不同的生长速率、代谢活性和抗逆性可能与此有关。

首先是固碳和能量代谢方面，同源四倍体南方泡桐与其二倍体之间存在许多与碳和能量代谢相关的显著差异表达的单基因。许多参与光合作用碳固定、磷酸戊糖途径及编码光合作用 ATP 合酶 CF1 亚基等的差异表达基因在四倍体南方泡桐中发生显著上调，如编码叶绿素 a/b 结合蛋白的功能基因仅在四倍体南方泡桐中显著表达等。这解释了同源四倍体南方泡桐相较于其二倍体具有更强光合能力的部分可能原因。同时，四倍体南方泡桐中有较多参与氮代谢途径的相关差异基因也发生显著上调，如编码 NADH 的系列基因等。此外，四倍体南方泡桐在 TAC 循环途径中也存在部分上调的差异表达基因，这都说明了同源四倍体南方泡桐具有较强的能量代谢能力。

其次是初级和次级细胞壁方面，四倍体南方泡桐中许多可能参与细胞分裂、膨胀、肌动蛋白骨架发育和果胶通路的差异表达基因发生显著上调。例如，参与分裂周期和果糖二磷酸醛缩酶的差异表达基因在四倍体南方泡桐中被上调 2.3～

11.4 倍等。这都表明，四倍体南方泡桐比其二倍体发生了更多的初级和次级细胞壁的生物合成。此外，与次生细胞壁的纤维素合成、木质素生物合成和微纤维定向（微管蛋白）有关的差异表达基因在四倍体南方泡桐中也发生上调，由于微管蛋白在引导微纤维的定向和沉积中起着重要作用，该相关基因的上调可能引起四倍体南方泡桐具有更厚的壁和更高的木材密度，进而使四倍体南方泡桐表现出更好的木材特性和更快的生长速度。

同时在抗性方面，四倍体南方泡桐中大量编码转录因子和激酶的差异表达基因的表达都出现上调，如 *ZFHD1* 等。这些差异表达基因编码包括参与跨膜的被动和主动运输系统的水通道蛋白和离子通道蛋白、参与调节相容性溶质的积累的 P5CS、参与保护和稳定细胞结构免受活性氧损伤的酶等。使得四倍体南方泡桐具有更强的适应生物和非生物胁迫的能力（Xu et al.，2015）。

综上，从转录组学角度出发，对同源四倍体南方泡桐相较于其二倍体而言具有更好的光合能力、生长速度、木材质量和抗性等优良性状的分子机制进行了解释。

四、四倍体‘豫杂一号’泡桐转录组

同源四倍体‘豫杂一号’泡桐同样表现出比其二倍体更高的产量和抗性，为了理解与基因复制有关的分子机制并评估基因组复制对‘豫杂一号’泡桐的影响，使用 Illumina 测序技术对同源四倍体和二倍体‘豫杂一号’泡桐的转录组进行了比较，数据揭示了两个转录组之间基因表达的众多差异，包括 718 个上调和 667 个下调的差异表达基因。这有助于解释二倍体和同源四倍体‘豫杂一号’泡桐之间差异的分子机制。

转录组测序分析的结果表明四倍体‘豫杂一号’泡桐与其二倍体之间的形态学差异相关的差异表达基因主要分为三组。

第一组差异表达基因与细胞壁相关。四倍体‘豫杂一号’泡桐转录组中下调的差异表达基因中包括编码果胶细胞壁降解酶的基因，如 UDP 酶切酶（PE）和聚半乳糖醛酸酶（PG），编码 PE 和 PG 的三个基因（*CL751.Contig2*、*CL5499.Contig1* 和 *CL9437.Contig2*），在四倍体‘豫杂一号’泡桐中分别下调 2.955 倍、2.359 倍和 2.331 倍，表明与二倍体‘豫杂一号’泡桐相比，同源四倍体‘豫杂一号’泡桐中产生的细胞壁降解更少。

第二组差异表达基因与光合作用相关。5 个参与光信号转导的基因，包括编码光敏色素（PHY）、光敏色素相互作用因子 3（PIF3）的差异表达基因等，在四倍体‘豫杂一号’泡桐中均出现上调，其中编码 TOC1 和 LHY/CCA1 的两个基因也均在四倍体中出现上调，它们与昼夜节律相关（图 13-54）。这说明同源四倍体

'豫杂一号'泡桐的光接收能力增强,光合作用速率提高,进而使得同源四倍体'豫杂一号'泡桐具有更高的生长速率。

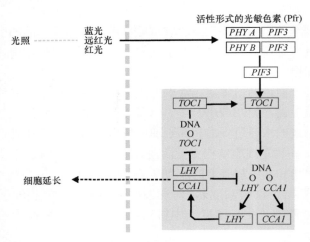

图 13-54 四倍体'豫杂一号'泡桐光信号通路中上调的基因(红框中)

第三组差异表达基因与木质素生物合成相关,由图 13-55 可以看出,同源四倍体'豫杂一号'泡桐与其二倍体相比,在木质素合成途径中,大量编码相应酶的转录因子出现上调,这为四倍体泡桐具有更好的木材性质和较大的器官提供了解释(Li et al.,2014)。

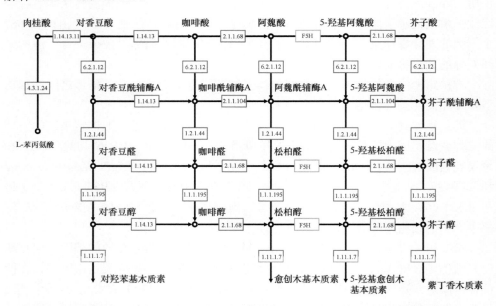

图 13-55 四倍体'豫杂一号'泡桐木质素生物合成途径中上调的基因(红框中)

可以看出，同源四倍体'豫杂一号'泡桐与其二倍体相比，通过增强细胞壁、提高光接收能力和光合效率及木质素积累等途径，表现出更高的产量和更强的抗性。

第四节　四倍体泡桐蛋白质组学

高通量基因组和转录组测序技术为全面解析同源多倍体的基因组信息做出了巨大贡献，但由于蛋白质是基因的最终产物，是生物功能的直接执行者（Koh et al.，2012），所以蛋白质组是转录组的有效补充。此外，mRNA 与蛋白质之间并没有严格的线性关系（Gygi et al.，1999），因为转录后调控和翻译后修饰对蛋白质组有很大的影响（Alam et al.，2010），很难通过转录水平分析预测蛋白质的表达。因此，应用蛋白质组学方法研究同源多倍体将大大增加对其进化和适应性的理解。

迄今为止，只有少数研究检测了多倍体相对于其二倍体的蛋白质组变化，如同源多倍体甘蓝（Albertin et al.，2005）、异源多倍体 *Tragopogon mirus*（Koh et al.，2012）、拟南芥多倍体（Ng et al.，2012）、四倍体刺槐（Wang et al.，2013）和同源四倍体木薯（An et al.，2014）。然而，这些研究大多使用二维电泳，存在诸多问题，如疏水蛋白和低丰度、极端等电点等。同位素标记相对和绝对定量标记（iTRAQ）结合液相色谱-串联质谱（LC-MS/MS）技术，可以同时识别和定量多个样品中的蛋白质（Wiese et al.，2007），近年来被广泛应用于许多蛋白质组学研究。

因此，利用蛋白质组学的方法研究二倍体和四倍体泡桐的蛋白质组变化，对于更好地了解同源四倍体泡桐的优势性状具有重要意义。

一、'豫杂一号'泡桐四倍体蛋白质组

'豫杂一号'泡桐是毛泡桐与白花泡桐杂交育种（*P. tomentosa* × *P. fortunei*）而成的优良品种。同源四倍体'豫杂一号'泡桐具有抗旱性和抗丛枝病等优良性状，以'豫杂一号'泡桐同源四倍体及其二倍体类型为材料，采用 iTRAQ 技术结合液相色谱-串联质谱（LC-MS/MS）技术，对同源二倍体、四倍体'豫杂一号'泡桐叶片蛋白质组学变化进行了定量分析。共鉴定和定量了 2963 个蛋白质。其中，'豫杂一号'泡桐四倍体与二倍体之间差异丰度蛋白质 463 个，同源四倍体泡桐中非加性丰度蛋白质 198 个，提示同源四倍体泡桐在基因组合并和加倍过程中存在非加性蛋白质调控。研究发现，在 mRNA 水平发生显著变化的基因中，59 个基因编码的蛋白质的丰度水平变化一致，而另外 48 个基因的表达水平变化显著的基因编码的蛋白质的丰度水平变化相反。在非加性蛋白质中，参与翻译后修饰、蛋白质转运和对胁迫反应的蛋白质显著富集，这可能为同源多倍体的变异和适应提

供了一些驱动力。实时荧光定量 PCR 分析证实了相关蛋白质编码基因的表达模式。相关研究结果对基因组复制引起的蛋白质变化进行了阐述，还利用 RNA 测序数据对蛋白质丰度和 mRNA 表达水平的差异进行了相关性分析，提出了与泡桐适应性，特别是胁迫适应性相关的潜在目标基因。

（一）'豫杂一号'泡桐四倍体蛋白质组学特征

通过 iTRAQ 对 Y2、Y2-2、Y4 和 Y4-2 幼苗叶片中提取的蛋白质进行定量蛋白质组学分析，共生成了 366 435 个蛋白质谱图。使用 Mascot 软件分析识别出 21 423 个与已知蛋白质匹配的谱带。其中，18 165 个独特谱带与 7477 个独特肽段和 2963 个蛋白质相匹配（图 13-56A），其中约 54% 的蛋白质至少包含两个肽段（图 13-56B）。

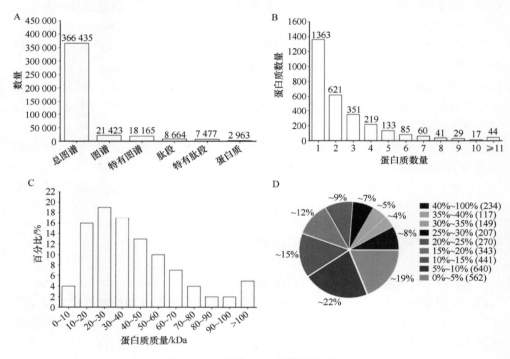

图 13-56 基于 iTRAQ 的蛋白质组

A. 通过搜索'豫杂一号'转录组数据库，从 iTRAQ 蛋白质组中识别出的谱带、多肽和蛋白质；B. 使用 MASCOT 匹配蛋白质的多肽数量；C. 不同分子量蛋白质的分布；D. 识别的多肽覆盖的蛋白质。D 图的图例中百分数范围是蛋白的覆盖率，括号中的数字表示该覆盖范围的蛋白数量，饼图里的百分数是基于括号中数字计算的百分比。图 13-60 同

这些蛋白质绝大多数大于 10kDa，尽管它们的分子量范围很广（图 13-56C）。大多数鉴定的蛋白质具有良好的肽覆盖率；59% 的序列覆盖率超过 10%，33% 的序列覆盖率为 20%（图 13-56D）。

（二）同源四倍体相关差异丰度蛋白的综述与分析

差异丰度蛋白（DAP）的定义为相对丰度变化大于 1.2 倍且差异具有统计学意义（$P < 0.05$）的蛋白质。在 Y4 和 Y2 的比较中，共识别出 463 个 DAP，265 个丰度较高，198 个丰度较低。在数量较多的前 10 个 DAP 中，只有 5 个可以与 GenBank 中具有已知功能的蛋白质相匹配。这些蛋白质被注释为脂质转移蛋白 2（*Salvia miltiorrhiza*，ABP01769.1gi144601657），40S 核糖体蛋白 S20-2 亚型 1（葡萄，XP_002265347.1），苯香豆素苄基醚还原酶同源物 Fi1（连翘，AAF64174.1），葡萄糖-6-磷酸脱氢酶（辣椒，AAT75322.1），叶绿素酶（田菁，BAG55223.1）。在前 10 个含量较低的蛋白质中，有 8 个可能与 GenBank 中具有已知功能的蛋白质相匹配。这些蛋白质被注释为乙酰拉马兰乙酰酯酶（*Striga asiatica*，ABD98038.1）、乙草酸酶 I（*Avicennia marina*，AAK06838.1）、乙酰拉马兰乙酰酯酶（*Striga asiatica*，ABD98038.1）、油菜素调节蛋白 BRU1（*Vitis vinifera*，XP_002270375.1）、甲基转移酶 DDB_G0268948（番茄，XP_004237334.1）、蛋白质 VITISV_028080（*V. vinifera*，CAN70727.1）、miraculin-like 蛋白（*V. vinifera*，XP_002266302.2）和 PRUPE_ppa005409mg（*Prunus persica*，EMJ12790.1）。有趣的是，在泡桐 Y4 和 Y2 的比较中发现了在泡桐耐胁迫反应中起重要作用的蛋白质。这些蛋白质包括 XP_002266352.1、XP_002329905.1、XP_004234931.1、XP_002513962.1、XP_004229610.1、XP_004234945.1、XP_002263538.1、xp_004246530.1、CAA54303.1、XP_004236869.1、XP_004246134.1、ABJ74186.1、AEO19903.1、XP_002276841.1、AFU95415.1、ABB16972.1、AFH08831.1、NP_178050.1、XP_002333019.1、AAK06838.1、XP_004234985.1、P32980.1、AA86324.1、CBI20688.3、ABK32073.1、ABK55669.1、XP_002320236.1、AFC01205.1、CAA06961.1、EMJ16250.1、ABF97414.1、AEO19903.1、AFA35119.1、CBI20065.3、O49996.1、CAJ00339.1、ADK70385.1、NP_001117239.1、ABK32883.1、CAJ19270.1、CAJ43709.1、XP_003626827.1、BAF62340.1、CAA82994.1、AEO45784.1、BAA89214.1、CAN74175.1、CAM84363.1、ABK94455.1、CBI24182.3、XP_002519217.1、XP_004251036.1、CAC43323.1、BAD02268.1、CAH17549.1、XP_002298998.1、ABS70719.1、CAH17986.1、XP_002513962.1、AFK42125.1、AFP49334.1、EMJ28736.1、XP_002276841.1、XP_002315944.1、CAC43318.1、P84561.1、CBI34207.3、AEG78307.1、CAH58634.1、AFM95218.1、AFJ42571.1、BAD10939.1、CBI21031.3、XP_002305564.1、XP_002313736.1、XP_004237334.1、YP_636329.1、AFJ42575.1、NP_001234431.1。

为了进行功能分析，我们对所有定量的蛋白质进行 GO 分析。在生物学过程下，代谢过程（1950 个）和细胞过程（1830 个）是最具代表性的组；在细胞成分下，细胞（2290 个）和细胞组分（2290 个）是最大的两个类群；在分子功能下，催化活性（1518 个）和结合活性（1331 个）的表达最多（图 13-57）。这些结果表明，所识别的蛋白质几乎参与了'豫杂一号'泡桐代谢的各个方面。

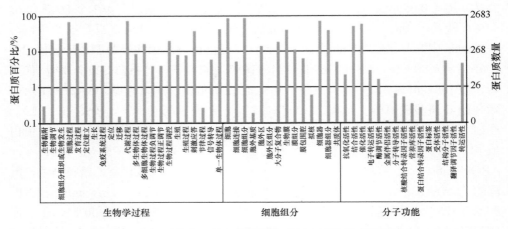

图 13-57　'豫杂一号'叶片蛋白质组中蛋白质功能分类

为了进一步了解这 2963 个蛋白质的功能，使用 COG 数据库将它们划分为 23 个类别。代表性最高的功能类别是"一般功能预测"和"翻译后修饰、蛋白质折叠、伴侣蛋白"，分别占鉴定蛋白质的 16% 和 14%（图 13-58）。

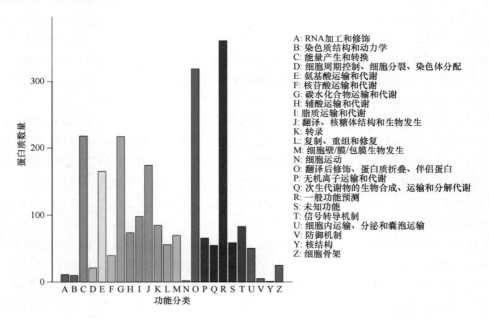

A: RNA加工和修饰
B: 染色质结构和动力学
C: 能量产生和转换
D: 细胞周期控制、细胞分裂、染色体分配
E: 氨基酸运输和代谢
F: 核苷酸运输和代谢
G: 碳水化合物运输和代谢
H: 辅酶运输和代谢
I: 脂质运输和代谢
J: 翻译、核糖体结构和生物发生
K: 转录
L: 复制、重组和修复
M: 细胞壁/膜/包膜生物发生
N: 细胞运动
O: 翻译后修饰、蛋白质折叠、伴侣蛋白
P: 无机离子运输和代谢
Q: 次生代谢物的生物合成、运输和分解代谢
R: 一般功能预测
S: 未知功能
T: 信号转导机制
U: 细胞内运输、分泌和囊泡运输
V: 防御机制
Y: 核结构
Z: 细胞骨架

图 13-58　对'豫杂一号'叶片蛋白质组 COG 功能分类注释

在更进一步的分析中，注释蛋白被映射到 121 个 KEGG 通路上。其中，"代谢途径"（758 个）的表达率显著高于其他途径，其次是"次生代谢物生物合成"（455 个）和"核糖体"（116 个）。基于 KEGG 分析得出结论，大多数映射蛋白可能影响细胞成分的生物生成、翻译后修饰、蛋白质转运和对刺激的反应。

（三）'豫杂一号'四倍体与二倍体样品 DAP 丰度分布的比较

基于'豫杂一号'四倍体（Y4）与二倍体（Y2）的比较，使用 GO、COG 和 KEGG 数据库检索和分析 DAP。DAP 被分配到三个主要 GO 类别下的 51 个功能组（图 13-59）。在生物学过程中，代谢过程和细胞过程最具代表性；在细胞组

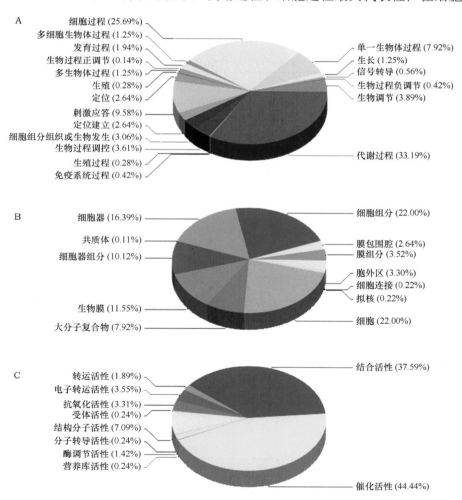

图 13-59　'豫杂一号'叶片中检测到的 DAP 基因本体（GO）分类

A. 生物学过程 GO 分析；B. 细胞组分 GO 分析；C. 分子功能 GO 分析

分下，细胞和细胞组分是最大的两个类群；在分子功能方面，催化活性和结合活性表现最明显。有趣的是，DAP 的 GO 分类与所有已识别蛋白质的分类相似。在生物学过程、细胞组分和分子功能下，所有蛋白质和 DAP 亚群的 GO 富集项都是相同的。我们认为这些富集项可能与同源四倍体有关。

为了预测和分类 DAP 的可能功能，我们将它们分配到 COG 类别。根据其与GenBank 中已知蛋白质的序列同源性，将 355 个 DAP 分为 20 类（表 13-17），占所有蛋白质的 11.98%。"翻译后修饰、蛋白质折叠、伴侣蛋白"类共 48 个，数量最多，其次是"能量产生和转换"（47 个）、"翻译、核糖体结构和生物发生"（46个）、"一般功能预测"（41 个）、"碳水化合物运输和代谢"（38 个）、"氨基酸运输和代谢"（27 个）和"辅酶运输和代谢"（17 个）。最小的组是"细胞内运输、分泌和囊泡运输"，只有一种蛋白质。

表 13-17　'豫杂一号'叶片中 DAP 的功能类别统计

编号	功能分类	DAP 数量
B	染色质结构和动力学	
C	能量产生和转换	47
D	细胞周期控制、细胞分裂、染色体分配	2
E	氨基酸运输和代谢	27
F	核苷酸运输和代谢	6
G	碳水化合物运输和代谢	38
H	辅酶运输和代谢	17
I	脂质运输和代谢	13
J	翻译、核糖体结构和生物发生	46
K	转录	9
L	复制、重组和修复	4
M	细胞壁/膜/包膜生物发生	13
O	翻译后修饰、蛋白质折叠、伴侣蛋白	48
P	无机离子运输和代谢	17
Q	次生代谢物的生物合成、运输和分解代谢	4
R	一般功能预测	41
S	未知功能	8
T	信号转导机制	9
U	细胞内运输、分泌和囊泡运输	1
Z	细胞骨架	3

DAP 被映射到 77 个 KEGG 代谢途径："代谢途径"、"次生的生物合成及代谢"、"核糖体"和"光合作用"高度富集，其次是"乙醛酸盐和二羧酸盐代谢"、"氨基

糖和核苷酸糖代谢”、“丙酮酸盐代谢”、“光合生物中的碳固定”、“其他聚糖降解”、“糖酵解/糖异生”、“淀粉和蔗糖代谢”和“内质网中的蛋白质加工”。

（四）‘豫杂一号’蛋白质组与转录本的相关性

为了解释生物过程，如基因表达、蛋白质相互作用和细胞系统的结构和功能，研究蛋白质丰度与 mRNA 转录水平的相关性是必要的。但在不同的研究和不同的植物组织中，它们之间的相关系数是不同的。在酵母中，转录水平和蛋白质丰度之间有良好的相关性（Lackner et al.，2012），而在大多数植物组织中，如拟南芥的叶片和根（Lan et al.，2012；Ng et al.，2012）、油菜（Marmagne et al.，2010）、*Tragopogon mirus*（Koh et al.，2012）和小麦（Song et al.，2007），仅发现有限的相关性。一般来说，蛋白质丰度和 mRNA 表达水平之间的低相关性更常被观察到，而且更普遍。在 Lan 等（2012）进行的一项研究中，RNA 测序和基于 iTRAQ 的蛋白质组学都用于生成拟南芥根系的基因组表达和蛋白质组丰度数据，报道了不一致的变化。

为了比较蛋白质丰度与转录水平的变化，将 iTRAQ 识别的丰度高和丰度低的 DAP 与之前转录组分析中识别的差异表达基因的上调和下调进行了比较。根据 $\log_2$ 比>1，$P < 0.001$，FDR < 0.001 的绝对倍数变化值筛选差异表达 Unigene。RNA 测序共检测到 1808 个相应的蛋白质编码基因。在表达水平发生显著变化的基因中，59 个基因编码的蛋白质丰度水平发生相应变化；这些基因中有 37 个表达上调，22 个表达下调，对应的蛋白质含量分别增加和减少。另有 48 个基因的表达水平发生显著变化，其编码的蛋白质丰度水平发生相反变化。我们发现有 252 个基因的转录水平发生了显著变化，而相应的蛋白质的丰度没有变化。相反，356 个蛋白质的丰度水平发生了显著变化，而对应的编码基因的表达水平没有变化。

上述研究结果显示，‘豫杂一号’泡桐蛋白质组与转录组结果存在一定的相关性，但在部分鉴定到的组分中，两者相关性较小，甚至呈负相关。有几个因素可以解释蛋白质丰度和 mRNA 表达水平之间缺乏一致性。首先，人们普遍认为转录后调控和翻译后修饰可以控制翻译效率，这些过程可能导致 mRNA 表达水平和蛋白质丰度之间的不一致。例如，小 RNA，包括 microRNA，调节其靶基因的表达，在许多生物过程中发挥重要作用（Ha et al.，2009）。其次，检测 mRNA 表达和蛋白质丰度的不同实验技术的局限性可能在很大程度上导致了这个问题。最后，由于转录和翻译过程具有时间和空间的双重特征，使用不同的植物组织可能会导致不同的结果。对整个组织的蛋白质组学研究可能会描绘出更全面的图景，但对特定细胞器的研究可能会更准确地显示出差异。总之，上述研究结果对基因组复制引起的蛋白质变化进行了阐述，提出了与泡桐适应性，特别是胁迫适应性相关的潜在目标基因。

二、白花泡桐四倍体蛋白质组

以二倍体和同源四倍体白花泡桐幼苗为材料，检测了盐胁迫下植物叶片蛋白质的变化。基于 Multiplex run iTRAQ 的定量蛋白质组学和 LC-MS/MS 方法鉴定了多达 152 个差异丰度蛋白。生物信息学分析表明，白花泡桐叶片对盐胁迫的反应是通过诱导代谢、信号转导和转录调控等共同反应机制进行的。这项研究有助于更好地理解白花泡桐耐盐机制，并为植物（尤其是林木）的盐适应提供了潜在的靶基因。

（一）白花泡桐四倍体蛋白质组学特征

从对照和盐处理的二倍体（PF2、PFS2）和四倍体白花泡桐（PF4、PFS4）幼苗叶片中提取蛋白质，共生成 312 926 个谱带。用 Mascot 软件识别了 346 08 个与已知蛋白质相匹配的蛋白质。其中，23 881 个独特谱带与 7040 个独特肽段和 2634 个蛋白质相匹配（图 13-60A），其中约 66% 的蛋白质至少包含两个独特肽段（图 13-60B）。这些蛋白质绝大多数都大于 10kDa，尽管它们的分子量范围很广（图 13-60C）。大多数鉴定的蛋白质具有良好的肽覆盖率；45% 的序列覆盖率超过 10%，22% 的序列覆盖率为 20%（图 13-60D）。

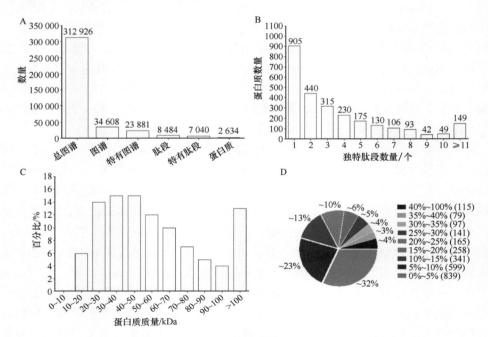

图 13-60　基于 iTRAQ 的白花泡桐蛋白质组研究综述

A. 从白花泡桐转录组数据库中检索到的谱带、多肽和蛋白质；B. 使用 MASCOT 与蛋白质匹配的多肽数量；
C. 鉴定蛋白质的分子量分布情况；D. 已识别的多肽对蛋白质的覆盖

为了进行功能分析，我们对所有定量蛋白质进行了 GO 分析。在生物学过程
类别下，代谢过程（1305 个）和细胞过程（1003 个）是最具代表性的组；在细胞
组分类别下，细胞和细胞组分（1040 个）是两个最大的组；在分子功能类别下，
以催化活性（1153 个）和结合活性（900 个）最多（图 13-61）。这些结果表明，
所鉴定的蛋白质几乎参与了白花泡桐代谢的各个方面。

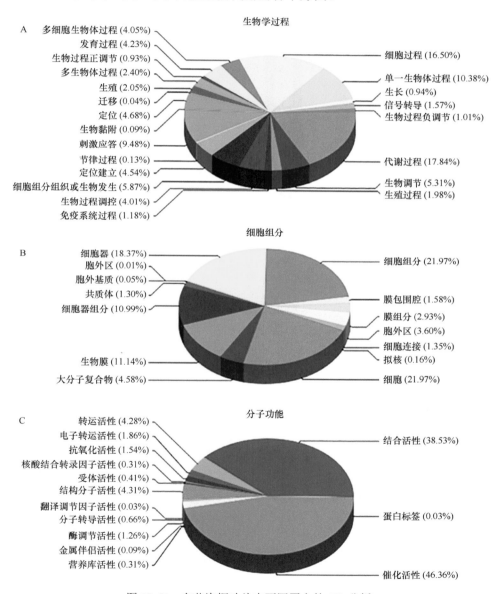

图 13-61　白花泡桐叶片中不同蛋白的 GO 分析

为了进一步了解这 2634 个蛋白质的功能，我们将它们分配到 COG 数据库中的 24 个类别中。代表性最高的功能类别是"一般功能预测"和"翻译后修饰、蛋白质折叠、伴侣蛋白"，分别约占鉴定蛋白质的 14% 和 12%（图 13-62）。

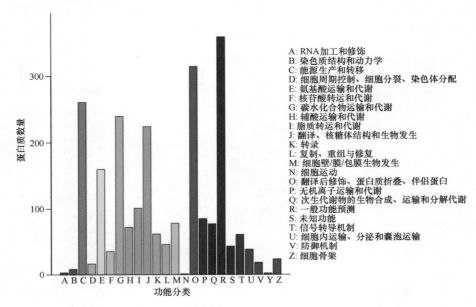

A: RNA加工和修饰
B: 染色质结构和动力学
C: 能源生产和转移
D: 细胞周期控制、细胞分裂、染色体分配
E: 氨基酸运输和代谢
F: 核苷酸转运和代谢
G: 碳水化合物运输和代谢
H: 辅酶运输和代谢
I: 脂质转运和代谢
J: 翻译、核糖体结构和生物发生
K: 转录
L: 复制、重组与修复
M: 细胞壁/膜/包膜生物发生
N: 细胞运动
O: 翻译后修饰、蛋白质折叠、伴侣蛋白
P: 无机离子运输和代谢
Q: 次生代谢物的生物合成、运输和分解代谢
R: 一般功能预测
S: 未知功能
T: 信号转导机制
U: 细胞内运输、分泌和囊泡运输
V: 防御机制
Z: 细胞骨架

图 13-62　白花泡桐叶片不同蛋白的同源基团簇功能分类

注释蛋白被映射到 128 个 KEGG 通路上。其中，"代谢途径"（830 条）的表达率显著高于其他途径，其次是"次生代谢物生物合成"（452 条）和"碳代谢"（192 条）。基于这些分析，我们得出结论，大多数映射蛋白质可能影响细胞成分的生物生成、翻译后修饰、蛋白质转换和对刺激的反应。

（二）四倍体白花泡桐盐胁迫相关蛋白差异丰度分析

差异丰度蛋白（DAP）是指相对丰度变化为 1.2 倍或 <0.84 倍且差异显著（$P<0.05$）的蛋白质。在 PF4 与 PF2 比较中，共鉴定出 767 个 DAP；360 个比较丰富，407 个比较不丰富。在 PFS2 与 PF2 比较中，共鉴定出 916 个 DAP，488 个较丰富，428 个较不丰富。在 PFS4 与 PF4 比较中，共识别出 712 个 DAP，390 个较丰富，322 个较不丰富。在 PFS4 与 PFS2 比较中，共识别出 693 个 DAP，399 个较丰富，294 个较不丰富。我们在二倍体和同源四倍体植物中鉴定了 PFS2 与 PF2 和 PFS4 与 PF4 比较的共同 DAP，以检测与盐胁迫有关的 DAP。然后将这些常见 DAP 的列表与 PF4 和 PF2 比较中的 DAP 列表进行比对，确定它们为仅在同源四倍体植物中与盐胁迫有关的 DAP。

然后利用 GO、COG 和 KEGG 数据库对同源四倍体特异性盐胁迫 DAP 进行分析。共有 152 个 DAP 被分配到三个主要 GO 类别下的 26 个官能团（图 13-63）。

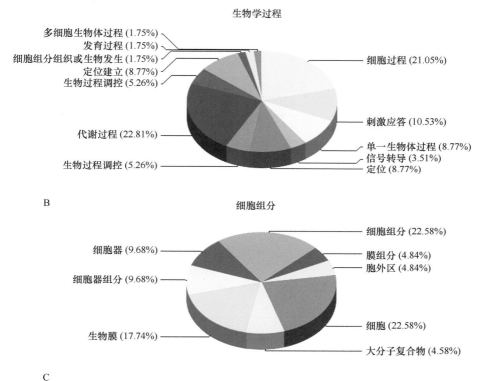

图 13-63　白花泡桐叶片差异丰度蛋白的 GO 分析

在生物学过程中，代谢过程和细胞过程最具代表性；在细胞组分下，细胞和细胞组分是最大的两个类群；在分子功能方面，催化活性和结合活性表现最明显。有趣的是，DAP 的 GO 分类与所有已识别蛋白质的分类相似。在生物学过程、细胞组分和分子功能下，所有蛋白质和同源四倍体特异性盐胁迫 DAP 亚群的 GO 富集项相同。

为了预测和分类 DAP 的可能功能，我们将它们分配到 COG 类别。根据其与 GenBank 中已知蛋白质的序列同源性，28 个 DAP（占所有蛋白质的 1.06%）被分为 11 类（表 13-18）。"翻译后修饰、蛋白质折叠、伴侣蛋白"类含有 5 种蛋白质，数量最多，其次是"能量产生和转换"（4 种）、"翻译、核糖体结构和生物发生"（4 种）、"碳水化合物运输和代谢"（4 种）、"一般功能预测"（3 种）。

表 13-18　白花泡桐叶片 DAP 的功能种类统计

编号	功能分类	DAP 数量
C	能量产生和转换	4
E	氨基酸运输和代谢	2
G	碳水化合物运输和代谢	4
I	脂质运输和代谢	1
J	翻译、核糖体结构和生物发生	4
M	细胞壁/膜/包膜生物发生	2
O	翻译后修饰、蛋白质折叠、伴侣蛋白	5
P	无机离子运输和代谢	1
Q	次生代谢物的生物合成、运输和分解代谢	1
R	一般功能预测	3
S	未知功能	1

（三）四倍体白花泡桐 DAP 的 RT-qPCR 验证

为确认 iTRAQ 分析鉴定的 DAP，采用 RT-qPCR 检测相应基因的转录本表达水平。RT-qPCR 结果显示，在 PFS2 与 PF2、PFS4 与 PF4 比较中，其中，一个 DAP 对应的基因表达量与 iTRAQ LC-MS/MS 分析结果一致，而三个 DAP 对应的基因表达量则呈现相反的趋势。而在 PFS2 与 PF2 比较中，6 个 DAP 对应的基因表达量在 RT-qPCR 和 iTRAQ 分析中呈现相同趋势，只有 2 个表达量相反。在 PFS4 与 PF4 比较中，7 个 DAP 对应的基因表达量呈现相反趋势，只有 1 个表达量相同。这些差异可能归因于转录后和翻译后调节过程，可能一定程度上解释白花泡桐二倍体、四倍体对盐胁迫的反应。

三、南方泡桐四倍体蛋白质组

多倍化是增加植物器官的大小和增强对环境胁迫耐受性的原因。四倍体南方泡桐植株表现出优于二倍体的性状。前期的转录组学研究发现了一些相关基因，但调节南方泡桐主要特征和多倍体化影响的分子和生物学机制仍不清楚。我们比较了南方泡桐同源四倍体和二倍体植物蛋白质组，共鉴定和定量了 3010 个蛋白质，其中差异丰度蛋白 773 个。同源四倍体植株中与细胞分裂、谷胱甘肽代谢、纤维素、叶绿素和木质素合成相关的蛋白质含量差异较大。这些结果有助于补充基因组和转录组数据，对于深入认识南方泡桐多倍化事件引起的变异机制有重要作用。

（一）全基因组复制后叶片性状的变化

二倍体、四倍体叶片间表型差异如图 13-64 所示。与 PA2 植株相比，PA4 植株的叶片更大。与 PA2 相比，PA4 细胞数量减少，大小增大。PA4 植株的叶绿素含量也高于 PA2 植株，这可能是因为 PA4 叶片较厚的栅栏组织中含有大量的叶绿体，这是光合作用的主要场所。总体而言，这些变化可能导致在 PA4 植株中观察到更高的净光合速率。

图 13-64　南方泡桐二倍体（PA2）和四倍体（PA4）叶片表型的比较

A. PA2 的叶片；B. PA4 的叶片；C. 叶片长度和宽度；D. 叶片叶绿素含量。Bar = 1cm。误差条表示平均的标准误差。*表示 PA2 与 PA4 差异有统计学意义（$P<0.05$）

（二）蛋白质鉴定和 iTRAQ 数据分析

对 PA2 和 PA4 叶片中提取的蛋白质使用 iTRAQ 方法进行分析。为了使识别的蛋白质数量最大化,我们在数据库搜索过程中将肽段匹配误差限制在 10ppm 以下,共得到 366 435 个谱带。基于 Mascot 分析,我们获得了 21 982 个谱带,其中 17 230 个是特异谱带。我们鉴定了 8665 个肽,包括 7575 个特异肽和 3010 个蛋白质。为了描述这 3010 个被识别的蛋白质的功能,我们首先将它们映射到 COG 数据库。这些蛋白质被定位到 23 个类别。在 GO 分析中,鉴定出的蛋白质分为 54 组。为了预测识别的蛋白质所参与的主要代谢和信号转导通路,我们将其映射到 KEGG 通路,这些蛋白质被定位到 120 个通路。

(三)差异丰度蛋白的分析

我们在 3010 个鉴定蛋白质中检测到 773 个 DAP,其中,PA4 中 410 个 DAP 丰度高于 PA2,363 个 DAP 丰度低于 PA2(图 13-65)。我们使用 GO 富集分析来确定 DAP 的主要生物功能。生物过程类别下,"叶绿素生物合成过程"、"氧化还原辅酶代谢过程"、"光合作用"等 122 个 GO 类别显著富集($P<0.05$)。在细胞成分类别下,"叶绿体部分"、"质体部分"和"类囊体部分"等 69 个 GO 显著富集。

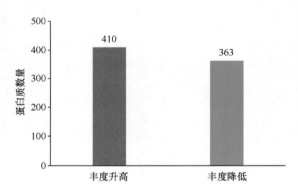

图 13-65　PA2 和 PA4 中差异丰富的蛋白质

分析表明,"铜离子结合"、"离子结合"和"过渡金属离子结合"等 49 个 GO 显著富集(图 13-66)。DAP 还被映射到 101 条 KEGG 代谢途径,包括高度富集的"光合作用"、"乙醛和二羧酸盐代谢"、"代谢途径"、"谷胱甘肽代谢"和"光合生物的碳固定"途径。在受 WGD 影响的蛋白质中,与细胞分裂、呼吸作用、叶绿素生物合成、碳固定和木质素生物合成相关的 DAP 可能为 WGD 诱导的变化提供相关信息。

(四)转录本和蛋白质表达谱分析

通过对转录组和蛋白质组数据的联合分析,可以评估转录和蛋白质图谱之间的一致性。iTRAQ 鉴定的具有转录变化的蛋白质被认为与转录组相关，我们研究了 iTRAQ 识别的 DAP 谱与先前研究中转录组水平数据中的 mRNA 表达谱之间的相关性。我们检测到 93 272 个在 PA2 和 PA4 植物中表达差异的 Unigene。其中，我们确定了 16 490 个差异表达 Unigene（DEU），以确定基因表达的显著差异。通过 PA2 和 PA4 植物的比较，鉴定出 3010 个蛋白质和 93 272 个 Unigene。我们确定了 3010 个蛋白质与转录组相关。此外，1792 个蛋白质被定量并与转录组数据相关。我们检测到 773 个 DAP 和 16 490 个 DEU，其中 129 个 DAP 相关（表 13-19）。

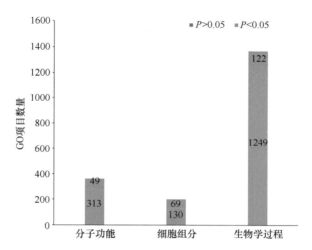

图 13-66　PA2 和 PA4 中差异蛋白的 GO 富集分析

$P < 0.05$ 表示 GO 组显著富集

表 13-19　转录与蛋白质组的相关性分析

组别	类型	蛋白质数量	基因数量	相关性数量
PA2 vs. PA4	鉴定	3 010	93 272	3 010
PA2 vs. PA4	定量	1 792	93 272	1 792
PA2 vs. PA4	差异表达	773	16 490	129

根据 mRNA 和蛋白质水平的变化模式，从量化的蛋白质中发现了 4 组蛋白质：第 1 组，mRNA 和蛋白质水平表现出相同的趋势（88 个蛋白质）；第 2 组，mRNA 和蛋白质水平呈现相反趋势（41 个蛋白质）；第 3 组 mRNA 水平变化明显，蛋白质水平无变化（171 个蛋白质）；第 4 组蛋白质水平明显变化，但 mRNA 水平无变化（644 个蛋白质）。

我们综合研究了 PA2 和 PA4 蛋白质和 mRNA 谱的相关性。当考虑所有与同源转录相关的可量化蛋白质（1792 个）时，无论变化方向如何，都观察到相关性较差（$r=0.14$）（图 13-67A）。I 组和 II 组成员的蛋白质与转录水平之间的相关性分别为正相关（Pearson's r 值= 0.77）和负相关（$r=-0.75$）（图 13-67B 和 C）。蛋白质和转录水平之间的差异可能是因为 mRNA 的变化不一定导致蛋白质丰度的类似变化。或者，蛋白质组水平的变化可能在本研究中被低估了。此外，南方泡桐序列数据库的局限性也限制了 DAP 的鉴定。

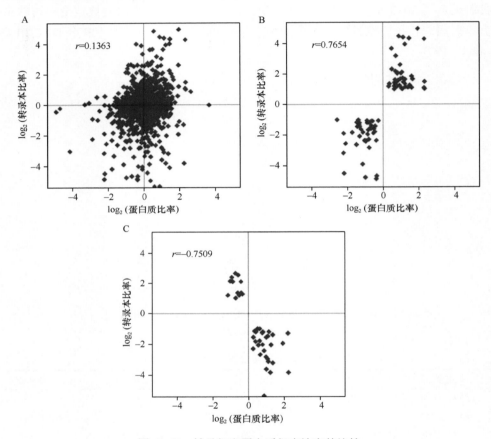

图 13-67　转录组和蛋白质组表达率的比较

A. mRNA 与蛋白质之间的相关性；B. mRNA 和蛋白质水平有相同的变化趋势；C. mRNA 和蛋白质水平呈相反的
变化趋势。皮尔逊相关性系数 r 在坐标中显示

（五）差异丰富蛋白的确认

为了验证 14 个 DAP 中 mRNA 水平的表达变化，我们进行了 RT-qPCR 分析。RT-qPCR 结果显示，13 种 DAP 在 mRNA 水平上的表达与其蛋白质表达一致（图 13-68）。另外一种 DAP 的 RT-qPCR 结果与 iTRAQ 结果的差异可能与转录后和/或翻译后调控过程有关。

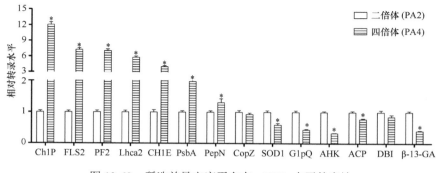

图 13-68　所选差异丰度蛋白在 mRNA 水平的表达

*，$P<0.05$；下同

通过对与细胞分裂、GSH 代谢、纤维素、叶绿素和木质素合成相关的 DAP 的鉴定，可以帮助研究南方泡桐二倍体和同源四倍体之间的差异，并阐明多倍体事件的调控机制。研究结果对泡桐属植物全基因组复制（whole genome duplication，WGD）的变化有一定的参考价值，为泡桐新品种的选育和泡桐种质资源的拓展提供了理论依据。

四、毛泡桐四倍体蛋白质组

同源四倍体毛泡桐比二倍体表现出更好的光合特性和更高的抗逆性，但在蛋白质组水平上尚未确定其优势性状的潜在机制。采用 iTRAQ 相对定量和绝对定量，结合液相色谱-串联质谱技术，比较了同源四倍体和二倍体毛泡桐的蛋白质组学变化。本研究共鉴定出 1427 个蛋白，其中 130 个蛋白质在同源四倍体和二倍体间差异表达。对差异表达蛋白的功能分析表明，在差异表达蛋白中，光合相关蛋白和胁迫响应蛋白显著富集，提示它们可能是同源四倍体毛泡桐光合特性和胁迫适应性的重要组成部分。转录组和蛋白质组数据的相关性分析显示，差异表达蛋白中仅有 15 个（11.5%）存在二倍体和同源四倍体间的差异表达 Unigene。这些结果表明差异表达蛋白与之前报道的差异表达 Unigene 之间存在有限的相关性。本研究为更好地了解泡桐同源四倍体的优良性状提供了新的线索，为今后泡桐育种策略的制定奠定了理论基础。

（一）蛋白质鉴定、功能注释和分类

以 PT2 和 PT4 样品中提取的蛋白质为材料，通过 iTRAQ 实验共生成了 386 933 个谱带。利用 Mascot 2.3.02 软件对这些样本的数据进行分析。其中，与已知蛋白质匹配的谱带共有 16 406 个，与特异谱带匹配的光谱共有 13 815 个。最后，在毛泡桐中鉴定出 1427 个蛋白质。

为了解所鉴定蛋白质的功能，我们将其分为生物学过程、细胞组分和分子功能三个主要类别进行 GO 分析（图 13-69）。在生物学过程类别下，17.57%的蛋白质与"代谢过程"有关，其次是"细胞过程"（16.46%）；在细胞组分类别下，"细胞"（21.92%）和"细胞组分"（21.92%）是最具代表性的，而在分子功能类别下，"催化活性"（44.50%）的蛋白质数量最多，其次是"结合活性"（41.58%）。

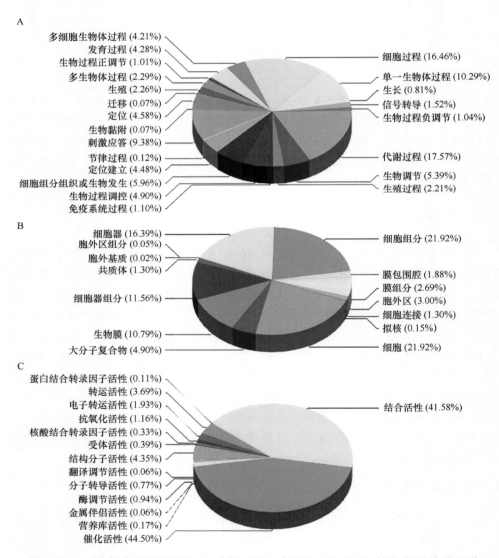

图 13-69　毛泡桐中鉴定蛋白的 GO 分析，1341 个蛋白（93.97%）被分为 50 个功能群

A. 生物学过程；B. 细胞组分；C. 分子功能

此外，1241个鉴定蛋白质被分配到COG数据库中的23个功能组（图13-70）。最大的一类是"一般功能预测"，其次是"翻译后修饰、蛋白质折叠、伴侣蛋白"。许多被鉴定的蛋白质参与"能量产生和转换"、"碳水化合物运输和代谢"和"翻译、核糖体结构和生物发生"。KEGG分析显示，鉴定的蛋白质参与112条通路。这些结果表明，所鉴定的蛋白质几乎参与了毛泡桐代谢的各个方面。

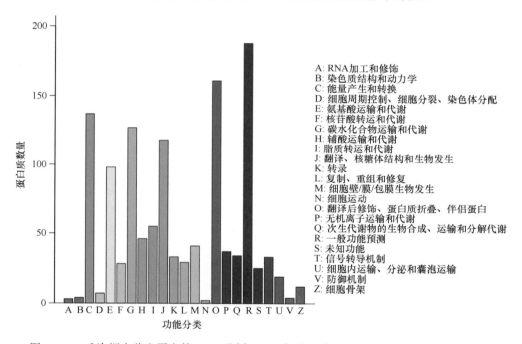

图13-70　毛泡桐中鉴定蛋白的COG分析，969个蛋白质（67.90%）被分为23个功能群

（二）差异表达蛋白的分析

在1427个鉴定蛋白质中，在PT4和PT2之间筛选出130个fold>1.2和$P<0.05$的DEP（差异表达蛋白）。与PT2中蛋白质的丰度相比，PT4中增加了78个（60%）蛋白质，减少了52个（40%）蛋白质。为了更好地理解PT2和PT4之间生物过程的差异，我们对DEP进行了GO富集分析。

与抗逆境和光合作用相关的多个生物过程在5%显著水平上显著富集，包括对细菌的防御反应（GO：0042742，$P=1.29\times10^{-4}$）、对细菌的反应（GO：0009617，$P=1.70\times10^{-4}$）、防御反应（GO：0006952，$P=1.63\times10^{-2}$）、对生物刺激的反应（GO：0009607，$P=1.88\times10^{-2}$）、光合作用（GO：0015979，$P=3.78\times10^{-4}$）、类囊体膜组织（GO：0010027，$P=5.96\times10^{-3}$）和光系统Ⅱ组装（GO：0010207，$P=8.92\times10^{-3}$）。此外，为了进一步揭示这些蛋白质可能参与的代谢途径，我们还进行了KEGG富集

分析。我们的结果显示 103 个 DEP 被映射到 60 个 KEGG 通路。其中，DEP 在核糖体（ko03010，$P = 2.97 \times 10^{-3}$）、光合作用体（ko00195，$P = 5.33 \times 10^{-3}$）和蛋白酶体（ko03050，$P = 3.16 \times 10^{-2}$）中以 5%显著水平富集。

1. 同源四倍体毛泡桐优越光合特性的相关蛋白质

光合作用是植物生长发育的基础，四倍体刺槐（Meng et al.，2014）、六倍体 *Miscanthus × giganteus*（Ghimire et al.，2016）、三倍体水稻（Wang et al.，2016）和三倍体胡杨（Liao et al.，2016）均有光合特性改善的报道。张晓申等（2013c）报道，与 PT2 相比，PT4 的净光合速率、气孔导度、胞间 CO_2 浓度和叶绿素含量都有所增加，这可能部分解释了 PT4 优越的光合特性。通过我们之前报道的转录组比较分析，发现 PT4 与 PT2 比较中光合作用相关基因上调，这表明 PT4 光合作用的改善可能主要归因于同源四倍体中酶活性和光合电子转移效率的提高（Fan et al.，2015）。在本研究中，发现了 14 个在非冗余蛋白序列（Nr）数据库中具有已知功能的 DEP 与毛泡桐光合作用相关（表 13-20）。在这些 DEP 中，有 7 个在 PT4 中的丰度高于 PT2，并被注释为叶绿体 Rubisco 激活酶（ABK55669.1），磷酸甘油酸激酶（AAA79705.1），叶绿体氧进化蛋白（ACA58355.1），光系统 I 反应中心亚基 IV B（PsaE-2）（XP_011080143.1），推测细胞色素 b6f Rieske 铁硫亚基（ACS44643.1），光系统 I 反应中心亚基 VI（P20121.1），原叶绿素氧化还原酶 2（AAF82475.1）。

表 13-20　PT2 与 PT4 之间与光合作用相关的 DEP

Unigene	登录号 [a]	蛋白质名称	FC [b]
m.40546	ABK55669.1	叶绿体 Rubisco 激活酶	1.839
m.20714	AAA79705.1	磷酸甘油酸激酶	1.311
m.22866	AAF82475.1	原叶绿素氧化还原酶 2	1.299
m.13987	ACA58355.1	叶绿体氧进化蛋白	1.280
m.13986	ACA58355.1	叶绿体氧进化蛋白	1.266
m.22039	XP_011080143.1	光系统 I 反应中心亚基 IV B	1.246
m.10882	ACS44643.1	推定细胞色素 b6f Rieske 铁硫亚基	1.229
m.17700	P20121.1	光系统 I 反应中心亚基 VI	1.219
m.48581	XP_002531690.1	叶绿素 A/B 结合蛋白	0.788
m.21971	BAH84857.1	推定的卟啉胆素原脱氨酶	0.764
m.27093	CAM59940.1	推定的镁原卟啉 IX 单甲基酯环化酶	0.750
m.13940	AAF19787.1	光系统 I 亚基 III	0.638
m.43677	P83504.1	氧进化增强蛋白 1	0.561
m.52524	ABW89104.1	甘油醛-3-磷酸脱氢酶	0.553
m.19368	AEC11062.1	光系统 I 反应中心亚基 XI	0.505

注：a. NCBI 登录号；b. PT4 蛋白质与 PT2 蛋白质的 fold 变化值。下同

2. 同源四倍体毛泡桐潜在的增强胁迫适应性的相关蛋白质

人们普遍认为多倍体与相应二倍体相比，具有更高的耐胁迫能力（Podda et al.，2013；Wang et al.，2013b），同源四倍体泡桐对各种胁迫的适应性增强（Deng et al.，2013；Dong et al.，2014a，2004b，2004c；Xu et al.，2014；Fan et al.，2016）。研究发现在同源四倍体泡桐中，介导防御反应的胁迫响应基因和 miRNAs 的表达水平分别显著上调和下调（Fan et al.，2014，2015）。在本研究中，我们发现与其二倍体前体相比，PT4 中 27 个具有已知功能的组成性防御反应蛋白质表达差异（表13-21）。其中 8-羟基香叶醇脱氢酶（Q6V4H0.1）、过氧化氢酶（AFC01205.1）、甲酸脱氢酶（XP_002278444.1）和丙酮酸脱氢酶 E1 - β 亚基（ADK70385.1）在 PT4 与 PT2 的比较中有上调的趋势。在我们的 iTRAQ 数据中，发现 PT4 中丙酮酸脱氢酶复合体的一个亚基上调，这表明 TCA 循环增强了，这将确保 PT4 有足够的能量来抵抗压力。PT4 中的组成性表达蛋白丰度的变化可能有助于提高其潜在的胁迫适应能力。

表 13-21　PT2 和 PT4 之间与抗性反应相关的 DEP

Unigene	登录号	蛋白质名称	FC
m.6249	XP_002266488.1	蛋白酶体亚基 β -6 型	6.8315
m.4321	ABE66404.1	DREPP4 蛋白质	2.447
m.13643	XP_004230814.1	可能是羧酸酯酶 7	2.4395
m.10909	XP_002263538.1	钙调素亚型 2	2.2845
m.54721	ACD88869.1	翻译起始因子	2.1205
m.49884	AFC01205.1	过氧化氢酶	1.8045
m.50291	AFP49334.1	致病相关蛋白 10.4	1.734
m.13367	ADM67773.1	40S 核糖体亚基相关蛋白	1.5375
m.64528	ADK70385.1	丙酮酸脱氢酶 E1 - β 亚基	1.477
m.48523	Q6V4H0.1	8-羟基香叶醇脱氢酶	1.471
m.11708	NP_001234515.1	温度诱导 lipocalin	1.316
m.27962	XP_002278444.1	甲酸脱氢酶	1.297
m.42262	XP_002514263.1	延伸因子	1.292
m.64561	XP_004235848.1	甘氨酸- tRAN 连接酶 1	1.2565
m.26523	ABF46822.1	假定的亚硝酸盐还原酶	1.24
m.63348	AFD50424.1	不依赖钴胺的蛋氨酸合成酶	0.802
m.8635	ACB72462.1	延伸因子 1 - γ 样蛋白	0.794
m.6239	AAL38027.1	抗坏血酸盐过氧化物酶	0.771
m.10038	Q9XG77.1	蛋白酶体亚基 α -6 型	0.757
m.10949	AAZ30376.1	PHB1	0.7275

续表

Unigene	登录号	蛋白质名称	FC
m.5417	Q05046.1	伴侣蛋白 CPN60-2	0.712
m.37390	XP_004134855.1	蛋白酶体亚基 α 7 型样	0.6895
m.64208	XP_003635036.1	热激同源蛋白 80 样	0.6875
m.8250	CAH58634.1	硫氧还蛋白依赖性过氧化物酶	0.66
m.1613	ABR92334.1	推定的二烯内酯水解酶家族蛋白	0.6485
m.60046	CAA05280.1	脂氧合酶同系物	0.624
m.29947	XP_002312539.1	MLP 蛋白	0.504

（三）RT-qPCR 对差异表达蛋白的验证

我们进一步采用 RT-qPCR 检测随机选择的 10 个 DEP 编码 Unigene 的表达，结果如图 13-71 所示。在所选蛋白质对应的 Unigene 中，根据 iTRAQ 数据，有 5 个 Unigene 的表达水平与 DEP 的变化趋势相似。其中，3 个编码蛋白酶体亚基 alpha-7- like、33kDa 核蛋白和 PHB1 的 Unigene 在 PT4 中丰度相对降低，2 个编码过氧化氢酶和依赖 NADP 的苹果酶的 Unigene 在 PT4 中丰度相对增加。这一结果表明这些蛋白质受转录调控。而编码 8-羟基香叶醇脱氢酶、磷酸甘油酸激酶、光依赖性 NADH：原叶绿素氧化还原酶 2、抗坏血酸过氧化物酶和叶绿体氧进化蛋白的其他 5 个 Unigene 与 iTRAQ 结果存在差异。这可能与转录后和翻译后调控过程有关。

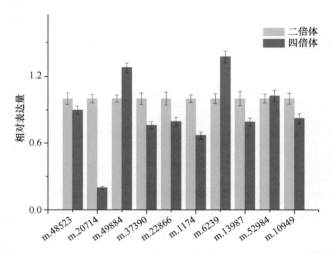

图 13-71 随机选取二倍体与同四倍体毛泡桐间的 10 个差异表达蛋白的 RT-qPCR 分析

m.48523，8-羟基香叶醇脱氢酶；m.20714，磷酸甘油酸激酶；m.49884，过氧化氢酶；m.37390，蛋白酶体亚基 α 7 型样；m.22866，原叶绿素氧化还原酶 2；m.1174，33 kDa 核糖核蛋白；m.6239，抗坏血酸过氧化物酶；m.13987，叶绿体氧进化蛋白；m. 52984，NSDPH 依赖性苹果酶；m.10949，PHB1。柱状图表示平均值（±SD）

采用基于 iTRAQ 的定量蛋白质组学方法对 PT4 和 PT2 的蛋白质丰度进行比较分析。共鉴定出 1427 种蛋白质，其中有 130 个蛋白质在 PT2 和 PT4 之间差异表达。根据 GO 和 KEGG 富集分析，光合作用相关蛋白和胁迫响应蛋白在 PT2 和 PT4 之间显著富集。其中，叶绿体 Rubisco 激活酶、光系统 I 反应中心亚基 IV B、光系统 I 反应中心亚基 VI、磷酸甘油酸激酶、2-羟基异黄酮类脱水酶、钙调素、8-羟基香叶醇脱氢酶、过氧化氢酶和丙酮酸脱氢酶 E1-β 亚基在 PT4 中增加，可能是 PT4 优越的光合特性和胁迫适应性的原因。

第五节　四倍体泡桐 microRNA

一、四倍体毛泡桐 microRNA

microRNA（miRNA）是一类内源性的 21～24 核苷酸（nt）单链非编码 RNA，主要来源于原核生物和真核生物的基因间区（Bartel，2004；Mallory and Vaucheret，2006；Voinnet，2009）。它们在许多生长发育过程的转录和转录后水平上发挥重要的调节作用，如发育时间、激素反应和对环境应激的反应（Filipowicz et al.，2005；Zhang et al.，2006）。在植物生长发育中，miRNA 通过调控基因表达发挥着重要作用。四倍体毛泡桐通常比它们的二倍体具有更好的物理特性和抗逆性（张晓申等，2012；翟晓巧等，2012），但 miRNA 在这种优势中的作用尚不清楚。

为了在毛泡桐（*P. tomentosa*）的转录水平上鉴定 miRNA，利用 Illumina 测序技术对二倍体和四倍体植物的文库进行了测序。序列分析鉴定出 37 个保守的 miRNA，属于 14 个 miRNA 家族，14 个新 miRNA，属于 7 个 miRNA 家族。其中，来自 11 个家族的 16 个保守 miRNA 和 5 个新 miRNA 在四倍体和二倍体中差异表达，大多数在四倍体中表达量更高。对 miRNA 靶基因及其功能进行了鉴定和讨论，结果表明，毛泡桐中若干 miRNA 可能在四倍体的性状改良中发挥重要作用。

（一）sRNA 的统计分析

通过 Illumina 测序，两个 sRNA 库分别产生了 14 520 461 个（毛泡桐二倍体，PT2）和 13 109 201 个（毛泡桐四倍体，PT4）序列。在丢弃低质量标签、适配器、污染物、短于 18nt 的序列和带有 poly-A 尾的序列后，剩下 8 135 669 个（PT2）和 11 919 705 个（PT4）有效序列（clean read）供进一步分析。在这两个文库中，大部分的有效序列长度为 21～24nt，是典型的 Dicer 衍生产物（图 13-72）。最丰富的一类 sRNA 为 24nt，平均约为 27%，而 21nt sRNA 平均约占有效序列的 15%。这些结果与包括拟南芥在内的许多植物的 sRNA 相似。在这两个文库中，共有

45.14%的 sRNA 与泡桐的 Unigene 相匹配,将匹配的清洁标签通过 GenBank、Rfam 和 miRBase 数据库分类注释为 miRNA、snoRNA、snRNA 和 tRNA（表 13-22）。使用相同数量的 RNA 构建这两个文库,并以类似的方式制备样品。两个文库中 sRNA 的数量非常相似（表 13-22）,说明染色体加倍对毛泡桐分类影响不大。那些不能被注释到任何类别的 sRNA 将进行进一步分析,以预测新的 miRNA 和新的保守 miRNA。

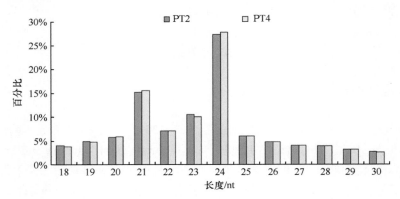

图 13-72　毛泡桐二倍体和四倍体的 sRNA 长度分布

表 13-22　毛泡桐二倍体和四倍体的 sRNA 分类及统计情况

类别	PT2				PT4			
	唯一匹配	比例/%	序列数	比例/%	唯一匹配	比例/%	序列数	比例/%
miRNA	2 763	0.1	960 773	8.29	2 429	0.1	911 671	8.84
snoRNA	1 216	0.04	13 450	0.12	1 272	0.05	17 407	0.17
snRNA	1 486	0.05	4 041	0.03	1 521	0.06	4 315	0.04
tRNA	21 508	0.77	349 773	3.02	14 182	0.59	250 937	2.43
其他	59 287	2.13	1 041 270	8.98	46 299	1.92	926 515	8.99
未注释	2 698 818	96.9	9 222 920	79.56	2 348 476	97.28	8 200 200	79.53

（二）保守和新型 miRNA 的鉴定

miRNA 序列使用 miRBase 18.0 进行评估。那些与已知 miRNA 有两次或更少错配的 miRNA 被定义为保守 miRNA。在这两个文库中,共有 35 个（PT2）和 37 个（PT4）不同的保守 miRNA 和 miRNA*（miRNA star）序列,属于 14 个 miRNA 家族。在这些家族中,pau-miR166 的数量最多,约占 PT2 文库中产生的阅读量的 91.55%,而 pau-miR858 和 pau-miR211 的数量最少（图 13-73）。21 个 miRNA 具有不止一个发夹结构,表明它们的主 miRNA 不同,这些 miRNA 家族的成员比其

他 miRNA 家族的成员更多。除了保守的 miRNA，其余未注释的 sRNA 产生 13
个（PT2）和 14 个（PT4）序列，属于 7 个家族，使用更新的植物 miRNA 注释标
准预测为潜在的新型 miRNA。

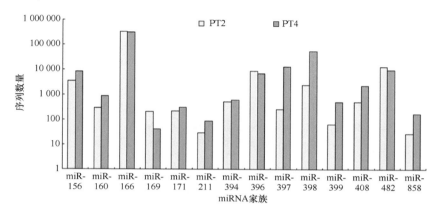

图 13-73　毛泡桐 miRNA 家族序列解读

（三）毛泡桐二倍体和四倍体中 miRNA 的表达分析

比较 PT2 和 PT4 中 miRNA 的相对表达丰度水平。所有保守的和新的 miRNA
都被归一化，并通过计算它们的 fold 比和 P 值进行分析。$P < 0.05$，$\log_2$ 比值< -1
或> 1 被认为具有显著的表达水平差异。属于 11 个 miRNA 家族的 16 个保守 miRNA
在 PT2 和 PT4 中表达差异显著（图 13-74A）。其中，miRNA pau-miR166-3p-1、pau-
miR169 和 pau-miR169-3p 在 PT4 中表达较弱，而其他 miRNA 在 PT2 中表达较强；
pau-miR169-3p 的相对表达量最低，pau-miR397-3p 的相对表达量最高。我们还检测
到 5 种表达水平显著不同的新型 miRNA（图 13-74B），所有这些 miRNA 在 PT4 中

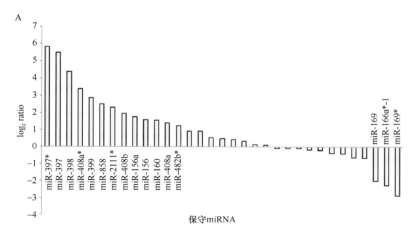

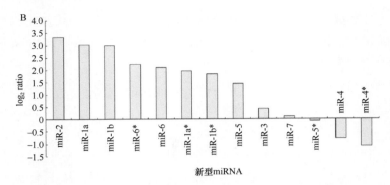

图 13-74　二倍体和四倍体毛泡桐中 miRNA 的差异表达
A. 保守 miRNA 的差异表达；B. 新型 miRNA 的差异表达

表达更强。在所有的新 miRNA 中，只有 pau-miR4、pau-miR4-3p 和 pau-miR5 在 PT4 中的相对表达量较低。在 PT4 中，pau-miR2 的相对表达量最高，pau-miR4-3p 的相对表达量最低。

（四）毛泡桐 miRNA 的降解组分析靶点识别

为了更好地理解本研究中发现的毛泡桐 miRNA 的功能，我们采用了降解组测序方法来识别毛泡桐miRNA的靶标。共产生了30个裂解片段的20 991 041 个（PT2）和 19 870 270 个（PT4）的原始序列。去除低质量序列、适配器序列和冗余序列后，分别有 7 256 739 个和 6 522 175 个来自 PT2 和 PT4 降解组库的唯一序列可以完美地映射到泡桐转录组（表 13-23）。通过 PAIRFINDER 软件分析，221 对 miRNA 靶向转录本通过降解组测序得到确认。根据目标位点的特征相对丰度，对这些目标转录本选择和分类（图 13-75）。其中，130 个（130 个切割位点）属于第一类，102 个（195 个切割位点）属于第二类，只有 22 个（30 个切割位点）属于第三类。

表 13-23　PT2 和 PT4 中降解组测序结果

序列类型	序列数	
	PT2	PT4
总序列数	20 991 041	19 870 270
高质量序列数	20 959 687	19 823 683
适配器 3′无效序列数	4895	5084
插入片段无效序列数	12	22
适配器 5′污染的序列数	67 501	61 085
小于 18 nt 的序列数	7438	6242
有效序列（特有）	20 879 841　（9 399 611）	19 751 250　（8 525 686）
匹配到转录组上的序列（特有）	17 147 888　（7 256 739）	16 347 595　（6 522 175）

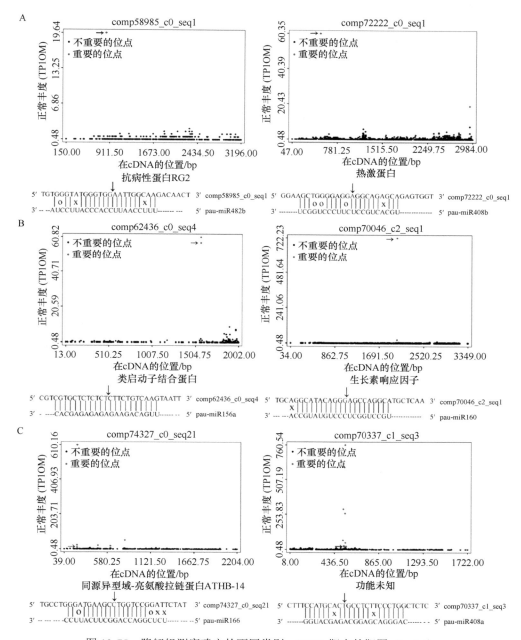

图 13-75　降解组测序确定的不同类别 miRNA 靶点的靶图（t-plot）

A. t-plot 图（上）和 miRNA：两个 I 类靶标 comp58985_c0_seq1 和 comp72222_c0_seq1 转录本的 mRNA 对齐（下）。箭头表示与 miRNA 定向裂解一致的签名。miRNA 中的实线和点，mRNA 对齐分别表示 RNA 碱基对匹配和 GU 不匹配，红色字母表示裂解位点。B. pau-miR156a 和 pau-miR160 的 II 类靶标 comp62436_c0_seq4 和 comp70046_c2_seq1。C. pau-miR166 和 pau-miR408a 的 III 类靶标 comp74327_c0_seq21 和 comp70337_c1_seq3

BlastX 对 SwissProt 数据库的搜索显示，这些 miRNA 靶标与其他植物蛋白具有同源性。预测基因参与细胞发育过程，包括能量代谢、信号转导和转录调控等，在植物生长过程中具有重要作用。例如，在 PT4 中表达更强的 pau-miR398 靶向编码丝氨酸/苏氨酸蛋白激酶 abkC 的基因，abkC 是一种使丝氨酸或苏氨酸的 OH 基团磷酸化的激酶。编码 MYB 相关蛋白、转录抑制因子 MYB5 和转录因子 WER（MYB66）的基因是 pau-miR858 的靶向基因。MYB 是一种参与植物生长和抗非生物胁迫的转录因子。这些蛋白质家族成员调节基因表达，以应对盐、干旱和寒冷胁迫。PT4 中表达较弱的 pau-miR169 被预测靶向编码核转录因子 Y 亚基（NFYB）的基因。NFYB 已被证明与 CCAAT/增强子结合蛋白 zeta、CNTN2、TATA 结合蛋白和 MYC 相互作用。

（五）毛泡桐 miRNA 及其靶标的表达模式分析

为了确定鉴定的 miRNA 的模式，并检测其在二倍体和四倍体植株中不同阶段的动态表达，用 RT-qPCR 分析测序后测序计数显著改变的 12 个保守 miRNA 和 2 个非保守 miRNA 的表达。RNA 不仅包括 30 天生长的二倍体和四倍体植株，还包括 6 个月和 1 年生长的植株。如图 13-76 所示，miRNA 表达水平随植物生长过程的变化而变化。结果表明，在二倍体和四倍体中，9 个 miRNA（pau-miR156a、pau-miR166-3p、pau-miR169-3p、pau-miR2111-3p、pau-miR396b、pau-miR408b、pau-miR858、pau-miR6 和 pau-miR6-3p）的表达量在植株生长过程中呈现先升高后降低的变化模式。pau-miR397 和 pau-miR482b 在 6 个月和 1 年植株中表达量下降，pau-miR169、pau-miR398 和 pau-miR408a-3p 表达方式不同。

同时，我们发现 6 个月的毛泡桐植株的 miRNA 表达最为丰富，这可能意味着这段时间是植物生长最重要的时期。在二倍体和四倍体不同生长阶段 miRNA 表达的比较中，我们得到了两个生物学重复的结果是一致的。大多数 miRNA 的表达趋势与 Solexa 测序结果相似，只有少数不同。但三个时期中只有 7 个 miRNA 在二倍体和四倍体之间表达趋势一致。pau-miR169-3p、pau-miR396b 和 pau-miR482b 在四倍体三个阶段的表达量均低于二倍体，pau-miR397、pau-miR398 和 pau-miR408a-3p 则相反。其余 miRNA 在四倍体三个阶段的表达与二倍体有显著差异。这些结果表明，在毛泡桐生长发育过程中，miRNA 的表达是非常复杂和多样的。

为了检测 miRNA 及其靶基因之间的潜在相关性，采用 RT-PCR 方法分析了 11 个 miRNA 靶点在不同发育阶段的表达模式。这些靶点包括 pau-miR156a 靶向的鳞状启动子结合样蛋白 12（comp62436_c0_seq4）、pau-miR396b 靶向的半胱氨酸蛋白酶 RD21a（comp68533_c0_seq1）和线粒体输入受体亚基 TOM6 同源物（comp41425_c0_seq1）、漆酶-4（comp13315_c0_seq1）和 pau-miR397 靶向的 ABC

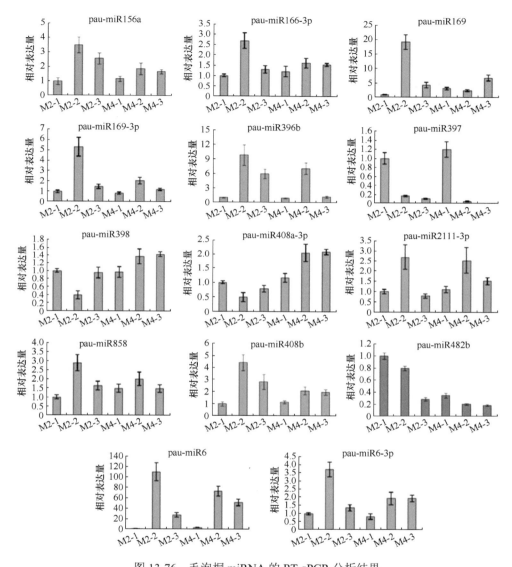

图 13-76　毛泡桐 miRNA 的 RT-qPCR 分析结果

从生长 30 天（M2-1、M4-1）、6 个月（M2-2、M4-2）、1 年（M2-3、M4-3）的二倍体、四倍体植株中分离出 RNA。
miRNA 的表达水平归一化为 U6。M2-1 中归一化 miRNA 水平被任意设置为 1

转运蛋白 G 家族成员 7（comp66172_c0_seq2）。pau-miR482b 靶向的抗病蛋白 RPP13
（comp75351_c0_seq5）和抗病蛋白 RGA2（comp58985_c0_seq1）；pau-miR 408b 靶
向的含五肽重复蛋白 At3g09060（comp66232_c1_seq3）和热休克蛋白（comp72222_
c0_seq1）；pau-miR858 靶向的转录因子 WER（comp31199_c0_seq2）和 MYB 相关
蛋白 P（comp56068_c0_seq1）。正如预期的那样，除了漆酶-4 和 ABC 转运蛋白 G

家族成员 7 外（图 13-77），大多数基因的表达水平与相应 miRNA 的表达水平呈负相关。在三个发育阶段中，pau-miR156a、pau-miR408b 和 pau-miR858 在 6 个月和 1 年植株期的 PT4 中表达量相对低于 PT2，而其编码 Squamosa 启动子结合样蛋白 12、含五肽重复蛋白、热休克蛋白、转录因子 WER 和 MYB 相关蛋白 P 的靶基因表达量相反（图 13-77）。

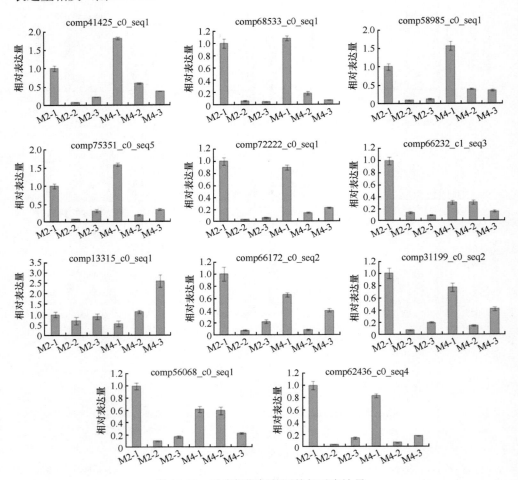

图 13-77　毛泡桐靶标基因的相对表达量

从生长 30 天（M2-1、M4-1）、6 个月（M2-2、M4-2）、1 年（M2-3、M4-3）的二倍体和四倍体植株中分离得到 RNA。靶蛋白的表达水平归一化为 18S rRNA。pau-miR396b 靶向的 comp68533_c0_seq1（半胱氨酸蛋白酶 RD21a）和 comp41425_c0_seq1（线粒体输入受体亚基 TOM6 同源物）；pau-miR397 靶向的 comp13315_c0_seq1（漆酶-4）和 comp66172_c0_seq2（ABC 转运蛋白 G 家族成员 7）；pau-miR482b 靶向的 comp75351_c0_seq5（抗病蛋白 RPP13）和 comp58985_c0_seq1（抗病蛋白 RGA2）；pau-miR408b 靶向的 comp66232_c1_seq3（含五肽重复蛋白 At3g09060）和 comp72222_c0_seq1（热休克蛋白）；pau-miR858 靶向的 comp31199_c0_seq2（转录因子 WER）和 comp56068_c0_seq1（MYB 相关蛋白 P）；由 pau-miR156a 靶向的 comp62436_c0_seq4（鳞状启动子结合样蛋白 12）

此外，与 PT2 相比，PT4 中 pau-miR396b 与其抗病蛋白 RPP13 和抗病蛋白 RGA2 的靶基因之间，以及 pau-miR482b 与其半胱氨酸蛋白酶 RD21a 和线粒体输入受体亚基 TOM6 的靶基因之间存在着相反的趋势。PT4 中 pau-miR396b 和 pau-miR482b 在各处理阶段的表达水平均显著低于 PT2，而其靶基因的表达水平则相反。这些结果表明，不同表达的 miRNA 导致其靶基因在不同发育阶段的表达水平不同。这些结果进一步证实了 miRNA 与其靶基因之间的负相关关系。

综上所述，这项研究通过对毛泡桐转录组的深度测序，比较了二倍体和四倍体毛泡桐的 sRNA，鉴定了 37 个独特的保守 miRNA 序列及 14 个在 PT2 和 PT4 之间表达水平显著不同的新 miRNA，并预测了它们的靶点和通路。通过比较这两个文库之间的 miRNA 表达水平，我们发现，毛泡桐基因组的加倍并不是简单地将 miRNA 的表达增加 2 倍。一些 miRNA 在 PT4 和 PT2 中表达水平相似，而另一些 miRNA 在 PT4 中表达比 PT2 强或弱得多。这些数据表明，miRNA 的调控功能依赖于植物的代谢系统，miRNA 产物随 Dicer-like 酶处理的 pri- mRNA 的数量而变化，影响植物生长。这些结果表明，四倍体的 miRNA 调控可能比二倍体更复杂，从而产生更好的生理生化性状。因此，四倍体 miRNA 表达的显著改变可能在调控靶基因方面发挥重要作用，从而导致其生物学特性和木材品质相对于二倍体的提升。

二、四倍体白花泡桐 microRNA

白花泡桐株型高大挺拔，具有良好的速生性状，是一种优良的泡桐种质资源。与二倍体品种相比，同源四倍体白花泡桐在生长性能和木材品质方面具有明显优势（Fan et al.，2007；翟晓巧等，2012；张晓申等，2012）。microRNA（miRNA）转录本的直接切割、翻译抑制或染色质修饰在植物生长、发育及生物和非生物胁迫反应中发挥着重要的调节作用。从白花泡桐同源四倍体和相应的二倍体植物中构建了 4 个测序文库，得到 142 个保守的 miRNA 隶属于 41 个家族，同时也获得 38 个新的 miRNA。这些 miRNA 中，同源四倍体相对于二倍体有 58 个上调，30 个下调。采用降解组测序方法鉴定 miRNA 靶基因，通过实时 PCR 分析验证差异表达的 miRNA 及其靶基因。研究结果为进一步研究 miRNA 介导的白花泡桐基因调控的生物学功能奠定了基础，为进一步研究 miRNA 在白花泡桐基因调控中的作用提供了参考。

（一）白花泡桐 sRNA 的分析

从 PF2 和 PF4 幼苗中构建了两个 sRNA 文库。通过高通量测序，总共产生了 9 774 977 个（PF2）和 14 422 555 个（PF4）的原始序列。在去除低质量序列、适配器和 5′引物污染物后，获得了 7 831 057 个（PF2）和 11 501 966 个（PF4）有效序列，1 522 556 个（PF2）和 3 188 730 个（PF4）特有序列。

序列的大小从 18～30nt 不等（图 13-78）。在两个库中，24nt 的序列最多，其次是 21nt 的序列。我们发现 PF4 文库中以 miRNA 为主的 21nt sRNA 比例低于 PF2 文库，而 24nt sRNA 在 PF4 文库中的比例高于 PF2 文库。与 Rfam、miRBase 19.0 和泡桐 Unigene 数据库中的序列相匹配的 sRNA 序列，被分类为 miRNA 或非注释 sRNA，分别用于识别保守的或候选的新 miRNA。不同种类 sRNA 的数量和比例如表 13-24 所示。PF2 文库中未注释 sRNA 的比例为 78.95%，PF4 文库中未注释 sRNA 的比例为 81.18%，提示一些未知的 PF4 特异性 sRNA 尚未被发现。

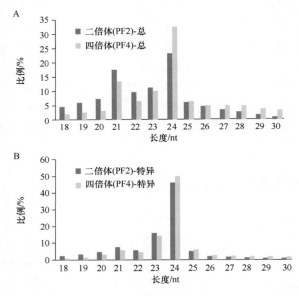

图 13-78　两个文库高通量测序得到的白花泡桐 sRNA 长度分布

A. 总序列的尺寸分布；B. 唯一序列的尺寸分布

表 13-24　PF2 和 PF4 的 sRNA 序列的注释

分类	PF2				PF4			
	特有 sRNA	比例/%	总 sRNA	比例/%	特有 sRNA	比例/%	总 sRNA	比例/%
miRNA	1 796	0.12	673 436	8.6	2 905	0.09	760 508	6.61
snoRNA	727	0.05	12 332	0.16	1 491	0.05	23 289	0.2
snRNA	975	0.06	2 352	0.03	1 661	0.05	4 689	0.04
tRNA	11 105	0.79	231 514	2.96	25 280	0.79	377 526	3.28
其他	31 878	2.03	729 055	9.31	64 825	2.03	999 027	8.69
未注释	1 476 075	96.98	6 182 368	78.95	3 092 568	96.98	9 336 927	81.18

（二）白花泡桐保守 miRNA 的鉴定

为了识别两个高通量测序库中的保守 miRNA，我们将唯一的序列与 miRBase 19.0 中的成熟 miRNA 序列进行了比较，允许出现两次不匹配。共鉴定出 41 个 miRNA 家族的 142 个保守 miRNA。在 41 个文库中，miR166 家族的数量最多，约占所有保守 miRNA 的 80%，其次为 miR159。其中 20 个被鉴定的 miRNA 属于 miR166 家族，而 41 个家族中的一些只有一个成员。miRNA 家族中 miR156/157、miR167、miR168、miR319、miR396、miR403、miR408 和 miR894 数量较多。相比之下，miRNA 家族 miR2111、miR2118、miR3630、miR3711、miR4414、miR482、miR4995、miR5072、miR5083 和 miR827 在两个文库中均表达极低。

（三）白花泡桐新 miRNA 的鉴定

使用 MIREAP 从白花泡桐 Unigene 数据库中鉴定了 38 个 miRNA 前体，这些前体总共产生了 38 个成熟的 miRNA。其中 15 个 miRNA 及其互补 miRNA*被认为是新 miRNA，而其他 23 个 miRNA 被认为是潜在的新 miRNA。成熟 miRNA 的长度从 20～23nt 不等，大多数为 22nt。成熟的 miRNA 序列定位在茎环结构内，其中近一半位于 3p 或 5p 臂。前体平均长度为 168nt，最小折叠自由能范围为 −18.30～−154.60kcal/mol，平均为−60.35kcal/mol。在新鉴定的 miRNA 中，88.7% 分别在两个库中检测到，2.27%仅在 PF2 库中检测到，9.09%出现在 PF4 库中。

（四）白花泡桐差异表达的 miRNA

我们对两个高通量测序库中的 miRNA 进行了差异表达分析。我们鉴定了 88 个这样的 miRNA，属于 40 个 miRNA 家族。其中，在 PF4 植株中，有 58 个基因上调，30 个基因下调。在差异表达的 miRNA 中，70 个（50 个在 PF4 中上调，20 个在 PF4 中下调）是保守的，18 个（8 个在 PF4 中上调，10 个在 PF4 中下调）是新 miRNA。其中一些 miRNA 的表达变化显著（在 PF4 中约 10 倍）。

（五）利用降解组分析鉴定白花泡桐 miRNA 靶点

为了更好地理解本研究中发现的白花泡桐 miRNA 的功能，我们进行了降解组测序用于识别 miRNA 的靶标。30 个裂解片段共获得 20 769 652 个（PF2）和 22 626 045 个（PF4）的原始序列。在去除低质量序列、适配器序列和冗余序列后，分别有 6 741 615 个和 6 937 219 个来自 PF2 和 PF4 降解组文库的唯一序列被完美地映射到泡桐转录组（表 13-25）。随后的 PAIRFINDER（2.0 版本）分析确认降解组文库中有 503 个 miRNA 靶向转录对。其中，486 个是保守 miRNA 的靶标，17 个是新型 miRNA 的靶标。目标转录本被汇集起来，并根据它们的相对丰度分为三类（图 13-79）。在确定的目标中，411 个（448 个切割位点）属于第一类，72 个（147 个）属于第二类，28 个（37 个）属于第三类。

表 13-25　PF2 和 PF4 中降解组测序结果

序列类型	序列数	
	PF2	PF4
总序列数	20 769 652	22 626 045
高质量序列数	20 709 730	22 581 241
适配器 3′无效序列数	2443	2941
插入片段无效序列数	27	99
适配器 5′污染的序列数	68 456	67 420
小于 18 nt 的序列数	2350	2855
有效序列数（特有）	20 636 454（8 900 093）	22 507 926（9 515 387）
匹配到转录组上的序列数（特有）	16 983 905（6 741 615）	18 117 235（6 937 219）

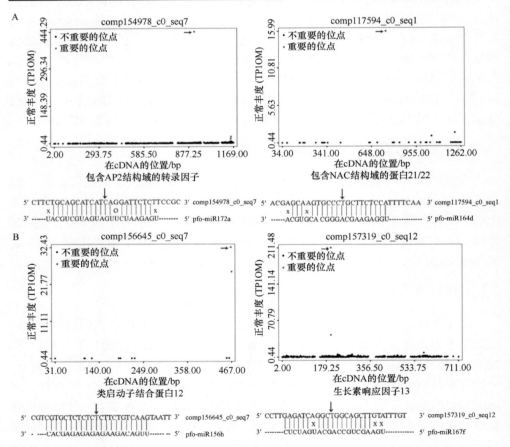

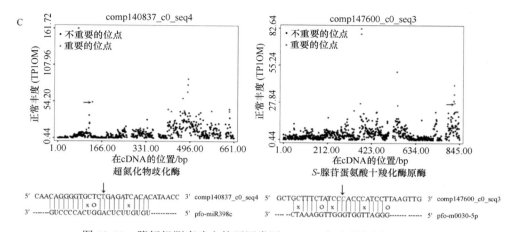

图 13-79　降解组测序确定的不同类别 miRNA 靶点的靶图（t-plot）

A. T-plot（上）和 miRNA，两个 I 类靶标 comp154978_c0_seq7 和 comp117594_c0_seq1 转录本的 mRNA 对齐（下）。miRNA 中的实线和点，mRNA 对齐分别表示 RNA 碱基对匹配和 GU 不匹配，红色字母表示裂解位点。B. II 类靶标 comp156645_c0_seq7 和 comp157319_c0_seq12 用于 pfo - miR156 h 和 pfo - miR167f。C. comp140837_c0_seq4 和 comp147600_c0_seq3，是 pfo - miR398c 和 pfo -m0030-5p 的III类靶标

使用 BlastX 将所有确定的目标基因与蛋白质数据库进行比对，并检索出与目标基因相似度最高的序列。许多序列（约 22.92% 和 20.8%）与葡萄（*Vitis vinifera*）和番茄（*Lycopersicon esculentum*）具有较强的同源性，其次是胡杨（*Populus trichocarpa*）（8.3%）、马菊（*Antirrhinum majus*）（7.29%）、桃杏仁（*Amygdalus persica*）（7.29%）和辣椒（*Capsicum annuum*）。miRNA 靶基因被分为三个 GO 类别：生物过程、细胞成分和分子功能。此外，通过 KEGG 通路分析对靶基因进行注释。发现了 19 种不同的路径，其中一些与 GO 的注释一致。最常见的表达途径包括："代谢途径"、"植物激素信号转导"、"精氨酸和脯氨酸代谢"、"类黄酮生物合成"、"次生代谢物生物合成"、"半胱氨酸和甲硫氨酸代谢"、"苯丙素生物合成"、"植物-病原体相互作用"和"糖酵解/糖异生"。

（六）RT-qPCR 确定预测 miRNA 及其靶基因

为了验证 miRNA 的存在和表达模式，我们在两个高通量测序文库中选取了 12 个表达模式不同的 miRNA 进行 RT-qPCR 分析。RT-qPCR 检测的 miRNA 表达模式与高通量测序的表达趋势相似（图 13-80）。与 PF2 中的表达相比，pfo-miR858b、pfo-miR398b、pfo-m0019 和 pfo-m0004-5p 在 PF4 发育的第一和第四阶段表达上调，在第二和第三阶段表达下调，pfo-miR166n、pfo-miR172a 和 pfo-miR393a 在 PF4 发育的所有 4 个阶段表达下调。PF4 中 pfo-miR156b 的表达在第一阶段上调，在其他三个阶段下调。PF4 中 pfo-m0016 的表达在前三个阶段下调，在第四个阶段上调。此外，随着植株的发育，miRNA 的表达呈现出不同的趋

势。在 PF2 植株中，pfo-miR156b 的表达量在第一阶段达到峰值，pfo-miR172a、pfo-miR159b、pfo-miR398b、pfo-m0004-5p、pfo-m0016、pfo-m0019 和 pfo-m0030-5p 在第二阶段达到峰值，pfo-miR858b 和 pfo-miR393a 在第三阶段达到峰值。在 PF4 植株中，pfo-m0004-5p、pfo-m0019、pfo-m0016、pfo-miR166n、pfo-miR159b、pfo-miR172a 和 pfo-miR393a 在第一阶段的表达量较其他三个阶段的表达量最低。

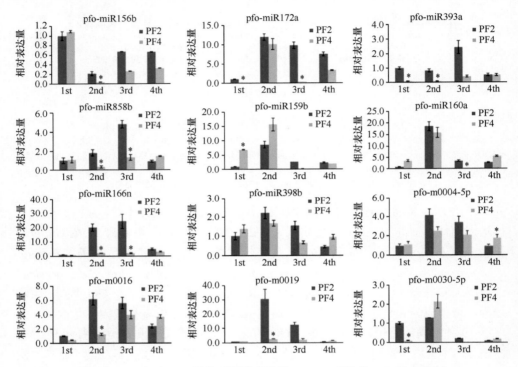

图 13-80　PF2 和 PF4 植物不同发育阶段 miRNA 表达的 RT-qPCR 验证

植物发育的四个阶段（1st，第一阶段，30 日龄离体植株；2nd，第二阶段，半年生幼苗；3rd，第三阶段，1 年生幼苗；4th，第四阶段，2 年生幼苗）分离总 RNA，每个样本进行 3 个独立的生物重复，每个生物重复进行 3 个技术重复，下同。miRNA 的表达水平归一化为 U6。第一阶段的归一化 miRNA 水平被任意设置为 1。*同发育阶段 PF2 与 PF4 差异有统计学意义（$P<0.05$）

为了确定 miRNA 及其靶基因之间的潜在相关性，我们还通过 RT-qPCR 分析了 6 个 miRNA 靶基因在不同治疗阶段的表达模式。靶点包括 pfo-miR156b 靶向的鳞粒启动子结合蛋白同源物 5（comp152071_c0_seq1）、pfo-miR172a 靶向的 AP2 结构域转录因子 4（comp154978_c0_seq7）、pfo-miR160a 靶向的生长素反应因子 18（comp153967_c0_seq3）、pfo-miR159b 靶向的转录因子 GAMYB（comp132007_c0_seq1）、pfo-miR398b 靶向的 laccase21（comp156082_c0_seq4）、和 pfo-m0030-5p 靶向的 S-腺苷甲硫氨酸脱羧酶原酶（comp147600_c0_seq3）。正

如预期的那样，靶基因的表达水平与相应 miRNA 的表达水平呈负相关。4 种 miRNA pfo-miR156b、pfo-miR159b、pfo-miR160a 和 pfo-miR398b 在 PF4 的后三个阶段表达水平相对于 PF2 较低，在第一阶段表达水平较高。此外，pfo-miR172a 和新型的 pfo-m0030-5p 的表达水平与其目标基因 AP2 域转录因子 4 （PF4 在所有发育阶段均高于 PF2）和 S-腺苷甲硫氨酸脱羧酶原酶的表达水平呈负相关。PF4 在第一和第三阶段高于 PF2，在第二和第四阶段则低于 PF2（图 13-81）。这些结果表明，测序分析在第一阶段发现的 PF2 和 PF4 之间差异表达的 miRNA，在其他三个阶段也存在差异表达，这种表达差异导致了它们的靶基因表达水平的差异。

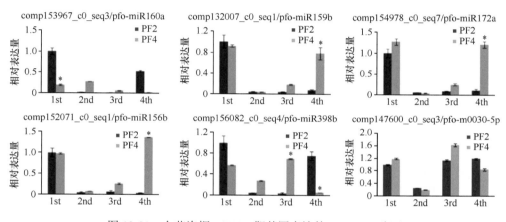

图 13-81　白花泡桐 miRNA 靶基因表达的 RT-qPCR 验证
靶标的表达水平归一化为 18S rRNA

综上所述，白花泡桐 miRNA 在二倍体和同源四倍体之间存在表达差异。差异表达 miRNA 靶向的基因分析也发现，这些 miRNA 与四倍体白花泡桐的生理和环境适应密切相关，这些结果为今后白花泡桐高性能基因型的选择和调控提供了理论依据。

三、四倍体南方泡桐 microRNAs

为了研究 miRNA 在南方泡桐中起到的调控作用，采用小 RNA 文库的构建及 Solexa 测序和降解组测序分析的方法（Addo-Quaye et al.，2008；German et al.，2008）。在构建的二倍体、四倍体南方泡桐 miRNA 文库和 4 个降解文库中，共鉴定出 15 个家族的 45 个保守的 miRNA 和 31 个潜在的新的候选 miRNA。其中 26 个 miRNA 表达上调（13 个保守 miRNA 和 13 个新 miRNA）；15 个表达下调（3 个保守 miRNA 和 12 个新 miRNA）。一些 miRNA 的表达水平发生了显著变化，

pas-miR169b-3p、pas-miR169c-3p、pas-miR396c-3p、pas-miR396d-3p、pas-miR171a、pas-miR171b 和 pas-miR171c 的表达水平在四倍体文库中增加或降低约 5 倍（表13-26）。另外，在四倍体文库中检测到 21 种新的 miRNA，其表达水平比二倍体文库升高或降低小于 5 倍（表 13-27）。先前的研究已经表明，通过甲基化敏感性扩增多态性分析，在四倍体泡桐植物中，许多基因似乎在基因组复制后特别地甲基化（张晓申等，2013a）。据报道，DNA 甲基化参与诱导基因沉默，其可重新启动或改变基因表达水平（Shen et al.，2012）。事实上，我们发现四倍体文库中许多差异表达的 miRNA 的表达水平与它们在二倍体文库中的表达相比没有增加超过 2 倍。然而，这些 miRNA 中约有一半在两个文库中显著不同。一些 miRNA 在四倍体和二倍体文库中以相似的水平表达（表 13-27）。这些结果表明四倍体中的基因组合并导致 miRNA 初级转录物和 miRNA 靶基因的非加性表达。

表 13-26　南方泡桐中的保守 miRNA

家族	miRNA	表达		差异倍数 [log₂（PA4/PA2）]	P 值	miRNA*表达	
		PA2	PA4			PA2	PA4
MIR169	pas-miR169a-3p	252	142	−0.83	2.27E-08	180	87
	pas-miR169b-3p	244	0	−11.16	2.77E-74	173	0
	pas-miR169c-3p	244	0	−11.16	2.77E-74	173	0
	pas-miR169d	18	26	0.53	2.35E-01	0	0
	pas-miR169e	18	26	0.53	2.35E-01	0	0
MIR159	pas-miR159a-3p	117 706	141 387	0.26	0	115	83
	pas-miR159b-3p	1 312	85	−3.95	0	16	0
MIR408	pas-miR408a-3p	1 475	6 263	2.08	0	50	208
	pas-miR408b-3p	1 475	6 263	2.08	0	50	208
MIR396	pas-miR396a	7 879	6 831	−0.21	1.86E-18	142	153
	pas-miR396b	2 808	3 411	0.29	2.11E-15	120	263
	pas-miR396c-3p	0	30	8.13	9.61E-10	13	11
	pas-miR396d-3p	0	30	8.13	9.61E-10	13	11
MIR397	pas-miR397a	676	6 543	3.27	0	16	368
	pas-miR397b	678	6 601	3.28	0	16	368
MIR398	pas-miR398a-3p	532	3 071	2.53	0	44	1 042
	pas-miR398b-3p	532	3 071	2.53	0	44	1 042
	pas-miR398c-3p	532	3 071	2.53	0	44	1 042
MIR166	pas-miR166a-3p	178 621	189 900	0.09	3.20E-72	1 809	1 883
	pas-miR166b-3p	180 817	192 950	0.09	1.90E-82	141	332
	pas-miR166c-3p	550 961	563 946	0.03	2.62E-29	1 689	1 755
	pas-miR166d-3p	422 623	424 471	0.00	2.78E-01	373	236
	pas-miR166e-3p	50 932	51 265	0.01	4.71E-01	490	455

续表

家族	miRNA	表达		差异倍数 [log₂（PA4/PA2）]	P 值	miRNA*表达	
		PA2	PA4			PA2	PA4
MIR160	pas-miR160a	718	1 445	1.01	8.76E-56	0	1
	pas-miR160b	30	40	0.41	2.38E-01	0	0
	pas-miR160c	30	40	0.41	2.38E-01	0	0
	pas-miR160d	30	40	0.41	2.38E-01	0	0
	pas-miR160e	30	40	0.41	2.38E-01	0	0
	pas-miR160f	30	40	0.41	2.38E-01	0	0
MIR156	pas-miR156a	2 251	3 231	0.51	5.59E-39	0	0
	pas-miR156b	2 251	3 221	0.51	4.75E-39	46	69
	pas-miR156c	1 349	2 284	0.76	1.94E-54	278	493
	pas-miR156d	1 349	2 284	0.76	1.94E-54	278	493
MIR164	pas-miR164	396	284	−0.48	1.51E-05	85	40
MIR167	pas-miR167	509	864	0.76	8.46E-22	18	27
MIR168	pas-miR168a	1 893	2 713	0.52	2.06E-33	143	236
	pas-miR168b	1 895	2 712	0.51	3.58E -33	137	185
MIR2118	pas-miR2118a-3p	109	136	0.32	8.78E-02	0	0
	pas-miR2118b-3p	109	136	0.32	8.78E-02	0	0
MIR482	pas-miR482a-3p	4 727	6 806	0.52	5.00E-83	0	0
	pas-miR482b-3p	4 529	4 723	0.06	5.48E-02	0	0
	pas-miR482c-3p	4 728	6 804	0.52	8.48E-83	0	0
MIR171	pas-miR171a	0	10	6.54	9.87E-04	0	0
	pas-miR171b	0	8	6.22	3.94E-03	0	0
	pas-miR171c	0	8	6.22	3.-94E-03	0	0

表 13-27　南方泡桐中鉴定的新 miRNA

miRNA	表达		差异倍数 [log₂（PA4/PA2）]	P 值	miRNA*表达	
	PA2	PA4			PA2	PA4
pas-miR1	116	422	1.86	7.02E-42	106	74
pas-miR2	43	0	−8.65	1.0.9E-13	0	0
pas-miR3	8	3	−1.42	1.45E-01	6	5
pas-miR4a	6	0	−5.81	1.55E-02	0	0
pas-miR4b	6	0	−5.81	1.55E-02	0	0
pas-miR5a	7116	6078	−0.23	5.38E-20	208	223
pas-miR5b	7116	6078	−0.23	5.38E-20	208	223
pas-miR6a-3p	2125	4098	0.94	1.51E-139	67	71
pas-miR6b-3p	2125	4098	0.94	1.51E-139	67	71
pas-miR6c-3p	2125	4098	0.94	1.51E-139	67	71

续表

miRNA	表达		差异倍数 [log₂ （PA4/PA2）]	P 值	miRNA*表达	
	PA2	PA4			PA2	PA4
pas-miR7-3p	696	0	−12.67	1.51E-210	6	0
pas-miR8a-3p	29	0	−8.08	4.57E-01	0	0
pas-miR8b-3p	29	11	−1.4	5.48E-02	0	0
pas-miR9	8	0	−6.23	3.87E-03	0	0
pas-miR10-3p	10	0	−6.55	9.66E-04	0	0
pas-miR11-3p	17	0	−7.31	7.49E-06	0	0
pas-miR12	5	0	−5.55	3.11E-02	0	0
pas-miR13-3p	934	1506	0.69	5.10E-31	1128	1403
pas-miR14	10	28	1.48	3.45E-03	2	1
pas-miR15a	345	0	−11.66	9.86E-105	107	0
pas-miR16a-3p	0	19	7.47	1.95E-06	0	0
pas-miR16b-3p	0	19	7.47	1.95E-06	0	0
pas-miR16c-3p	0	19	7.47	1.95E-06	0	0
pas-miR17-3p	0	8	6.22	3.94E-03	0	7
pas-miR18-3p	0	11	6.68	4.94E-04	0	0
pas-miR19-3p	0	126	10.2	1.34E-38	0	0
pas-miR20-3p	0	54	8.98	5.87E-17	0	2
pas-miR21a	0	12	6.81	2.47E-04	0	9
pas-miR21b	0	12	6.81	2.47E-04	0	9
pas-miR22-3p	0	11	6.88	4.94E-04	0	0
pas-miR23-3p	0	28	8.03	3.84E-09	0	0

RT-qPCR 获得的 miRNA 的表达模式显示，与二倍体相比，pas-miR156c、pas-miR398a3p、pas-miR408a-5p 和 pas-miR22-3p 在四倍体中的表达量在 30 天的幼苗中上调，而在 2 年生的幼苗中 pas-miR319a-3p 的表达量则相反。此外，四倍体中的 pas-miR160a、pas-miR167、pas-miR171a、pas-miR397a、pas-miR1 和 pas-miR14 的表达量在 30 天的植株中上调，并且在 2 年生幼苗中，PA4 表达下调，而 pas-miR3 表达则相反。因此，随着植物的发育，部分 miRNA 的表达水平表现出不同的趋势。也有 6 个 miRNA（pas-miR160a、pasmiR167、pas-miR319a-3p、pas-miR398a、pas-miR408a-3p、pas-miR1）在两个阶段的二倍体和四倍体中具有相同的表达趋势（图 13-82）。通过 RT-qPCR 验证了不同发育阶段差异表达的 miRNA 和转录靶的表达模式。结果表明，差异表达的 miRNA 导致其转录靶基因的表达水平不同。并且还发现两个靶基因（*CL4211.Contig3* 和 *CL10503.Contig1*）的表达水平与其对应的 miRNA（pas-miR167 和 pas-miR171a）的表达水平不一致，这表明还存在其他调控靶基因表达的机制。

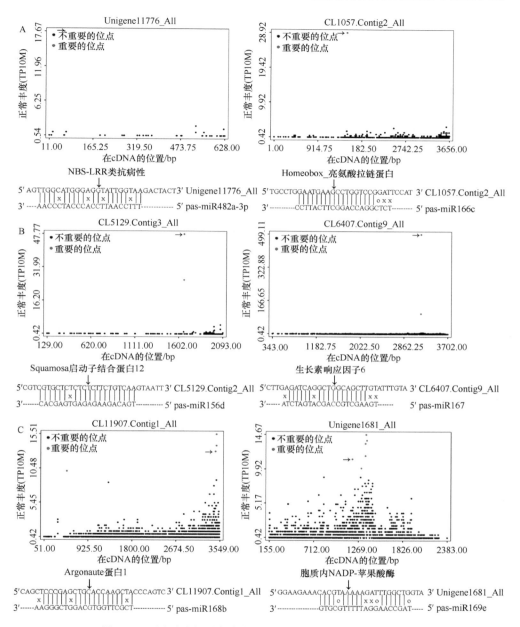

图 13-82　通过降解测序确定不同类别 miRNA 靶点的靶点图

　　注释分析结果表明，除生长素响应因子 ARF 8 和稻草人样蛋白 SCL 15 的靶标外，其余靶标的表达水平与相应 miRNA 的表达水平呈负相关（图 13-83）。pasmiR160a、pas-miR167、pas-miR171 和 pas-miR1 在不同发育时期，其表达水平有显著差异，四倍体中的表达水平在 30 天幼苗期高于二倍体，在 2 年生幼苗期低于二倍体，而其转录靶 CL3173.Contig7、CL11603.Contig1、CL6407.Contig9、CL11078.Contig2、CL11078.Contig3 和 Unigene 9061 以与预期相反的方式表达，并且这些编码蛋白分别是生长素响应因子 ARF 10、ARF 18 和 ARF 6、SCL 6 和 SCL 22 及丝氨酸/苏氨酸蛋白激酶的成员。在两个处理阶段，四倍体中 pas-miR319a-3p 的表达水平显著低于二倍体中的表达水平，而转录因子 TCP 4（CL9103.Contig3）的表达水平则相反。此外，与二倍体相比，四倍体中 pas-miR156c 与其编码的 SPL6 和 SPL12（CL11428.Contig2 和 CL5129.Contig2）的靶基因之间及 pas-miR22-3p 与其编码含 CCCH 型锌指结构域蛋白 53（CL1197.Contig2）的靶基因之间观察到相反的趋势。这些结果表明，miRNA 和转录靶的表达模式在南方泡桐的生长发育中是复杂多变的。此外，这些结果也揭示了这些 miRNA 在植物从二倍体到同源四倍体的基因组复制变化中可能起到的作用。

南方泡桐中保守 miRNA 预测的靶基因与已验证的植物 miRNA 靶基因相似或功能相关，并被注释为参与多种生理过程。pas-miR156 靶向 SPL 蛋白家族，影响植物的不同发育过程，如叶发育、茎干成熟、阶段变化和开花（Rhoades et al.，2002）；以及 pas-miR167 靶向 ARF6 和 ARF 8，它们属于一类已知控制植物中多种过程的转录因子，包括调节雌蕊群和雄蕊成熟及种子传播（Nagpal et al.，2005；Kwak et al.，2009）。对差异表达 miRNA 的靶基因分析表明，其中一些靶基因可能在植物形态学和生理学中发挥重要作用。预测 miR171 家族靶向 3 个 SCL 基因，其在四倍体植物中上调。预测 pas-miR1 和 pas-miR22-3p 分别靶向含 L-型凝集素结构域的受体激酶（lecRK）和含 CCCH 型锌指结构域的蛋白质，表明鉴定的 miRNA 靶基因除了可能参与植物发育外，还可能在生物和非生物胁迫中发挥重要作用。

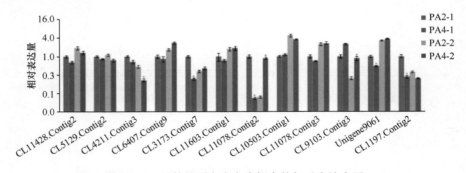

图 13-83　目的基因在南方泡桐中的相对表达水平

四、四倍体'豫杂一号'泡桐 microRNA

为了解同源四倍体和二倍体'豫杂一号'泡桐植株中 miRNA 的功能，构建了同源四倍体和对应二倍体植株的 2 个小 RNA 文库和 2 个降解体测序文库，并进行分析（Sunkar and Zhu，2004；German et al.，2008）。从两个 sRNA 文库中共获得 49 个保守 miRNA，分属 15 个家族，其中 25 个为新 miRNA。其中 pau-miR156 家族有 13 个成员，远远多于其他 miRNA 家族。并且 pau-miR5a 可能是泡桐属植物中保守的 miRNA。在检测到的 74 个 miRNA 中，有 28 个 miRNA 在四倍体中的表达水平显著高于二倍体，表明这些 miRNA 的表达变化可能是对泡桐四倍体的响应。采用降解测序代替生物信息学预测进行 miRNA 靶点鉴定，识别出 30 个潜在靶点。其中 pau-miR482a-3p 和 pau-miR1 靶向相同的 4 种基因，pau-miR482a-3p 和 pau-mR4 靶向相同的 2 种基因。其他被预测具有相同靶点的 miRNA 都属于它们自己独特的家族。通过 GO 和 KEGG 注释，12 个独特的靶基因被注释为鳞状启动子结合样蛋白。这 12 个靶基因和另外 2 个基因（转录因子 TCP4 和可能的核氧还蛋白 1）的 KEGG 分析尚不清楚。对其他靶基因的注释表明，它们可能参与生长素介导的信号通路、蛋白质二聚化活性、DNA 结合、转录调控、细胞分裂、根冠发育和模式特异性过程（图 13-84）。

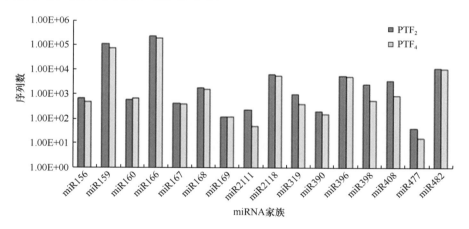

图 13-84 ‘豫杂一号’泡桐 miRNA 家族序列解读

通过 RT-qPCR 验证，3 个保守的 miRNA（pau-miR2111a、pau-miR398a-3p 和 pau-miR408-3p）在 PTF$_2$ 和 PTF$_4$ 植物的 3 个生长阶段具有相同的表达模式。两种新的 miRNA（pau-miR6 和 pau-miR9）在第二阶段的两种基因型中具有最低的表达水平。此外，pau-miR319b-3p 和 pau-miR12a 在 PTF$_4$ 中的表达水平在第一阶段和第三阶段高于 PTF$_2$ 中的表达水平，而在第二阶段低于 PTF$_2$ 中的表达水平。与 PTF$_2$ 中的 pau-miR6 表达水平相比，PTF$_4$ 在第一和第二阶段的表达水平较低，而在第三阶段的表达水平较高（图 13-85）。

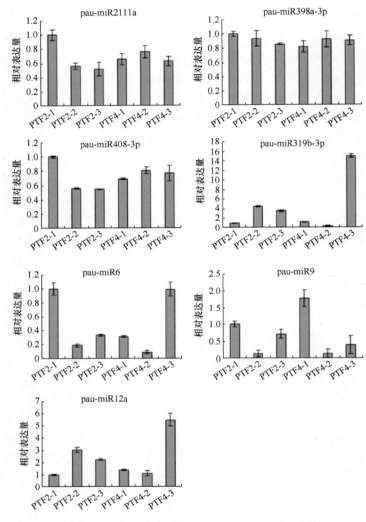

图 13-85   '豫杂一号'泡桐中 miRNA 表达水平的验证

此外，据报道，miRNA 主要通过调节转录因子基因的表达来调节基因表达（Mallory and Vaucheret，2006）。因此，多倍体中基因调控网络的变化可能是由转录因子表达模式的变化引起的。先前的研究已经表明 miR319 作用于 TCP 家族成员以调节叶的形态和生长（Palatnik et al.，2003）。在我们的研究中，pau-miR319b-3p 靶向编码转录因子 TCP4 的基因 Cl9103.Contig2。已知转录因子 TCP 家族控制多种发育性状，并在植物生长中发挥重要作用（Sarvepalli and Nath，2011）。因此，PTF₄ 中 pau-miR319b-3p 的下调导致同源四倍体植物中 TCP4 的上调，这对二倍体和多倍体植株外部形态和生长速度的巨大差异起着关键作用。

第六节　四倍体泡桐抗旱与抗盐胁迫分子机理

一、四倍体泡桐抗旱分子机理

干旱胁迫下植物通常通过诱导各种相关基因和代谢途径来应对缺水，如光合作用、植物激素信号转导和类黄酮途径等。为解释干旱条件下四倍体泡桐的抗旱能力高于其二倍体的生理特性，对两种倍性的不同泡桐的转录组进行分析，以探究其优良特性的分子机制。

在对同源四倍体和二倍体白花泡桐的抗旱性研究中发现，编码抗旱蛋白、调节蛋白、生长发育相关的基因在干旱条件下出现差异表达。首先是抗旱蛋白方面，两种不同倍性的白花泡桐材料中都观察到甲硫氨酸合酶转录本的诱导，而甲硫氨酸合酶的激活是对干旱的初始反应，因为通过该途径的流量增加为次级代谢化合物提供了甲基来源。因此，甲硫氨酸合酶高水平的增加或维持可能反映了更活跃的甲基化和渗透调节物质代谢。同时，两种材料中编码转运蛋白的基因也差异表达，以提高白花泡桐在干旱条件下的抗性。在调节蛋白方面，发现在土壤相对含水量为 25% 条件下处理了 12 天的二倍体（PF2W25-12D）和同源四倍体白花泡桐（PF4W25-12D）的转录组中，编码干旱反应调节蛋白的基因积极响应，使得两种泡桐中包括 WRKY 和 MYB 在内的一些转录因子，包括钙结合蛋白、核酸结合蛋白、丝氨酸/苏氨酸蛋白、锌指蛋白等调节蛋白及类黄酮等次级代谢产物在两种类型的泡桐（PF2W25-12D 和 PF4W25-12D）中都高度表达，以调节白花泡桐在干旱胁迫中的反应并提高其适应性。而在生长发育方面，发现一些差异表达基因编码细胞组分和多种激素，如调控植物生长的生长素、细胞分裂素及提高植物抗旱性的脱落酸等。同时还发现一些差异表达基因参与脱落酸和其他重要植物激素（如乙烯、生长素、玉米素和油菜素类等）之间的串扰，如在土壤相对含水量为 25% 条件下处理了 12 天的二倍体和同源四倍体白花泡桐的转录组中，一系列在玉米素生物合成途径中编码相关酶的基因都发生上调（图 13-86）（Dong et al.，2014b）。

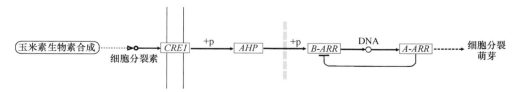

图 13-86　干旱条件下两种倍性白花泡桐的玉米素生物合成途径中都上调的表达基因（红框中）

在对南方泡桐抗旱机制的研究中，使用 Illumina 基因组分析仪 IIx 分析，对两种倍性的南方泡桐分别进行在干旱和对照处理条件下转录组的比较分析，筛选了在干旱条件下两种倍性泡桐一致上调和下调的常见且参与干旱响应和适应的差异表达基因，并进行了 KEGG 分析。发现在干旱处理条件下，可能参与葡萄糖和淀粉合成的基因出现下调，一个编码可溶性转化酶的基因也出现下调，而 5 种葡萄糖跨膜转运蛋白则均出现上调。同时在脱落酸合成方面，发现 11 个差异表达基因（如 PP2C、SnRK2）在类胡萝卜素生物合成途径中上调，而类胡萝卜素途径是被子植物中 ABA 生物合成的唯一确定途径。在脱落酸分解方面，发现南方泡桐中 3 个参与 ABA 分解代谢的类 CYP707A 基因出现下调等。可以看出南方泡桐通过促进脱落酸合成并减少其分解的方式来积累脱落酸以调高对干旱环境的抗性。除脱落酸外，乙烯等其他激素也参与了植物的抗旱适应，而两种倍性的南方泡桐中，编码乙烯生物合成途径中关键酶的基因、生长素和油菜素类生物合成途径的相关基因及一系列编码玉米素生物合成途径中酶的基因均升高，这些变化都利于干旱条件下南方泡桐抗性和适应性的提升。这些上调和下调的差异表达基因也都为我们理解不同倍性南方泡桐的抗旱分子机制提供了帮助（Dong et al.，2014c）。

而在对同源四倍体'豫杂一号'泡桐和其二倍体的抗旱性分析中发现，四倍体'豫杂一号'泡桐的抗旱性高于其二倍体，为了获得'豫杂一号'泡桐对干旱反应的分子机制的遗传信息，使用 Illumina/Solexa 基因组测序平台从头组装在对照条件下和干旱胁迫下生长的二倍体和同源四倍体'豫杂一号'泡桐的叶片转录组，获得 98 671 个非冗余单基因，进而对两者的差异表达基因进行对比分析。对照条件下，二倍体'豫杂一号'泡桐中上调的大多数差异表达基因的转录丰度高于其四倍体，然而在干旱胁迫条件下四倍体'豫杂一号'泡桐相较于其对应的二倍体泡桐而言，其中上调的差异外显子（DEU）的转录丰度显著增加，尤其是参与 ROS 清除系统、氨基酸和碳水化合物代谢及植物激素生物合成和转导的 DEU。同时，干旱胁迫下四倍体'豫杂一号'泡桐中衰老相关蛋白质出现上调，且干旱胁迫期间积累了大量半乳糖醇和棉子糖，这可能也有助于提高干旱胁迫植物中的 ROS 清除。以上结果说明四倍体'豫杂一号'泡桐通过增加代谢和防御相关单基因的丰度，以提高应对干旱胁迫的抗性，表现出更高的抗旱能力（Xu et al.，2014）。

（一）干旱胁迫下四倍体毛泡桐 microRNA 的变化

为了从基因水平更加深入地了解四倍体毛泡桐 microRNA 在干旱胁迫下的变化，本研究将二倍体毛泡桐作为对照，具有 75%（对照）和 25%（干旱胁迫）相对土壤含水量的二倍体和同源四倍体毛泡桐分别命名为 PT2 和 PT2T，以及 PT4 和 PT4T。干旱处理时间设置为 0 天、6 天、9 天和 12 天（萎蔫状态）。处理后，选择每组中三个生长条件一致的个体，采集每株完全展开的叶片（从顶端开始的第二对叶片）进行合并。仅在 12 天后才从充分浇水的 PT2 和 PT4 植物中采集样品。采摘后，立即将叶片样品冷冻在液氮中，并储存在−80℃以待使用。研究分析表明，干旱胁迫下，二倍体、四倍体毛泡桐 miRNA 的表达差异变化及其对目标靶基因的表达调控中，有 8 个 miRNA 家族中的 41 个保守 miRNA 和 90 个潜在的新 miRNA，新的成熟 miRNA 序列的长度从 20~23nt 不等。在干旱胁迫下，pau-miR2191、pau-miR166a、pau-miR166b、pau-miR167b 和 pau-miR157 具有非常高的表达水平，同时，除了 pau-miR408a、pau-miR208b、pau-miR168 和 pau-miR390 之外的所有保守 miRNA 都不同程度地上调。这些结果表明，显著差异表达的 miRNA 可能在毛泡桐的干旱胁迫反应中发挥重要作用。其次，降解组测序共鉴定了 356 个靶点和 773 个切割位点。表明 miRNA 可以有效切割靶基因（Addo-Quaye et al.，2008；German et al.，2008）。

在对选择的 8 个差异表达 miRNA 进行的 RT-qPCR 验证中发现（图 13-87），4 种 miRNA（pau-miR396a、pau-miR159、pau-miR167a 和 pau-miR26a）表达的趋势与高通量测序数据相似。在不同倍性的毛泡桐中，这 4 种 miRNA 的表达水平在干旱处理的第 6 天上调，在第 9 天下调，在第 12 天上调。为了确认降解序列分析的可靠性，调查 miRNA 与其靶标之间的潜在相关性并发现：3 个靶标（CL401.Contig8_All、CL10153.Contig2_All 和 CL6480.Contig4_All）的表达模式与

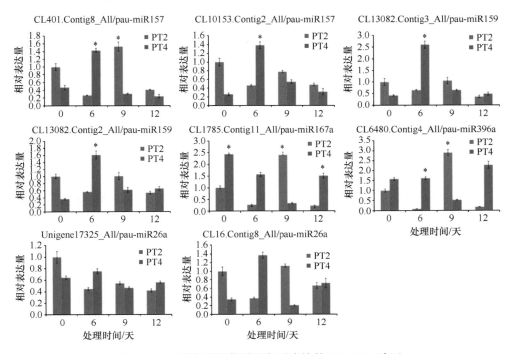

图 13-87　毛泡桐预测靶基因相对表达的 RT-qPCR 验证

相应 miRNA 的表达模式呈负相关。5 个靶标（CL13082.Contig3_All、CL13082.Contig2_All、CL1785.Contig11_All、CL16.Contig8_All 和 Unigene17325_All）与相应 miRNA 的表达水平呈正相关。这些结果表明，在干旱胁迫下的毛泡桐中，差异表达的 miRNA 及其靶点的表达模式复杂多样。

植物根通过吸收土壤中的水分和养分，在植物生长和发育中，应对生物、非生物胁迫的过程中发挥着重要作用。生长素应答基因 ARF6 被预测为 pau-miR167 的靶标基因，在干旱胁迫后显著上调（Meng et al.，2010；Khan et al.，2011）；pau-miRNA156 家族同之，同时 pau-miRNA156 的预测靶基因 SPL12 编码一种植物特异性转录因子，该转录因子在促进从幼年到成年生长、芽成熟、叶片发育和开花的过渡中发挥关键作用（Chuck et al.，2008；Cui et al.，2014），因此，泡桐在干旱胁迫下的形态和生理变化可能与 miR156 的负调节有关；pau-miR159 的预测靶基因是 GAMYB，在干旱胁迫后 pau-miR159 表达量也显著上调，据报道，MYB 在干旱条件下调节气孔，其过度表达会导致对缺水的超敏反应（Oh et al.，2011）。根据 miRNA 与其靶标的负调节，MYB 的表达水平可能促进了干旱胁迫下的保卫细胞收缩，导致气孔关闭并限制泡桐根的生长，从而进一步影响泡桐的根系的吸水能力。这些结果均表明了干旱胁迫反应是非常复杂的，由各种信号网络控制，miR156-SPL12、pau-miR167-ARF 和 pau-miR159-GAMYB 调节可能促进毛泡桐的抗旱能力。

（二）干旱胁迫下四倍体'豫杂一号'泡桐 microRNA 的变化

'豫杂一号'作为毛泡桐与白花泡桐的杂交无性系，通过秋水仙素从二倍体亲本植物中获得了同源四倍体植株后，在'豫杂一号'泡桐中构建了 PTF2W、PTF2T、PTF4W 和 PTF4T 4 个 sRNA 文库。在干旱胁迫前后，对于构建的'豫杂一号'二倍体和四倍体 miRNA 文库和相应的降解文库中，共鉴定出属于 14 个 miRNA 家族的 30 个保守 miRNA 和 98 个新 miRNA。此外，还鉴定出 12 个相应的 miRNA*，这已被认为是真正的 miRNA 的有力证据（Meyers et al.，2008）。通过 sRNA 和降解序列测定，发现了 3 个保守的和 21 个新的 miRNA，其中 15 个被鉴定为主要的干旱响应 miRNA，同时在四倍体中赋予比二倍体更高的抗性。与保守 miRNA 的表达水平相比，大多数新 miRNA 的丰度相对较低。同时在干旱胁迫前后有 24 个 miRNA 差异表达，它们可能对'豫杂一号'的干旱胁迫有响应。

经过 RT-qPCR 验证（图 13-88），在这些差异表达的 miRNA 中，pau-miR2911、pau-mm32 和 pau-mm39 a/b 仅在四倍体中表达，这意味着它们赋予了四倍体植物一种进化优势（Adams，2007；Leitch and Leitch，2008），四倍体表现出比二倍体更好的特征。此外，还发现一些 miRNA 在干旱条件下表达差异，仅在四倍体中表达，这被认为是四倍体比二倍体具有更好的抗旱性的证据，如 pau-miR169d 和

pau-miR2911。miR169 被预测为胁迫相关转录因子编码基因与生长发育有关的蛋白质，分析结果发现，相同 miRNA 靶向不同基因的调节模式是不同的，这一结果也揭示了在'豫杂一号'泡桐干旱胁迫期间，miRNA 与推定的靶基因之间的调节关系是多变的和复杂的。研究表明，miR169 被预测为靶向 NFYA 编码基因，在'豫杂一号'泡桐中，pau-miR169d 因干旱胁迫而下调表达。此外，pau-miR169d 在二倍体中的表达低于相应的四倍体，表明四倍体比二倍体具有更高的抗旱性。同时，在干旱胁迫中，pau-miR160 和 pau-miR482a-f 显著差异表达，pau-miR160 的表达增加了约 5 倍，这与拟南芥中的表达一致，因此我们可以推断 pau-miR160 参与了抗旱性。pau-miR482a-f 的推定靶基因被注释为编码 E3 泛素蛋白连接酶和推定的砷泵驱动 ATP 酶，两者都对环境胁迫有反应。拟南芥中辣椒 E3 泛素连接酶同源 *Rma1H1* 基因的过度表达降低了水通道蛋白 AtPIP2-1 的表达，并抑制了 AtPIP2-2 从内质网向质膜的转运。质膜中 AtPIP2-1 的减少增加了植物的抗旱性（Lee et al.，2009）。CPSF30 可能是一种与 Fip1 协调的加工性内切酶，与拟南芥中植物 CPSF 的重排有关（Rao et al.，2009）。

在我们的研究中，pau-M43 和 pau-M35 分别被预测为编码 CP12 和 CPSF30 的靶基因。这两种 miRNA 在干旱胁迫前后差异表达，因此我们认为 CP12 蛋白和 CPSF30 可能对干旱有反应。NBS-LRR 基因家族是编码提高植物防御能力的抗病蛋白的最大基因家族。在这项研究中，pau-M40 在 PTF$_4$W 与 PTF$_2$W 的比较中被下调，并被预测为靶向 *NBS-LRR* 基因，这些都可能有助于'豫杂一号'四倍体对干旱胁迫的防御能力，使四倍体表现出比二倍体更好的特征。

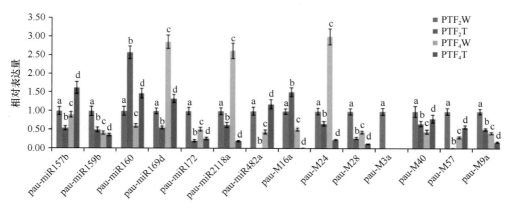

图 13-88　'豫杂一号'中 miRNA 的 RT-qPCR 结果

（三）干旱胁迫下四倍体南方泡桐 microRNA 的变化

干旱胁迫前后，在构建的二倍体、四倍体南方泡桐 miRNA 文库和 4 个降解文库中，共鉴定出 16 个 miRNA 家族的 33 个保守 miRNA，其中 pas-miR897 仅在二倍体中表达，而 pas-miR5239 仅在同源四倍体中表达。这一发现可能表明了干旱处理产生或抑制了一些新的 miRNA，它们可能在干旱胁迫反应中发挥重要作用。

RT-qPCR 验证分析结果发现（图 13-89），一些差异表达的miRNA（pas-miR171a/b、pas-miR15、pas-miR16、pas-miR34、pas-miR39、pas-miR60、pas-miR68 和 pas-miR84）上调或下调了 5 倍以上。具体而言，在干旱胁迫下，pas-miR84 是 miRNA 下调最多的（二倍体下调了 10.51 倍，同源四倍体下调了 9.83 倍），而 pas-miR68 是 miRNA 上调最多的（四倍体上调了 9.24 倍，同源二倍体上调了 8.62 倍）。在泡桐中鉴定这些干旱胁迫响应的 miRNA 可能有助于更好地理解参与防御反应的 miRNA，有可能培育出更好的抗旱树种。

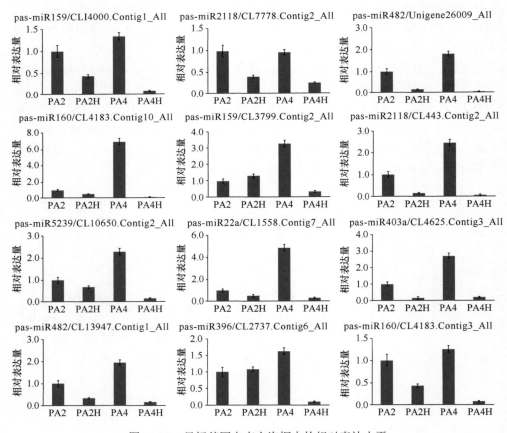

图 13-89　目标基因在南方泡桐中的相对表达水平

在候选 miRNA 的靶点与干旱胁迫反应有关的研究中鉴定的许多新 miRNA 靶

基因被预测在植物对干旱或缺水胁迫的反应中起作用。预测 pas-miR79 的靶基因编码应激诱导的锌指蛋白、醇脱氢酶和含五肽重复序列的蛋白质。我们在使用大规模的转录组数据来识别和分析干旱胁迫下二倍体和同源四倍体南方泡桐中的保守和新 miRNA，在鉴定出的 33 个保守的和 104 个新的 miRNA 中，其中 21 个在干旱胁迫下在两种南方泡桐基因型中存在差异调节。对 miRNA 表达模式及其靶标的生物学功能的生物信息学分析表明，这些 miRNA 和靶标基因参与了复杂的干旱胁迫反应途径。这些发现为泡桐植物中响应干旱胁迫的 miRNA 的未来研究提供了基础，并可能有助于阐明泡桐环境适应的分子机制。

（四）干旱胁迫下四倍体白花泡桐 microRNA 的变化

干旱胁迫前后，二倍体和四倍体白花泡桐中共获得 15 707 321 个（B2）、14 828 766 个（B2H）、14 153 413 个（B4）和 16 151 854 个（B4H）原始序列。土壤相对含水量分别为 75% 和 25%，在构建的白花泡桐二倍体和四倍体 miRNA文库和相应的降解文库中共鉴定出属于 14 个家族的 30 个保守 miRNA 及 88 个新的 miRNA。其中，miR169 是最大的家族，pfo-miR166a-3p 是最丰富的 miRNA，miR169b 仅在二倍体植物中检测到，而 miR399 仅在四倍体植物中检测出。在所有保守的 miRNA 中，我们还鉴定了一些与干旱相关的 miRNA，这些 miRNA已在其他植物中得到证实，如 miR159、miR169 和 miR319。此外如前所述（Conesa et al.，2005），对靶标基因进行的 GO 分析及 KEGG 途径注释表明，靶基因主要参与代谢途径、植物激素信号转导和次级代谢产物的生物合成。

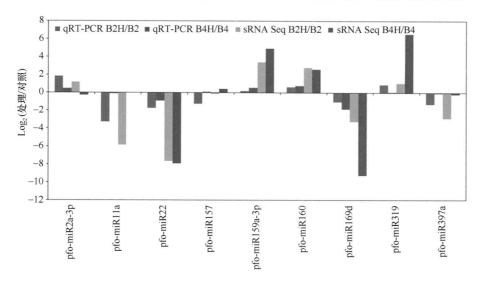

图 13-90　干旱胁迫下白花泡桐 RT-qPCR 分析结果

RT-qPCR 验证分析结果发现（图 13-90）：在干旱处理下，pfo-miR159a-3p、pfo-miR160 和 pfo-miR319 在两种泡桐基因型中被诱导，pfo-miR11a、pfo-miR22、pfo-miR169d 和 pfo-miR397a 被抑制。在干旱胁迫下，二倍体白花泡桐的 MSR 含量高于四倍体。这些结果表明，这些保守的 miRNA（miR159、miR160、miR169 和 miR397）可能也有助于提高四倍体白花泡桐的抗旱性。据报道，泡桐同源四倍体比相应二倍体表现出更好的耐旱性（张晓申等，2013b）。

但这些 miRNA 的功能仍有待发现。在本研究中，我们发现干旱胁迫可能会诱导新的 miRNA 调节基因表达，作为植物适应缺水的一种方式。干旱胁迫下，在叶中鉴定出几个预测的转录因子家族，包括 MYB、WRKY、bHLH、锌指、NAC、HSF 和 AP2/EREBP。转录因子 MYB 家族在植物响应干旱胁迫的信号通路中发挥关键作用。已发现 miR159 切割编码 MYB 转录因子的转录物，这意味着四倍体白花泡桐可能比二倍体白花泡桐具有更多 MYB 转录因子，并显示出更好的干旱胁迫耐受性。植物激素 ABA 参与干旱胁迫下的植物适应，本研究鉴定了干旱胁迫植物中差异表达的 WRKY 和 NAC-TF。发现干旱胁迫前后，二倍体和四倍体分别上调了 14 个和 13 个 WRKY TF。许多 NAC-TF 参与 ABA 信号传导，并且它们的生物合成在干旱胁迫下显著上调或下调。这说明了 ABA 在干旱胁迫反应和植物生长发育中发挥关键作用。在干旱胁迫下，pfo-miR160 在二倍体和四倍体白花泡桐中差异表达，通过 RT-qPCR 验证（图 13-91），我们获得了在干旱胁迫下，pfo-miR160 的一个靶点 CL1881.Contig4 在四倍体白花泡桐中高于二倍体。这一结果可能表明，四倍体保持了较高的生长素应答因子转录水平，这有助于其与二倍体相比生长得相对良好。

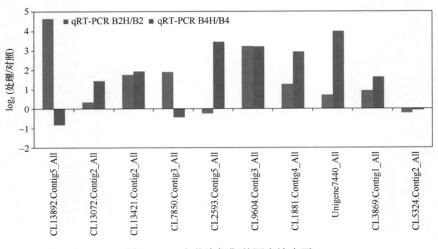

图 13-91 白花泡桐靶基因表达水平

通过二倍体和同源四倍体白花泡桐对干旱胁迫的生理响应的分析发现，干旱胁迫处理的白花泡桐，叶绿素和相对含水量降低；脯氨酸、丙二醛、可溶性糖和相对电导率增加；蛋白质含量和超氧化物歧化酶活性呈增加趋势，但差异未达到显著水平。此外，相对于白花泡桐二倍体，白花泡桐四倍体在水分充足和干旱胁迫条件下的可溶性糖含量和相对含水量始终较高，这些结果与其他学者先前的研究结果一致（张晓申等，2013b；Dong et al.，2014b）。与二倍体文库相比，同源四倍体文库中映射到泡桐基因组的阅读百分比更低。这些发现表明，全基因组复制并不是简单地将基因表达增加 2 倍；基因组复制中基因的进化可能改变了基因结构，导致两种基因型的表达模式不同。此外，大多数 miRNA 家族的数量比先前研究中报道的要多，这可能是因为参考基因组序列的可用性，其中包含的信息比转录组数据更多。此外，当保守的 miRNA 被识别时，许多序列被过滤掉。两次比较中 miRNA 的不同表达模式表明，这些 miRNA 可能与两种泡桐基因型适应干旱胁迫能力的变化有关。

二、四倍体泡桐抗盐胁迫分子机理

为探究四倍体泡桐相较于其二倍体所表现出的更高的抗盐能力的分子机制，以毛泡桐、白花泡桐和南方泡桐为分析对象，进行了转录组学分析。

首先是毛泡桐抗盐分子机制，以完整的泡桐基因组作为参考，使用下一代 RNA 测序技术分析了盐胁迫对二倍体和同源四倍体毛泡桐的影响，并鉴定了 15 873 个差异表达基因。分析发现，在植物激素方面，ABA 在植物信号传导和适应非生物胁迫中发挥重要作用，ABA 信号传导途径涉及 PP2C、PYR/PYL、SnRK2 和 ABF。PP2C 失活及 SnRK2 型激酶的激活能够诱导气孔关闭，在四倍体毛泡桐中 SnRK2 出现上调；而 PP2C 的下调和 ABF 的上调可能与植物盐响应基因相关，在四倍体毛泡桐中 PP2C 表达量相较于其二倍体出现下调，同时 ABF 表达量增加。除 ABA 外，一些其他激素如 CK 等，也对环境胁迫做出反应，调节植物对盐胁迫的适应性，使四倍体毛泡桐具有更好的抗盐能力。同时，光合作用方面，盐胁迫环境下会对植物光合活动的生理过程产生破坏，进而降低植物生长能力。而光系统 II 复合体中的重要组成部分 PsbQ 外周蛋白能够在高盐条件下保持光系统 II 的完整性，提高植物对盐胁迫的适应性。四倍体毛泡桐中相较于其二倍体而言，PsaQ 表达水平发生上调，使四倍体毛泡桐相较于其二倍体表现出更好的抗盐能力（Zhao et al.，2017）。

其次是白花泡桐的抗盐分子机制，研究分析发现四倍体白花泡桐中与光合、植物生长发育及渗透相关的许多差异表达基因，相较于其二倍体在盐胁迫环境下出现上调，解释了四倍体白花泡桐在盐胁迫环境下适应能力强于其对应二倍体的可能原因。

首先是光合方面，四倍体白花泡桐的三个与光合作用相关的基因（*CL13291.Contig1*、*Unigene64782*、*Unigene4505*）在对照条件下及盐胁迫环境下均与其二倍体相比出现上调，它们分别编码 TKTA、ATP 合成酶 CF1α 亚基和叶绿素 a/b 结合蛋白，这能够帮助四倍体白花泡桐更好地适应盐胁迫环境并为其生长提供能量，如 *Unigene64782* 的上调使四倍体白花泡桐在盐胁迫环境下有更高的 ATP 合成能力，能够为其生长提供更多能量。

其次是生长发育方面，四倍体白花泡桐中三种与初生细胞壁合成相关的差异表达基因（*CL2574.Contig4*、*CL8577.Contig2*、*CL11064.Contig4*）与其对应二倍体相比均出现上调，其中 *CL8577.Contig2* 参与多维细胞生长及细胞壁纤维素和果胶代谢过程，*CL11064.Contig4* 参与纤维素生物合成过程的调节。这可能也是四倍体白花泡桐木材的纤维长度、纤维纵横比、壁厚等大于其对应的二倍体的原因之一。此外还有两种与细胞壁果胶代谢过程相关的差异表达基因（*CL8577.Contig2* 和 *Unigene32735*）出现上调，其中 *Unigene3275* 被预测为编码 PMT，PMT 能够控制初级细胞壁内果胶的甲基酯化程度和模式，进而调节细胞伸长，这也解释了四倍体白花泡桐生长更快的部分原因。同时还有两个编码生长素的差异表达基因在四倍体白花泡桐中出现上调，也进一步表明四倍体生长速度高于其二倍体。此外，木质素的合成在植物耐盐适应性方面也发挥重要作用，四倍体白花泡桐中发现 3 个编码 CCoAOMT 的差异表达基因，分别是 *CL1306.Contig3*、*Unigene60481* 和 *Unigene37840*，CCoAOMT 对木质素的合成至关重要，其上调有利于木质素含量的增加及耐盐性的增强等。

在渗透调节方面，盐胁迫处理条件下四倍体白花泡桐中 5 种编码 LEA 的差异表达基因出现上调，LEA 蛋白的积累可以提高植物的耐盐能力，保护植物细胞免受盐胁迫的损害。同时，四倍体白花泡桐中一种编码 ALDH 的差异表达基因也出现上调，这解释了四倍体白花泡桐中脯氨酸含量高于其二倍体的可能原因，而脯氨酸在渗透调节及活性氧的去除方面发挥多种作用，有助于四倍体白花泡桐更好地适应盐胁迫环境（Wang et al.，2019）。

最后是南方泡桐抗盐分子机制，四倍体南方泡桐同样比二倍体表现出更好的抗盐能力，为探究其分子机制对其转录组进行比较分析。首先是在渗透调节方面，四倍体南方泡桐相较于其二倍体，一个参与甘氨酸甜菜碱生物合成的差异表达基因出现上调，该差异表达基因编码甜菜碱醛脱氢酶，这表明甘氨酸甜菜碱合成可能在四倍体南方泡桐的抗盐性中发挥作用，同时一个编码脯氨酸降解途径中的关键酶的差异表达基因在四倍体中表达下调，而脯氨酸在盐胁迫条件下维持蛋白质结构稳定、调节渗透方面具有重要作用，该基因的下调在增强四倍体南方泡桐的抗盐能力方面具有重要作用。而一个编码蔗糖合成酶家族的功能基因 SUS4 的下调可能会引起四倍体南方泡桐中可溶性碳水化合物的积累，以帮助四倍体南方泡桐适应盐胁迫。同时，与其二倍体相比，四倍体南方泡桐中几个编码热激蛋白、脱水蛋白和 LEA 蛋白的功能基因也均出现上调，这对于提升四倍体的耐盐能力方面具有积极作用。而在抗氧化方面，四倍体南方泡桐在盐胁迫条件下许多编码谷胱甘肽过氧化物酶、GST 和 APX 的功能基因都出现上调，帮助四倍体南方泡桐提升减少氧化损伤的能力。在信号传导方面，编码 ABC 转运蛋白、钾转运蛋白（KT2 和 KT5）、钠转运蛋白、钠通道和水通道蛋白的功能基因在四倍体南方泡桐中上调，高于其二倍体。两种编码钠转运蛋白的功能基因在四倍体中上调，在二倍体中下调；12 个编码单核苷酸门控离子通道蛋白的功能基因在四倍体泡桐中也出现上调，这都能够帮助四倍体南方泡桐更好地进行信号传导以适应盐胁迫环境。在盐胁迫信号被膜受体感知后，植物体内复杂的细胞内信号级联便被激活。盐胁迫信号通路可分为：①Ca^{2+}依赖性 SOS 通路调节离子稳态；②LEA 型基因（如 CDPK）的 Ca^{2+} 依赖性信号激活；③渗透/氧化应激信号 MAPK 模块通路。在四倍体南方泡桐中，一些编码 SOS 通路的功能基因出现上调，如在盐胁迫下一些编码 SOS1、SOS2 和 SOS3 的功能基因相比其二倍体都出现上调，表明 SOS 信号级联通路可能在保护植物免受盐胁迫中发挥重要作用。同时，四倍体南方泡桐中 4 个编码 CDPK（OsCPK12 和 OsCPK7 的同源物）的功能基因相较于其二倍体出现上调，而 CDPK 可能是盐胁迫条件下植物细胞质中 Ca^{2+} 离子流入的重要传感器，在盐胁迫信号转导中发挥重要作用，因此四倍体南方泡桐中上调的 CDPK 可能有助于提高其耐盐胁迫能力，表现出更好的抗性。此外，一些编码 MAP 激酶的差异表达基因在四倍体南方泡桐中也显著上调。有研究表明激活的 MAPK 级联既可以直接激活转录因子，也可以磷酸化传感器和激活子。因此，在盐胁迫下四倍体南方泡桐可能通过激活响应性转录因子和蛋白质激酶增强其耐盐性（Dong et al.，2017）。

　　为鉴定盐胁迫应答 miRNA 并预测其靶基因，以盐胁迫处理和无盐处理的白花泡桐幼苗叶片为材料，构建了 4 个小 RNA 文库和 4 个降解文库。在白花泡桐中共检测到 53 个保守的 miRNA，分属于 17 个 miRNA 家族（其中有 12 个 miRNA 家族在泡桐中首次发现），134 个新的 miRNA。通过比较它们在二倍体和四倍体白花泡桐中的表达水平，发现有来自 7 个家族的 10 个保守 miRNA 和 10 个新 miRNA 在盐胁迫下表达显著差异。在这 10 个保守的和 10 个新的 miRNA 中，6 个保守的 miRNA（pfo-miR159b，pfo-miR408a/b，pfo-miR477，pfo-miR482e 和 pfo-miR530b）和 7 个新的 miRNA（pfo-miR15，pfo-miR28a/b，pfo-miR43a/b，pfo-miR56 和 pfo-miR64）也被发现在 PF4S/PF2S 比较中显著差异表达。并且，最终确定了 3 个保守的 miRNA（pfo-miR408a/B 和 pfo-miR482e）和 5 个新的 miRNA（pfo-miR28a/b、pfo-miR43a/b 和 pfo-miR56）是主要的盐胁迫相关 miRNA，它们在四倍体白花泡桐中赋予了比二倍体白花泡桐更高的耐盐性。

采用实时定量聚合酶链式反应（RT-qPCR）方法对 10 个差异表达的 miRNA 进行验证。在 PF2S/PF2U 和 PF4S/PF4U 的比较中，有 6 种 miRNA（pfo-miR5021a，pfo-miR159b，pfo-miR5239a，pfo-miR47，pfo-miR89a 和 pfo-miR38a）的表达水平上调，表明这些 miRNA 的表达可能因高盐度而增加。pfo-miR167a、pfo-miR11a 和 pfo-miR78 在 PF2S/PF2U 和 PF4S/PF4U 中的表达下调，表明这些 miRNA 的表达可能受到高盐度的影响。结果表明，miRNA 在盐胁迫下的不同表达趋势表明，miRNA 可能在白花泡桐生长发育过程中发挥不同的作用。此外，我们发现除 pfo-miR167a 和 pfo-mir11a 外，其余 8 个 miRNA 在 PF2S 文库中表达量最高，表明这些 miRNA 可能在盐胁迫下的二倍体植物生长中发挥重要作用（图 13-92）。

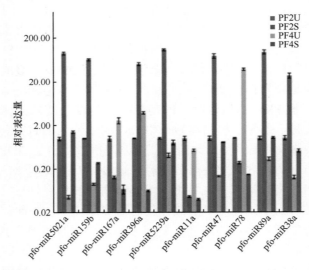

图 13-92　RT-qPCR 分析白花泡桐 miRNA 的相对表达量

通过 RT-qPCR 验证 9 个预测靶基因的表达模式，我们发现靶基因的表达模式与相应的 miRNA 的表达模式呈负相关。5 个目标（CL5964.Contig1_All、CL13370.Contig1_All、CL3220.Contig4_All、CL637.Contig2_All 和 CL14940.Contig1_All）在 PF2S 中的表达水平显著高于 PF2U，在 PF4S 中的表达水平显著高于 PF4U。分别表现为 pfo-miR159b、pfo-miR5021a、pfo-miR5239a、pfo-miR47、pfo-miR89a 在 PF2S/PF2U 和 PF4S/PF4U 比较中上调。此外，CL15613.Contig1_All、CL1879.Contig1_All 在 PF2S/PF2U 和 PF4S/PF4U 比较中均上调，而相应的 miRNA pfo-miR11a、pfo-miR167a 在 PF2S/PF2U 和 PF4S/PF4U 比较中下调。miRNA 的表达模式与其靶基因的表达模式呈负相关，表明这些 miRNA 负调控其靶基因（图 13-93）。

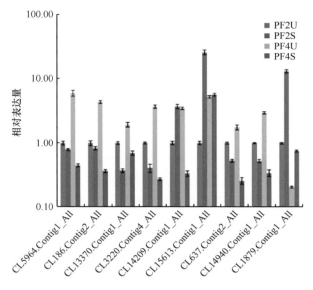

图 13-93 RT-qPCR 检测目的基因在白花泡桐中的相对表达量

此外，pfo-miR159b miRNA 在 PF2S/PF2U 和 PF4S/PF4U 比较中上调，在 PF4U/PF2U 和 PF4S/PF2S 比较中下调，靶向编码 GAMYB 转录因子基因。通过四倍体和二倍体的比较，发现 GAMYB 类转录因子在不同泡桐种的同一时期表达趋势一致，而在同一泡桐种的不同时期表达趋势不一致（Niu et al.，2014a，2014b）。有报道称 miR 319 靶向编码 MYB 样 DNA 结合域蛋白的基因，表明 miR159 不是唯一可以靶向编码 GAMYB 类转录因子的基因的 miRNA（Ren et al.，2013）。在盐胁迫下，GA 和 ABA 可能通过调控 GAMYB 类转录因子的表达，影响盐胁迫下白花泡桐的生长发育。高盐胁迫下，pfo-miR159 b 靶向的 GAMYB 类基因表达量增加；但四倍体中表达量的增加低于二倍体，表明四倍体比二倍体更能适应盐胁迫。

除 GAMYB 类基因外，通过降解产物测序还检测到编码 WRKY 和 bZIP 转录因子基因。预测这些基因是 pfo-miR73 的靶向基因。pfo-miR73 靶向编码 WRKY 的基因，并且在 PF4S/PF4U 比较中下调，而在 PF4U/PF2U 比较中上调。因此，推测 WRKY 是 pfo-miR73 靶向基因编码的 ABA 的阻遏物；即 ABAR 通过跨越叶绿体包膜和胞质 C 末端结合 ABA，并且还与 WRKY 相互作用。盐处理后，质膜相对透性的提高使 ABAR 和 ABA 更容易跨越叶绿体膜。高浓度 ABA 使 WRKY 从细胞核进入细胞质，与 ABAR 相互作用，从而降低了细胞核中 ABA 应答基因的抑制。因此，在盐胁迫下，pfo-miR159b 靶向的 ABA 应答基因 GAMYB 的激活物在白花泡桐中增加（Chen et al.，2012）。

保守 miRNA pfo-miR530b 的表达水平在 PF2S/PF2U 和 PF4S/PF2S 比较中上调，而在 PF4S/PF4U 比较中下调。盐胁迫下，pfo-miR530b 在四倍体中表达量下降，在二倍体中表达量上升，但四倍体中表达量仍高于二倍体。pfo-miR530b 的三个预测靶基因似乎不编码任何已知基因；因此，我们推测 pfo-miR530b 的靶基因可能编码一种新的与耐盐性相关的蛋白质。

pfo-miR28a/B 被鉴定为新的 miRNA，在 PF2S/PF2U 比较中下调，而在 PF4S/PF4U 和 PF4S/PF2S 比较中上调。这些 miRNA 有两个预测的靶基因，可能编码抗病蛋白和 ATP 酶。在盐胁迫下，pfo-miR28a/B 在二倍体和四倍体植株中的表达存在差异，抗病蛋白和 ATP 酶在四倍体中的表达量均高于二倍体。这一结果与盐胁迫下 MDA、可溶性糖和脯氨酸含量增加的结果相一致，并且四倍体的这种效应比二倍体更强。由此推测，四倍体的抗病蛋白和 ATP 酶可能与盐胁迫反应有关，再次表明四倍体的抗盐能力强于二倍体。

pfo-miR73 和 pfo-miR482a 预测靶标编码 NBS-LRR 类抗病蛋白。pfo-miR73 在 PF4U/PF2U 中表达上调，在 PF4S/PF2S 中表达下调，pfo-miR482a 在 PF4U/PF2U 中表达下调，与 pfo-miR28a/B 表达差异较大，进一步证实了抗病蛋白和 ATP 酶参与了白花泡桐耐盐性。此外，靶向抗病蛋白的 pau-miR482b 在四倍体白花泡桐中的表达量低于二倍体白花泡桐（Fan et al.，2014）。pas-miR482a/B/c-3 在四倍体白花泡桐中的表达均高于二倍体白花泡桐（Niu et al.，2014b）。miR482 在不同泡桐种中的表达差异表明 miR482 在植物中普遍存在，并可能发挥着复杂的作用。

在本研究中，pfo-miR167a/B 和 pfo-miR73 预测靶标编码生长素反应因子（ARF）。pfo-miR167a/B 的表达仅在 PF4S/PF4U 比较中下调，而 pfo-miR73 在 PF4S/PF4U 比较中下调，在 PF4U/PF2U 比较中上调。pas-miR167 在不同时期四倍体白花泡桐中的表达趋势与二倍体白花泡桐不一致（Niu et al.，2014b）。这一结果表明在高盐胁迫下 ARF 基因在四倍体白花泡桐中的表达降低，并通过不同的途径调控多种生长素的表达，以应对高盐胁迫。

参 考 文 献

邓敏捷, 张晓申, 范国强, 等. 2013. 四倍体泡桐对盐胁迫生理响应的差异. 中南林业科技大学学报, 33(11): 42-46.

翟晓巧, 张晓申, 赵振利, 等. 2012. 四倍体白花泡桐木材的物理特性研究. 河南农业大学学报, 46(6): 651-654, 690.

张晓申, 范国强, 赵振利, 等. 2013a. 豫杂一号泡桐二倍体及其同源四倍体的 AFLP 和 MSAP 分析. 林业科学, (10): 167-172.

张晓申, 刘荣宁, 范国强, 等. 2013b. 四倍体泡桐对干旱胁迫的生理响应研究. 河南农业大学学报, 47(5): 543-547, 551.

张晓申, 翟晓巧, 范国强, 等. 2012. 四倍体泡桐叶片显微结构观察及抗逆性分析. 河南农业大学学报, 46(6): 646-650.

张晓申, 翟晓巧, 赵振利, 等. 2013c. 不同种四倍体泡桐光合特性的研究. 河南农业大学学报, 47(4): 400-404.

Adams K L. 2007. Evolution of duplicate gene expression in polyploid and hybrid plants. J Hered, 98: 136-141.

Adams K L, Wendel J F. 2005. Polyploidy and genome evolution in plants. Curr Opin Plant Biol, 8: 135-141.

Addo-Quaye C, Eshoo T W, Bartel D P, et al. 2008. Endogenous siRNA and miRNA targets identified by sequencing of the *Arabidopsis* degradome. Curr Biol, 18(10): 758-762.

Alam I, Sharmin S A, Kim K H, et al. 2010. Proteome analysis of soybean roots subjected to short-term drought stress. Plant Soil, 333: 491-505.

Albertin W, Brabant P, Catrice O, et al. 2005. Autopolyploidy in cabbage (*Brassica oleracea* L.) does not alter significantly the proteomes of green tissues. Proteomics, 5: 2131-2139.

An F, Fan J, Li J, et al. 2014. Comparison of leaf proteomes of cassava (*Manihot esculenta* Crantz) cultivar NZ199 diploid and autotetraploid genotypes. PLoS ONE, 9: e85991.

Bartel D P. 2004. MicroRNAs: genomics, biogenesis, mechanism, and function. Cell, 116: 281-297.

Chen L, Song Y, Li S, et al. 2012. The role of WRKY transcription factors in plant abiotic stresses. Biochimica et Biophysica Acta (BBA)-Gene Regulatory Mechanisms, 1819(2): 120-128.

Chen Z J. 2007. Genetic and epigenetic mechanisms for gene expression and phenotypic variation in plant polyploids. Annu Rev Plant Biol, 58: 377-406.

Chuck G, Candela H, Hake S. 2008. Big impacts by small RNAs in plant development. Curr Opin Plant Biol, 12: 81-86

Comai L. 2005. The advantages and disadvantages of being polyploid. Nat Rev Genet, 6: 836-846.

Conesa A, Götz S, García-Gómez J M, et al. 2005. Blast2GO: a universal tool for annotation, visualization and analysis in functional genomics research. Bioinformatics (Oxford, England), 21: 3674-3676.

Cui L G, Shan J X, Shi M, et al. 2014. The miR156-SPL9-DFR pathway coordinates the relationship between development and abiotic stress tolerance in plants. Plant J, 80: 1108-1117.

Dong Y, Fan G, Deng M, et al. 2014a. Genome-wide expression profiling of the transcriptomes of four *Paulownia tomentosa* accessions in response to drought. Genomics, 104: 295-305.

Dong Y, Fan G, Zhao Z, et al. 2014b. Compatible solute, transporter protein, transcription factor, and hormone-related gene expression provides an indicator of drought stress in paulownia fortunei. Funct Integr Genomics, 14: 479-491.

Dong Y, Fan G, Zhao Z, et al. 2014c. Transcriptome expression profiling in response to drought stress in *Paulownia australis*. Int J Mol Sci, 15: 4583-4607.

Dong Y, Fan G, Zhao Z, et al. 2017, Transcriptome-wide profiling and expression analysis of two accessions of *Paulownia australis* under salt stress. Tree Genetics & Genomes, 13(5): 1-15.

Deng M, Zhang X, Fan G, et al. 2013. Comparative studies on physiological responses to salt stress in tetraploid Paulownia plants. J Cent South Univ For Technol, 33: 42-46.

Fan G, Cao Y, Zhao Z, et al. 2007. Induction of autotetraploid of Paulownia fortunei. Sci Silv Sin, 43(4): 31-35.

Fan G, Li X, Deng M, et al. 2016. Comparative analysis and identification of miRNA and their target genes responsive to salt stress in diploid and tetraploid *Paulownia fortune* seedlings. PLoS ONE,

11: e0149617.

Fan G, Wang L, Deng M, et al. 2015, Transcriptome analysis of the variations between autotetraploid *Paulownia tomentosa* and its diploid using high-throughput sequencing. Molecular Genetics and Genomics, 290(4): 1627-1638.

Fan G, Zhai X, Niu S, et al. 2014. Dynamic expression of novel and conserved microRNAs and their targets in diploid and tetraploid of Paulownia tomentosa. Biochimie, 102: 68-77.

Filipowicz W, Jaskiewicz L, Kolb F A, et al. 2005. Post-transcriptional gene silencing by siRNAs and miRNA. Curr. Opin. Struct. Biol., 15: 331-341.

German M A, Pillay M, Jeong D H, et al. 2008. Global identification of microRNA-target RNA pairs by parallel analysis of RNA ends. Nature Biotechnology, 26(8): 941-946.

Ghimire B K, Seong E S, Nguyen T X, et al. 2016. Assessment of morphological and phytochemical attributes in triploid and hexaploid plants of the bioenergy crop *Miscanthus × giganteus*. Ind Crop Prod, 89: 231-243.

Gygi S P, Rochon Y, Franza B R, et al. 1999. Correlation between protein and mRNA abundance in yeast. Mol Cell Biol, 19: 1720-1730.

Ha M, Lu J, Tian L, et al. 2009. Small RNAs serve as a genetic buffer against genomic shock in *Arabidopsis interspecific* hybrids and allopolyploids. Proc. Natl. Acad. Sci. U.S.A., 106: 17835-17840.

Khan G A, Declerck M, Sorin C, et al. 2011. MicroRNAs as regulators of root development and architecture. Plant Mol Biol, 77: 47-58.

Koh J, Chen S, Zhu N, et al. 2012. Comparative proteomics of the recently and recurrently formed natural allopolyploid *Tragopogon mirus* (Asteraceae) and its parents. New Phytol, 196: 292-305.

Kwak P B, Wang Q Q, Chen X S, et al. 2009. Enrichment of a set of microRNAs during the cotton fiber development. BMC Genomics, 10: 457.

Lackner D H, Schmidt M W, Wu S, et al. 2012. Regulation of transcriptome, translation, and proteome in response to environmental stress in fission yeast. Genome Biol, 13: R25.

Lan P, Li W, Schmidt W. 2012. Complementary proteome and transcriptome profiling in phosphate-deficient *Arabidopsis* roots reveals multiple levels of gene regulation. Mol. Cell. Proteomics, 11: 1156-1166.

Lee H K, Cho S K, Son O, et al. 2009. Drought stress-induced Rma1H1, a RING membrane-anchor E3 ubiquitin ligase homolog, regulates aquaporin levels via ubiquitination in transgenic *Arabidopsis* plants. Plant Cell Online, 21: 622-641.

Leitch A, Leitch I. 2008. Genomic plasticity and the diversity of polyploid plants. Science, 320: 481-483.

Leitch IJ, Bennett MD. 1997. Polyploidy in angiosperms. Trends Plant Sci, 2: 470-476.

Li Y, Fan G, Dong Y, et al. 2014, Identification of genes related to the phenotypic variations of a synthesized Paulownia (*Paulownia tomentosa × Paulownia fortunei*) autotetraploid. Gene, 553(2): 75-83.

Liao T, Cheng S, Zhu X, et al. 2016. Effects of triploid status on growth, photosynthesis, and leaf area in *Populus*. Trees, 30: 1-11.

Mallory A C, Vaucheret H. 2006. Functions of microRNAs and related small RNAs in plants. Nature Genetics, 38 Suppl: S31-S36.

Marmagne A, Brabant P, Thiellement H, et al. 2010. Analysis of gene expression in resynthesized *Brassica napus* allotetraploids: transcriptional changes do not explain differential protein regulation. New Phytol, 186: 216-227.

Meng F, Peng M, Pang H, et al. 2014. Comparison of photosynthesis and leaf ultrastructure on two black locust(*Robinia pseudoacacia* L.). Biochem Syst Ecol, 55: 170-175.

Meng Y, Ma X, Chen D, et al. 2010. MicroRNA-mediated signaling involved in plant root development. Biochem Bioph Res Commun, 393: 345-349.

Meyers BC, Axtell MJ, Bartel B, et al. 2008. Criteria for annotation of plant microRNAs. Plant Cell, 20: 3186-3190.

Nagpal P, Ellis C M, Weber H, et al. 2005. Auxin response factors ARF6 and ARF8 promote jasmonic acid production and flower maturation. Development (Cambridge, England), 132(18): 4107-4118.

Ng D W, Zhang C, Miller M, et al. 2012. Proteomic divergence in *Arabidopsis* autopolyploids and allopolyploids and their progenitors. Heredity, 108(4): 419-430.

Niu S, Fan G, Xu E, et al. 2014a. Transcriptome/Degradome-wide discovery of microRNAs and transcript targets in two Paulownia australis genotypes. PLoS ONE, 9(9), e106736.

Niu S, Fan G, Zhao Z, et al. 2014b. High-throughput sequencing and degradome analysis reveal microRNA differential expression profiles and their targets in *Paulownia fortunei*. Plant Cell, Tissue and Organ Culture (PCTOC), 119(3): 457-468.

Oh J E, Kwon Y, Kim J H, et al. 2011. A dual role for MYB60 in stomatal regulation and root growth of *Arabidopsis thaliana* under drought stress. Plant Mol Biol, 77: 91-103.

Osborn T C, Pires J C, Birchler J A, et al. 2003. Understanding mechanisms of novel gene expression in polyploids. Trends Genet, 19: 141-147.

Palatnik J F, Allen E, Wu X, et al. 2003. Control of leaf morphogenesis by microRNAs. Nature, 425(6955): 257-263.

Podda A, Checcucci G, Mouhaya W, et al. 2013. Salt-stress induced changes in the leaf proteome of diploid and tetraploid mandarins with contrasting Na^+ and Cl^- accumulation behaviour. J Plant Physiol, 170: 1101-1112.

Rao S, Dinkins R D, Hunt A G. 2009. Distinctive interactions of the Arabidopsis homolog of the 30 kD subunit of the cleavage and polyadenylation specificity factor (AtCPSF30) with other polyadenylation factor subunits. BMC Cell Biol, 10: 51.

Ren Y, Chen L, Zhang Y, et al. 2013. Identification and characterization of salt-responsive microRNAs in *Populus tomentosa* by high-throughput sequencing. Biochimie, 95(4): 743-750.

Rhoades M W, Reinhart B J, Lim L P, et al. 2002. Prediction of plant microRNA targets. Cell, 110(4): 513-520.

Sarvepalli K, Nath U. 2011. Hyper-activation of the TCP4 transcription factor in *Arabidopsis thaliana* accelerates multiple aspects of plant maturation. The Plant Journal : for Cell and Molecular Biology, 67(4), 595-607.

Shen H, He H, Li J, et al. 2012. Genome-wide analysis of DNA methylation and gene expression changes in two *Arabidopsis* ecotypes and their reciprocal hybrids. The Plant cell, 24(3): 875-892.

Song X, Ni Z, Yao Y, et al. 2007. Wheat (*Triticum aestivum* L.) root proteome and differentially expressed root proteins between hybrid and parents. Proteomics, 7: 3538-3557.

Sunkar R, Zhu, J K. 2004. Novel and stress-regulated microRNAs and other small RNAs from *Arabidopsis*. The Plant Cell, 16(8): 2001-2019.

Voinnet O. 2009. Origin, biogenesis, and activity of plant microRNAs. Cell, 136: 669-687.

Wang M, Wang Q, Zhang B. 2013a. Response of miRNA and their targets to salt and drought stresses in cottont (*Gossypium hirsutum* L.). Gene, 530: 26-32.

Wang S, Chen W, Yang C, et al. 2016. Comparative proteomic analysis reveals alterations in development and photosynthesis-related proteins in diploid and triploid rice. BMC, Plant Biol, 16: 199.

Wang Z, Wang M, Liu L, et al. 2013b. Physiological and proteomic responses of diploid and tetraploid black locust (*Robinia pseudoacacia* L.) subjected to salt stress. Int J Mol Sci, 14: 20299-20325.

Wang Z, Zhao Z, Fan G, et al. 2019. A comparison of the transcriptomes between diploid and autotetraploid *Paulownia fortunei* under salt stress. Physiology and Molecular Biology of Plants, 25(1): 1-11.

Wiese S, Reidegeld K A, Meyer H E, et al. 2007. Protein labeling by iTRAQ: a new tool for quantitative mass spectrometry in proteome research. Proteomics, 7: 340-350.

Xu E, Fan G, Niu S, et al. 2014. Transcriptome-wide profiling and expression analysis of diploid and autotetraploid *Paulownia tomentosa× Paulownia fortunei* under drought stress. PLoS ONE, 9(11): e113313.

Xu E, Fan G, Niu S, et al. 2015. Transcriptome sequencing and comparative analysis of diploid and autotetraploid *Paulownia australis*. Tree Genetics & Genomes, 11(1): 1-13.

Yoo M J, Liu X, Pires J C, et al. 2014. Nonadditive gene expression in polyploids. Genetics, 48: 485-517.

Zhang B, Pan X, Cobb G P, et al. 2006. Plant microRNA: a small regulatory molecule with big impact. Dev. Biol., 289: 3-16.

Zhang X, Deng M, Fan G. 2014. Differential transcriptome analysis between *Paulownia fortunei* and its synthesized autopolyploid. International Journal of Molecular Sciences, 15(3): 5079-5093.

Zhao Z, Li Y, Liu H, et al. 2017. Genome-wide expression analysis of salt-stressed diploid and autotetraploid *Paulownia tomentosa*. PLoS ONE, 12(10): e0185455.